高压浸出技术

朱　云　李兴彬　编著

科 学 出 版 社
北　京

内 容 简 介

本书从高温高压水（矿浆）的性质开始，讲述100～374℃水溶液中的冶金反应。按高压浸出涉及的不同方面分章节叙述，分别讲述高压的获取与压力场中的矿浆流、压力容器基础、高压浸出的控制技术基础、高温高压浸出的换热、冶金中的高压浸出与高温高压浸出的安全生产。全书图文并茂，力求突出高压浸出冶金的专业性与实用性。同时，结合冶金高压浸出实例，系统介绍高压浸出技术。

本书可供有色冶金行业的科研、技术人员阅读，也可作为高等学校冶金专业本科生、研究生的教学参考书。

图书在版编目(CIP)数据

高压浸出技术/朱云，李兴彬编著. —北京：科学出版社，2021.1

ISBN 978-7-03-065597-4

Ⅰ. ①高… Ⅱ. ①朱… ②李… Ⅲ. ①高压浸出－高等学校－教材 Ⅳ. ①TF111.31

中国版本图书馆CIP数据核字（2020）第110011号

责任编辑：万瑞达 / 责任校对：王万红
责任印制：吕春珉 / 封面设计：窦志强

科学出版社 出版
北京东黄城根北街16号
邮政编码：100717
http://www.sciencep.com

北京中科印刷有限公司印刷

科学出版社发行 各地新华书店经销

*

2021年1月第 一 版 开本：787×1092 1/16
2021年1月第一次印刷 印张：16
字数：380 000

定价：69.00元

（如有印装质量问题，我社负责调换〈中科〉）
销售部电话 010-62136230 编辑部电话 010-62130874（VA03）

前　　言

高压浸出技术近几十年在冶金生产上取得了巨大成就，氧化铝生产、闪锌矿氧压浸出、钨矿高压浸出相继在生产上应用，在冶金中占有举足轻重的地位。高压浸出（加压浸出）即在压力大于 9.8692×10^4Pa 的情况下用溶液处理矿石或精矿。高压浸出一直是处理含金属物料的一种有效的工艺，具有排除杂质和提取目标金属的能力。高压浸出技术的特点包括：①浸出温度高，达到某些化学反应的活化温度，能够使一些在常温常压下不能进行的反应成为可能；②水的离子积增大 10^n 倍，从而使水溶液中反应的产物形态与常压不同，如铁离子根据温度与 pH 的不同可以形成 $Fe(OH)_3$、FeOOH 或 Fe_2O_3 物相；③加压可以使某些气体（如氧气）在浸出时有较高的分压，使反应能在更有效的条件下进行，从而强化了浸出过程，加快了浸出速度，大大缩短了浸出时间，提高了金属的提取率。

高压浸出技术在冶金中越来越受到人们的重视，一些高等学校相继开设了“高压浸出技术”课程，但相关教材较少。2006 年，编者学校提出开设“高压浸出技术”课程。经过十余年的教学与科学研究，编者把所能收集到的信息进行整理，在昆明理工大学研究生核心课程建设项目重点学科建设的资助下编撰成本书。

本书根据冶金学科的发展、高等学校冶金工程专业教学的需要编撰而成。全书以高压浸出工程问题为纲，利用分类归纳、列表对比的方法进行叙述，力求突出高压浸出冶金的专业性与实用性。同时，结合高压浸出冶金实例，系统介绍读者所关心的高压浸出技术。

近年来，高压浸出技术的研究和应用拓展到冶金、材料及环境保护等诸多领域。本书在编撰过程中引用了昆明理工大学、中南大学、东北大学、江西理工大学、北京矿冶科技集团有限公司、云南冶金集团股份有限公司、中金岭南丹霞冶炼厂、呼伦贝尔驰宏矿业有限公司、加拿大 Sherritts 公司等高校及国内外研究机构和生产企业的研究成果和生产实践资料。在此，对各单位及相关研究人员一并表示诚挚的谢意。

本书由昆明理工大学朱云、李兴彬编撰。朱云编撰第 1～6 章，李兴彬编撰第 7 章和第 8 章，全书由朱云统稿。在本书编撰的过程中，魏昶、李旻廷、邓志敢、李艳、郭淑仙等对书中内容提出了宝贵建议；昆明理工大学马文会、张利波、谢克强、施哲、樊刚等从多方面提供了大力帮助和支持，在此一并表示感谢。

限于作者的水平，书中难免有疏漏之处，敬请广大读者批评指正。

目　录

1 概　　述

浸出就是利用适当的溶剂，在一定的条件下使矿石或预处理后矿石中的一种或几种有价成分溶出。浸出的目的就是尽可能使矿石中的主金属矿物发生冶金反应，转变成溶解于酸或碱的水溶液，随后通过液固分离使有价成分与脉石和杂质分离。一般的常压浸出过程大多是在室温或溶液沸点以下进行的，浸出速度往往较慢，即需要较长的浸出时间。高压浸出是在密闭的反应容器内将反应温度提高到溶液沸点以上进行的，即在高于大气压条件下完成冶金浸出过程。

19 世纪 90 年代，奥地利化学家拜耳（Bayer）有两项发明：一是往铝酸钠溶液中加入新的氢氧化铝种子产出氢氧化铝（1889 年），二是用苛性碱溶液直接溶出处理铝土矿产出铝酸钠溶液（1892 年）。这两项发明构成了拜耳法（Bayer process）生产氧化铝的基础，并很快用于生产。拜耳的第二项专利就是在高压条件下进行浸出，从此开创了高压浸出技术在实际生产中运用的先河。

由于高压浸出技术与常压浸出技术有许多本质上的不同，高压浸出技术很快在各种金属冶金和新材料制备等方面获得运用。高压浸出技术在冶金生产的整个过程中起着重要的作用，它是实现冶金行业现代化、自动化连续生产的必要条件之一。

高压浸出的定义就是一种高于大气压下浸出的作业方法，或是一种通过增加氧压来提高溶液中氧气浓度，从而提高浸出速度的浸出方法。高压浸出也称加压浸出，旨在通过提高温度，使浸出反应在高于浸出液常压沸点的条件下进行，从而加快浸出反应速率，缩短浸出时间。

高压浸出是液-固相或气-液-固相在高温加压条件下进行的水热过程。水热过程（hydrothermal process）一词来源于地质学家研究在高温高压条件下与热液矿床有关的地球化学过程，后来被逐渐应用到提取冶金方面，高压浸出过程就是提取冶金方面的水热过程。最早是拜耳用加压碱浸方法从铝土矿中提取氧化铝，随后工业上也采用加压浸出技术处理铀矿、镍钴矿、钨钼矿和锌矿等。近年来，高温高压水热过程又进一步被用于新材料的制备与合成及环境保护与治理方面。

1.1　高压浸出技术的发展

从 1869 年至 20 世纪 50 年代末，高压浸出技术逐步在冶金工业领域得到应用。回顾高压浸出技术的发展，对认识高压浸出技术及其今后发展都是必要的。

1.1.1　高压浸出简史

1. 高压浸出的起源

Beketoff 在他的试验中使用含有溶液的密封玻璃管来充当高压釜，把氢从管的侧面引入隔室内，由酸和锌发生作用形成一定的高压。当时，纯氢还不可能被压缩储存在气缸里，事实上气体尚未液化。在 Beketoff 之后，1869 年 Andrews 通过实验指出，气体在临界温度和压力下能被液化，自此人们才认识了气体高压冶金[1]。

从 1900 年开始，Ipatieff 在圣彼得堡皇家军事学院开展了在压力作用下水热化学反应的一系列研究，其中包括金属及其化合物从含氢水溶液中沉淀。他花费数年时间设计了一个安全可靠的反应釜来进行测试。后来，Ipatieff 的儿子也加入这项研究中。同一时期，也是在圣彼得堡，奥地利化学家拜耳在一个化学工厂准备用氢氧化铝对纺织品进行染色。1892 年，他在高压釜中用氢氧化钠在 170℃和相应压力下浸出铝土矿，获得铝酸钠溶液并通过添加晶种得到纯氢氧化铝沉淀。该工艺很快取代了 Le Chatelier 的火法冶炼工艺，并成为当时世界上最大的加压浸出工艺。

1903 年，法国的 Malzac 发表了专利，提出氨在空气存在下能对硫化物浸出铜、镍和钴，并且较高的温度和压力可以加快反应速率：

$$MS + 2O_2 + nNH_3 = [M(NH_3)_n]^{2+} + SO_4^{2-} \tag{1-1}$$

其中，M 为铜、镍或钴。

同年，美国的 Arsdale 发表了专利，提出在加热到 170℃的压力下，用二氧化硫从浸出液中沉淀得到金属铜的方法：

$$CuSO_4 + SO_2 + 2H_2O = Cu + 2H_2SO_4 \tag{1-2}$$

1909 年，法国的 Jumau 引入另一种方法，他提出使用亚硫酸铵从浸出液中沉淀得到金属铜的方法：

$$CuSO_4 + (NH_4)_2SO_3 + 2NH_3 + H_2O = Cu + 2(NH_4)_2SO_4 \tag{1-3}$$

这种方法使金属铜的产量增加，其优点是在近中性而不是酸性介质中操作，从而减少了腐蚀问题。

在此期间，化学家开始将高压容器用于各种反应。因此，1907 年，德国的 Nernst 发现了氨可以在理论上由氮和氢在约 7000kPa 的压力下反应生成。这一过程因为涉及“高压”而被认为是不现实的，所以他没进行专利的申请。1913 年，德国的 Fritz Haber 意识到这个技术的重要性，对该反应建立了一个实验室规模的装置，从而使其在化工行业取得了突出的成就，即合成氨工艺。

大多数金属硫化物即使在温度高达 400℃时也几乎不溶于水。但是，在氧的存在下它们会被溶解形成硫酸盐。1927 年，德国的 Henglein 处理了硫化锌的水悬浮液，在有氧气存在，温度为 180℃、压力为 2000kPa 的条件下，6h 内可完全将其转化为硫酸锌。该过程被用来净化焦炉煤气，除去硫化氢。当用硫酸锌溶液洗涤煤气时，硫化锌会沉淀出来。在 180℃下水热反应可以被再生：

$$ZnS(s) + 2O_2(aq) = ZnSO_4(aq) \tag{1-4}$$

与冶金行业相比，化工行业早在 20 世纪 20 年代就广泛使用高压浸出技术，如植物油的氢化、甲醇的合成、乙醇的合成、Fischer-Tropsch 反应的有机合成、煤的 Bergius 加氢气化过程等。20 世纪 30 年代研究人员就已掌握了获得高达 100MPa 压力的技术，并在之后不久实现了在 100MPa 下合成氨（Claude 过程）和在 330MPa 下合成聚乙烯。

2. 冶金水热过程

在高压浸出技术早期，人们对冶金水热过程从两个方面进行了深入研究：①温度对水中盐溶解度的影响；②温度对气体在水中溶解度的影响。

（1）温度对水中盐溶解度的影响

大部分盐吸收热量在水中溶解时，由范特霍夫方程得到

$$\lg\frac{S_1}{S_2}=\frac{\Delta H}{2.303R}\left(\frac{T_2-T_1}{T_1T_2}\right) \tag{1-5}$$

式中：S_1、S_2——温度 T_1（绝对温度）、T_2 时盐在水中的溶解度，$mol\cdot L^{-1}$；

R——气体常数，国际单位制中为 $8.314\ J\cdot(mol\cdot K)^{-1}$；

ΔH——盐在水中溶解时的热效应，kJ。

对于大多数无机盐，在 0～100℃，随着温度的升高，溶解度增大；温度超过 100℃，水离解剧烈，水解产生沉淀，溶解度减小（图 1-1）。

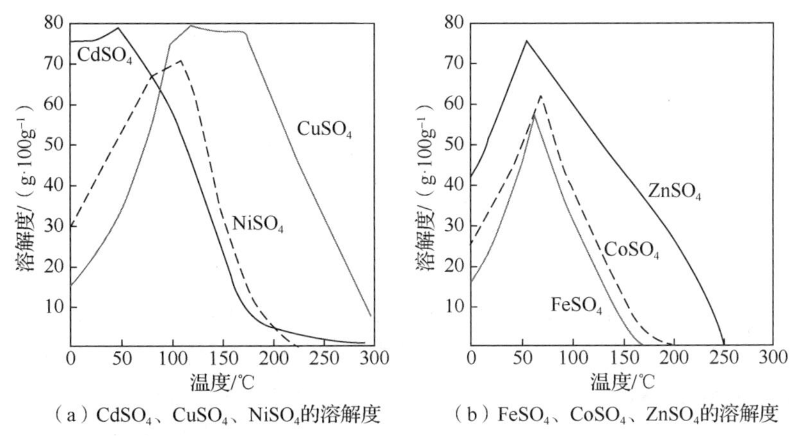

（a）$CdSO_4$、$CuSO_4$、$NiSO_4$的溶解度 （b）$FeSO_4$、$CoSO_4$、$ZnSO_4$的溶解度

图 1-1 水热条件下盐的溶解度

（2）温度对气体在水中溶解度的影响

与固体的溶解相反，气体在水中的溶解伴随着释放少量的热量。因此，随着温度的升高，溶解度逐渐降低。然而，在 1952 年，美国的 Pray 和同事研究了在水的沸点以上气体的溶解度，关系曲线如图 1-2 所示。

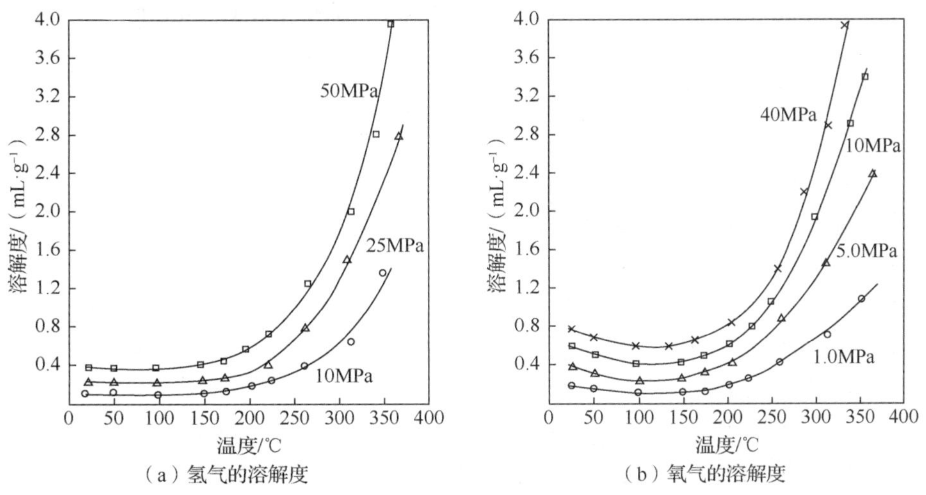

（a）氢气的溶解度 （b）氧气的溶解度

图 1-2 水热条件下气体的溶解度

图 1-2 中列举了氢气与氧气在水中的溶解度。在 0～100℃，气体的溶解度随着温度的升高而略减小；在 100～350℃，气体的溶解度随着温度的升高而增大。

有些冶金中的水热反应要求溶解于水中的气体参加，这就涉及气体在 100℃以上的溶解过程。例如，用氢气还原水溶液中的金属离子需要用到图 1-2（a）；研究硫化锌精矿与氧气在水中的浸出反应需要用到图 1-2（b）。

3. 高压浸出的进一步研究

20 世纪 40 年代，铀的提取冶金引入了许多新技术。其中，加拿大某些铀矿石用碳酸钠溶液水热浸出：

$$UO_2 = UO_2^{2+} + 2e^- \quad (1\text{-}6)$$

$$UO_2^{2+} + 3CO_3^{2-} = [UO_2(CO_3)_3]^{4-} \quad (1\text{-}7)$$

$$\frac{1}{2}O_2 + H_2O + 2e^- = 2OH^- \quad (1\text{-}8)$$

1946 年，美国氰胺公司子公司 CHEMICO 的 Schaufelberger 发现从合成气、氢气和氮气的混合物中除去一氧化碳杂质存在一些问题。1948 年年底，Schaufelberger 通过向硫酸盐溶液中通入定量的氢气成功还原出纯铜，并对浸出线路中释放的硫酸进行回收。另外，他还制备出金属钴粉和镍的首个样本。

冶金学家认为，这一时期的冶金技术面貌焕然一新。Forward 团队里的 Malzac 在哥伦比亚大学的实验室完成了硫化镍铜矿的高压浸出。关于在氨水溶液中氧压高温浸出硫化镍，首先由 Forward 教授提出了工艺设计，实际上却由 Schaufelberger 完成了镍粉的制备，并展示给世人。随后，他们之间开始密切合作，共同研究。

加拿大 Sherritt-Gordon 公司一方面着手用氨来浸出镍钴的研究，另一方面开展用酸来浸出镍钴的研究。事实上，酸性浸出的应用更广泛。这就意味着必须开发耐腐蚀和耐冲刷的高压浸出设备，其温度应达 250℃以上。最初美国在犹他州的卡莱拉和密苏里州的弗雷德里克敦进行酸性加压浸出镍钴中试。然而，最后在古巴获得成功的是酸浸提取工艺与 Schaufelberger 流程，该工艺可作为其他红土矿的一个典范。

Sherritt-Gordon 公司采用氨浸方法，结合 Ipatieff 和 Schaufelberger 工艺沉淀得到纯镍。

$$NiS + 2O_2 + 2NH_3 = [Ni(NH_3)_2]^{2+} + SO_4^{2-} \quad (1\text{-}9)$$

$$[Ni(NH_3)_2]^{2+} + H_2 = Ni + 2NH_4^+ \quad (1\text{-}10)$$

在此项工艺中，Mackiw 注意到压力下降，溶液会沸腾，遂提出了自蒸发技术。由于存在连三硫酸盐和硫代硫酸钠离子，铜可以从浸出液中沉淀为硫化铜，为从提纯浸出液直接还原镍开辟了道路。

在解决浸出液净化工艺和化学生产无铜溶液的技术后，Mackiw 着手研究细晶种颗粒用于还原过程的处理。据观察，自成核有时发生在试验原料来源的硫酸镍铵溶液中，但它在纯盐溶液中从未发生。详细的分析显示，该活性成分为硫酸亚铁，试验中微量溶液的存在导致了成核过程。这个过程用于商业经营，大量生产纯镍金属。这一过程的副产物是硫酸铵，其可作为肥料销售。此后，Sherritt-Gordon 公司成功运行了该过程，1960～2001 年，加拿大所有镍货币都是由这种技术生产的。

1960 年，Jumau 对以前的工作进行进一步研究。结果发现，在室温下将 SO_2 鼓入铜氨蓝色溶液时，溶液变成无色。由于减少了 Cu^{2+}配合物对 Cu^+和亚硫酸盐到硫酸盐的氧化：

$$[Cu(NH_3)_4]^{2+} + e^- \xlongequal{} [Cu(NH_3)_4]^+ \tag{1-11}$$

$$SO_2 + H_2O \xlongequal{} H_2SO_3 \xlongequal{} SO_3^{2-} + 2H^+ \tag{1-12}$$

$$SO_3^{2-} + H_2O \xlongequal{} SO_4^{2-} + 2H^+ + 2e^- \tag{1-13}$$

$$2[Cu(NH_3)_4]^+ + 2SO_3^{2-} + 8H^+ \xlongequal{} Cu_2SO_3 \cdot (NH_4)_2SO_3(s) + 6NH_4^+ \tag{1-14}$$

复盐的晶体在水热条件下被分解，得到金属铜：

$$Cu_2SO_3 \cdot (NH_4)_2SO_3 \xlongequal{} 2Cu + SO_2 + 2NH_4^+ + SO_4^{2-} \tag{1-15}$$

在加热过程中生成的二氧化硫必须被排出和回收。然而，这个过程还处于试验阶段。

1.1.2 高压浸出技术现状

水热过程广泛应用于冶金过程中，高压浸出就是水热过程在冶金中的反应。在不通入氧气的条件下，高压浸出从铝土矿中溶出氧化铝，从矿石中溶出钨，从红土矿中溶出镍和钴。它已被用于从钛铁矿中提取氧化钛，从锡石中提取氧化锡，从黑钨矿和白钨矿中提取氧化钨。在通有氧气的条件下，高压浸出从矿石中浸出铀，从硫化物精矿中浸出锌，从黄铁矿和含砷黄铁矿及铜电解阳极泥中浸出贱金属，从而富集金银。

从镍磁黄铁矿中用氨浸出金属镍的工艺如图 1-3 所示。该工艺减少了氧化物的形成，首次在渥太华矿业分公司实施。虽然该工厂在几年后被关闭，但是该工艺仍然为低品位镍矿提取镍的选择之一。该工厂倒闭的一个原因是当时的镍价格低，该方法不经济；另一个原因是当时没有处理好 SO_2 排放到空气中的问题。在工厂被关闭之后，人们不断努力研究硫化物溶出机理及硫元素在水溶液的氧化过程（试图消除液硫膜包裹未反应矿颗粒的问题）。该工艺所用的高压釜直径为 5m，长为 30m，压力由膜活塞泵提供。

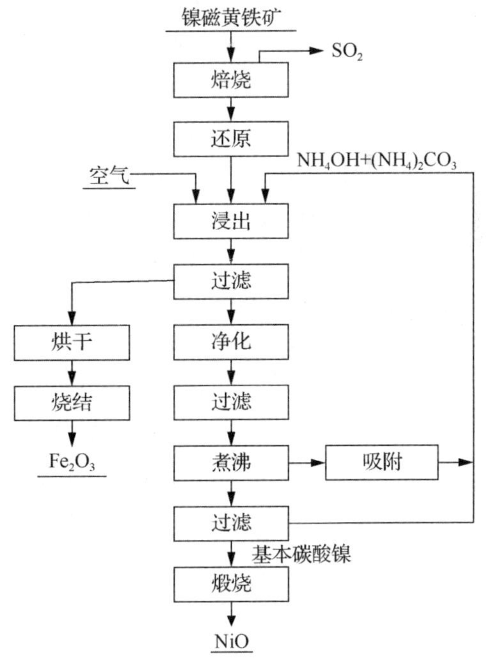

图 1-3 从镍磁黄铁矿中用氨浸出金属镍的工艺

渥太华矿业分公司 Downes 和他的同事 Bruce 在 1955 年的研究工作显示，在高压釜温度为 120℃稀酸氧压下处理镍黄铁矿和磁黄铁矿精矿可以得到镍溶液，而 Fe_2O_3 和硫元素留在残渣里（图 1-4）。这一过程后来被苏联人在诺里尔斯克厂应用于镍回收。加压湿法冶金被广泛研究是 1960～1970 年在德国柏林由 Pawlek 和他的同事进行的。

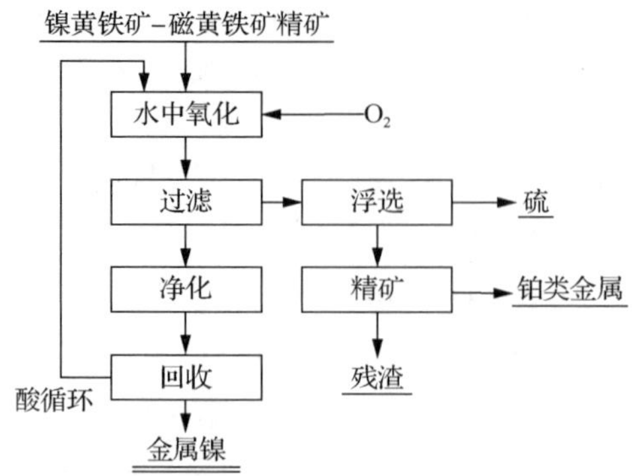

图 1-4 硫元素和镍从镍黄铁矿–磁黄铁矿精矿（重力）的富集

最新发现有以下几种：①扩大生产，从钛铁矿中合成金红石。该技术在电炉还原生产生铁及钛渣方面具有许多优点。然而钛渣生产通常含有 72%～75%的 TiO_2，合成胶中 TiO_2 含量为 92%～95%。其耗氯杂质能够完全消除，因此对于四氯化钛生产中的氯化步骤较为经济。用盐酸处理的钛铁矿的副产物氯化亚铁通过水解再生得到。②将 4 个高压釜装置加入已经存在的 4 个装置中，用 H_2SO_4 从红土矿中浸出镍钴。③西澳大利亚州的一个工厂使用卧式高压釜用硫酸从红土矿中浸出镍和钴。这些高压釜是当时规模最大的设计，直径为 5m，长为 34m。

很多工厂在分解黄铁矿和毒砂前氰化释放金，其中规模最大的一个工厂是在内华达州埃尔科，该工厂有 4 个高压釜，每个直径为 4.8m，长为 30m。

研究还表明，如果这类难处理的金矿水溶液在盐酸的存在下进行氧化，那么金、银会被溶解，可用活性炭或任何其他还原剂从溶液中回收。因此，氰化过程能够实现。

关于硫化锌精矿氧化焙烧–浸出–电积工艺的许多问题得到了解决。目前，因为没有铁氧体形成，所以没有必要有其他的浸出路线。

黄铜矿溶液氧化过程中的煤催化行为是由加拿大的 Dynatec（原加拿大 Sherritt-Gordon 公司）确认的。在巴格达亚利桑那州的菲尔普斯道奇，一个半商业化工厂的高压釜中浸出黄铜矿精矿正在运行。

对于反应

$$M^{2+} + H_2 = M + 2H^+ \tag{1-16}$$

更多的金属将沉积，需要尽快去除形成的氢离子。对于镍、钴，在氨性介质中进行较好：

$$H^+ + NH_3 = NH_4^+ \tag{1-17}$$

虽然这种电解冶金技术具有较大竞争力，但是它的缺点是生成的铵盐为副产物。铜的沉淀可以发生在酸性介质中（图 1-5），这已被许多研究人员在不同的场合证实。其优点是在沉淀过程中产生的酸可以回收到浸出工序。

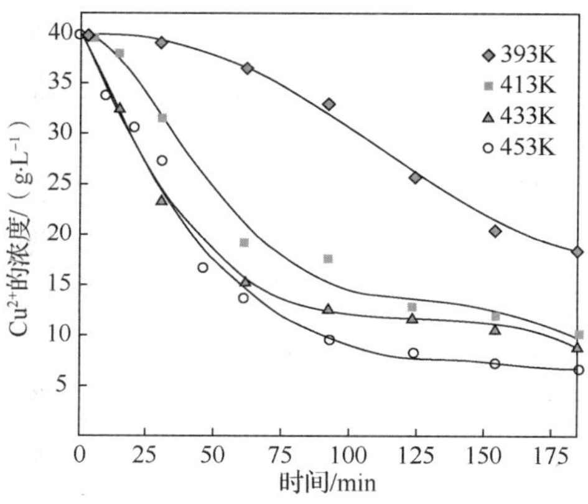

图 1-5　高压（2MPa）下通入氢气从酸性溶液中沉淀铜
（$40g \cdot L^{-1}$ Cu^{2+}，$170\ g \cdot L^{-1}$ H_2SO_4）

在高压反应釜中通入氢气，可以从二氧化铀碳酸盐浸出液中沉淀析出 UO_2，其反应如下：

$$[UO_2(CO_3)_3]^{4-} + H_2 = UO_2 + 2HCO_3^- + CO_3^{2-} \qquad (1\text{-}18)$$

在前南斯拉夫的卡尔纳（Kalna），该反应是在温度为 150℃，压力为 1500kPa 的立式高压釜中进行，高压釜内装有部分烧结的 UO_2 颗粒作为催化剂，沉淀物在催化剂颗粒上生长，积聚形成球团，各个反应釜连续生产，直到沉积产出 10t 的产品为止。反应完成后，含铀 3～5mg·L^{-1} 的还原尾液可返回循环使用。

加压湿法冶金的发展历史见表 1-1 所示。

表 1-1　加压湿法冶金的发展历史

类型	年份及人物	地点	反应式
沉淀	1859 年，Nikolai N.Beketoff	法国	$2Ag^+ + H_2 = 2Ag + 2H^+$
	1900 年，Vladimir N.Ipatieff	俄国	$M^{2+} + H_2 = M + 2H^+$
	1903 年，G.D.van Arsdale	美国	$Cu^{2+} + SO_2 + 2H_2O = Cu + 4H^+ + SO_4^{2-}$
	1909 年，A.Jumau	法国	$CuSO_4 + (NH_4)_2SO_3 + 2NH_3 + H_2O = Cu + 2(NH_4)_2SO_4$
	1952 年，H.A.Pray 等	美国	高温高压下氢在水中的溶解度
	1952 年，CHEMICO/Howe Sound, National Lead	美国	$Ni^{2+} + H_2 = Ni + 2H^+$ $Co^{2+} + H_2 = Co + 2H^+$ $Cu^{2+} + H_2 = Cu + 2H^+$
	1952 年，CHEMICO/Freeport	美国	$Ni^{2+} + H_2S = NiS + 2H^+$ $Co^{2+} + H_2S = CoS + 2H^+$
	1955 年，Sherritt-Gordon	加拿大	$[Ni(NH_3)_2]^{2+} + H_2 = Ni + 2NH_4^+$
	1960 年，Bunker Hill	美国	$PbS + 2O_2 = PbSO_4$ $ZnS + 2O_2 = ZnSO_4$
	1970 年，Benilite	美国	$FeTiO_3 + 2HCl = FeCl_2 + TiO_2 + H_2O$
	1970 年，Anaconda	美国	$CuSO_3 \cdot (NH_4)_2SO_3 = Cu + SO_2 + 2NH_4^+ + SO_4^{2-}$
浸出	1892 年，Karl Josef Bayer	俄国	$Al(OH)_3 + OH^- = [Al(OH)_4]^-$
	1903 年，M.Malzac	法国	$MS + 2O_2 + nNH_3 = [M(NH_3)_n]^{2+} + SO_4^{2-}$
	1927 年，F.A.Henglein	德国	$ZnS + 2O_2 = Zn^{2+} + SO_4^{2-}$

续表

类型	年份及人物	地点	反应式
浸出	1940 年，Mines Branch	加拿大	$UO_2 + 3\,CO_3^{2-} + 1/2O_2 + H_2O = [UO_2(CO_3)_3]^{4-} + 2OH^-$
	1952 年，H.A.Pray 等	美国	高温高压下氧在水中的溶解度
	1952 年，CHEMICO/Calera	美国	$CoAsS + 7/2O_2 + H_2O = Co^{3+} + SO_4^{2-} + AsO_4^{3-} + 2H^+$
	1952 年，CHEMICO/Freeport Nickel	美国	NiO(镍红土矿) $+ H_2SO_4 = NiSO_4 + H_2O$
	1955 年，Sherritt-Gordon	加拿大	$NiS + 2O_2 + 2NH_3 = [Ni(NH_3)_2]^{2+} + SO_4^{2-}$
	1975 年，Gold industry	全球多处	$4FeS_2 + 15O_2 + 8H_2O = 2Fe_2O_3 + 8SO_4^{2-} + 16H^+$
	1980 年，Sherritt-Gordon	加拿大	$ZnS + 2H^+ + 1/2O_2 = Zn^{2+} + S + H_2O$
	2004 年，Phelps Dodge	美国	$4CuFeS_2 + 17O_2 + 4H_2O = 4CuSO_4 + 2Fe_2O_3 + 4H_2SO_4$

从表 1-1 可以看出，随着科技工作者研究的深入，加压浸出技术越来越完善，现在已经发展成一门独立的学科。

总之，高压浸出技术是在 150 年前就已产生，现在需要进一步系统研究。

湿法炼锌是当今世界最主要的炼锌方法，由该方法炼出的锌的产量占世界锌总产量的 85%以上。近年来世界新建和扩建的工厂均采用湿法炼锌工艺。湿法炼锌技术发展很快，主要表现在：①硫化锌精矿的直接氧压浸出；②硫化锌精矿的常压富氧直接浸出；③设备大型化、高效化；④浸出渣综合回收及无害化处理；⑤采用工艺过程自动控制系统[2]。

该工艺动力学研究表明，浸出反应是在硫化锌矿粒表面进行的多相反应，为了提高浸出过程的反应速率，要求精矿粒度 98%小于 44μm。升高温度，反应速率增快，但当温度提高到元素硫的熔点（119℃）时，产生的熔融硫会包裹在硫化锌颗粒表面，阻碍浸出反应的继续进行。实验发现，熔融硫的黏度在 153℃时最小，而当温度高于 200℃时，硫氧化生成硫酸盐的速度大大增加，因此浸出温度定为 150℃左右为宜。同时，加入木质磺酸盐作为表面活化剂有利于反应的顺利进行。溶液中三价铁离子的存在对浸出反应起加速作用，在使硫化锌氧化时，其本身被还原成二价铁离子，接着又被进一步氧化成三价铁离子。二价铁离子氧化成三价铁离子被认为是浸出过程的控速阶段，起到传递氧的作用。浸出的反应速率与二价铁离子的氧化速率紧密相关，二价铁离子氧化速率与二价铁离子的浓度、溶液的酸度及浸出过程的氧压有关。工业实践证明，硫化锌精矿氧压浸出的温度为 140～150℃，氧分压为 700kPa，浸出时间为 1h，锌浸出率可达 98%以上，硫总回收率为 88%。目前，国外已有多座炼锌厂建成了氧压浸出系统。

1. 加拿大特累尔锌厂

该厂氧压浸出系统设计处理锌精矿能力为 $190t \cdot d^{-1}$，新建的氧压浸出系统与原有的传统湿法炼锌平行运行，氧压浸出的矿浆经旋流器分级溢流进入老系统的酸浸槽与原工艺流程合并，氧压浸出系统设计产锌量为全厂产能的 20%[3]。

该厂处理的物料主要是科明科公司的沙里文矿，其组分为锌 49%、铁 11%、铅 4%、硫 32%。

氧压浸出厂首先将锌精矿用球磨机细磨，球磨机与水力旋流器闭路循环，旋流器的溢流经浓缩后得到含固量 68%～70%、粒度小于 44μm 占 90%的矿浆，在矿浆搅拌槽里加入表面活性剂后，连续泵入四室高压釜的第一室。将由电积车间来的废电解液配入浓硫酸，使其酸度达到含硫酸 165g·L^{-1}，然后与矿浆闪蒸槽产出的蒸汽进行热交换，使废电解液的温度由 30℃升高到 70℃，预热后的废电解液泵入高压釜的第一室。未经预热的废电解液泵入高压釜的第二室，氧压浸出用的氧气纯度为98%，从高压釜前三个室加入。高压釜为四室卧式机械釜，其直径为 3.7m，长为 15.2m，容积为 1000m^3，每室有搅拌器和隔板，操作压力为1250Pa，温度为150℃，浸出产物通过衬陶瓷的排料阀排出，进入闪蒸槽，闪蒸槽的操作压力为 55kPa，温度为 117℃，闪蒸后的矿浆进入调节槽，再泵入一台水力旋流器，旋流器的溢流主要是硫酸锌溶液和铁矾矿浆，经扫选硫后送至焙烧浸出系统。扫选产品与旋流器底流合并经粗选、精选后产出硫富集物，再经过滤、熔融、热滤，产出元素硫。未反应的硫化锌和夹杂的硫残渣返回焙烧。

该氧压浸出系统经改造完善后的处理能力已达到376t·d^{-1}，设备运转率为90%，高压釜物料停留时间为 100min，排气中氧含量（干基）为 85%，浸出终液含铁 5g·L^{-1}，含酸 30g·L^{-1}，锌浸出率为98%，硫回收率为83%～91%。

2. 加拿大梯明斯厂

该厂也是在传统湿法炼锌厂基础上扩建的，氧压浸出系统设计处理精矿能力为105t·d^{-1}。加压浸出的矿浆经浓密后，溢流在氧化槽中氧化、中和、焙烧作氧化步骤的中和剂，氧化步骤排出的浆化物由硫酸锌溶液、未反应的焙烧砂矿和沉淀的氧化铁组成，送至老系统的中性浸出工序与主工艺流程合并，氧压浸出矿浆浓密底流即合硫浸出渣，与系统产生的残渣一起洗涤过滤并储于尾矿坝。

该厂的氧压浸出工艺与特累尔锌厂工艺略有不同，采用低酸作业，铁以黄钾铁矾、碱式硫酸铁和水合氧化铁形式沉淀。

浸出高压釜也是四室卧式机械釜，其直径为 3.2m，长为 12m，有效容积为 50m^3，釜体结构与特累尔锌厂相同，外壳为碳钢，内衬铅和耐酸砖，内部零件由钛和 904L 不锈钢制成。

进入高压釜的锌精矿矿浆含固量为 65%，小于 44μm 的颗粒占 95%。釜内总压维持在 1100～1240kPa，温度为 130～145℃，浸出产物经闪蒸槽降至 100℃后进入调浆槽，在浓密机中固、液分离前静置一段时间，使硫碘转换成单斜体结晶状。大约 25%的上清液作为冷却剂再循环回到高压釜内，剩余的上清液在氧化槽中使二价铁离子氧化成三价铁离子，在此焙烧作氧化步骤的中和剂，并返回老系统沉矾液调节液固比。氧化槽排出的浆化物送至传统工厂的中性浸出段。浓密机底流含碱式硫酸铁、铁矾渣、单质硫及其他残留物，它们与传统工厂生产的残渣一起洗涤并堆存于尾矿坝。该厂投产前期，曾出现过砖衬脱落、铅衬局部侵蚀、卸料管堵塞及排气控制阀磨损的问题，经过几次修改，以及更换材质和加强维护管理，逐步提高了其经营效率和产量。1995 年设备运行作业率已达 80.4%，设备利用率达 88.2%。其主要生产数据如下：实际的精矿处理量为 150t·d^{-1}，釜内氧含量（干基）为 92%，浸出终液含酸 15～18g·L^{-1}，含铁 3～3.5g·L^{-1}，锌浸出率为98%。

3. 德国鲁尔锌厂

该厂是第三家采用氧压浸出工艺的公司，加压浸出和原有的湿法炼锌老系统的设备结合起来提高了电锌的生产能力，年增产 5 万 t 电锌，占全厂总量的 1/3 以上。老系统的流程包括焙烧、中性浸出、热酸浸出、高热酸浸出、净液、电积等。高热酸浸出的铅、银渣出售给铅厂，热酸浸出液用锌精矿还原，使溶液中的三价铁离子还原成二价铁离子，然后焙砂中和，使铁以赤铁矿的形式沉淀下来。还原渣含有硫化锌和大量硫，它们被送往焙烧炉。新增氧压浸出系统后，改变了这部分工艺，即将还原渣与锌精矿二次研磨后的矿浆混合，同时加入高压釜。其作用是增加焙烧炉处理的精矿量，也使还原渣中的硫不以硫酸的形式产出，而以元素硫的形式产出。进入高压釜的锌清矿量占原料量的 50%～60%，还原渣为 40%～50%。高压釜反应温度为 150℃，为防止元素硫包裹硫化锌颗粒，在进入高压釜的混合矿浆中加入添加剂。加压浸出后的矿浆进入闪蒸槽后温度下降到 120℃，产生的蒸汽作用于加热进料溶液，闪蒸槽排出的矿浆进入调节槽后温度进一步下降到 80℃，单质硫冷却成小的颗粒，用浮选方法与矿浆分离。

调节槽矿浆进入初级浮选槽直接处理，初级浮选后的尾矿浆进行浓密，浓密机底流经粗选、扫选、精选后得到的硫精矿和初级浮选的硫精矿合并，经过滤、洗涤、熔融热滤得到单质硫副产品出售，硫化物滤饼返回焙烧。扫选尾矿与旧流程高热酸浸出渣混合进入原有的铅、银、渣浓密池。初级浮选尾矿浓密机上清液含有的溶解的锌、铁送往原有的中性浸出工序。

该厂投产 3 年后，原料全部改为精矿，不再处理还原渣。投产初期设备方面的主要问题是高压釜搅拌器的结垢清理和耐酸管道的腐蚀。经修改后该情况已有所改进。1994 年，该厂的主要生产数据为：锌精矿品位为 45%～50%，高压釜利用率为 95%，生产能力提高了 10%～15%，锌浸出率大于 97%，硫回收率为 85%～90%。

4. 加拿大哈得孙湾矿冶公司锌厂

原有锌厂采用焙烧-浸出-电积工艺，经过整改后，完整的两段氧压浸出流程完全取代了旧工艺的焙烧浸出工艺。该厂至今是世界上第一座完全采用氧压浸出的炼锌厂，而其他的锌氧压浸出都是与焙烧工艺并存的[4]。

该厂氧压浸出处理的混合精矿经过球磨机细磨、旋流闭路分级和浓密机浓密，底流矿浆含固量为 70%，粒度小于 44μm 的占 98%，泵送至氧压浸出系统。精矿浆、返酸和堆存的残渣浸出液一起加到第一段高压釜进行低酸浸出，高压釜第一室温度为 140～150℃，其余各室为 150℃，停留时间为 1h。一段浸出矿浆经两级闪蒸槽降温、降压后进入低酸浸出浓密机。浓密机溢流酸度为 7～9$g \cdot L^{-1}$，用氢氧化锌矿浆中和、锌粉除铜、除铁后送净液车间。中和除铁用氢氧化锌矿浆为烟尘和浮渣经浸出、石灰中和后的产出物。低酸浸出浓密机底流含固量为 45%，泵入第二阶段高压釜进行高酸浸出。其釜体结构、操作温度、压力与第一段低酸浸出相同，但酸度较高。高酸浸出浓密机溢流酸度为 35～40$g \cdot L^{-1}$，经储槽返回第一段低酸浸出釜。低酸浸出釜的温度通过高酸浸出溢流和低酸返回溢流来控制，而高酸浸出釜的温度通过向最后一个室补充废液来控制。高酸浸出矿浆在进入高酸浸出浓密机前也通过两级闪蒸槽和中间槽降温、降压，回收蒸汽用于加热反应溶液，高酸浸出浓密机底流用水浆化，再经浮选得到硫精矿。浮选尾矿经浓密、过滤和洗涤后送尾矿坝，硫精矿浆经过滤、洗涤、熔融、热滤产出元素硫出售，热滤渣（主要含未反应的硫化物）送公司铜厂处理。

该厂设有直径为 3.9m、长为 21.5m 的卧式机械搅拌釜 3 台，低酸浸出和高酸浸出各用一台釜，另一台高压釜作为两者的备用。其于 1993 年 7 月投产，1995 年达到设计能力的 98%。通常每月停车一次，主要是清理闪蒸槽和管道的结垢，更换搅拌装置的衬套，每 3～4 个月停产清理高压釜浸渍管和排浆管的结垢，每 6 个月清理一次高压釜的结垢，并同时维护卸料阀门和搅拌器的密封装置。

该厂的主要生产数据为：精矿处理量为 $22.2t \cdot d^{-1}$，操作压力为 1100～1200kPa，氧浓度按设计要求一直保持在氧分压 80%（干基）条件下操作，低酸浸出锌浸出率为 75%，高酸浸出锌浸出率达 99%，低酸浸出液含锌 $150g \cdot L^{-1}$，含铁小于 $2g \cdot L^{-1}$。

从 1930 年开始，该厂在马尼托巴的富林富隆经营着一个锌和铜的混合精炼厂，锌冶炼厂采用的焙烧-浸出-电积的工艺。直到 1993 年 7 月 2 日，这一局面得到改变，该厂试运转世界上第一家二段锌氧压浸出冶炼厂，试车成功后，在富林富隆生产的所有锌产品都来自氧压浸出。也就是说，各种不同的混合锌精矿都在高压釜中得到处理，而不需要再进行焙烧。为了满足政府新的二氧化硫和颗粒物排放规定，该厂通过推行氧压浸出工艺消除了锌冶炼厂所有二氧化硫和颗粒物的排放。试车成功后，该厂氧压浸出工艺一直运转良好，锌电解车间满负荷生产，产能通常高于设计生产能力。

到目前为止，世界上采用氧压浸出工艺炼锌的工厂有几十家，均已建成并投产。我国已有 6 家 10 万 t 级的锌高压浸出冶炼厂投产，各厂采用的具体工艺不尽相同。

1.2 高压浸出技术在冶金中的地位

高压浸出技术涉及化工、核电与冶金学科。广义的高压浸出技术就是高温高压湿法冶金，包括高压（加压）浸出和高压（加压）沉淀两个方面。根据是否有氧气参与反应，高压浸出又分为通氧气的加压浸出与不通氧气的加压浸出。高压浸出技术的冶金应用可以用图 1-6 所示的关系来描述。可见，高压浸出技术涉及大多数金属的提取。事实上，高压浸出技术的规律也可供火法冶金借鉴。例如，羰基镍冶金过程就用到高压浸出技术中的许多高压技术，也用到其中很多规律。

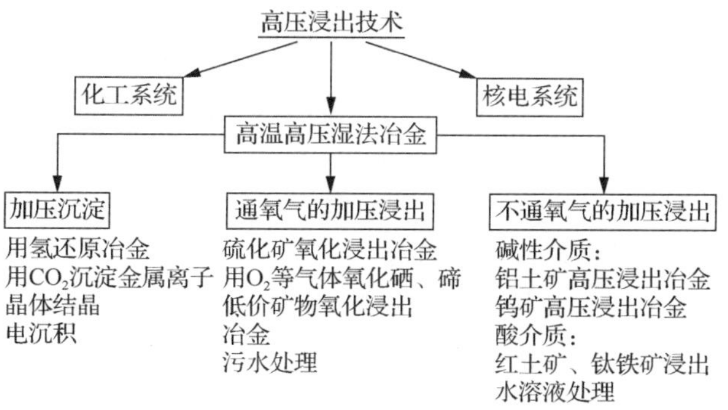

图 1-6 高压浸出技术的冶金应用

不通氧气的加压浸出的研究始于 1987 年拜耳在圣彼得堡开展的铝土矿高压浸出研究。高压沉淀起源于 1959 年苏联化学家 Beketoff 在巴黎开展的氢加压条件下加热硝酸银而析出金属银的研究。

通氧气的加压浸出包括：硫化矿氧化浸出冶金，用 O_2 等气体氧化硒、碲，低价矿物氧化浸出冶金，污水处理。在酸性溶液中硫化矿与氧气反应需要在高于水的正常沸点下进行。通氧气的加压浸出技术在国内外主要应用于：①硫化镍、冰铜的高压浸出；②硫化锌精矿的高压浸出；③难处理精矿的高压预氧化（如金精矿）；④污水处理。

对于硫化矿氧化浸出，反应如下：

$$MeS + 1/2O_2 + 2H^+ \xlongequal{} Me^{2+} + S + H_2O \tag{1-19}$$

从热力学上看，在 20～100℃下该反应很容易进行；从动力学上看，反应很困难，进行速度慢。解决的办法是升温、加氧压浸出。

1.2.1 在处理有色金属硫化矿中的作用

高压浸出技术具有金属综合回收率高、反应快及工艺流程简短等优点，过程中硫以元素硫或硫酸根形式进入残渣或溶液中，避免了二氧化硫对环境的污染，在有色金属硫化矿铜、锌、铅、镍、钼、钨、铀等行业进行了大量的研究和应用[5]。

国内外针对硫化铜矿加压浸出开展了大量研究工作。目前，铜加压浸出处理原料以硫化铜矿为主，具有如下优势：①过程中不产生二氧化硫，可避免对环境的污染；②适于小规模生产，尤其适于偏远矿山的就地建设，能减少运输量，解决硫酸运输难题；③适于复杂低品位，尤其是含砷、锑等原料的处理，对原料适应性广；④金属综合回收率高，可作为传统冶炼工艺的有力补充。

由于碱性溶液中硫氧化为高氧化态的电位比酸性介质中低得多，硫化铜矿氨性加压浸出过程中硫直接以硫酸根的形式进入浸出液中，而不能转化为单质硫。氨溶液中铜的回收有 3 种方式，即蒸氨沉淀、氢还原、萃取-电积。硫化铜矿氨性加压浸出过程中的典型工艺主要是 Arbiter 流程和 Escondida 流程。

20 世纪 70 年代，美国 Anaconda 公司开发了 Arbiter 流程，即在 50～80℃下采用氨-硫酸铵体系浸出硫化铜矿，通入氧气控制总压为 68.9kPa，过程中辉铜矿和斑铜矿较易浸出，黄矿铜进入浸出渣中，铜浸出率可达 80%左右，经萃取-电积回收铜，浸出渣可浮选回收铜和金、银等有价金属，铜总回收率达 96%以上，银总回收率为 90%。1974 年该工艺进行了工业应用，设计规模为年产铜 3.6 万 t。但由于技术原因、生产维修成本过高，以及矿物成分发生了变化，该厂于 1977 年关闭。

Escondida 流程由 BHP 公司开发。智利 Escondida 矿的主要成分是辉铜矿，较易氧化浸出，且硫氧化率较低，不需要排除硫酸盐。采用氨-硫酸铵通入空气进行浸出，铜浸出率为 40%～50%。溶液经萃取-电积生产阴极铜，浸出渣经浮选回收铜，送火法冶炼厂进行处理。1991 年该工艺进行了为期 6 个月日处理矿石 $600kg \cdot d^{-1}$ 的中试，1994 年 11 月年产铜 8 万 t 生产线建成投产。

以硫化铜酸性体系加压浸出为例，硫化铜矿高温加压浸出一般反应温度控制在 200～230℃，总压在 3MPa 以上。由于过程反应温度较高，而温度是影响硫化物反应的重要因素，过程反应速率较快，铜以硫酸铜形式进入溶液，铜浸出率可达 99%以上。根据反应温度和酸度的不同，铁以不同形式沉淀进入浸出渣中，实现了铜与铁的初步分离。该工艺精矿不需要细磨，也不需要加入氯离子或其他催化剂，工艺过程中硫化物中的硫均转化为硫酸。这也意味着氧气耗量大，溶液硫酸浓度高，需经中和才能进行下一步处理。

2003 年，Phelps Dodege 公司（现 Freeport McMoran，FCX）在美国亚利桑那州建立了世界首家黄铜矿高温加压浸出示范厂（Bagdad 厂），年产铜 1.6 万 t。加压浸出在一台 93.5m×16m 的五隔室加压釜中进行，在操作温度为 225℃、操作压力为 3300kPa 的条件下，铜浸出率为 99%，总回收率为 98%，连续运行了 18 个月。浸出液送现场堆浸系统进行处理，充分利用其中的硫酸，避免了过去需从迈阿密冶炼厂运送浓硫酸的问题，最终经原有萃取、电积车间生产阴极铜。但由于过程中产出的酸远超过堆浸用量，2004 年 4 月 Bagdad 厂计划采用中温加压浸出。

2007 年，赞比亚 Kansanshi 矿加压浸出生产线建成投产，处理铜金混合矿，设计规模为年产铜 3 万 t。配备 3.35m×26.8m 加压釜两台，操作温度为 220℃，压力为 3MPa，停留时间为 98min，铜浸出率为 99%，渣主要为碱式硫酸铁，铜含量低于 0.3%，反应后矿浆并入原有氧化矿浸出系统。该厂工艺与 Bagdad 厂高温工艺相似，但没有细磨工序。与老挝 Sepon 厂相比，该厂直接加压浸出黄铜矿，而 Sepon 厂主要是通过加压浸出产出三价铁离子，然后用于浸出辉铜矿。

硫化铜酸性体系加压浸出还可以中温、低温进行，反应温度一般控制在 140～180℃，过程中硫以元素硫的形式进入浸出渣中。由于该状态下硫为熔融态，且极易浸润硫化矿，包裹或团聚未反应矿物，造成后期反应速率逐渐下降，反应过程中需加入适量的添加剂，如木质素磺酸盐、氯离子及煤粉等。大部分铁以α-FeOOH 针铁矿形式沉淀，在氯离子存在下，α-FeOOH 会吸附部分氯离子进入其晶格中，如果不加入碱离子将会形成铁钒。根据矿物成分和反应条件的不同，硫转化为元素硫的比例为 40%～80%。低温加压浸出的典型工艺主要包括 Activox 工艺、BGRIMM-LPT 工艺和 Mt Gordon 硫酸高铁法等。

高压浸出技术在处理有色金属硫化矿方面的另一个成功实例是铜/铅阳极泥的高压浸出技术。铜/铅阳极泥是电解精炼过程中重要的副产物，含有铜、铅、硒、碲、砷、锑和贵金属等多种有价金属。完整的阳极泥处理工艺主要包括预处理过程、火法处理过程、湿法处理过程、贵金属提纯 4 个过程。虽然关于阳极泥处理方法的研究很多，但是传统的阳极泥处理方法大多数是在酸性体系中进行的，主要存在金属回收率低、环境污染严重、设备腐蚀严重和处理成本高等缺点，因此需要进行节能降耗的加压浸出研究。

有学者提出，用碱性氧化浸出和酸性浸出相结合的工艺成功处理了铜/铅阳极泥，碱性氧化浸出过程在有效分离了铜/铅阳极泥中砷和硒的同时将其他金属氧化，然后在酸性浸出过程又分离出了铜、碲和铋等金属，实现了贵金属的高效富集。有人提出，氧气（或空气）和双氧水作为氧化剂是可行的，喷嘴的使用可以促进空气氧化浸出过程的物料混合与氧化过程，加压氧化方式的使用可以同时提高反应过程的温度、压力和氧分压等；根据 Me-H_2O 系的 E-pH 图，研究了碱性氧化浸出过程中铜/铅阳极泥中主要金属的行为，铜、铅、铋、锑、金和银被氧化后以氧化物、含氧酸盐或单质形态进入碱性浸出渣，砷、硒、碲、硫、硅和氟以含氧钠盐形态进入碱性浸出液，即通过碱性氧化浸出过程实现了有价金属的有效分离。铜阳极泥碱性加压氧化浸出过程的最佳工艺条件如下：NaOH 浓度为 2.0mol·L^{-1}，温度为 200℃，氧分压为 0.7MPa，时间为 3h，液固比为 5∶1，填充比为 0.8，搅拌速度为 1000r·min^{-1}，碱性浸出渣率保持在 76.0%，砷和硒的浸出率达 99.0%以上，铜、银和碲的浸出率为 0，铅和锑的浸出率仅保持在 3.0%左右。通过用硫酸选择性浸出碱性浸出渣中的铜和碲，确定了硫酸浸出过程的最佳工艺条件如下：硫酸浓度为 $2.7mol \cdot L^{-1}$，温度为 85℃，液固比为 5∶1，时间为 2h，空气压力为 0.1～0.2MPa，搅拌速度为 $300r \cdot min^{-1}$，硫酸浸出渣率保持在 60.0%，铜和碲的浸出率分别达 97.65%和 77.53%，锡和锑的浸出率都小于 2.0%，银和镍的浸出率分别为 8.95%和 5.85%。

锌精矿氧压酸浸过程中各元素的行为可分为 3 类：①溶解进入浸出液；②不溶解进入浸出渣；③在浸出液与浸出渣之间分布。第一类元素主要有镉、锰、镁、钴、镍、铜等，该类元素浸出行为类似，浸出率接近锌的浸出率。第二类元素主要有钡、铋、铝、银、金、汞等。其中，钡、铋主要进入渣中氧化物部分，汞、金大部分进入渣中硫化物部分，而银、铅进入渣形式不同。对于单级低酸浸出或两级逆流浸出，两者以银（铅）铁矾形式进入渣中氧化物部分；对于单级高酸浸出，铅以硫酸铅形式进入渣中氧化物部分，而银在渣中氧化物部分与硫化物部分之间分配。除上述元素外，其他元素均归为第三类，其中，对铁的行为予以了更多的关注，而元素硫行为复杂。

对于闪锌矿加压浸出过程的机理，浸出反应按下式进行。

$$ZnS + H_2SO_4 = ZnSO_4 + H_2S \tag{1-20a}$$

$$H_2S + Fe_2(SO_4)_3 = 2FeSO_4 + H_2SO_4 + S \tag{1-20b}$$

$$4FeSO_4 + 2H_2SO_4 + O_2 = 2Fe_2(SO_4)_3 + 2H_2O \tag{1-20c}$$

1.2.2　在处理有色金属氧化矿中的作用

由于所处理铝土矿类型、能源价格及所用电解槽不同，拜耳法发展成操作工艺条件不同的欧洲拜耳法和美国拜耳法两种不同的形式。欧洲拜耳法在用高温（473～523K）、高苛性碱浓度（含 Na_2O 170～$260g \cdot L^{-1}$）溶出和高分解产出率（溶出液中 Al_2O_3 超过 $60g \cdot L^{-1}$）的条件下，生产细粒、高温煅烧的面粉状氧化铝。美国拜耳法处理易溶的三水铝石型铝土矿，在低温（约 413K）、低苛性碱浓度（90～$100g \cdot L^{-1}$）溶出和分解产出率仅约 $45g \cdot L^{-1}$ 的条件下，生产粗粒、中等温度煅烧的砂状氧化铝。另外，20 世纪 30 年代苏联已成功地发展了加少量石灰处理一水硬铝石型铝土矿的高温溶出技术，并将其在 20 世纪 50 年代用于工业生产。

拜耳法生产氧化铝有原矿浆制备、高压溶出、压煮矿浆稀释及赤泥分离和洗涤、晶种分解、氢氧化铝分级和洗涤、氢氧化铝焙烧、母液蒸发及碳酸钠苛化等主要生产工序。

1）原矿浆制备：将铝土矿破碎到符合要求的粒度（如果处理一水硬铝土型铝土矿，需加少量的石灰），与含有游离的 NaOH 的循环母液按一定的比例一道送入湿磨内进行细磨，制成合格的原矿浆，并在矿浆槽内储存和保温。

2）高压溶出：原矿浆经预热后进入压煮器组（或管道溶出器设备），在高压下溶出。铝土矿内所含氧化铝溶解成铝酸钠进入溶液，而氧化铁和氧化钛及大部分的二氧化硅等杂质进入固相残渣即赤泥中。溶出所得矿浆称为压煮矿浆，经自蒸发器减压降温后送入缓冲槽。

3）压煮矿浆稀释及赤泥分离和洗涤：压煮矿浆含氧化铝浓度高，为了便于赤泥沉降分离和下一步的晶种分解，首先加入赤泥洗液将压煮矿浆进行稀释，然后利用沉降槽进行赤泥与铝酸钠溶液的分离。分离后的赤泥经过几次洗涤回收所含的附碱后排至赤泥堆场（国外有排入深海的），赤泥洗液用来稀释下一批压煮矿浆。

4）晶种分解：分离赤泥后的铝酸钠溶液（生产上称粗液）经过进一步过滤净化后制得精液，经过热交换器冷却到一定的温度，在添加晶种的条件下分解，结晶析出氢氧化铝。

5）氢氧化铝分级与洗涤：分解后所得氢氧化铝浆液送去沉降分离，并按氧化铝颗粒大小进行分级，细粒作晶种，粗粒经洗涤后送焙烧制得氧化铝。分离氢氧化铝后的种分母液和氢氧化铝洗液（统称母液）经热交换器预热后送去蒸发。

6）氢氧化铝焙烧：氢氧化铝含有部分附着水和结晶水，在回转窑内或流化床经过高温焙烧脱水并进行一系列的晶型转变，制得含有一定 $\gamma\text{-}Al_2O_3$ 和 $\alpha\text{-}Al_2O_3$ 的产品氧化铝。

7）母液蒸发和碳酸钠苛化：预热后的母液经蒸发器浓缩后得到合乎浓度要求的循环母液，补加 NaOH 后又返回湿磨，准备溶出下一批矿石。

在母液蒸发过程中会有一部分 $Na_2CO_3 \cdot H_2O$ 结晶析出，为了回收这部分碱，将 $Na_2CO_3 \cdot H_2O$ 与水溶解后的石灰进行苛化反应，使之变成 NaOH，用来溶出下批铝土矿[6]。

$$Na_2CO_3 \cdot H_2O + Ca(OH)_2 = 2NaOH + CaCO_3 + H_2O \tag{1-21}$$

1.2.3 在处理稀贵金属原料中的作用

处理稀贵金属原料的高压浸出包括：①简单溶解。固体物料的某些化合物本身易溶于水，在浸出时可简单溶入水中。例如，黑钨精矿碳酸钠烧结料中 Na_2WO_4 的溶出和锌焙砂中 $ZnSO_4$ 的溶出。②无价态变化的溶出。固体物料中某些组分与浸出剂作用时没有发生价态变化的溶出。例如，白钨精矿 $CaWO_4$ 用盐酸浸出时生成钨酸 H_2WO_4。③有氧化-还原反应的溶出。固体物料中某些组分在浸出过程中发生价态变化。例如，黑钨矿苏打高压浸出。④有配合物生成的溶出。固体物料中某些组分在浸出过程中生成配合物进入溶液。例如，红土矿经还原焙烧后的氨浸出，镍与氨以配位离子形态进入溶液，自然金矿的氰化物浸出，金与氰根形成金-氰配合离子进入溶液等[7]。

我国是世界产钨大国。1958 年 4 月，苏联援建的株洲 601 厂的正式投产标志着我国钨冶金工业的正式诞生。1981 年西华山会议后，我国开发出具有自主知识产权的碳酸钠高压浸出法。其工艺流程如图 1-7 所示[8,9]。

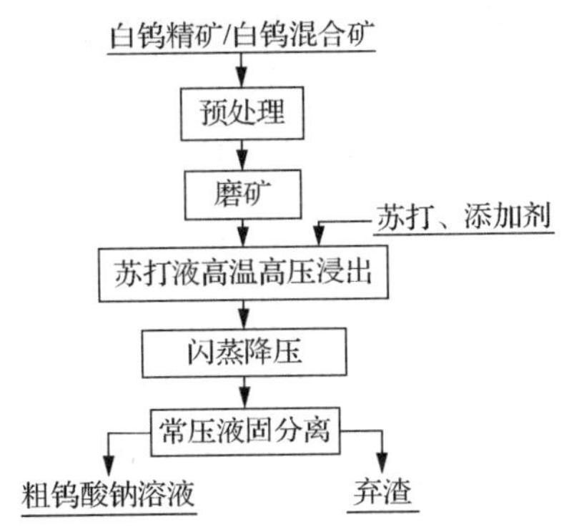

图 1-7 碳酸钠高压浸出法的工艺流程

碳酸钠高压浸出法广泛用于处理白钨精矿、黑白钨混合矿及黑钨矿，国外应用较多。其过程的实质是在 180～230℃条件下，将钨矿原料与碳酸钠溶液进行反应，使钨以 Na_2WO_4 形态进入溶液，而钙、铁、锰以碳酸盐（铁部分一氧化物）形态进入渣，过滤使钨与钙、铁、锰等主要杂质实现初步分离。其浸出过程化学反应方程式如下。

白钨矿：

$$CaWO_4(s) + Na_2CO_3(aq) \longrightarrow Na_2WO_4(aq) + CaCO_3(s) \qquad K_a=2.347\ (25℃) \tag{1-22}$$

黑钨矿：

$$FeWO_4(s) + Na_2CO_3(aq) \longrightarrow Na_2WO_4(aq) + FeCO_3(s) \qquad K_a = 0.26\ (25℃) \tag{1-23a}$$

$$MnWO_4(s) + Na_2CO_3(aq) \longrightarrow Na_2WO_4(aq) + MnCO_3(s) \qquad K_a = 2.1 \times 10^3\ (25℃) \tag{1-23b}$$

在工业生产条件下，Fe CO_3 几乎全部水解：

$$FeCO_3 + H_2O \longrightarrow FeO + H_2CO_3 \qquad K_a = 4.4 \times 10^4 \tag{1-24}$$

当有氧化剂存在时，FeO 和 $MnCO_3$ 可进一步被氧化，这些反应有利于浸出过程的进行：

$$FeO + 1/2O_2 \longrightarrow Fe_2O_3 \tag{1-25}$$

$$2MnCO_3 + 1/2O_2 \longrightarrow Mn_2O_3 + 2CO_2 \tag{1-26}$$

由以上反应及其反应平衡常数可知：在碳酸钠适当过量的条件下，白钨矿和黑钨矿都能被碳酸钠溶液分解，而且在有氧化剂的条件下，更有利于黑钨精矿的分解。

碳酸钠高压浸出的优点包括：技术成熟，适用性广，基本上能够处理各种类型的矿石；温度升高，有较高的钨浸出率，而杂质浸出率不会增加，处理能力大；既能很好地处理我国目前多用的黑钨矿，又适应我国钨资源向白钨矿转变的要求。其缺点包括：碳酸钠的消耗量大，为理论量的 3.5～5 倍，在处理较低品位矿时，碳酸钠耗量高达 5～6 倍，而目前没有非常经济的方法对其进行回收，造成原料的极大浪费和废料量的增加。若添加碳酸钠回收工艺，会使流程加长，设备增加；过程将在高温（180～230℃）和高压（1.2～2.6MPa）下进行。

2017 年 1 月 11 日，我国首套难处理金矿加压预氧化系统在贵州紫金水银洞金矿建成投产。这是该技术在我国黄金行业的首次运用，对国内低品位难处理的黄金和多金属的加压氧化工艺有很大的推广价值，对我国矿业生态环境保护，带动黄金及其他金属的产业整体技术水平提升及相关设备制造业技术进步有重大意义。中国工程院院士邱定蕃、何季麟、邱冠周等专家学者对该项目给予了高度评价，一致认为其填补了我国难处理金矿加压预氧化的空白，达到了国际领先水平。

1.2.4　在冶金合成中的作用

陈丽丽[10]利用高温高压反应釜在超临界水体系中成功地合成了单一物相、形貌均匀、高结晶度、单分散的四元氧化物 $MgTeMoO_6$ 微晶材料；利用 X 射线粉末衍射、扫描电子显微镜、固态荧光和热分析等手段对得到的 $MgTeMoO_6$ 微晶材料进行了详细的性能测试和表征；考察了反应温度、反应时间、反应物加入量对产物物相结构、形貌尺寸的影响；对超临界水体系中 $MgTeMoO_6$ 形成的反应机理进行了探索分析；对不同方法制备得到的 $MgTeMoO_6$ 在丙烯氧化催化方面进行了实验研究。其研究揭示了超临界水体系合成多元氧化物过程的参数影响、产物物相和形貌的基本规律，不仅为多元氧化物实现微纳米化提供了一种快速有效、绿色环保的制备方法，还在多元氧化物微晶材料的合成方面积累了经验，拓宽了超临界水技术在材料合成领域中的应用范围。

朱云等[11]在硫酸镁溶液中添加氢氧化钠沉淀出氢氧化镁凝胶，再用水热法改性制得阻燃剂级氢氧化镁（水热改性后的氢氧化镁大小均匀），并试验研究了试验条件（氢氧化钠浓度、水热处理温度、水热处理时间）与水热产物性能的关系。在试验条件下，氢氧化钠浓度越高，水热改性效果越显著。他们在200℃、氢氧化钠浓度为$4mol \cdot L^{-1}$的条件下得到了针状的阻燃剂级氢氧化镁产品，并由 ASAP-2000 全自动氮物理吸附仪测得试样的比表面积为 $8.248m^2 \cdot g^{-1}$，这个数值完全达到了氢氧化镁作为阻燃剂的要求（$1m^2 \cdot g^{-1}$<比表面积<$20m^2 \cdot g^{-1}$）。

综上所述，高压浸出技术在冶金的方方面面都有重要的地位：①在处理有色金属硫化矿时，能够产出元素硫；②在处理有色金属氧化矿时，能量消耗比烧结法低；③在处理稀贵金属原料时，回收率比其他方法高，分离效果好；④在材料制备中，能制备其他方法不能产出的化合物，具有独特性能。

1.3 高压浸出技术的主要内容

高压浸出（加压浸出）即在压力大于 $9.8692 \times 10^4 Pa$ 的条件下用溶液处理矿石或精矿。高压浸出一直是处理含金属物料的一种有生命力的工艺，具有排除杂质和提取目标金属的非凡能力。用该技术能够实现常压湿法冶金不能达到的限度。

高压浸出的主要特点包括：①提高浸出温度，加快浸出速度，从而大大缩短浸出时间；②使一些在常温常压下不能进行的反应成为可能；③使某些气体（如氧气）或易挥发性的试剂（如氨）在浸出时有较高的分压，使反应能在更有效的条件下进行，从而强化了浸出过程，提高了金属的提取率。

1.3.1 高压浸出的基本概念

1. 浸出原料

浸出原料通常是由一系列矿物组成的复杂多元体系，其中有价矿物多为硫化物、氧化物、碳酸盐等化合物。

浸出前对原料的准备工作包括对原料进行物理、化学处理，以及改善其性质，使有价成分能够转变为可溶性物质。备料和预处理的常见方法包括焙烧、烧结、湿磨。

2. 浸出溶剂

浸出溶剂的性质包括：①能选择性地迅速溶解原料中的有价成分，不与原料中的脉石、杂质发生作用；②价格低廉，能大量获得；③没有危险，便于使用；④能够再生使用。

工业中常使用的溶剂有水、酸溶液、碱溶液和盐溶液等。

3. 浸出分类

由于浸出原料的组成、性质不同，所采取的浸出方法也不同。浸出的方法可根据以下 3 个方面的不同特点来划分。

1）按浸出过程控制的压力不同，可分为常压浸出和加压浸出。加压浸出又分为有气体参与反应的加压浸出和无气体参与反应的加压浸出。

2）按浸出使用的溶剂不同，可分为水浸出、酸浸出、碱浸出和盐浸出。

3）按浸出过程主要反应的类型不同，可分为可溶性化合物溶于水的简单溶解浸出、溶质化合价不变的化学溶解浸出、有氧化-还原反应的电化学溶解浸出和生成配位化合物的化学溶解浸出。

本书以第一种方法进行分类。

1.3.2 高压浸出的技术问题

高压浸出涉及的问题包括压力容器及盛装介质，过程控制与安全生产，浸出料浆流动、自蒸发与高压换热，压力容器的规范标准等。

浸出的目的是使矿物中的有价元素进入溶液与矿石中的无用组分分离，因此必须重视液固两相的可分离性。浸出是在水溶液中进行的化学反应，反应温度较火法低。影响过程是否经济的因素包括反应速率、试剂消耗、固液分离和能耗。影响浸出速度的因素包括粒度、温度、浸出剂浓度、矿物的离解程度和固体产物层。

高压浸出技术需要研究溶出曲线、金属及其化合物在（酸性、碱性）水溶液中高压浸出的机理、高压条件下的配合物反应及高温高压体系还原等。高温高压浸出技术需要研究物料准备、压浸、闪蒸及冷却、硫回收。

熔盐炉系统是氧化铝管道化溶出工艺的关键设备，但一直以来对熔盐炉系统熔盐加热段和换热段的热工过程缺乏系统研究和分析，以致对该系统的操作和改进主要依靠经验进行，缺乏相应的理论指导。因此，依据实际生产设备，建立并求解熔盐炉系统各部分的物理数学仿真模型，深入了解熔盐炉系统熔盐加热段和换热段的热工过程，获得熔盐炉系统运行的最优结构参数及各项运行参数成为亟待解决的新课题。

高压浸出技术围绕高压浸出涉及的问题，主要研究以下内容。

1. 矿石的预处理

预处理的目的之一是打开所提取金属的包裹层，使矿石形成多孔状，利于矿石中的金属与浸出液接触。铁矿石样品预处理技术在整个铁矿石成分的分析中占有重要的地位，如预选。热压氧化法主要是利用空气或富氧在高压釜中进行热压氧化的过程，通过加温、充氧的手段破坏硫化矿及部分脉石矿物的预选，使进出过程能够顺利进行。市面上有专门的系列矿浆预处理器，如主要用于浮选前矿浆准备的设备能改善浮选性能，减少药剂消耗，是各类浮选机不可缺少的配套设备，也可以代替搅拌桶完成液体、固体（0.5mm 以下）、气体的搅拌。另外，还有矿浆预处理器质量检验规程，这些都需要专门进行学习。

2. 高温高压水（矿浆）的性质与高温高压场中的矿浆流动性

使矿浆的势能产生矿浆流动的动能，克服摩擦阻力，实现矿浆的搬运过程称为矿浆输送。矿浆浓度不仅影响高压浸出作业过程，还直接影响金属回收率。矿浆浓度达到一定值后具有宾汉体的性质，矿浆流动性能发生改变。所有这些都影响高压浸出技术的进行。

3. 高压反应器的结构与选用

高压浸出就是在压力容器内完成具有一定压力和温度的冶金反应。《压力容器安全技术监察规程》（简称《容规》）对压力容器有相应的界定，包括压力容器的基本要求、压力容器的分类及高压容器的基本结构，如压力容器附件支座及压力容器的搅拌机构等。学习和掌握压力容器的基础知识对冶金高压浸出工程具有重要意义。

因此，学习高压浸出反应器的结构与强度设计、制造、安装与维修，掌握其与过程设备设计的不同之处，掌握高压设备流体动密封技术与高压场中材料的防腐，从防腐蚀设计，获得管道化溶出反应器的最优结构参数及各项最佳运行参数等，都具有重要的参考价值和指导意义。

4. 高压换热与溶出后矿浆的取热

螺旋螺纹管式换热器是近年来推出的一种新型高效节能换热设备。它在设计上完全突破了传统管式换热器的设计思路，从材料选择到结构形式、外形体积等方面与传统管壳式换热器相比均有大幅度变化，不断地为客户提供各种工况的解决方案，受到广大客户的信赖和支持。

高压体系的加热方式由蒸汽直接加热发展为蒸汽间接加热，乃至管道化溶出高温段的熔盐加热。管道化溶出是指溶出过程在管道中进行，且热量通过管壁传给矿浆。管道化溶出技术于 1933 年由奥地利人 Muller 和 Hiller 发明，Hiller 于 1934 年又提出了改进。1965 年，匈牙利人建立了第一套管道化溶出实验装置，用于工程测试。实验证明，从设备角度看，管式反应器溶出铝土矿在工业上是可行的。

管道化溶出工艺由于受到泥浆泵严重磨损和管道结疤问题的困扰，一直未能实现工业化。直到橡胶隔膜泵发明以后，管道化溶出技术才于 1966 年率先在德国实现工业化。1972～1973 年，马丁（Motim）厂安装了新设计的管道化溶出装置并进行了工业试验，并于 1982 年 5 月投入生产，其流量为 $120m^3 \cdot h^{-1}$，氧化铝产能为 9 万～10 万 $t \cdot a^{-1}$，溶出温度为 250℃。

苏联从 1945 年起开始研究管道化溶出技术。经过多次的试验数据结果，20 世纪 80 年代苏联铝镁设计研究院在黑海建设了尼古那耶夫氧化铝厂，并在该厂建起了独联体第一套管道化溶出工业装置，其矿浆流量为 $180m^3 \cdot h^{-1}$，设计溶出温度为 320℃，$A1_2O_3$ 的溶出率为 99.5%。

德国联合铝业公司从 1960 年开始研究管道化溶出技术。经过 9 年的研究实验，他们在 1969 年成功地在纳勃（Nab）厂建成了流量为 $80m^3 \cdot h^{-1}$ 的管道化溶出装置。随后在利泊（Lippe）厂建起了最先进的 RA-6 型管道化溶出装置，其产能可以达到 114 万 $t \cdot a^{-1}$。RA-6 型溶出装置属多管单流法，溶出温度达 280℃，处于世界领先水平。

我国铝土矿现有资源大多数为一水硬铝石型铝土矿，矿石以高铝、高硅、低铁为特征，是各类铝土矿中较难进行溶出的一种。因此，我国铝土矿的种类和品位决定了我国氧化铝厂主要采用的溶出技术为管道化强化溶出技术。国内对于管道化溶出技术的研究起步于 1968 年。当时在贵州铝厂建立起了我国第一套管道化溶出装置，其矿浆流量为 1.1～1.8$m^3 \cdot h^{-1}$，压力为 4MPa，溶出温度为 240～245℃。20 世纪 90 年代，中国铝业河南分公司氧化铝厂采用德国的 RA-6 型管道化溶出装置对我国一水硬铝石型铝土矿进行处理，因为其工艺技术适合国外的三水铝石，不适合我国一水硬铝石溶出，所以闲置了数年。经过技术革新和试验，为了增加反应时间，提高溶出率，在管式反应器后面附加了一个反应罐，即采用管道-停留罐强化溶出技术。1998 年 12 月，该技术成功应用于长铝公司氧化铝生产，取得了较好的效果。管道化溶出工艺的应用已经趋于成熟，但是管道化溶出系统仍然处在不断革新、改良的阶段。

管道化技术的逐步成熟给氧化铝生产的节能降耗带来了新的转机，同时也给研究者提出了更宽泛的研究方向和研究领域。

5. 高压反应器及管道结疤的清除

结疤是指氧化铝生产流程中在湿法生产设备和管道表面上附着固态物质的现象。结疤问题是长期困扰氧化铝生产的一大难题。结疤的存在严重影响了氧化铝生产的各个环节，导致管道堵塞，使换热器的传热系数严重降低，从而降低设备产能，增加能耗，使生产成本升高。目前还没有有效阻止结疤生成的方法，大量研究以减缓结疤的生成速度及如何清除结疤为目标。

研究人员在对国内外氧化铝生产系统结疤问题的研究动态做了全面了解的基础上，利用先进检测仪器和试验研究手段，对中国铝业股份有限公司中州分公司氧化铝生产系统中不同生产环节结疤，尤其是管道结疤进行了广泛普查及分析研究；根据对其化学成分及物相组成的分析，研究了各种结疤的形成过程、形成机理；结合氧化铝生产工艺流程特点，研究了生产工艺条件和物料组成对结疤形成的影响；通过研究温度、矿石组成、石灰量、矿浆流速等因素对结疤的影响，掌握了氧化铝生产系统结疤特点、结疤规律及各处结疤的物化性质；重点研究了溶出套管预热器、蒸发器等结疤形成的机理及特征。

研究人员通过系统理论研究、现场调研和试验研究，考察了高压水清除法、超声波除垢等各种清除结疤及防止结疤的方法，探索出了清除结疤的有效途径。重点对蒸发器、溶出器、拜耳法原矿浆输送管道、循环水管道结疤的清除方法进行了研究。其中，对蒸发器和溶出套管预热器结疤的清除所做的试验证明，蒸发器和溶出套管预热器结疤的清除适合采用酸洗法，并添加长鑫缓蚀剂。该缓蚀剂与本行业目前使用的缓蚀剂若丁及国内的许多缓蚀剂相比，可使设备腐蚀速率降低为原来的 1/10～1/6，延长蒸发器的使用寿命 40%以上，经济效益显著。

在防止结疤方面，研究人员针对生产中不同环节的结疤特点，从结疤机理、操作运行、技术改造及添加晶种、超声波防垢等方面进行了大量分析研究，提出了适合于不同生产环节缓解结疤生成的有效措施。

主要结论如下。

1）氧化铝生产系统结疤成分复杂，不同生产环节因工艺条件及料浆组成的不同，结疤形成机理及物相组成有很大差异。例如，原矿浆输送管道、隔膜泵管道及闸门等处结疤的主要成分是硫酸盐、碳酸盐；拜耳法溶出器和溶出系统高温段结疤的主要成分是钙霞石，其次是钛酸钙等；保温段结疤的主要成分是水化石榴石，其次是钙霞石、羟基钛酸钙和钛酸钙等；脱硅机组结疤的主要成分是一水软铝石和钠硅渣；蒸发器结疤的主要成分是钠硅渣以钙霞石的形态析出。

2）清除结疤是目前采用的最有效的措施，目前还没有完全有效的方法阻止结疤的生成。而不同生产环节清除方法不同：①对拜耳法原矿浆结疤的清除，建议用水冲刷、浸泡或将固体结疤清除掉，送烧结法回收 Na_2O。也可以利用大功率超声波清洗设备或在管道内和分级机叶片上涂以耐碱耐高温涂料等；②对溶出管道结疤的清除，采用硫酸酸洗，同时添加长鑫缓蚀剂，能够彻底清除结疤，且能够有效保护管道，与目前添加西德生产的缓蚀剂相比可降低成本 60%，建议在氧化铝行业推广使用；③对蒸发器管道结疤的清除，使用 5%的硫酸添加 1%左右的长鑫高效缓蚀剂，与目前本行业使用的缓蚀剂若丁相比，可延长蒸发器使用寿命至 40 年，经济效益显著；④对于循环水管道结疤的清除，首先用 pH=6 的弱酸性水浸润垢层，使垢层之间黏结力减小，再利用脉冲振动把垢层振落，除垢效果良好。

3）防止结疤的措施：①提高脱硅指数，减少蒸发器、预热器上硅渣的形成，用酸洗蒸发器，延长预热器的周期。②降低蒸发母液沉降温度，以充分排除 SO_4^{2-}，使其在母液中的浓度保持在 $5g \cdot L^{-1}$ 以下，减少原矿浆槽和输送管道、隔膜泵管道及闸门等料浆制备系统的结疤。③对于钙钛渣，可以选择添加晶种或涂以抗黏附材料的方法阻止钙钛渣结疤。④改进和完善运行、水洗、清理等操作。另外，增加强制循环泵、改造进气形式、提高酸洗循环速度等都是可行的方法。超声波阻垢是目前比较有效的方法，通过进一步完善和发展，将会最终解决结疤问题。

6. 高压浸出反应器的控制

一个高压浸出过程，不论是间歇式还是连续式，必须检测、控制过程的参数，才能达到浸出的目的。需要控制的常见参数如下。

1）各高压容器的温度与温度分布。

2）各高压容器的压力检测、显示与压力分布控制。

3）各高压容器的液位检测、显示与液位控制。

4）矿浆在各高压容器的停留时间与停留时间分布。

5）矿浆在各高压容器的流动状态。

因此，必须检测、控制高压浸出的参数。高压浸出涉及利用现代检测技术来获取这些参数、显示、触发执行元件等。学习与研究高压浸出反应器的控制系统具有重要的现实意义和使用价值。

7. 高压浸出规律与高压浸出新技术研发

高温高压下，水（矿浆）的性质与常压下有很大不同。例如，水的离子积增大几个数量级，参与的反应速率极大提高；某些金属及其氧化物在氨水溶液中的溶解度增大几个数量级；气体在酸或碱水溶液中的溶解度增大几个数量级，有气体参与反应的速度发生了根本改变；某些化合物在水溶液中的溶解度增大或减小几个数量级……因此，需要研究具体的高压浸出规律。例如，溶出曲线的测定，溶出曲线相似性的判定；硫化锌精矿氧压浸出时元素硫的行为机理。

从高压浸出的工艺组合来说，高压浸出有单釜间歇式高压浸出工艺、多釜串联连续式高压浸出工艺和管道化高压浸出工艺及其之间的组合工艺。需要研究具体的高压浸出工艺。

高压浸出是强化浸出的重要方法之一。现在虽然还是以化学理论为基础，但是由于学科交叉、互相渗透，高压浸出与地球科学、矿物学、物理学及一些工程科学都有关系：①它可以处理复杂矿石，包括一些低品位复杂矿石及大洋锰结核；②能够有效回收其中的各种有价金属；③可以提高资源的综合利用率，在提取精矿中主金属的同时，可以回收一些伴生的稀贵金属（金、银及铂族金属）及稀散金属；④劳动条件较好，有利于环保，较容易实现清洁生产；⑤吸入了其他一些学科的理论与新技术，促进了高压浸出技术的发展。

8. 高压浸出的安全生产

高压浸出工艺过程主要包括：①矿石原料预处理；②高压浸出；③固液分离；④溶液净化、富集及分离；⑤从溶液中回收化合物或金属。

一台高压釜在 6MPa、265℃时蕴含的能量瞬间释放出来就是爆炸。即便不是瞬间释放，破一个针孔，矿浆流喷出，也能像枪射出的子弹，伤及人命。高压釜必须在安全条件下运行，即所有反映高压釜状态的监控仪表必须显示正常。

每一台高压釜都有自己的特点，必须遵循操作规程运行。

9. 高压浸出系统的数值仿真与自动化

管道化溶出系统热工过程仿真之类的技术开发针对中铝河南分公司氧化铝厂管道化熔盐炉系统展开研究工作。数值仿真在高压浸出技术领域有广阔的应用前景，是高压浸出技术的主要内容之一。

1.3.3 高压浸出技术的学习方法

高压浸出的原料通常是矿石，矿石由有用的矿物与脉石组成。根据组成矿物粒度的不同，矿石与脉石会相互包裹，通常是脉石包裹矿物。如果用对脉石不起化学作用的溶剂来浸出，由于脉石包裹矿物，浸出溶剂不能到达被包裹的矿粒，就不能浸出金属。因此高压浸出前的准备是预处理。

高压浸出技术是指在高于 100℃的水溶液中利用浸出剂与固体原料作用，使有价元素变为可溶性化合物进入水溶液，而伴生元素进入浸出渣中，进而分离获得含金属的水溶液。因此，高压浸出技术的学习方法如下。

1）对比常压浸出，高压浸出由于温度较高，化学反应速率及扩散速度都较快。在影响浸出速度的因素中温度的影响显著，因此高压浸出是强化浸出的重要方法。

2）增强安全意识，严格遵守高压浸出的规则，掌握自我保护技能。

3）分章节学习高压浸出相关内容，安排好每天的学习时间和学习内容。高压浸出技术是一个整体，分章节只是为了学习方便，不能割离整体去理解一个具体问题，要用联系的、辩证的方法去学习。

4）尽量获取高压浸出的案例，勤问为什么，从中吸取经验，再创新。看参考文献时，结合所述知识点深入理解。

5）注意对比常压浸出与高压浸出的异同和各自特点。矿浆流动与矿浆预处理、隔膜泵提供高压都是与矿浆流相关的内容，本书阐述中在不同的章节强调不同的侧面，采用对比法有利于学习。事实上，浸出过程就是在矿浆流中完成的，后面章节还是围绕其不同性质进行研究和学习，用对比的方法很容易理解侧重点。

6）全面系统掌握高压浸出技术基础，由理论对所研究高压浸出过程作出预判，注意总结高压浸出的基本规律，认真做学习笔记。

7）勇于实践，大胆试验；善于观察，勤于提炼。

8）培养学习高压浸出的兴趣，明确注意事项和存在危险的地方并注意防护，而不是害怕其中的危险。

拥有一种正确的分析问题、解决问题的思维方法，比单纯地掌握一门技术更重要。

思　考　题

1-1　选择题。

（1）从高压浸出简史可以看出（　　）。

A．从 1869 年至 20 世纪 50 年代末，高压浸出技术才在冶金工业运用

B．了解高压浸出简史对认识高压浸出技术和今后发展都是必要的

C．奥地利化学家 Karl Josef Bayer 奠定了氧压浸出技术的基础

D．氨可以由氮和氢在压力约 7000kPa 下反应生成被认为是不现实的

（2）高压浸出技术就是高温高压湿法冶金，包括（　　）。

A．高压浸出　　B．高压沉淀

C．高压浸出与高压沉淀两个侧面　　D．没有联系

（3）容器的压力源可分为（　　）。

A．容器内　　B．空压机　　C．活塞隔膜泵　　D．前述三者

（4）锌精矿氧压酸浸过程中各元素的行为可分为（　　）。

A．溶解进入浸出液　　B．不溶解进入浸出渣

C．在浸出液与浸出渣之间分布　　D．前三者皆有

（5）关于拜耳法生产氧化铝，下列说法错误的是（　　）。

A．包括原矿浆制备、高压溶出、压煮矿浆稀释及赤泥分离和洗涤、晶种分解、氢氧化铝分级和洗涤、氢氧化铝焙烧、母液蒸发及苏打苛化等主要生产工序

B．铝土矿中的硫溶解进入浸出液、进入浸出渣与影响反应产物

C．生产细粒、高温煅烧的面粉状氧化铝

D．生产砂状氧化铝

（6）高压浸出的方法可分为（　　）。

A．有气体参与反应的与无气体参与反应的加压浸出

B．水浸出、碱浸出与酸浸出

C．安全常压浸出与可溶性化合物溶于水的简单溶解加压浸出

D．高压浸出与高压沉淀

（7）下列说法全面正确的是（　　）。

A．高压浸出技术就是在高于 100℃水溶液中利用浸出剂与固体原料作用，使金属变为可溶性化合物进入水溶液

B．浸出前对原料的准备工作就是对原料进行物理与化学处理，使金属成分能够转变为可溶性物质

C．浸出溶剂不能到达被包裹的矿粒，就不能浸出金属

D．高压浸出涉及的问题包括压力容器及盛装介质，过程控制与安全生产，浸出料浆流动、自蒸发与高压换热，压力容器的规范标准等

（8）高压浸出技术的学习方法包括（　　）。

A．对比常压浸出，总结出高压浸出的特点，用联系的、辩证的方法学习

B．增强安全意识，自我保护

C．分专题学习，按单元的内容独立学习

D．注重高压浸出的案例，相同情况下直接采用

（9）处理稀贵金属原料的高压浸出有（　　）。

A．简单溶解、无价态变化的溶出、有氧化反应的溶出与有配合物生成的溶出

B．技术成熟，适用性广，基本上能够处理各种类型的矿石

C．简单溶解、无价态变化的溶出、有氧化-还原反应的溶出与有配合物生成的溶出

D．水的离子积增大几个数量级，反应速率提高几个数量级

1-2　什么是高温高压浸出？简述高压溶出技术的特点。

1-3　按简单的 $Me-H_2O$ 系的 3 种类型的反应，绘制在温度在 427K 下硫酸锌水溶液中含锌为 $1.898mol \cdot L^{-1}$ 时的电位-pH 图。

1-4　简述高压溶出在冶金中的地位和作用。

1-5　简述选用高压溶出设备的方法。

1-6　简述高压浸出技术的学习方法。

1-7　简要说明高压浸出技术应该注意的问题。

1-8　比较高压浸出与常压浸出的特点。

参考文献

[1] COLLINS M J, PAPANGELAKIS V G. Pressure hydrometallurgy 2004[C]//Proceedings of the international conference on the use of pressure vessels for metal extraction and recovery. Alberta, 2004: 3-50.

[2] 郎家重．国外锌冶炼工艺发展状况[J]．有色矿冶，1999（4）：30-34.

[3] BOLTON G L，史有高．谢里特锌加压浸出法的生产实践及其发展趋势[J]．中国有色冶金，1990（4）：10-16．

[4] 邱定蕃．加压湿法冶金过程化学与工业实践[J]．矿冶，1994（4）：55-66．

[5] 王玉芳，蒋开喜，王海北，等．铜冶炼加压浸出研究进展[J]．矿冶，2017（4）：53-58．

[6] 潘晓林，蒋涛，侯宪林，等．拜耳法过程中水合铝硅酸钠的析出活性[J]．中国有色金属学报，2017（8）：1748-1755．

[7] 何云龙，徐瑞东，何世伟，等．铅阳极泥碱性加压氧化浸出脱砷过程中 As-N-Na-H_2O 系的φ-pH 图[J]．中国有色金属学报（英文版），2017（3）：676-685．

[8] 李伟勤，戴普．用高钼白钨精矿制取高纯三氧化钨工艺实践[J]．中国钨业，2001（1）：35-38．

[9] 吴建中．苏打压煮分解钨精矿过程的强化[J]．江西冶金，1982（4）：49-51．

[10] 陈丽丽．超（亚）临界水体系合成多元氧化物钼酸碲镁微晶研究[D]．济南：山东大学，2014：49-51．

[11] 朱云，王善忠，胡建锋．水热法制备阻燃剂氢氧化镁的实验研究[J]．有色金属工程，2007（3）：30-32．

2 高温高压水（矿浆）的性质

德国科学家在对大西洋底一处高温热液喷口进行研究时发现水温高达 407℃，第一次观察到自然状态下高温高压下的水，由此引起人们对高温高压下水性质的研究。有研究者指出，在 500℃的水中通入氧气，然后对聚氯乙烯塑料进行处理，处理后的塑料中有 99%被分解，而且很少有氯化物产生，从而避免了过去燃烧塑料产生有毒氯化物对环境产生污染的问题。在 400℃、300atm（1atm=101325Pa）下，水可以将电线塑料外皮制成灯油和煤油，回收率也可以达到 80%，几乎全部被分解，从而达到了无害化。可见，在高温高压下水的性质与常温常压下有很大的不同。

冶金工程中普遍遇到高于 100℃的情况，如拜耳法生产氧化铝、硫化锌精矿氧化浸出。在这些过程中，需要知道高压条件下水的黏度、密度、离子积、普朗特数、比热容等，在相应的冶金过程中用正确的参数进行计算，才能得出正确的结果。因此，水高压条件下的行为更像一个中等极性的有机溶剂，许多在常温常压下不溶的物质和气体在高压水中都有较好的溶解度，有的可增加几个数量级，氧气等甚至可与高压水无限混溶，这就为高压水的浸出开辟了广阔的道路。掌握有关规律性对高压浸出的设计及冶金过程的优化与控制具有重要意义。高压浸出需要掌握高于水的正常沸点条件下水的性质。

2.1 高温高压水的基本性质和水蒸气的热力性质

通常，水具有以下基本化学性质。

1）稳定性：在 2000℃以上才开始分解。

2）氧化性：水与较活泼的金属或碳反应时，表现氧化性。

$$2Na + 2H_2O = 2NaOH + H_2\uparrow \tag{2-1a}$$

$$Mg + 2H_2O = Mg(OH)_2\downarrow + H_2\uparrow \tag{2-1b}$$

$$2Fe + 3H_2O(g) = Fe_2O_3 + 3H_2 \tag{2-1c}$$

$$C + H_2O = CO + H_2 \tag{2-1d}$$

3）还原性：水与氟单质反应时，表现还原性。

$$2F_2 + 2H_2O = 4HF + O_2\uparrow \tag{2-2}$$

4）水的电解：水在直流电作用下，分解生成氢气和氧气，工业上用此法制纯氢和纯氧。

$$2H_2O = 2H_2\uparrow + O_2\uparrow \tag{2-3}$$

5）水化反应：水可与活泼金属的碱性氧化物、大多数酸性氧化物及某些不饱和烃发生水化反应。

$$Na_2O + H_2O = 2NaOH \tag{2-4a}$$

$$CaO + H_2O = Ca(OH)_2 \tag{2-4b}$$

$$SO_3 + H_2O \Longrightarrow H_2SO_4 \tag{2-5a}$$

$$P_2O_5 + 3H_2O \Longrightarrow 2H_3PO_4 \tag{2-5b}$$

6）水解反应。

盐的水解（加热）：

$$Mg_3N_2 + 6H_2O \Longrightarrow 3Mg(OH)_2 \downarrow + 2NH_3 \uparrow \tag{2-6a}$$

$$NaAlO_2 + HCl + H_2O \Longrightarrow Al(OH)_3 \downarrow + NaCl \tag{2-6b}$$

在饱和氯化钠水溶液中，碳化钙（电石）水解：

$$CaC_2 + 2H_2O(aq) \Longrightarrow Ca(OH)_2 + C_2H_2 \uparrow \tag{2-7}$$

在加热的氢氧化钠溶液中，卤代烃水解：

$$C_2H_5Br + H_2O \xrightleftharpoons{\text{可逆}} C_2H_5OH + HBr \tag{2-8}$$

7）水分子的直径数量级为 10^{-10}，一般认为水的直径为 2～3 个此单位。

8）水的电离：纯水中存在下列电离平衡。

$$H_2O \xrightleftharpoons{\text{可逆}} H^+ + OH^- \text{ 或 } H_2O + H_2O \xrightleftharpoons{\text{可逆}} H_3O^+ + OH^-$$

H_3O^+为水合氢离子，为了简便，常常简写成 H^+，更准确的说法为 $H_9O_4^+$。纯水中氢离子的摩尔浓度为 $10^{-7}mol \cdot L^{-1}$。纯水有极微弱的导电能力，因为水有微弱的电离，存在着水的解离平衡：$H_2O \xrightleftharpoons{\text{可逆}} H^+ + OH^-$，298.15K（即 25℃）时纯水的离子积为 10^{-14}。

9）水是两性物质，既有氢离子（H^+），也有氢氧根离子（OH^-），但纯净蒸馏水是中性的。

10）水的 pH：水在 25℃下 pH 为 7（中性），不随温度发生变化。

11）与水接触后发生水蒸气爆炸的高温熔融物体有高温金属和熔盐：①高温金属与水蒸气爆炸；②熔融金属沉在水中迅速粒化，强化了对水的传热，促使水的沸腾。水蒸气爆炸在数毫秒内发生，某些条件下为 0.1ms。

图 2-1 为熔融铝投入水中的爆炸试验结果。熔融铝投入水中，爆炸在阴影区域发生[1]。

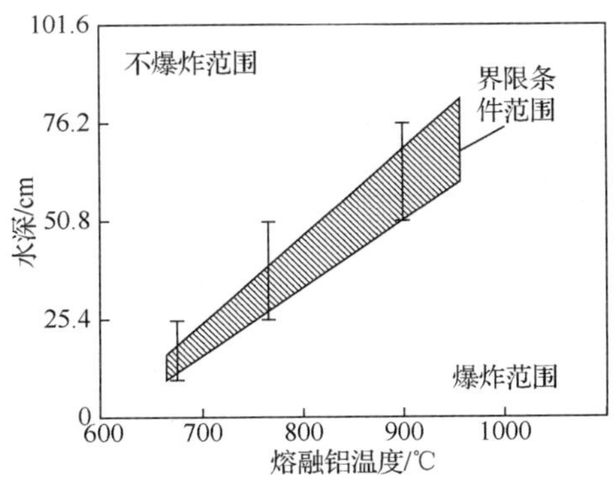

图 2-1 熔融铝投入水中的爆炸试验结果

水在高温高压下（374℃和 0.022GPa）呈超临界状态，具有许多特殊的物理性质和很强的化学活性。实验研究表明：压力在 2.1GPa 左右，水（以及冰）的物理性质有明显的变化。根据实验结果，预测水在 2.1GPa 压力和高温条件下可能存在一个物理和化学性质的突变点。高温高压水的这一新性质，将对地球深部物质的演化产生重大影响[2]。

高温高压下水中的氢键也显著增强，在298～773K，温度（T）和氢键度（X）大致呈线性减小关系：

$$X=(-8.68\times10^{-4})T+0.851 \tag{2-9}$$

2.1.1 高温高压水的基本性质

高温高压水又称亚临界水，是指在一定的压力下，将水加热到100℃以上，并于临界温度374℃以下，水体仍然保持在液体状态。高温高压下，水中氢键、离子水合、离子缔合、簇状结构等发生了变化，随着温度的升高自扩散系数增加。因此，高温高压水的物理、化学特性与常温常压下的水有较大差别。例如，海水最大密度随着深度的增加而增加，随着温度的增加而降低。随着温度的升高，高温高压水的氢键被打开或减弱，控制高温高压水的温度和压力，能使水的极性在较大范围内发生变化，从而实现从矿物中选择性浸出有效成分，进行选择性提取[3]。

1. 高温高压水溶解金属离子的能力

在一般情况下，水是极性溶剂，可以很好地溶解包括盐在内的大多数电解质，对气体和大多数有机物则微溶或不溶。常温常压下水的极性较强，但是高温高压水的这些性质都会发生极大的变化。在505kPa压力下，随着温度升高（50～300℃），在温度和压力都较高的条件下，水的极性降低，可以浸出非极性化合物，实现冶金的物质分离。

2. 高温高压水的介电常数

在高温高压浸出时，温度对介电常数的影响比压力的影响大，高压浸出通过调节温度来控制水的介电常数，以达到选择性浸出的目的。在高温高压下浸出，水的介电常数改变使浸渣性质稳定（化学活性低，被称之为“惰性渣”）。水的介电常数改变使有些高压浸出可以在数秒钟到数分钟的短时间内完成，因而具有可以进行连续处理的优点。

3. 水的黏度-温度曲线

一般情况下，气体的黏度随温度的升高而增大，液体的黏度随温度的升高而减小。常见物质的黏度区间如图2-2所示。

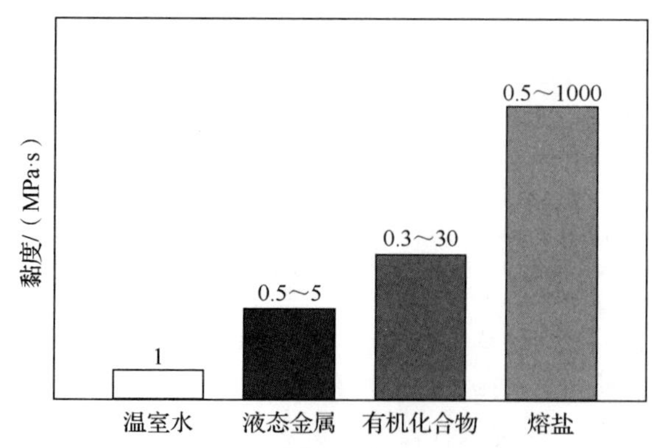

图2-2　常见物质的黏度区间

由于高温高压水的黏度低，普朗特数显著减小，传热边界层降低，使水分子和溶质分子具有较高的分子迁移率，溶质分子很容易在高温高压水中扩散，从而使高温高压水成为高压浸出的反应剂。

标准条件下水的黏度是 1.05×10^{-3}Pa·s，而在超临界状态下，如在 450℃与 27MPa 时，水的黏度为 2.98×10^{-3}Pa·s，在 1000℃时，即使水的密度为 1.0g·cm^{-3}，水的黏度也只有约 45×10^{-5}Pa·s，与普通条件下空气的黏度（1.795×10^{-5}Pa·s）接近。不同压力下水的黏度-温度曲线如图 2-3 所示。

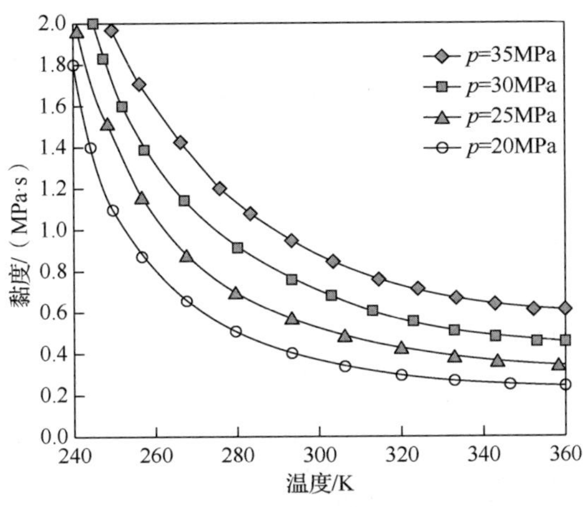

图 2-3　不同压力下水的黏度-温度曲线

根据斯托克斯方程，水在密度较高的情况下，扩散系数与黏度成反比。高温高压下水的扩散系数与水的黏度、密度有关。对高密度水，扩散系数随压力的增加而增加，随温度的增加而减小；对低密度水，扩散系数随压力的增加而减小，随温度的增加而增加，并且在超临界区内，水的扩散系数出现最小值。

4. 温度对液体扩散系数的影响

超临界水分子的扩散系数比普通水高 10～100 倍，从而使它的运动速度和分离过程的传质速率大幅度提高，因而有较好的流动性、渗透性和传递性能，利于传质和热交换。温度对液体扩散系数的影响符合阿仑尼乌斯行为，如图 2-4 所示。

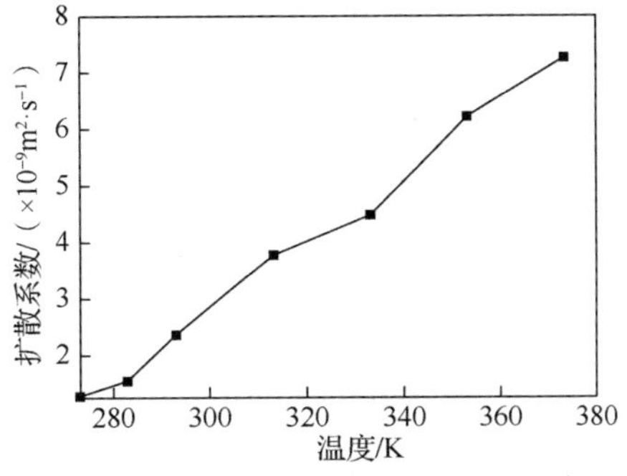

图 2-4　温度对液体扩散系数的影响

随着温度的升高，扩散系数逐渐增加。这是因为温度升高加剧了分子的运动和碰撞，使分子偏离初始位置增大，相互作用力减弱，有利于扩散。

5. 水的温度-密度曲线

高温高压下水的密度可以从近似蒸汽的密度值连续的变到液体水的密度值，密度对压力和温度的变化比常压下大很多。

通常条件下，水的密度不随压力而改变，而高温高压下水的密度既是温度的函数，又是压力的函数，通过改变温度和压力可以将高温高压下的水控制在气体和液体之间，温度或压力的微小变化就会引起超临界水的密度大大减小。在常温常压下，水的密度为 $1.0g\cdot cm^{-3}$，当温度和压强变化不大时，水的密度变化不大。水的温度-密度曲线如图 2-5 所示。

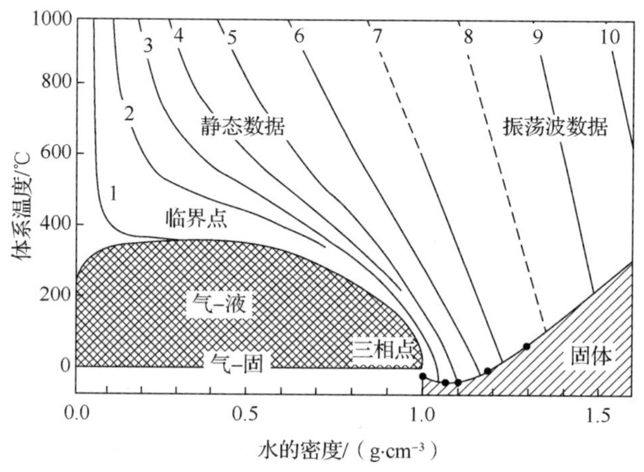

1—20MPa；2—60MPa；3—100MPa；4—150MPa；5—250MPa；6—500MPa；7—1000MPa；8—2500MPa；9—5000MPa；10—10000MPa。

图 2-5　水的温度-密度曲线

水在超临界点时的密度只有 $0.32g\cdot cm^{-3}$，而且在较高的温度下，尤其是在超临界区域内，当压强发生微小变化时水的密度就可以大幅度地改变。例如，在 400℃时，当压强在 0.22～2.5kPa 范围内变化时，水的密度可由 $0.1g\cdot cm^{-3}$ 变到 $0.84g\cdot cm^{-3}$，因此可通过调节压强来控制超临界水的密度。

6. 水的介电常数-温度曲线

水的介电常数-温度曲线如图 2-6 所示。由图 2-6 可见，水的介电常数随密度的增大而增大，随压力的升高而增大，随温度的升高而减小。

标准状态（25℃、0.101MPa）下，由于氢键的作用，水的介电常数较高，为 78.5。随着温度的升高，氢键的作用减弱，介电常数降低。在 400℃、41.5MPa 时，超临界水的介电常数为 10.5，而在 600℃、24.6MPa 时为 1.2。介电常数的变化引起超临界水溶解能力的变化，有利于溶解一些低挥发性物质，相应溶质的溶解度可提高 5～10 个数量级，所以超临界水的介电常数与常温常压下极性有机物的介电常数相当。

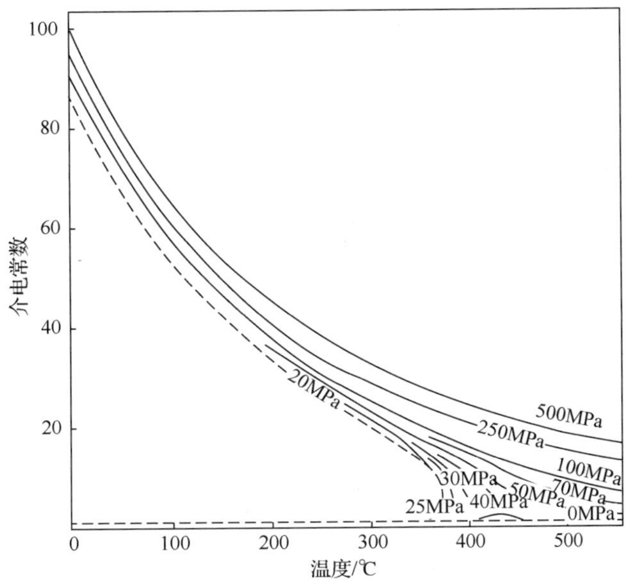

图 2-6 水的介电常数-温度曲线

因为水的介电常数在高温下很低，水很难屏蔽掉离子间的静电势能，所以溶解的离子以离子对的形式出现。在这种条件下，水表现得更像一种非极性溶剂。

在低密度的高温区域内，水的相对介电常数降低了一个数量级，这时的水类似于非极性的有机溶剂。其介电常数由 70 减小至 1，表明高温高压下水由强极性渐变为非极性，可以溶解很多物质。无机物在高温高压下纯水中的溶解度急剧下降，为无机材料合成提供有利条件。

7. 水的氧氧径向分布函数-温度曲线

温度对水的氧氧径向分布函数的影响如图 2-7 所示。由图 2-7 可见，水的氧氧径向分布函数分别在 0.27nm、0.45nm、0.7nm 处出现峰值。这分别是中心水分子与最近邻水分子、第二配位圈和第三配位圈水分子之间的氧氧距离。随着温度的升高，氧氧径向分布函数的第一峰峰值降低，峰谷升高；第二峰和第三峰峰值逐渐降低，随着温度的升高将会消失，这表明随着温度的升高，水分子运动加剧，水的长程有序程度逐渐下降，直到消失。

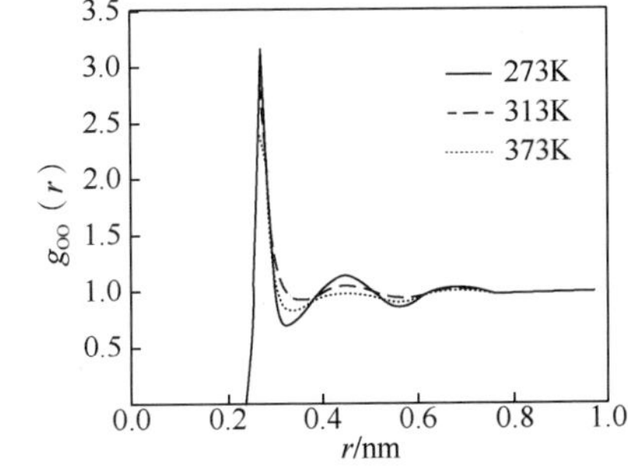

图 2-7 温度对水的氧氧径向分布函数的影响

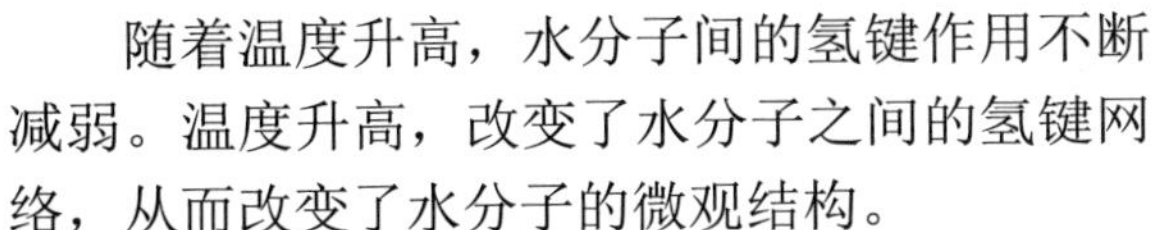

随着温度升高，水分子间的氢键作用不断减弱。温度升高，改变了水分子之间的氢键网络，从而改变了水分子的微观结构。

高温高压下，在 298～773K，水温度（T）和氢键度（X）大致呈线性减小关系：

$$X=(-868\times10^{-4})T+0.851 \tag{2-9}$$

8. 水的离子积-温度曲线

水的离子积与密度和温度有关。水的离子积的负对数是 pH，水的 pH 与温度的关系如图 2-8 所示。由图 2-8 可见，温度在 250℃以下时，不同研究者的数据一致；温度在 250℃以上时，不同研究者的数据差异很大，这主要是因为研究者给定的具体条件不同。图 2-8 中曲线 1 是杨馗等[3]给出的水的离子积（在 60MPa 下，密度对其影响更大）。标准条件下水的离子积是 10^{-14}，超临界态水中的离子积比正常状态大 8 个数量级，为 10^{-6}，即中性水中的 H^+浓度和 OH^-浓度比正常条件下同时高出约 10^4 倍。图 2-8 中曲线 2 和曲线 3 是陈丽丽[4]给出的水的离子积。

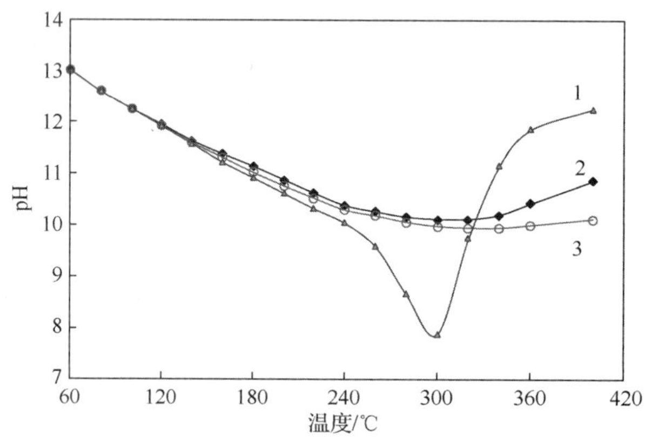

图 2-8　水的 pH 与温度的关系

在超临界点附近，温度升高使水的密度迅速下降，导致离子积对数减小，如 400℃、25MPa 时，密度约为 $0.1g \cdot cm^{-3}$，离子积为 $10^{-21.6}$；而在临界点之上，温度对密度的影响较小，温度升高，离子积增大，如温度为 1000℃、密度为 $1.0g \cdot cm^{-3}$ 时，离子积增加到 10^{-6}。当温度为 1000℃、密度为 $2.01g \cdot cm^{-3}$ 时，水将是高度导电的电解质溶液。

9. 水中氧气的溶解度

用 Tromans 公式计算纯水中氧气的溶解度，纯水中氧气溶解度依赖于氧分压计算公式的具体求解计算式为

$$c_{aq} = p_{O_2} f(T) \tag{2-10}$$

式中：c_{aq}——O_2 在纯水中的摩尔浓度，$mol \cdot L^{-1}$；

p_{O_2}——氧分压，kPa；

$f(T)$——温度的函数，根据式（2-11）计算。

$$f(T) = \exp\left[\frac{0.046T^2 + 203.35T\ln(T/298) - (299.378 + 0.092T)(T - 298) - 20.591 \times 10^3}{8.4144T}\right] \tag{2-11}$$

函数 $f(T)$ 包含化学势、熵、一定压力下气相和液相中氧分子的偏摩尔热容等的联合影响。

当溶液中的氧气 $(O_2)_{aq}$ 和气态氧气 $(O_2)_g$ 的活度和逸度分别接近时，式（2-10）在温度为 273～616K、压力为 0～60atm 的范围内是有效的。因此，在实际湿法冶金过程中

（常温压力浸出或氧气压力浸出等过程），该公式都是有效的。因此，式（2-10）提供了建立实际无机溶液中氧气溶解度修正模型的基础。

不同氧分压下水中氧气的溶解度-温度曲线如图 2-9 所示。水中氧气的溶解度不仅与氧分压有关，还与温度有关。氧气的溶解度从 20℃开始至 100℃，随着温度的升高有所下降。氧气的溶解度从 100℃开始，随着温度的升高有所增大，之后才急剧降低。氧气的溶解度随着温度升高而增大的最高点如图 2-9 中虚线所示。

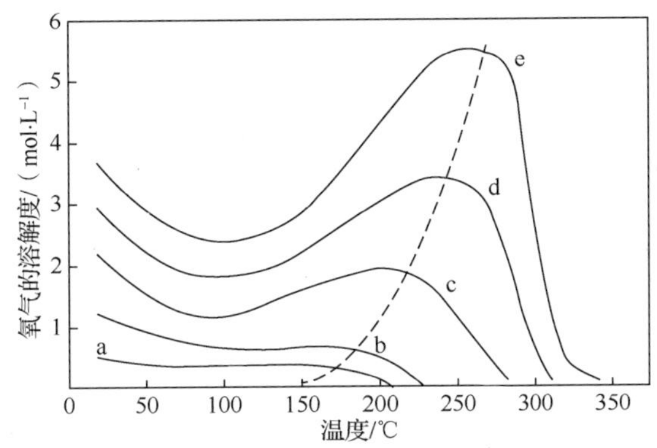

a—1010kPa；b—3300kPa；c—6700 kPa；d—10100kPa；e—13000kPa。

图 2-9　不同氧分压下水中氧气的溶解度-温度曲线

实际上，冶金很少只用水来浸出，往往用酸或碱溶液来浸出。对于含酸、碱、盐和溶解矿物的溶液，在$(O_2)_{aq}$与金属阳离子之间定压溶解度 c_p 相似的基础上，Tromans 提出了式（2-10）的修正模型。该模型的基本前提是：在一个含溶质 I 的溶液中，溶液中所有的水量仅仅有 φ 部分与氧气发生作用，而剩余的部分 $1-\varphi$ 则与溶解在溶液中的阴阳离子发生作用。在 φ 部分中，$(O_2)_{aq}$ 的溶解度可根据式（2-10）来计算，因而在实际溶液中$(O_2)_{aq}$的溶解度$(c_{aq})_I$可通过下式来计算：

$$(c_{aq})_I = \varphi c_{aq} = \varphi p_{O_2} f(T) \tag{2-12}$$

李旻廷[5]用 Tromans 公式计算硫酸水溶液中氧气的溶解度，给出在硫酸水溶液中氧气溶解度依赖于氧分压计算公式的具体求解计算式为

$$\varphi = f(c_I) = \left[\frac{1}{1+k(c_I)y}\right]^{\eta} \tag{2-13}$$

式中：c_I——溶质 I 的摩尔浓度，$mol\cdot L^{-1}$，当 $c_I\to 0$ 时，$\varphi\to 1$，当 $c_I>>1$ 时，$\varphi\to 0$；

k——指定溶质 I 的系数，为正值；

η、y——指定溶质 I 的指数，均为正值。

对指定 $T-p_{O_2}$ 联合条件（如 298K 和 1atm）将不同浓度 c_I 下$(c_{aq})_I$的实验值代入式（2-12），即可得到对应实验条件下的因子 φ，然后将 φ 值代入式（2-13）就得到了 k、η、y 值。

联合式（2-12）和式（2-13）即可得到下式：

$$(c_{aq})_I = \varphi c_{aq} = \left[\frac{1}{1+k(c_I)y}\right]^{\eta} p_{O_2} f(T) \tag{2-14}$$

式中：$f(T)$根据式（2-11）来计算。

在任意 T 和 p_{O_2} 联合条件下，假设每一种溶质 I 的溶液中因子 φ 均保持不变（已通过所有可利用的数据进行了对比检验，证明这种假设是成立的）。那么可采用式（2-14）来计算任意温度 T 和压力 p_{O_2} 范围内的氧气溶解度。不同温度和氧分压下氧气在稀硫酸液中的溶解度-温度曲线如图 2-10 所示。

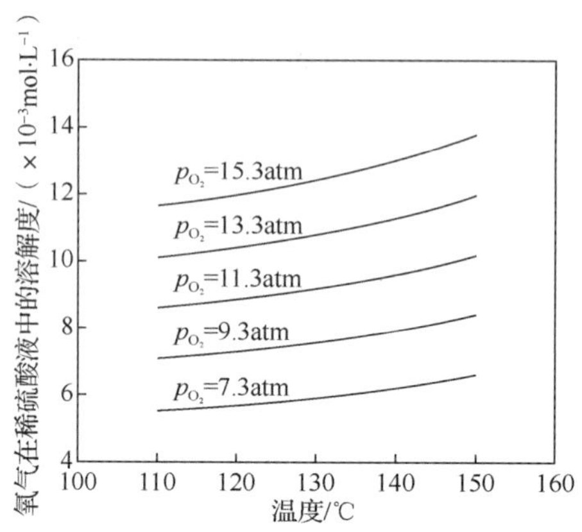

图 2-10　不同温度和氧分压下氧气在稀硫酸液中的溶解度-温度曲线

研究得出：①在温度为 403K、氧分压为 0.6MPa 的实验条件下，当搅拌速度从 $400\mathrm{r\cdot min^{-1}}$ 上升到 $700\mathrm{r\cdot min^{-1}}$ 时，气含率从 0.137%上升到 1.58%。②在搅拌速度为 $600\mathrm{r\cdot min^{-1}}$、氧分压为 0.6MPa 的实验条件下，当温度从 333K 提高到 423K 时，气含率从 1.22%降低到 0.774%。这是由于温度的升高使溶液的黏度减小，从而削弱搅拌桨叶轮的抽吸作用，最终使釜内氧气的气含率降低。③在搅拌速度为 $600\mathrm{r\cdot min^{-1}}$、温度为 403K 的实验条件下，当氧分压从 0.2MPa 增加至 0.8MPa 时，气含率从 0.997%降低到 0.951%。这表明氧分压的增加对氧气在水溶液中的气含率影响不大。④按均相原理和布金汉定理建立相似准则的关系，然后根据实验数据和相似理论，用数学方法推导出气含率的经验公式的标准方程为[6]

$$\varepsilon = 13.2n^{7.69} \cdot T^{-2.82} \cdot p_g^{-0.031} \tag{2-15}$$

式中：ε——气含率，%；

n——搅拌转速，$\mathrm{r\cdot min^{-1}}$；

T——绝对温度，K；

p_g——氧分压，kPa。

10. 水中氧浓度对碳钢腐蚀速率的影响

水中氧浓度对碳钢腐蚀速率的影响如图 2-11 所示[7]。由图 2-11 可见，随着水中氧浓度的升高，碳钢腐蚀速率有所加快。随着水温的升高，碳钢腐蚀速率也急剧加快，温度的影响更显著。

不同 pH 水中氧浓度对碳钢腐蚀量的影响如图 2-12 所示[6]。由图 2-12 可见，pH 一定时，随着水中氧浓度的升高，碳钢腐蚀速率有所加快。氧浓度一定时，随着 pH 的升高，碳钢腐蚀速率有所降低，这就是碱性条件下用钢材而不做更多防腐的缘故。

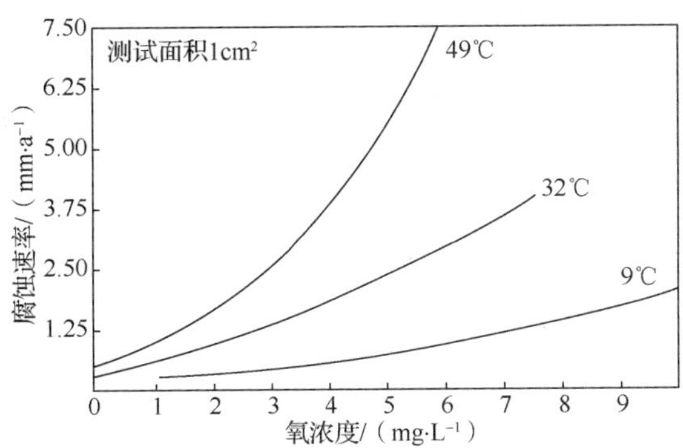

图 2-11　水中氧浓度对碳钢腐蚀速率的影响

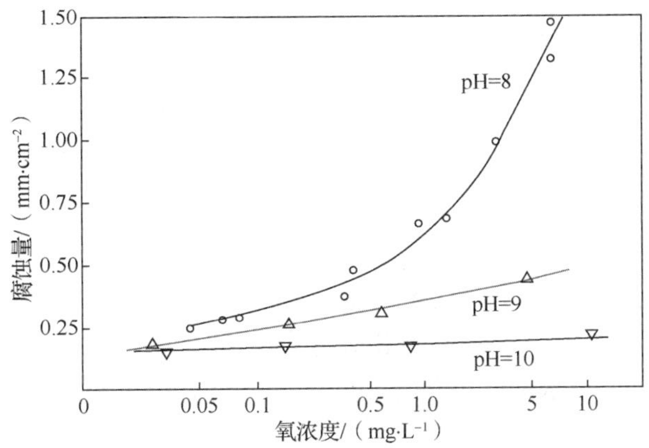

图 2-12　不同 pH 水中氧浓度对碳钢腐蚀量的影响

高温高压水可用于浸出各种固体样品中的被测物和各种难萃取的天然产物，通过控制温度和压力还可以测定挥发性较强的物质和强极性物质。与普通水不同，亚临界水具有强烈的溶解式分解力等性质。利用这一性质，超临界水和亚临界水被用来提取有用成分（包括提取随着分解反应产生的分解物）。同时，该性质同温度和压力有关系，会随着两者的不同而发生相应的变化，因此提取的方法是可以进行调节控制的。也就是说，可以提取由加水分解反应引起的低分子化的有用成分，或者由热分解和氧化分解反应而产生的物质变换后的有用成分。亚临界水浸出作为一种新的样品预处理技术，与传统的预处理技术相比具有以下优点：设备简单、浸出时间短，通过改变浸出温度可以改变水的极性，从而可以选择性地浸出样品基体中不同极性的有机化合物，而且它采用纯水作浸出剂，不用或很少用有机溶剂，因此对环境没有污染或污染很少。

2.1.2　高温高压水蒸气的热力性质

了解高温高压水蒸气的热力性质，对高压浸出技术的掌握及高压浸出的安全生产具有重要意义。高温高压水蒸气的热力性质包括液体的参数计算、过热蒸汽的参数计算和湿蒸汽的参数计算。若有高温高压下的状态方程，且有较精确的高温高压水的参数（如温度、比热容函数），就可以依据热力学关系对高温高压水的热力性质进行计算，并将计算结果编制成图，直观表达高温高压下水蒸气的热力性质[8]。

高温高压水通常指处于 120～300℃、0.2～22MPa 的水。在此温度下，水的形态有水（water）、蒸汽（steam）、水蒸气（water vapor）与蒸气（vapor）。它们都有热力性质。水的热力性质是由其存在形态决定的，不同温度下水分子聚合体的分布如表 2-1 所示。

表 2-1　不同温度下水分子聚合体的分布　（单位：%）

分子式	冰	水					
	0℃	0℃	4℃	38℃	98℃	150℃	200℃
H_2O	0	19	20	29	36	61	88
$(H_2O)_2$	41	58	59	50	51	31	11
$(H_2O)_3$	59	23	21	21	13	8	1

1. 饱和液及饱和蒸汽的热力性质

水的汽化指由液态变成气态的物理过程（不涉及化学变化）。这里的汽化包括汽液表面上的汽化——蒸发，还有表面和液体内部同时发生的汽化——沸腾。

汽化与凝结的动态平衡称为饱和状态。按照相律，它们的独立强度参数只有一个。对应一定的温度 T，就有确定的饱和压力 p_s、饱和液的比体积 v'、比焓 h'、比熵 s'，以及饱和蒸汽的比体积 v''、比焓 h''、比熵 s''。同样，在给定压力 p 以后，就可以确定饱和温度 T_s 及饱和液、饱和蒸汽的各个参数。水蒸气的定压发生过程为

未饱和水→饱和水→饱和湿蒸汽→饱和干蒸汽→过热蒸汽

忽略水的可压缩性，水的比体积不变、温度不变，根据热力学第一定律，三相点液态水压缩得到三相点液态水热力学能及熵为零。

只有在三相点以上、临界点以下才存在液-气平衡的饱和状态，即才有饱和液-气。所以饱和液及饱和蒸汽表的参数范围为三相点至临界点。

饱和液及饱和蒸汽表还用以进行湿蒸汽参数的计算。温度为 0.01℃、压力为 p 的过热水在定压下加热至 T 得到

$$h'_{T,p} = h'_{0.01℃,p} + \int_{273.16\text{K}}^{T_s} C_p \mathrm{d}T \tag{2-16}$$

式中：$h'_{T,p}$、$h'_{0.01℃,p}$——温度为 T 与 0.01℃时的比焓，$\text{kJ}\cdot\text{kg}^{-1}$；

C_p——饱和蒸汽的比热容，kJ/kg。

$$s'_{T,p} = s'_{0.01℃,p} + \int_{273.16\text{K}}^{T_s} C_p \frac{\mathrm{d}T}{T} \tag{2-17}$$

式中：$s'_{T,p}$、$s'_{0.01℃,p}$——温度为 T 与 0.01℃时的熵，$\text{kJ}\cdot(\text{kg}\cdot\text{K})^{-1}$。

只需给定任何一个饱和液或饱和蒸汽的参数，就可以算出水的其余参数。例如，给定湿蒸汽的压力 p 及干度 x，就可以计算出饱和液的比体积 v' 及饱和蒸汽的比体积 v''，1kg 湿蒸汽中饱和蒸汽所占容积为 xv''、饱和液所占容积为 $(1-x)v'$，因此湿蒸汽的平均比体积 v_x 为

$$v_x = (1-x)v' + xv'' = v' + x(v'' - v') \tag{2-18}$$

湿蒸汽的平均比焓为

$$h_x = h' + x(h'' - h') \tag{2-19}$$

湿蒸汽的比熵为

$$s_x = s' + x(s'' - s') \tag{2-20}$$

2. 未饱和液及饱和蒸汽的热力性质

未饱和液及过热蒸汽在平衡时都呈单相状态，它们有两个独立的变量，只有给定了两个变量参数才能确定状态，从而确定其他参数。节选了部分未饱和水和过热蒸汽表，如表 2-2 所示。

表 2-2　未饱和水和过热蒸汽表（节选）

T/℃	v/(m · kg^{-1})	h/(kJ · kg^{-1})	s/[kJ · (kg · K)$^{-1}$]
0	0.001000	0.05	−0.0002
40	0.001008	167.59	0.5723
80	0.001029	334.97	1.0753
120	1.7931	2716.3	7.4660
160	1.9838	2795.8	7.6590
200	2.1723	2874.8	7.8334
280	2.5459	3032.8	8.1408

注：p=0.01MPa(T_s=99.634℃)，v'=0.00104m · kg^{-1}，v'' = 1.694m · kg^{-1}，h'=417.52kJ · kg^{-1}，h''=2675.1kJ · kg^{-1}，s'=1.303kJ · (kg · K)$^{-1}$，s''=7.359kJ · (kg · K)$^{-1}$。

从表 2-2 可以看出，80℃与 120℃各参数的值有很大变化，这就是相变的结果。高压浸出通常使用表 2-2 的温度范围为 100～280℃，压力范围为 0.001～30MPa。

2.2　高温高压水蒸气的性质图

高压浸出技术广泛用到水蒸气的热力性质，本节讲述水蒸气热力性质图的类型、结构及使用方法。水蒸气热力性质图表中会给出一定压力和温度下高温高压水的比体积、比焓、比熵的数值。

目前，高温高压浸出可以应用水蒸气热力性质图表进行查算。在水蒸气热力性质图表中，基准点的选定基本是一致的。1956 年，第五届国际水蒸气会议规定：处于三相点的饱和水的热力学能及熵值为零。但是，不同编者编制的热力性质图表选定的基准点多不相同。因此，在应用高温高压水的热力性质图表时，应注意其选取的基准点。在热力计算中一定要注意基准点的选定。由不同基准点的图中查得的数据不能直接混用，有必要时应对它们进行核算处理。

2.2.1　水的相图与相转变

通常所说的水的三态包括冰、水、水蒸气。又说任何物质都有四态，水的四态包括冰、水、水蒸气和等离子态。下面简要叙述水的三态相图。

1. p-T 相图

高温高压下，水可能呈现气、液、固 3 种不同的相，图 2-13 所示为水的 p-T 图。p-T 图体现高温高压水处于不同相的区域；在压力较低、温度较高的区域呈气相，即气

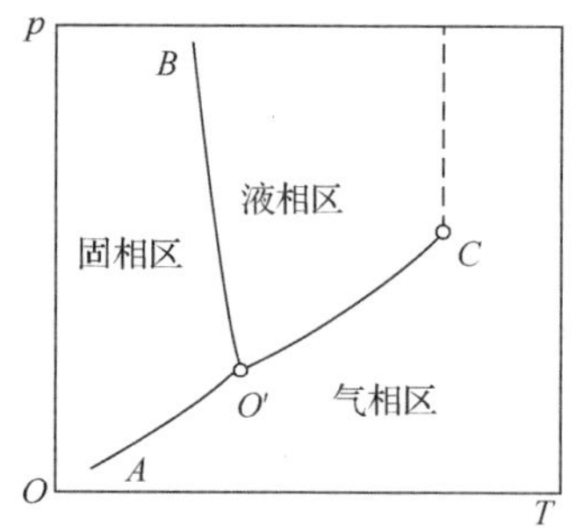

图 2-13　高温高压下水的 p-T 图

相区；在压力较高、温度较低的区域呈固相，即固相区；在中间压力和中间温度区域呈液相，即液相区。高温高压水处于这些相区内只能呈单一的相，故又称它们为单相区。3 个单相区由 3 条相界线 $O'A$、$O'B$、$O'C$ 分开。在相界线上水可以呈现不同的相。例如，在 $O'C$ 线上，高温高压水可以呈气相，也可以呈液相，还可以呈气、液两相平衡共存的状态。高温高压水处于不同的相可以平衡共存的状态称为饱和状态。相界线上的状态都是饱和状态，故又称它们为饱和曲线。在相界线上，高温高压水进行平衡的相转变。在气-液界线 $O'C$ 之上，饱和液体吸热转变成饱和气（汽化）；反之，饱和气放热转变为饱和液（凝结）。气-液界线也称为汽化线。

在图 2-13 上，高温高压水处于饱和状态时其压力和温度是相互对应的，即高温高压水在一定压力下达到饱和时对应一定的温度，这个温度就是该压力下的饱和温度，用 T_s 表示；高温高压水在一定温度下达到饱和时对应一定的压力，这个压力就是该温度下的饱和压力，用 p_s 表示。图 2-13 中的饱和曲线表达了饱和压力与温度的对应关系。

在 3 条饱和曲线的交点——图 2-13 中 O' 点上，高温高压水呈气、液、固三相平衡共存的状态，这一点称为水的三相点。

随着温度和压力的升高，汽化线存在一个上端点，即临界点 C（图 2-13），在临界点上饱和液及饱和气不仅具有相同的温度和压力，还具有相同的比体积、比热力学能、比焓、比熵，即处于临界状态。临界点是物质的一个重要的特性点。

在图 2-13 中，当压力高于临界压力时，液-气两相的转变不经历两相平衡共存的饱和状态，此时液-气两相的转变是在连续渐变中完成的，水的变化呈均匀的单相。在临界压力以上，液、气两个相区不存在明确的界线，如图 2-13 中虚线所示。

2. 高温高压下水的 p-v 及 T-s 相图

高温高压下水的 p-v 及 T-s 相图如图 2-14 和图 2-15 所示。

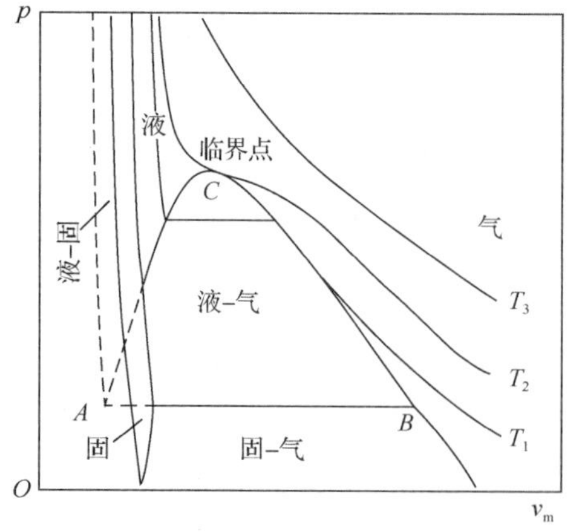

图 2-14　高温高压下水的 p-v 相图

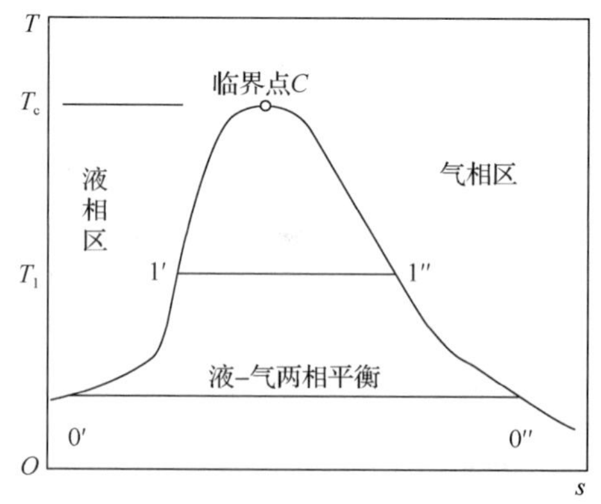

图 2-15　高温高压下水的 T-s 相图

水的三态相图（图 2-14）上包括以下内容。

（1）一点

一点，即临界点（饱和液线与饱和气线的交点）。p-T 相图（图 2-13）上的三相点 O'，在 T-s 相图（图 2-15）上展开成三相线 $0'0''$。在临界压力以上不存在液-气平衡区，习惯上以临界等温线作液、气两相区的分界。

（2）两线

两线，即饱和蒸汽状态连线（上界限线，图 2-14 上 BC 线）和饱和液体状态连线（下界限线，图 2-14 上 AC 线）。水平衡共存的饱和液与饱和气具有相同的压力和温度，在图 2-13 上用饱和曲线 $O'C$ 表示。

（3）三区

1）气态区：上界限线与临界等温线上段右侧区域。

2）液态区：下界限线与临界等温线上段左侧区域。

3）湿蒸汽区：上、下界限线之间的钟罩形区域。

在图 2-15 中，饱和线 $O'C$（图 2-13）展开成由饱和液线 $0'C$、饱和气线 $0''C$ 及二相线 $0'0''$围成的液-气两相平衡区；饱和液线左侧为液相区，饱和气线右侧为气相区。

（4）五态

1）过热蒸汽：一定压力下，温度高于对应饱和温度的蒸汽。或者说，一定温度下，压力低于饱和蒸气压的蒸汽。

2）饱和蒸汽：一定压力下，温度等于对应饱和温度的蒸汽。或者说，一定温度下，压力等于饱和蒸气压的蒸汽。

3）湿蒸汽：饱和蒸汽与饱和液体的机械混合物。

4）饱和液体：一定压力下，温度等于对应饱和温度的液体。或者说，一定温度下，压力等于饱和蒸气压的液体。在水的 T-s 相图（图 2-15）上，平衡共存的饱和液与饱和气分别表示为等压线及等温线上两个不同的状态点 $1'$及 $1''$。汽化线自临界点 C 开始分成两条饱和曲线，一条是饱和液线 $0'C$，另一条是饱和气线 $0''C$。

5）未饱和液体：一定压力下，温度低于对应饱和温度的液体。或者说，一定温度下，压力高于饱和蒸气压的液体。

在图 2-14 和图 2-15 中，水处于平衡的液、气两相具有相同的压力和温度，表示为跨两相区的等压-等温线 $1'$-$1''$。饱和液 $1'$与同压同温的饱和气 $1''$相平衡。线段中间的各状态点则表示不同质量比的两相混合物，常称为湿饱和气。饱和液 $1'$吸热转变为饱和气 $1''$的相转变，或者饱和气 $1''$放热凝结成饱和液 $1'$的相转变时，在一定压力下 1kg 饱和液转变为饱和气吸收的热量称为汽化潜热，用符号 L_h 表示（$kJ \cdot kg^{-1}$）。由于定压相变过程中温度也保持恒定，有

$$L_h = h'' - h' = T_s(s'' - s') \tag{2-21}$$

式中：h''、s''——饱和气的比焓及比熵，$kJ \cdot K^{-1}$；

h'、s'——饱和液的比焓及比熵，$kJ \cdot K^{-1}$；

T_s——相变时的饱和温度，K。

例题 2-1 当水的压力为 10MPa 时，分析以下参数所表示的状态点分别处于哪个相区：（1）T=280℃；（2）T=550℃；（3）v=0.01$m^3 \cdot kg^{-1}$；（4）h=2500$kJ \cdot kg^{-1}$；（5）h=3500$kJ \cdot kg^{-1}$；（6）s=3.0kJ·（kg·K）$^{-1}$。

解： 当 p=10MPa 时，从饱和水与饱和水蒸气表（相关手册）查得

$$T_s=311.037℃,\ v'=0.0014522\text{m}^3\cdot\text{kg}^{-1},\ v''=0.0180226\text{m}^3\cdot\text{kg}^{-1}$$

$$h'=1407.2\text{kJ}\cdot\text{kg}^{-1},\ h''=2724.46\text{kJ}\cdot\text{kg}^{-1},\ s'=3.3591\text{kJ}\cdot(\text{kg}\cdot\text{K})^{-1},\ s''=5.6139\text{kJ}\cdot(\text{kg}\cdot\text{K})^{-1}$$

（1）T=280℃<T_s，此时的水处于未饱和水区。

（2）T=550℃>T_s，此时的水处于过热蒸汽区。

（3）$v'<v=0.01\text{m}^3\cdot\text{kg}^{-1}<v''$，此时的水处于湿蒸汽区。

（4）$h'<h=2500\text{kJ}\cdot\text{kg}^{-1}<h''$，此时的水处于湿蒸汽区。

（5）$h=3500\text{kJ}\cdot\text{kg}^{-1}>h''$，此时的水处于过热蒸汽区。

（6）$s=3.0\text{kJ}\cdot(\text{kg}\cdot\text{K})^{-1}<s'$，此时的水处于未饱和水区。

3. 高温高压下水的定压过程

高温高压下水的定压过程如图 2-16 所示。

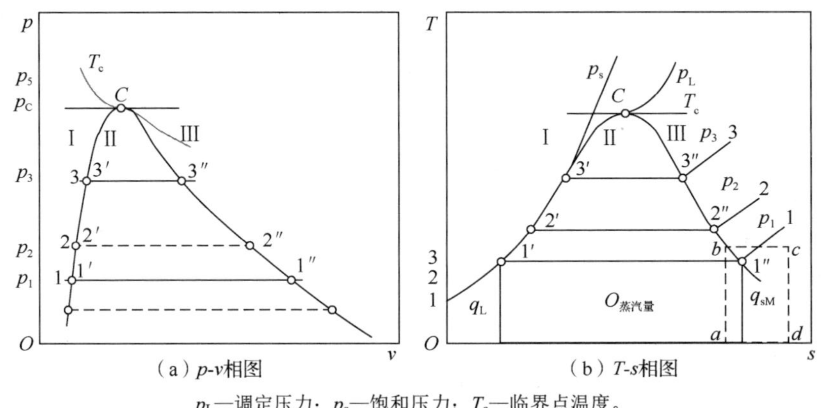

（a）p-v相图　　（b）T-s相图

p_L—调定压力；p_s—饱和压力；T_c—临界点温度。

图 2-16　高温高压下水的定压过程

在图 2-16 中，液体加热阶段指高温高压水由初始的未饱和液（或称过冷液）状态吸热达到饱和液的阶段，如在压力 p_1 下由未饱和液 1 状态吸热达到该压力下的饱和液状态 1′。在这一阶段中，高温高压水始终呈单一的液相。随着热量的吸收，高温高压水温度由初始温度 T_0 逐渐上升到该压力下的饱和温度 T_s；由于液体的热膨胀性较小，高温高压水比体积略有增大，由初态的 v_0 至饱和液比体积 v'；焓、熵值因温度的升高而有明显的增大，由初态值 h_0、s_0 增加到饱和液的相应值 h'、s'。高温高压水在液体加热阶段中吸收的热量 q_L 等于过程中高温高压水焓的增量，即

$$q_L = h' - h_0 \tag{2-22}$$

在 T-s 图上，q_L 为液体加热段过程线下方与横坐标轴围成的曲边梯形的面积。按熵的微分，式（2-22）在 T-s 图上等压线的斜率 $\left(\frac{\partial T}{\partial s}\right)_p = \frac{T}{C_p}$，各种物质的 C_p 恒为正值，故在 T-s 图上等压线的斜率不会为负值。在液体加热阶段高温高压水的温度较低，而液体的 C_p 较大，故过程线在 T-s 图上为坡度较小的向上曲线。

4. 高温高压下水的汽化

高温高压下水的汽化阶段指饱和液吸热转变成相同压力下饱和蒸汽的过程。在图 2-16 中，压力 p_1 下由饱和液线上的 1′状态变化到饱和蒸汽线上的 1″状态。高温高压下水的汽化特点如下。

1）有相变发生，饱和液转变为饱和蒸汽的量与加入的热量成反比：

$$Q_{蒸汽量}=(h''-h')/L_h=T_s(s''-s')/L_h \tag{2-23}$$

在图 2-16 中，$Q_{蒸汽量}$相当于汽化线下方与横坐标围成的矩形面积（r）的数量。在图 2-16 中，可以用图解积分计算 $Q_{蒸汽量}$。例如，在压力 p_1 下，即 1′状态为饱和液态、1″状态为饱和蒸汽态，在 1′1″线段中间的点就是它们的混合物（湿蒸汽）。湿蒸汽中饱和蒸汽量占总质量的分率称为绝对干度，用符号 x 表示。

$$x=\frac{m''}{m'+m''}=\frac{m''}{m} \tag{2-24}$$

式中：m'、m''——湿蒸汽中饱和液及饱和蒸汽的质量，kg；

m——湿蒸汽的总质量，$m=m'+m''$，kg。

绝对干度在高压浸出的计算过程中经常用到。把$(1-x)$定义为湿度，就是湿蒸汽中饱和液的质量成分。x 的值在 0 到 1 之间（$0<x<1$）。在图 2-16 中，x 值越小，湿蒸汽中含气量越少，状态点越靠近饱和液状态点（1′）；x 值越大，湿蒸汽的含气量越多，状态点越靠近饱和蒸汽状态点（1″）。

2）高温高压下水的汽化过程中，水的比体积、比焓、比熵都随着加入的热量而显著增加，由饱和液参数 v'、h'、s'增加到饱和蒸汽参数 v''、h''、s''。对饱和蒸汽继续加热，其温度将由饱和温度逐渐升高，直到所要求的温度，在图 2-16 中就是高于 1′C1″线的点。

在图 2-16 上，温度高于相应压力下饱和温度的蒸汽称为过热蒸汽，超出的温度值（$\Delta T=T-T_s$）常称为过热度。将高温高压水由饱和蒸汽状态加热成所需温度过热蒸汽的阶段称为过热阶段。在过热阶段中，水的比体积、比焓、比熵都随温度的升高而增大。在图 2-16 上，定压过热过程线是从饱和蒸汽线上开始而上翘的曲线（如 Cp_L 线）。过热蒸汽的定压比热容较小，而其温度较高。在图 2-16 上，在过热蒸气区的等压线斜率$\left(\dfrac{T}{C_p}\right)$比其在未饱和的液态区大。

在过热阶段，过热蒸汽吸收的热量 q_{sM} 等于终了过热蒸汽焓 h 与饱和蒸汽焓 h''的差值。

$$q_{sM}=h-h'' \tag{2-25}$$

在图 2-16（b）上，它相当于过热段过程线下方与横坐标围成的面积，相当于 bc 线下方与横坐标围成的矩形 $abcd$ 的面积。

3）只要压力保持一定，水的温度也始终保持相应的饱和温度 T_s，与加入热量的多少无关。

在大多数情况下，水的定压汽化过程同时也是定温过程。在图 2-16 中，它都为跨两相平衡区的水平线段，就是图 2-16 中 1′1″等线段所表示。

在压力低于临界压力 p_c 下，水由未饱和液定压加热成过热蒸汽都将经历上述 3 个阶段。在图 2-16 上等压线呈具有中间定温-定压水平线段的三折线。

随着压力的提高，蒸汽定压发生过程线在 *p-v* 图上平行上移，如图 2-16（a）所示，2′2″线高于 1′1″线。在不同相区移动情况各不相同。

在一定温度下，熵随压力的变化率等于恒压下体积随温度的变化率，符号相反。在液相区热膨性很小，熵值随压力的变化极小。所以在 *T-s* 图上，在液相区不同压力值的等压线非常紧密地分布在饱和液线的左侧，在通常尺度的线图上，低于临界压力的等压线实际上都与饱和液线相重合[图 2-16（b）]。在湿蒸汽区，随着压力的提高，汽化线平行上移。因为饱和蒸汽与饱和液的比体积差、焓差（汽化潜热）、熵差都随压力的升高而逐渐减小，所以汽化线段逐渐缩短。当压力达到临界压力时收缩成一个点，即临界点 *C*。在过热蒸汽区，相同温度下蒸汽的定压比热容近似相等，故 *T-s* 图上等压线的斜率近似相同。不同值的等压线近似为一簇平行曲线。随着压力的提高，等压线近乎平行地向图 2-16 的左方移动。

2.2.2　焓-熵（*h-s*）图、压力-焓（*p-h*）图、温度-熵（*T-s*）图

表 2-2 所列的参数值是离散的，实际应用时要用内插计算，应用不便。另外，数据表不能直观表示高压浸出设备中高温高压水的热力过程，这些是热力性质表在应用中的不足。为此，常按照高压浸出技术的要求，将高温高压水的热力状态参数关系制成线图供高压浸出应用。常用的热力性质图有焓–熵（*h-s*）图、压力–焓（*p-h*）图和温度–熵（*T-s*）图。

1. 焓–熵（*h-s*）图

高压浸出技术中换热设备的换热量常常由设备进、出口水（汽）的焓差计算，而熵是表达过程方向的参数，故以焓为纵坐标、熵为横坐标的焓–熵图在高压浸出技术中广为应用。水的焓–熵（*h-s*）图如图 2-17 所示。

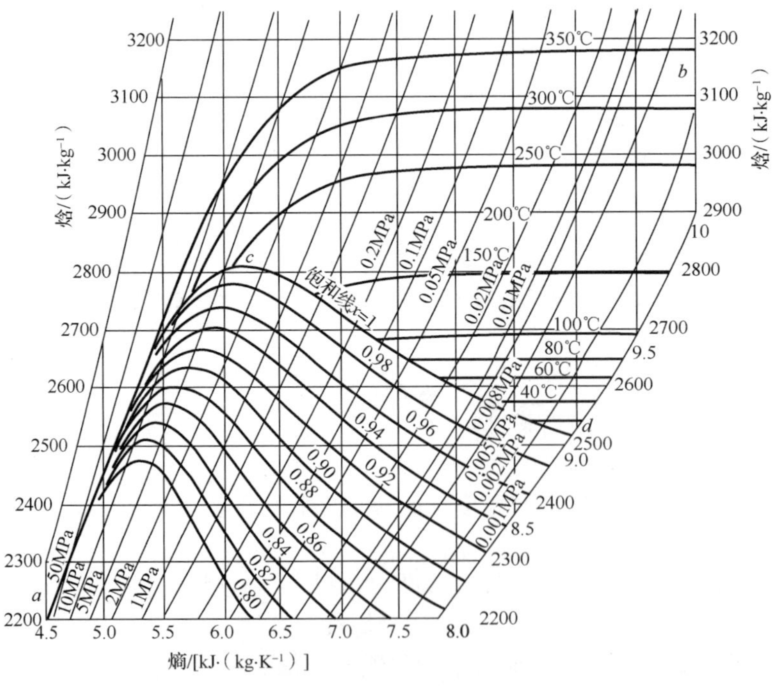

图 2-17　水的焓–熵（*h-s*）图

在图 2-17 上，除有等距水平的定焓线簇及等距垂直的定熵线簇外，还绘制有如下曲线和线簇。

（1）饱和液线及饱和蒸汽线

在图 2-17 上，*ac* 线族为饱和液线，*cd* 线族为饱和蒸汽线。饱和液的焓、熵都随饱和温度（或压力）的升高而增大，所以在 *h-s* 图上饱和液线是一条单调上升的曲线，在临界点它的斜率等于临界点温度。从临界点开始，随着温度（或压力）的降低，饱和蒸汽的熵逐渐增大；而其焓值先增加，经过一个极大值后再随温度降低而减小。

饱和水线 x=1 的上方为过热蒸汽区；*ac* 线为饱和液线，饱和液线左侧为液相区；*cd* 线为干饱和蒸汽线，饱和蒸汽线上方为过热蒸汽区；在 *acd* 线下面为湿蒸汽区，两条饱和线之间为湿蒸汽区；*cd* 线的上方为过热蒸汽区。液体的焓和熵值都主要取决于温度，受其他参数变化的影响很小，即液体的焓与熵近似呈单值函数关系。因而在 *h-s* 图上液相区是紧邻饱和液线的一个很狭窄的区域，在通常尺度的线图上近乎与饱和液线重合。

高压浸出技术中用到的蒸汽常常是过热蒸汽或干度大于 50%的湿蒸汽，故 *h-s* 图的实用部分仅是它的右上角。

（2）等压线簇

水蒸气热力性质图（图 2-17）上的等压线是由一系列离散点按一定规律连接而成的。偏微商关系式为

$$\left(\frac{\partial h}{\partial s}\right)_p = T \tag{2-26}$$

表明在 *h-s* 图上等压线的斜率等于所处状态的热力学绝对温度。

压力为 p_e 的等压线，根据 p_e 与临界压力 p_c 的相对关系，可分为以下 3 种情况。

1）$p_e<p_c$ 时，为湿蒸汽区。在该区等压线与饱和液线近乎重合，等压线就是等温线，其所对应的温度 T_e 可根据饱和线方程算出，它是斜率为对应饱和温度 T_e 的斜直线。压力越高，T_e 越高，直线越陡。

2）$p_e=p_c$ 时，为临界等压线。等压线跨湿蒸汽区与饱和蒸汽区，并通过临界点。为此，可在三相点至上限温度（根据需要选定）的范围内，根据温度算出比熵。

3）$p_e>p_c$ 时，为过热蒸汽区。在过热蒸汽区，等压线斜率随温度升高而增大，形成向上挠的曲线。与 *T-s* 图上的情形不同，在过饱和液及饱和蒸汽线上，由于温度的变化是连续的，等压线上为可导的光滑点。这样，*h-s* 图上的等压线簇为在湿蒸汽区是斜直线，由图的左下角逐渐向右上方发散的线簇。随着压力的增高，等压线由右下方向左上方移动。

（3）等温线簇

水蒸气不能作为理想气体处理，对蒸汽热力性质，如焓和熵等参数目前还难以用纯理论方法或纯实验方法得出能直接用于工程计算的准确而实用的方程。但是下面理论关系式仍然存在：

$$\left(\frac{\partial h}{\partial s}\right)_T = \frac{-v(T\alpha_v - 1)}{-v\alpha_v} = T - \frac{1}{\alpha_v} \tag{2-27}$$

式（2-27）表达了 *h-s* 图上等温线的斜率。液体的热膨胀系数 α_v 很小，等温线在液态区具有较小的斜率，在温较低的范围内可能为负值；在湿蒸汽区 α_v 的值为无限大，等

温线的斜率与等压线一样，就等于其热力学绝对温度值。在湿蒸汽区，等温线本身就是等压线；在蒸汽区，等温线的斜率比等压线斜率小，等温线较等压线平缓。随着压力的降低，蒸汽性质趋于理想气体性质，α_v 的值趋于 $1/T$，等温线趋于水平，即在等温线上焓值趋于不变。在饱和液及饱和蒸汽线上 α_v 的变化不连续，因此等温线在过两条饱和线时是不可导的折点。在 h-s 图上的等温线簇，在饱和区与等压线一样是一组发散的直线，在蒸汽区则是一组较平缓的曲线。随着温度的提高，等温线的位置逐渐上移。

（4）等容线簇

对于图 2-17，在水蒸气体积恒定的条件下，焓对熵的偏微商关系为

$$\left(\frac{\partial h}{\partial s}\right)_v = T\left[1+\frac{v}{c_v}\left(\frac{\partial p}{\partial T}\right)_v\right] \tag{2-28}$$

式中方括号内的值恒大于 1，故在 h-s 图上等容线较等压线陡。随着比体积值的增大，等容线由图 2-17 上压力较高的左上方向压力较低的右下方移动，形成等容线簇。

（5）等干度线

在图 2-17 上的湿蒸汽区，等干度线是干度 x 相等的状态点的连线。描述该线的方程为式（2-19）、式（2-20）。可见，在一等压力下湿蒸汽的平均比焓、比熵都与 x 呈线性关系。直观看出：等间距的等干度线等分每条等压线的汽化段。随着压力的增加，汽化线段逐渐缩短，各条等干度线逐渐靠近，在达到临界压力时汇集于临界点。在 h-s 图的左下方，液态区及其邻近的区域图线非常密集，很难作实际的应用，作为工程计算中实用的 h-s 图，只取图的右上方部分区域。

2. 压力-焓（p-h）图

压力-焓（p-h）图与图 2-16 相似，蒸汽压缩过程中，一部分水凝集为液体，放出热量，传递给另一部分水。在一个恒定体积的容器中的定压放热过程（如矿浆自蒸发），就是一个进、出口焓值相等的绝热节流过程。压力和焓值是确定、分析、计算蒸汽压缩制冷循环的主要参数。以压力为纵坐标、焓为横坐标的压力-焓（p-h）图在高压浸出过程中广为应用。通常用压力的对数值分度来表达压力-焓（p-h）图的纵坐标，又称为 $\lg p$-h 图，如图 2-18 所示。

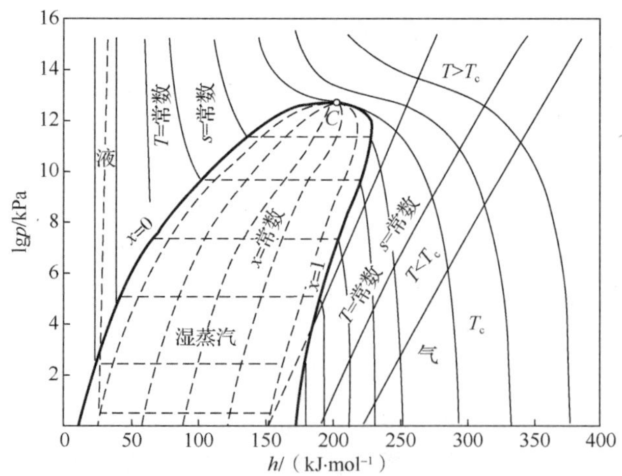

图 2-18 蒸汽的压力-焓（$\lg p$-h）图

在图 2-18 上，饱和液相线是一个上升的曲线。在饱和蒸汽线上，低压区焓值随压力升高而增大，在经过焓的极值点 C 后，随压力的升高而减小。极值点 C 就是临界压力时饱和蒸汽线与饱和液线的交点。饱和液线左侧为液相区；饱和蒸汽线右侧为过热蒸汽区；两条饱和线之间为湿蒸汽区。等温线簇在液态区是斜率很大的曲线簇；在饱和液线上（湿蒸汽区）则为水平的等温-等压线簇，到饱和蒸汽线（蒸汽区）上又转变成下行的曲线簇，随着压力的降低趋于垂直下降。在图 2-18 上，等熵线的斜率为 $1/v$，等熵线簇是斜率恒正的曲线簇。等间距的等干度线在湿蒸汽区等分等温-等压的汽化线段。二者在临界压力时汇集于 C 点。在图 2-18 上还常用虚线表示出等容线簇，它们的斜率为$\left[v+\left(\dfrac{\partial T}{\partial p}\right)_v\right]^{-1}$，也恒为正值，但较等熵线平缓。

3. 温度-熵（T-s）图

温度-熵（T-s）图在各种热力过程中采用得最为普遍，起着很重要的作用。在前面已较详细地讲述了 T-s 图上的簇。

由偏微商关系可导得 T-s 图上等焓线的斜率：

$$\left(\frac{\partial T}{\partial s}\right)_h=\frac{T^2}{C_p}\left(\frac{1}{T}-\alpha_v\right)=-\frac{T^2}{C_p}\cdot\frac{1}{z}\cdot\left(\frac{\partial z}{\partial T}\right)_p \tag{2-29}$$

式中：z——压缩因子。

通常 T、C_p、z 都为正值，故等焓线斜率的符号取决于$\left(\dfrac{\partial z}{\partial T}\right)_p$的符号。而$\left(\dfrac{\partial z}{\partial T}\right)_p$在不同的参数区域内可以有不同的符号，从而在 T-s 图上等焓线不总是单调的曲线，如图 2-19 所示。

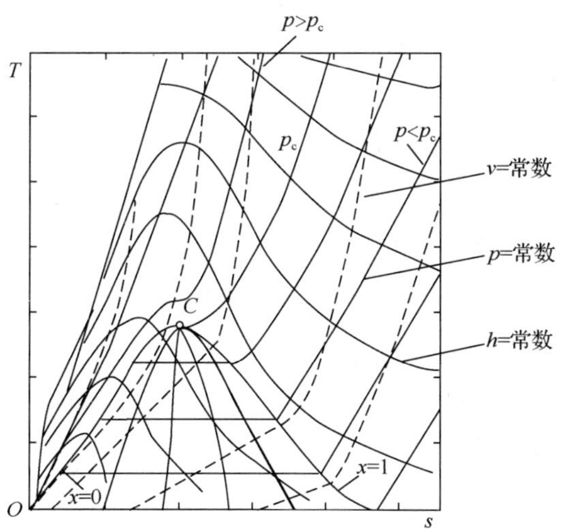

图 2-19　水蒸气的 T-s 线图

4. 蒸汽热力性质图表的应用

蒸汽热力性质图表是高压浸出计算的依据，用蒸汽热力性质图表计算高压浸出过程的步骤如下。

1）根据初态的两个参数{$(p,T),(p,x)$或(T,x)}从表或图中查得其他参数。

2）根据过程特征和一个终态参数确定终态，再从表或图上查得其他参数。

3）根据求得的初、终态参数计算热量 q、所做的功 W 等。

蒸汽热力性质图表是高压浸出计算的依据，可以用蒸汽热力性质图计算以下内容。

1）根据高压浸出过程中的实际参数在热力性质图表上确定状态点，并查出相应的其他状态参数值。

2）根据高压浸出过程进行的途径和方向，并针对过程的主要特征拟定理想的过程途径和方向。例如，在自蒸发与矿浆换热设备组中，蒸汽的压力变化很小，蒸汽过程为等压加热或放热过程。之后，在各种相应的状态图上正确地表示高压浸出过程(自蒸发)。

3）对高压浸出过程（如自蒸发），从蒸汽图表上查得其始、末状态的焓值或热力学能值，进行热力学第一定律计算，即过程中高温高压水与外界交换的热量及功量。

4）对于涉及热力学第二定律的计算，如高温高压水与外界的有效能交换、高温高压水的有效能变化、过程中有效能的耗散等，不仅需要应用蒸汽图表查取高温高压水焓（或热力学能）的变化，还需查取高温高压水熵的变化，以及过程中热源熵的变化。

下面结合高压浸出的实例阐明蒸汽热力性质图表的应用。

例题 2-2 高压釜内矿浆从 30℃、4MPa 等压加热到 450℃、压力 p_0=4MPa 的矿浆，经自蒸发器流到出口状态 1，其压力 p_1=0.1MPa [图 2-20（a）]。确定自蒸发器内蒸汽处于什么相区，并给出其参数。

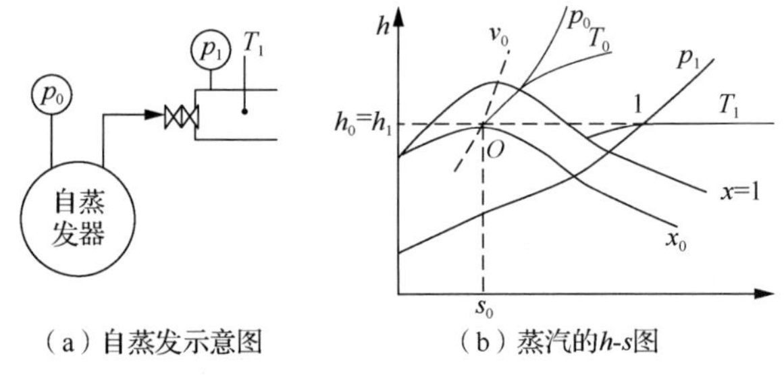

（a）自蒸发示意图　　（b）蒸汽的h-s图

图 2-20　自蒸发器内蒸汽状态计算简图

解：从 30℃、4MPa 等压加热到 450℃，通过查 h-s 图[9]，得到

h_1 = 129.3kJ · kg^{-1}，h_2 = 3330.7kJ · kg^{-1}，$q = h_2 - h_1$=3201.4kJ · kg^{-1}。

在自蒸发器中，在图 2-20 上用出口状态参数 p_1、T_1 确定状态点 1，因为自蒸发前后高温高压水焓相同，故自蒸发器内蒸汽状态点为 p_0，等压线与过 1 点定焓线的交点为 O，如图 2-20（b）所示。由此确定自蒸发器内蒸汽为湿蒸汽，并在图 2-20 上标出 p_1=0.1MPa 所对应的平衡参数如下:

T_0=250℃，x_0=0.951，h_0=2720kJ · kg^{-1}，s_0=5.915kJ·（kg · K）$^{-1}$，v_0=0.0475m^3 · kg^{-1}。

从蒸汽热力性质表中，查得 h_0=h_1=2725.1kJ · kg^{-1}。

再由饱和水及饱和蒸汽热力性质表中，查得 p_0 下的饱和参数如下:

$T_0=T_s=250.394$℃，$v'=0.0012524\text{m}^3\cdot\text{kg}^{-1}$，$v''=0.049771\text{m}^3\cdot\text{kg}^{-1}$，$h'=1087.2\text{kJ}\cdot\text{kg}^{-1}$，$h''=2800.53\text{kJ}\cdot\text{kg}^{-1}$，$s'=2.7962\text{kJ}\cdot(\text{kg}\cdot\text{K})^{-1}$，$s''=6.0688\text{kJ}\cdot(\text{kg}\cdot\text{K})^{-1}$。

由式（2-24）可得

$$x_0=0.956$$

按式（2-18）及式（2-20）可得

$$v_0=v'+x(v''-v')=0.0012524+0.956\times(0.049771-0.0012524)\approx0.047636\ (\text{m}^3\cdot\text{kg}^{-1})$$

$$s_0=s'+x(s''-s')=2.7962+0.956\times(6.0688-2.7962)\approx5.9248\ (\text{kJ}\cdot\text{kg}^{-1})$$

可见，高压浸出过程中用水的热力性质图表计算更简便、更精确。

2.3　高温高压矿浆的性质

矿浆是指工业生产中为了提取目标元素而将矿石、矿土等固体形式的原料加入水及其他辅助剂料形成的液固混合物形式。

浸出前通常设有浓缩作业，浸出后的矿浆及化学沉淀后的料浆均需进行固相和液相分离，以满足后续作业的要求。为了将溶液中悬浮胶体量减少到10‰左右，在矿石浸出与矿浆分离后进行溶液的附加澄清往往是必要的，而这种方法与后续工序（直接电积、溶剂萃取、离子交换等）无关。用加压砂滤法来解决这个问题时，如果将适宜的高分子电解质应用于流程的前面阶段，砂滤的作业就能得到改善。但必须在中间工厂进行初步试验来确定所采用的参数（粒度大小、过滤速度、砂层厚度等），这些参数取决于浸出的类型、悬浮固体的性质和所要求的滤液质量。

流变学是关于物质流动的科学。流程中矿浆的流动行为对以能量和质量转移为基础的单元作业产生影响。涉及固液和固固（如矿浆）物理分离的流程也取决于流变学特性。流变冶金学以实用的方式应用这些原理来确定冶金设备的设计规范[9,10]。

2.3.1　矿浆的密度

如矿浆浓度为q，其中固体密度为ρ，那么该矿浆的密度为

$$\rho_x=\left[q+\left(1000-\frac{q}{\rho}\right)\cdot\rho_o\right]\Big/1000 \tag{2-30}$$

式中：q——矿浆浓度，$\text{g}\cdot\text{L}^{-1}$；

ρ_x——被测矿浆密度，$\text{g}\cdot\text{cm}^{-3}$；

ρ_o——水的密度，$\text{g}\cdot\text{cm}^{-3}$；

ρ——矿浆中固体密度，$\text{g}\cdot\text{cm}^{-3}$。

式（2-30）描述的是矿浆密度与矿浆浓度的关系。流动态的矿浆密度与容器高度的关系如图2-21所示。

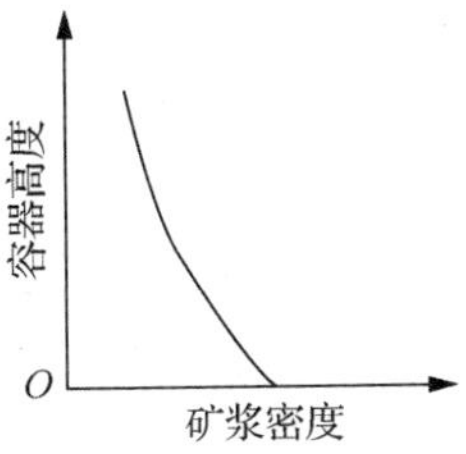

图2-21　流动态的矿浆密度与容器高度的关系

2.3.2　矿浆的流动性（流变性）

1. 颗粒特性与浆料流变特性的关系

如果体积分数不变，颗粒尺寸减小，颗粒的数量将有所增加。因此，颗粒间的相互

作用将有所增强，样品的黏度一般也会增加。颗粒与颗粒之间的作用力属于弱相互作用力，所以在低剪切速率下表现得更加明显，减小颗粒粒度通常会增大黏度。

不同粒径组成浆液的黏度η随剪切速率$\dot{\gamma}$的变化如图 2-22 所示。

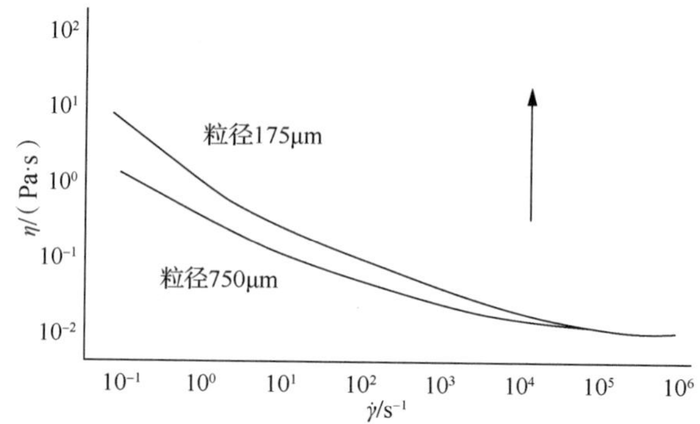

图 2-22　不同粒径组成浆液的黏度η随剪切速率$\dot{\gamma}$的变化

如果颗粒浓度增大，就会导致颗粒间相互作用数量增大。同样，由于这种作用力较弱，在低剪切速率$\dot{\gamma}$下，这种影响表现得最为显著——减小颗粒浓度或增大颗粒粒度通常会减小黏度。不同颗粒（D50）浓度组成浆液的黏度η随剪切速率$\dot{\gamma}$的变化如图 2-23 所示。

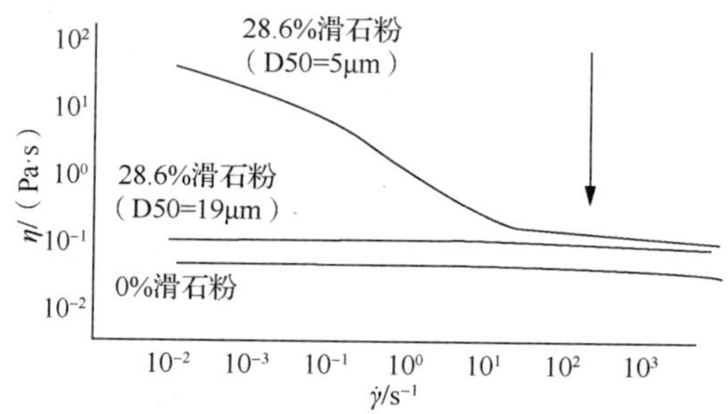

图 2-23　不同颗粒（D50）浓度组成浆液的黏度η随剪切速率$\dot{\gamma}$的变化

增大颗粒浓度通常会减小黏度，在高剪切速率$\dot{\gamma}$下，这种影响表现得不明显。

2. 增加粒度分布（径距）通常会减小黏度

如果颗粒平均粒度相同，径距大/分布广（多分散性强）的颗粒比分布窄的颗粒堆积得更好，宽分布的颗粒具有更大的自由空间可以活动，样品更加容易流动，即黏度较小。因此较窄粒度分布能增加体系的稳定性。增加粒度分布（径距）通常会减小黏度，如图 2-24 所示。

可以结合使用颗粒粒度大小和粒度分布对黏度的影响，从而达到不同的效果。如果体积分数相同，粒度相对较大的样品中含有小部分的小颗粒，其黏度将小于仅含小颗粒或仅含大颗粒的样品。这主要是由于粒度大小和粒度分布都会改变颗粒间的相互作用力，从而影响体系的流变特性。虽然两者都会影响黏度，但在这种情况下，多分散性的影响占主导作用。

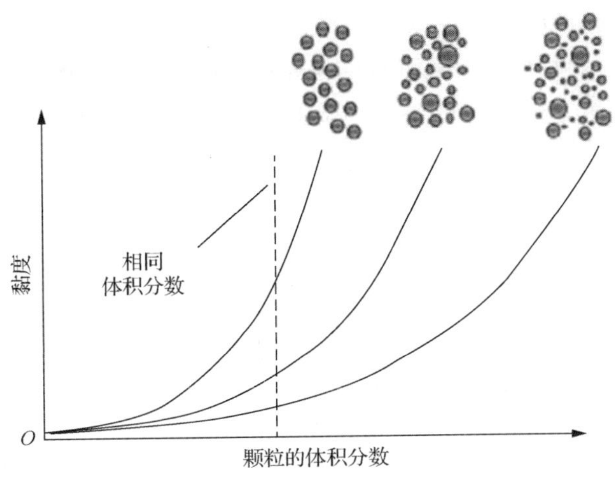

图 2-24　增加粒度分布（径距）通常会减小黏度

3. 通过增加体系中的颗粒数量改变流动行为

颗粒粒径大小不变时，如果加入越来越多的颗粒，流动性将从牛顿流体（几乎没有颗粒，不发生相互作用）变为剪切变稀（颗粒可能存在相互作用，但作用力很小，随着剪切速率的增大该相互作用会被破坏，从而发生剪切变稀行为），再变为剪切增稠（存在许多颗粒，剪切速率增大，颗粒开始相互发生物理碰撞，造成剪切增稠行为），重点考察体积分数。

对于小于 1μm 的颗粒，增大 Zeta 电位的数量级（正或负）能增加低剪切速率下的黏度。随着 Zeta 电位的增大，颗粒受力相互远离。这从根本上防止了颗粒的自由流动，因此黏度增大。由于作用力较小，在较低剪切速率下，这种作用更为明显。颗粒特性与浆料流变特性的变化如图 2-25 所示。

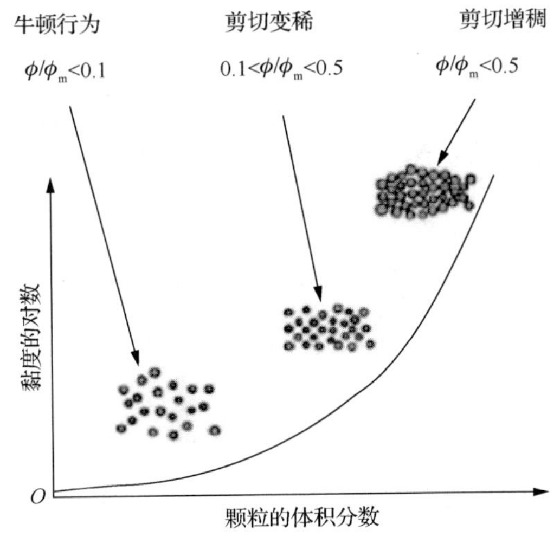

ϕ —颗粒的体积分类；ϕ_m —颗粒的最大体积（堆叠）分数。

图 2-25　颗粒特性与浆料流变特性的变化

对于大于 1μm 的颗粒，即分散体系（这种情况下重力会产生重要影响），在高浓度下，当降低 Zeta 电位到一定程度时，可以形成自支持凝胶体系，向体系引入屈服应力。对于较大的颗粒，颗粒的重力将克服静电电荷/Zeta 电位造成的颗粒间的排斥力而发生沉降。

4. 表面粗糙度与矿浆的黏度

与表面粗糙（即凸起度较低）的颗粒相比，表面光滑的颗粒在低剪切速率下黏度较小。表面光滑的颗粒之间的缔合作用往往是化学作用力。表面粗糙的颗粒既存在机械阻力，又有化学缔合力。因此，含有表面不光滑的颗粒的体系在低剪切速率下黏度较大，并具有比较大的屈服应力。在低剪切速率下颗粒的粗糙度与黏度的关系如图 2-26 所示。

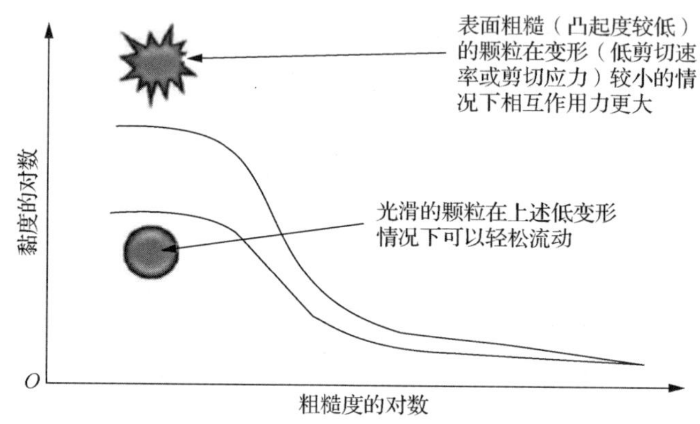

图 2-26　在低剪切速率下颗粒的粗糙度与黏度的关系

5. 颗粒球形度与矿浆黏度的关系

与球形颗粒相比，长条形的颗粒在低剪切速率下黏度较大，但在高剪切速率下黏度较小。球形颗粒间存在一定的相互作用力，其在剪切作用下会被破坏，发生剪切变稀行为。而对于长条形的颗粒，随机的取向会导致开始发生流动时阻力较大，即低剪切速率下黏度大。然而，在高剪切速率下，长条形的颗粒可以按照流动取向有规则地排列为流线型。因此，与相同尺寸的球形颗粒相比，它们更容易发生流动，其剪切黏度也较小。不同颗粒球形度下黏度 η 与剪切速率 $\dot{\gamma}$ 的关系如图 2-27 所示。

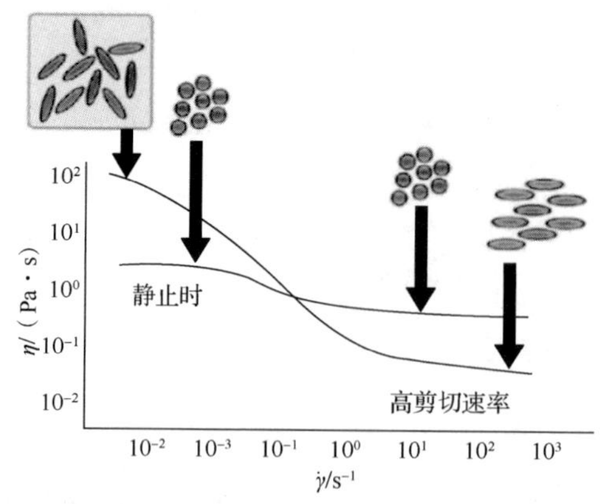

图 2-27　不同颗粒球形度下黏度 η 与剪切速率 $\dot{\gamma}$ 的关系

6. 颗粒柔软度与矿浆黏度的关系

粒度相同，柔软/可变形的颗粒比坚硬的颗粒具备更强的剪切变稀行为。外加的剪切应力可以改变柔软颗粒的形状，会导致颗粒在剪切作用下发生拉长和沿流动方向有序排列的现象，从而发生剪切变稀行为。不同柔软度下浆液黏度 η 与剪切速率 $\dot{\gamma}$ 的关系如图 2-28 所示。

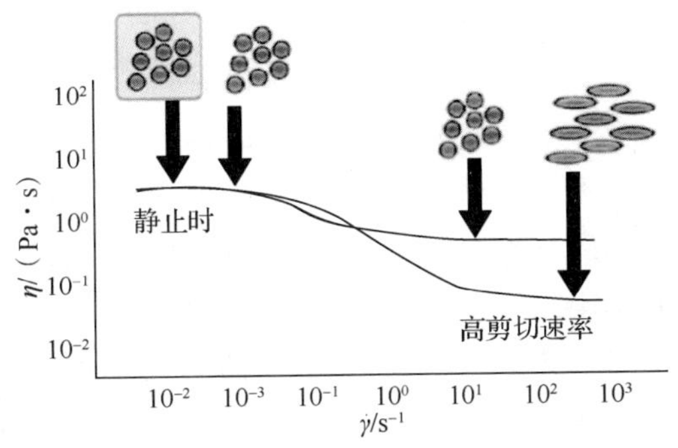

图 2-28　不同柔软度下浆液黏度 η 与剪切速率 $\dot{\gamma}$ 的关系

2.3.3　矿浆的流量

1. 流量检测

在生产过程中，为了有效地进行操作、控制和监督，需要检测各种流体的流量。物料总量的计量也是经济核算和能源管理的重要依据。流量检测仪表是发展生产、节约能源、改进产品质量、提高经济效益和管理水平的重要工具，是工业自动化仪表与装置中的重要仪表之一。流量有瞬时流量和累积流量之分。瞬时流量是指在单位时间内流过管道或明渠某一截面的流体的量。累积流量是指在某一时间间隔内流体通过的总量。该总量可以用该段时间间隔内的瞬时流量对时间积分得到，所以也称积分流量。累积流量除以流体流过的时间间隔，即为平均流量。

2. 流量计的分类

测量流量可以用体积流量或质量流量来表达。

（1）椭圆齿轮流量计

椭圆齿轮流量计的测量本体由一对相互啮合的椭圆齿轮和仪表壳体构成。两个椭圆齿轮在进出口流体压力差的作用下交替地相互驱动，并各自绕轴做非匀角速度的转动。在转动过程中连续不断地将充满在齿轮与壳体之间的固定容积内的流体一份份地排出。齿轮的转数可以通过机械或其他方式测出，从而可以得知流体总流量。两个齿轮每转动一圈，流量计将排出 4 个半月形容积的流体。通过椭圆齿轮流量计的流体总量可表示为

$$Q = 4nV_o \tag{2-31}$$

式中：Q——体积流量，$L\cdot s^{-1}$；

V_o——半月形容积的体积，L；

n——转速，$r \cdot s^{-1}$。

（2）腰轮流量计

腰轮流量计主要由壳体、共轭转子和计数装置等部件构成。装于计量室内的一对共轭转子在流通气体的出入口压力差作用下交替承受转动力矩。转子每转动一周，则输出4倍计量室有效容积的气体，转子的转数通过磁性密封联轴装置及减速机构传递到计算指示计数器，从而显示输出气体的累积体积流量。腰轮流量计的工作过程及原理如图2-29所示（图中仅表示了1/4周期）[11]。

（3）旋转活塞流量计

旋转活塞流量计的工作过程及原理如图2-30所示。被测液体从进口端进入流量计计量室，在进、出口端间形成一差压，迫使活塞按图上箭头所示的方向旋转，如图2-30（a）所示。随着液体的流入，旋转活塞转到如图2-30（b）所示的位置，形成封闭的新月形截面的容腔 V_1。在差压的作用下，活塞继续旋转，刚才形成的封闭的新月形截面 V_1 与出口端连通而开始排液，如图2-30（c）所示。当活塞旋转到如图2-30（d）所示的位置时，又形成一封闭的新月形截面的容腔 V_2。再继续旋转，则容腔 V_2 与出口端连通而排液，也即活塞又回复到达如图2-30（a）所示的位置。

其最大特点是适用于小流量计量，具有结构简单、工作可靠、测量范围大、测量精度高、不受黏度影响、可带电远传等特点。

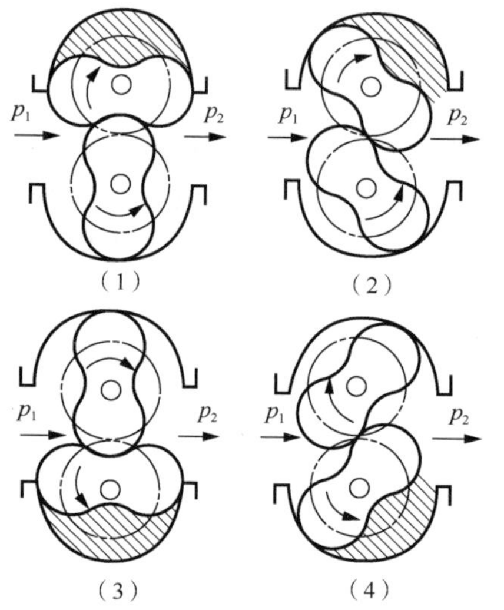

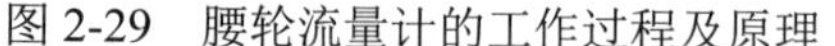
图2-29　腰轮流量计的工作过程及原理

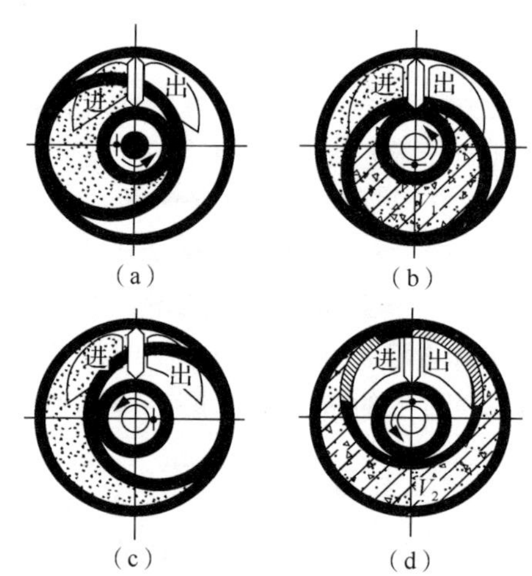

图2-30　旋转活塞流量计的工作过程及原理

（4）涡街流量计

涡街流量计属于旋涡流量计，它是利用流体振荡的原理进行流量测量的。当流体流过非流线型阻挡体时会产生稳定的旋涡列，旋涡的产生频率与流体流速有确定的对应关系，测量频率的变化，就可以得知流体的流量。

涡街流量计的测量主体是旋涡发生体。旋涡发生体是将一个具有非流线型截面的柱体垂直插于流通截面内而形成的。当流体流过旋涡发生体时，在发生体两侧会交替地产生旋涡，并在它的下游形成两列不对称的旋涡列。当每两个旋涡之间的纵向距离 h 和涡

列之间的横向距离 L 满足一定的关系，即 $h/L=0.281$ 时，这两个旋涡列将是稳定的，称为卡门涡街。稳定的旋涡产生频率 f 与旋涡发生体处的液流流量 Q_v 有如下确定关系：

$$Q_v = \frac{Ad}{Sr} f \tag{2-32}$$

式中：Sr——斯特鲁哈尔数，也称标定常数；

Q_v——液流流量，$m^3 \cdot s^{-1}$；

d——涡街发生体迎流面最大宽度，m；

A——旋涡发生体两侧的流通面积，m^2；

f——旋涡频率，Hz。

涡街流量计适用于气体、液体和蒸汽介质的流量测量，其测量几乎不受流体参数（温度、压力、密度、黏度）变化的影响。涡街流量计在仪表内部无可动部件，使用寿命长；压力损失小；输出为频率信号；有较宽的范围度（30∶1）；测量精度也比较高，为±0.5%～±1%。它是一种正在得到广泛应用的流量仪表。但是，流体流速分布情况和脉动情况将影响测量的准确度。另外，旋涡发生体被沾染污渍也会引起误差。

（5）电磁流量计

对于具有导电性的液体介质，可以用电磁流量计测量流量。电磁流量计基于电磁感应原理，导电流体在磁场中垂直于磁力线方向流过，在流通管道两侧的电极上将产生感应电势，感应电势的大小与流体速度有关，通过测量此电势可求得流体流量。

$$Q_v = \frac{\pi D}{4B} e \tag{2-33}$$

式中：Q_v——体积流量，$L \cdot s^{-1}$；

D——迎流面恒定磁场区的直径，m；

B——系数，$mV \cdot m^{-2}$；

e——电势，mV。

电磁流量计的结构如图 2-31 所示，其特点是测量导管中无阻力件，压力损失极小；流速测量范围宽，为 $0.5 \sim 10 m \cdot s^{-1}$；范围度可达 10∶1；流量计的口径可从几毫米到几米以上；流量计的精度为 0.5～1.5 级；仪表反应快，流动状态对示值影响小，可以测量脉动流和两相流，如泥浆和纸浆的流量。

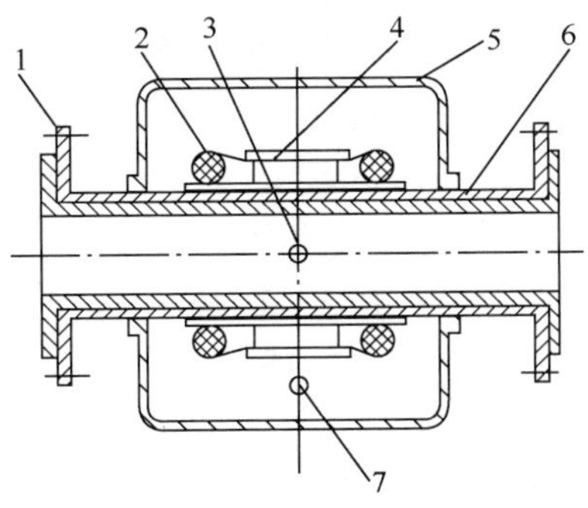

1—法兰；2—激磁线圈；3—电极；4—磁轭；5—外壳；6—测量管；7—接线插头。

图 2-31　电磁流量计的结构

电磁流量计的测量结果与液体的压力、温度、密度、黏度、电导率（不少于最低电导率）等物理参数无关，所以测量精度高、工作可靠。其对测量导电流体的电导率有要求，不能测量气体、蒸汽和电导率低的石油流量。对于电磁流量计，只有管道和电极与被测液体接触，因此，只要合理选择电极及管道内衬材料，即可达到耐腐蚀、耐磨损的要求。

思考题

2-1　选择题。

（1）超临界水的密度可从类似于蒸汽的密度值连续地变到类似于液体的密度值，因此，密度对温度和压力的变化（　　）。

A. 非连续　　B. 连续平稳　　C. 十分敏感　　D. 与常压下一样

（2）关于水的焓-熵变化，正确的说法是（　　）。

A. 在 *h-s* 图上，从临界点开始，随着温度（或压力）的降低，饱和蒸汽的熵增降低

B. 在 *h-s* 图上，饱和液线是一条单调上升的曲线

C. 在 *h-s* 图上，饱和液线是一条单调下降的曲线

D. 在 *h-s* 图上，从临界点之前，随着温度（或压力）的降低，饱和蒸汽的熵增升高

（3）关于亚临界水的基本性质，不正确的说法是（　　）。

A. 随温度升高（50～300℃），其介电常数由 70 减小至 1

B. 水的黏度也只有约 45×10^{-5}Pa·s，与普通条件下空气的黏度接近

C. 亚临界水分子的扩散系数比普通水高 100 倍，使它的运动速度和分离过程的传质速率大幅度提高

D. 随着温度的升高，氢键的作用减弱，介电常数降低。在 400℃、41.5MPa 条件下，超临界水的介电常数为 10.5

（4）关于水中氧气的溶解度，正确的说法是（　　）。

A. 随着温度的升高而降低，随着压力的升高而增加

B. 在 100℃以上，随着温度的升高而降低，随着压力的升高而增加

C. 随着温度的升高而增加，随着压力的升高而降低

D. 存在一个溶解度的最高点，低于或高于这个最高点的温度，溶解度都减小

（5）关于颗粒特性与浆料流变特性的关系，不正确的说法是（　　）。

A. 如果体积分数不变，颗粒尺寸减小时，颗粒的数量将有所增加

B. 颗粒浓度增大，在低剪切力的情况下，减小颗粒浓度或增大粒度通常会减小黏度

C. 颗粒平均粒度相同，径距大/分布广（多分散性强）的颗粒比分布窄的颗粒黏度较小

D. 颗粒平均粒度相同，径距大/分布广的颗粒比分布窄的颗粒堆积得更好，黏度较大

2-2 在水的三态相图上，简述一点、两线、三区和五态的含义。

2-3 从物质的黏度-温度图看，高温高压溶出用什么物质作热载体为好？

2-4 简述高温高压溶出时，液体扩散系数的特点。

2-5 简述高温高压溶出时，水的离子积的变化和对冶金反应的作用。

2-6 简述高温高压浸出时，水或溶液中氧气的溶解情况。

2-7 简述熔融铝投入水中将有什么结果。

2-8 简述高温高压溶出时矿浆的流动性（流变性）。

2-9 简要说明为什么高压浸出需要了解水蒸气的热力性质。

参 考 文 献

[1] 辛琦，吕中杰，冯杰，等. 熔融铝液遇水碎化研究[J]. 兵工学报，2014（2）：228-232.

[2] 谢鸿森，侯渭，周文戈，等. 高温高压水的新性质[C]//中国地球物理学会第二十届年会论文集. 南京：南京师范大学出版社，2003：133-134.

[3] 杨馗，徐明仙，林春绵. 超临界水的物理化学性质[J]. 浙江工业大学学报，2001（4）：386-389.

[4] 陈丽丽. 超（亚）临界水体系合成多元氧化物钼酸碲镁微晶研究[D]. 济南：山东大学，2014：49-51.

[5] 李旻廷. 含钒黑色页岩加压酸浸过程动力学及机理研究[D]. 昆明：昆明理工大学，2012：21-52.

[6] 田磊，刘燕，吕国志，等. 加压搅拌浸出体系下氧气的气含率[J]. 中国有色金属学报，2017（3）：663.

[7] 陆辉，杜东海，陈凯，等. 高温水中溶解氧对不锈钢堆焊层 SCC 性能的影响[J]. 腐蚀与防护，2015（6）：531-533.

[8] 刘朝，杨智勇，刘娟芳. 高温高压下湿空气的焓和熵计算[J]. 工程热物理学报，2007（4）：557-560.

[9] 卢勇. 管道固-液两相浆体输送理论研究[D]. 长沙：湖南大学，2015：13-67.

[10] 汪东，许振良，孟庆华. 浆体管道输送临界流速的影响因素及计算分析[J]. 管道技术与设备，2004（6）：1-2.

[11] 张建刚. 高浓度矿浆输送系统设计[J]. 工程设计与研究，2010（2）：9-12.

3 高压的获取与压力场中的矿浆流

高压浸出技术的前提是获得高压，一个连续高压浸出过程需要知道高压下的物质流动情况。因此，研究如何获得高压，掌握高压下物质流动的规律，对高压设备的设计与改进及高压浸出过程的优化与控制都具有重要意义。

浸出作业既要取得尽可能高的浸出率，又要制取适合下一步处理的溶液。高压浸出作业可间断或连续进行，工业生产上多采用后者。高温高压下的矿浆流动按冶金工艺分为以下几种。

1. 单釜间歇式高压浸出的矿浆流动

矿浆在单个高压釜内进行加热、反应、冷却之后排出高压釜，完成一个循环，称为单釜间歇式高压浸出。

2. 多釜串联连续式高压浸出的矿浆流动

矿浆在多个高压釜内进行加热、反应、冷却之后排出高压釜，完成一个循环，称为多釜串联连续式高压浸出。在这种反应器中，加热、反应、冷却在高压系统的不同空间同时进行，但存在物料返混现象，使加热、反应、冷却不能严格按理想停留时间完成，需要研究返混对釜式反应器的影响。

3. 管道化高压浸出的矿浆流动

管道化溶出系统直管段内矿浆的流动是平稳的紊流状态，而弯管段内矿浆的流动是复杂的三维紊流状态。不同的曲率对弯管中矿浆流动的影响是不同的，曲率半径较小的弯管中的流动状态比曲率半径较大的弯管中的流动状态更加不稳定。

矿浆和熔盐的比热、黏度是管道化溶出工艺过程中的主要热特性参数，对流动和传热的影响直接关系到溶出效率。矿浆在获得压力之前，先要进行预处理。

3.1 矿浆预处理

1. 矿浆制备

矿浆是指工业生产中为了提取目标元素而将矿石、矿土等固体形式的原料加入水及其他辅助剂料形成的液固混合物形式。要使矿浆进入高压釜之前达到一定的要求，就要进行预处理。例如，氧化铝生产过程中的预脱硅、难处理金矿的预氧化等。

浸出前通常设有磨矿、浓缩、预脱硅等矿浆准备作业。

1）浸出前的矿浆准备工作包括：矿石的破碎、磨矿与分级；矿石的物理除杂（除油、编织袋等)；矿石的离解（物理、化学反应，如热分解)；矿石的物相转变（氧化、还原、合成等)；矿浆的加热、脱硅、包裹等；矿物的分选（如铝土矿选矿)。

所用的设备包括：圆锥破碎机、球磨机、棒磨机；旋流分级机、筛分机；脱硅机、选矿槽等。

2）矿浆准备的特点：多数情况下无直接产品；过程简单，为辅助工序；与环保紧密联系；设备多为定型产品，只需选择即可。

在磨矿中球磨机的下料量要求稳定。原矿浆液固比的调节是通过调节循环母液的加入量来实现的。在拜耳磨矿中，循环母液由三个点来加入，而磨机溢流的液固比在磨矿的操作中要求稳定。因此，调节原矿浆的液固比，实际上是通过增加或减少加入混合槽的循环母液量来实现的。稳定循环母液的浓度和严格铝土矿的配矿制度，是确保拜耳法正确配碱的有效措施。同时，尽量减少生产用水进入流程、提高石灰质量等也是拜耳法正确配料，达到良好溶出指标的重要保证。

磨矿过程要求节能（比能耗低)，产生内部裂纹，提高矿物离解度，提高金属浸出率。

以矿石物料经过粉碎作业后达到的直径来划分，可以分成以下几类（图 3-1)。

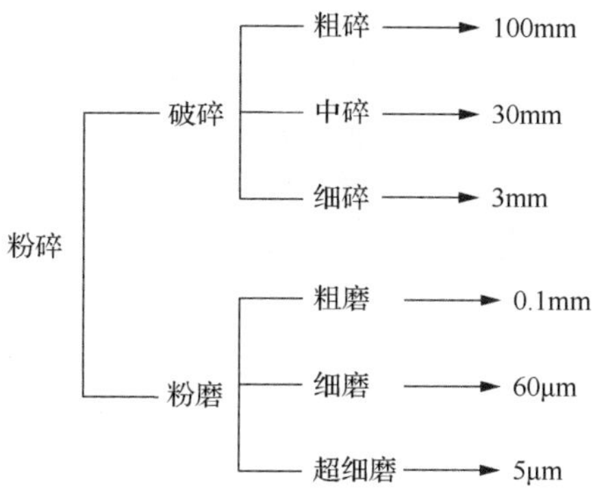

图 3-1　对粉碎的划分

物料粉碎所需要的功与粉碎过程中新增加的表面积成正比。物料破碎得越细，所需要的功越大。物料破碎所需要的功大部分消耗于变形功、摩擦损失功、颗粒表面结构和内部结构变化所耗费的功及噪声、热损失上。

单级破碎：对于破碎比较大的破碎机，可以采用单级破碎。单级破碎流程简单、投资小，但产出物料不均匀。

要把物料破碎并磨至 60μm 的细磨，一般采用多级破碎。

破碎系统：经过多级破碎，以达到工艺所要求物料粒度的生产系统称为破碎系统。例如，典型的“二段磨矿”：半自磨机排矿口封闭，无法直接从半自磨机排矿口取样检测磨矿浓度，而给矿口的水量也很难测量。所以，一段磨矿浓度不作要求，二段磨矿浓度为 73.42%。二段磨矿浆中固体颗粒的细度大部分可以达到 60μm。

选择破碎流程的原则是不做过度粉碎。

2. 预脱硅

脱硅是生产氧化铝的重要工序。铝生产采用的是含铝矿物，由于铝和硅的性质相近，矿物在含铝的同时也含有硅。硅的存在对铝的生产有很大影响。如果硅含量过高，则在除硅过程中会造成大量铝的流失，而且产渣量也非常大。因此，从含铝矿物中提取铝要求矿物有较高的铝硅比。含铝矿物主要为铝土矿和粉煤灰。要使其得到有效利用，就需要对部分铝土矿进行预脱硅，提高铝硅比。目前，常采用的含铝矿物预脱硅方法主要有物理法、化学法和生物法。这里主要介绍常用的物理法和化学法。

物理法脱硅的特点是以天然形态除去含硅杂质矿物，降低铝土矿矿石中 SiO_2 的含量。物理法脱硅主要包括浮选法，选择性碎解法，洗矿、筛分法和选择性絮凝法，其中最重要的是浮选法，浮选法又分为正浮选和反浮选[1]。

化学法即采用化学药剂破坏矿石中的铝硅酸盐矿物晶体结构，提高 SiO_2 的活性。活性较差的 SiO_2 在低温条件下可溶于碱溶液而被脱除，从而实现提高铝硅比的目的。

含铝矿物的化学法预脱硅研究最早见于 20 世纪 40 年代，由德国劳塔厂为了处理匈牙利、奥地利和南斯拉夫的高硅铝土矿而提出。具体方法为将铝土矿在 700～1000℃下焙烧，然后用 10%的苛性碱溶液于 90℃下溶出焙砂。焙烧最佳温度为 900～1000℃，脱硅率最高可达 80%，精矿的铝硅比由原矿的 4.5 提高到 20，Al_2O_3 的损失率在 5%以下。这种方法存在的问题是溶出时的液固体积质量比过大，溶出时间过长，因此不被采用。氧化铝生产所采用的脱硅方法有常压预脱硅和中温脱硅两种方法。

在氧化铝生产中，第一步为硅从固体溶解到溶液里：铝土矿常压脱硅浆液中可溶性硅含量随时间的变化如图 3-2 所示。

$$SiO_2 + 2NaOH = Na_2SiO_3 + H_2O \tag{3-1}$$

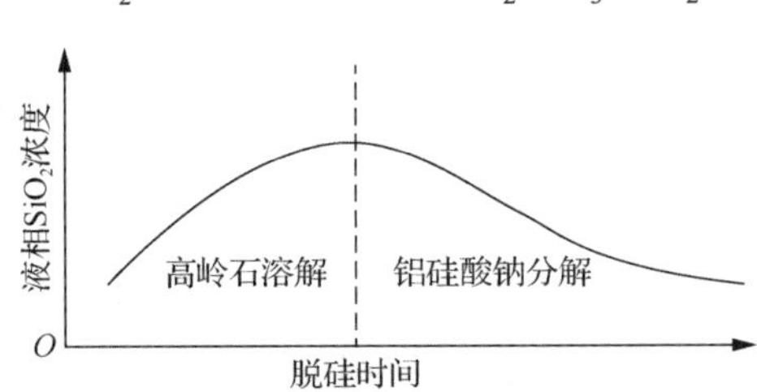

图 3-2　铝土矿常压脱硅浆液中可溶性硅含量随时间的变化

第二步为硅从溶液里析出：

$$\begin{aligned}2Na_2SiO_3 + 2NaAl(OH)_4 = {} & Na_2O \cdot Al_2O_3 \cdot 1.7SiO_2 \cdot 2H_2O \downarrow \\ & + 2Na_2O \cdot 0.3SiO_2(aq) + 2H_2O\end{aligned} \tag{3-2}$$

铝生产采用预脱硅的原理：在脱硅阶段，主要发生高岭石的溶解和方钠石的形成两个反应。其中，高岭石溶解的反应为

$$Al_2O_3 \cdot 2SiO_2 \cdot 2H_2O + 6NaOH = 2Na_2SiO_3 + 2NaAlO_2 + 5H_2O \tag{3-3}$$

方钠石形成的反应为

$$1.7Na_2SiO_3 + 2NaAlO_2 + 3.7H_2O = Na_2O \cdot Al_2O_3 \cdot 1.7SiO_2 \cdot 2H_2O \downarrow + 3.4NaOH \tag{3-4}$$

以高岭石（$Al_2O_3 \cdot 2SiO_2 \cdot 2H_2O$）形态存在的 SiO_2 在氢氧化钠溶液中，溶解生成硅

酸钠，进入溶液。当溶液中的 SiO_2 含量达到临界饱和状态时，铝硅酸钠就会分解出来，形成固相。

分解速度和溶液中最终的 SiO_2 含量受以下因素的影响。

1）脱硅温度：温度越高，分解速度越快，溶液中最终的 SiO_2 含量越低。

2）溶液中苛性碱浓度：苛性碱浓度越低，分解速度越快，溶液中最终的 SiO_2 含量越低。

3）溶液中 Al_2O_3 浓度：Al_2O_3 浓度越高，分解速度越慢，溶液中最终的 SiO_2 含量越高。

4）脱硅停留时间：停留时间越长，分解速度越快，溶液中最终的 SiO_2 含量越低。

5）铝土矿中高岭石的含量：高岭石含量越高，分解速度越快，溶液中最终的 SiO_2 含量越低。

（1）常压预脱硅

常压预脱硅的定义：在溶出前，将矿浆在 90℃以上的温度下搅拌，使可溶性硅转变成不溶性硅的脱硅产物（如钠硅渣）的过程，又称为预脱硅。

常压预脱硅的特点：预脱硅发生在溶出前的预脱硅槽中，避免了硅矿物全部在溶出过程中发生沉淀析出，进而造成传热面大量结疤等一系列不利影响，能够保持溶出设备的传热系数及产能。

常压预脱硅的主要控制条件：①温度 95～105℃；②晶种添加量 50～80$g \cdot L^{-1}$；③搅拌反应时间 4～12h。晶种采用水合铝硅酸钠（拜耳法的赤泥），有的矿石需要添加石灰作为辅助脱硅剂。

（2）中温脱硅

中温脱硅工序共设 7 台泵，包括 2 台返砂泵、2 台倒料泵、1 台污水泵和 2 台高闪蒸汽冷凝水泵。

1）返砂泵。返砂泵的规格：Q=100$m^3 \cdot h^{-1}$，H=35m，n=1480$r \cdot min^{-1}$。其作用包括：

① 当加热槽温度过高时，为了防止沸腾冒槽，拉末槽料浆到加热槽降低温度。

② 当某个槽需要隔离，在料位降低至一定程度，不能过料时，用返砂泵将此料浆拉至相邻近后一个脱硅槽。

③ 当脱硅槽原矿浆细度超标，脱硅槽搅拌电动机电流偏高，隔膜泵频繁卡阀时，及时在出口安排倒盲板，将粗砂送往原料车间。

2）倒料泵。倒料泵的规格：Q=100～308$m^3 \cdot h^{-1}$，H=18～40m，n=980$r \cdot min^{-1}$。

中温脱压设备低压机组主要参数及最佳工艺指标如下。

① 隔膜泵的工作压力：小于 2.6MPa。

② 隔膜泵的进料温度：小于 95℃。

③ 仪表压缩风的压力：大于 4.5bar（1bar=10^5Pa）。

④ 新蒸汽的压力：0.4～0.8MPa。

⑤ 中温脱硅停留时间：不少于 30min。

⑥ 中温脱硅罐的温度：140℃。

⑦ 末级闪蒸的压力和温度：小于 1.0bar，温度小于 120℃。

⑧ 中温脱硅罐的压力：4～5bar。

⑨ 出料槽液位设定值：不低于 8m。

3. 预氧化

矿浆预处理的另一个例子是难处理金矿的预氧化。热压氧化法主要是利用空气或富氧在高压釜中进行热压氧化的过程。该法通过加温、充氧的手段破坏硫化矿及部分脉石矿物的晶体，使被其包裹的金暴露出来，得以氰化浸出。

砷黄铁矿是常见的载金矿物之一，常包裹有细分散的微粒金。常压碱浸预处理即在常压下通过添加化学试剂对矿石的有关组分进行氧化和处理，其介质是碱性的。利用边磨边浸工艺，其主体设备采用塔式磨浸机对含砷金精矿进行超细磨，然后在常温、常压下利用强化预处理搅拌槽进行强化碱浸预处理，从而脱砷、脱硫或使金与硫化物充分解离[2]。

3.2 获取高压

高温高压浸出中压力的来源如下。

1）由压缩机或泵产生的压力：容器内介质压力取决于压缩机或泵的出口压力，如储气罐、缓冲罐、压缩机段间分离器。

2）由蒸汽锅炉、废热锅炉产生的压力：容器内介质的压力取决于蒸汽锅炉的蒸汽压力或减压后的蒸汽压力。

3）由液化气体蒸发产生的压力：其压力取决于储存温度下液化气的饱和蒸气压。

4）由化学反应产生的压力。

获取高压也可以按液体压力源、气体压力源和化学反应产生的压力来划分，或者按来自容器内或容器外的压力源来划分。

下面讨论通过外部产生的压力获取高压的方法。

3.2.1 压缩空气提供高压

压缩空气是指经压缩后具有一定压力的空气。它是一种由电能转化而来的高级且昂贵的能源。高级是指它易于控制，使用方便，能灵巧精确地完成动作，有缓冲作用，而且不发热、没有污染。昂贵是指消耗 100kW 的电能最多只能得到相当于 30kW 电能的压缩空气能。

1. 压缩空气提供高压的特点、用途与要求

压缩空气提供高压的特点：①气源便于集中生产和远距离输送；②执行机构动作速度快，容易控制；③无污染，安全性好。

压缩空气的用途：①作为动力；②气体分离；③参与合成和聚合等化学反应；④作为气体输送储存的动力源；⑤气密性实验。

对压缩空气的要求如下。

1）压力：实际上指压强，是某一单位面积上所受的力，单位有 Pa、MPa、$kgf \cdot cm^{-2}$，bar、psi。应在满足生产需要的前提下尽量选择压力较小的空气压缩机，这样可以节省用户消耗的能源。用户对压力提出的具体要求往往是根据工艺人员提出的参数确定的，

要求销售人员针对每一个具体项目认真分析，提出合理化的建议。

2）流量：吸气状态（1atm，20℃）下单位时间内空气的容积，单位有 $m^3\cdot min^{-1}$、$m^3\cdot h^{-1}$、$L\cdot min^{-1}$。

动力式压缩机的压力与流量的关系如图 3-3 所示。动力式压缩机只能在喘振点和滞止点之间运行。喘振是由过高的背压引起的流量中断（流量波动）。滞止是在某一转速下空气压缩机所能输出的最大流量。

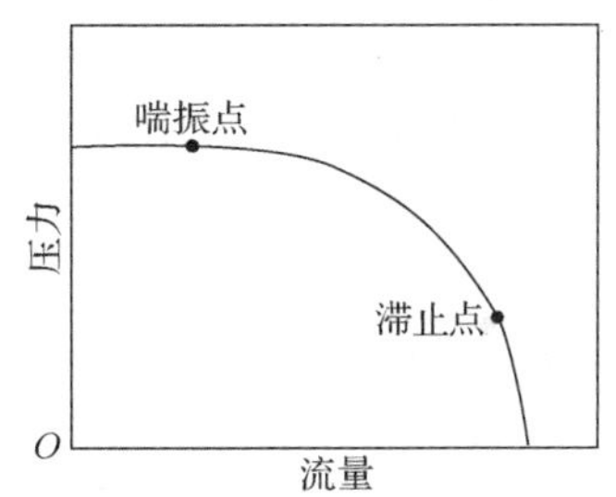

图 3-3　动力式压缩机的压力与流量的关系

压缩机产气量要多于实际用气量 15%～30%。这个选型原则主要考虑到系统的泄漏及今后用气设备的增加。

3）质量：压缩空气中杂质的含量。压缩空气中含有的杂质主要有水、尘、油。

压缩气体的质量是一个重要指标。单位容器中储存能量的多少，即储能密度与储气的压力有关，压力越大，储存的能量越多。

等温压缩过程才能使达到同样压力所耗功最少，因此考虑等温过程中的压缩。假设压缩空气服从理想气体定律：

$$pV=nRT=\text{常数} \tag{3-5}$$

式中：p——气体的压强，Pa；

V——气体的体积，m^3；

T——温度，K；

R——气体常数，$J\cdot(mol\cdot K)^{-1}$；

n——物质的量，mol。

从一个过程的初始状态 A 到最终状态 B，假设绝对温度恒定，$T_A=T_B$，压缩做功为（负），膨胀做功为（正），那么压缩耗功为 $W=p_A\cdot v_A\cdot \ln(p_A/p_B)$。

例如，在 70bar（7.0MPa）的压力下，有多少能源可以存储在 $1m^3$ 的储存容器中［假设环境压力是 1bar（0.1MPa）］。在这种情况下，压缩耗功即储存的能量为

$W=7.0MPa\times 1m^3\times \ln(0.1MPa/7.0MPa)\approx -29.7MJ$（符号 W 代表压缩外界输入系统的功）

这个就是把空气压缩到 7.0MPa 所需最少的功耗。

4）背压：通常是指运动流体在密闭容器中沿其路径（譬如管路或风通路）流动时，由于受到障碍物或急转弯道的阻碍而被施加的与运动方向相反的压力。或者，通常用于描述系统排出的流体在出口处或二次侧的压力。

2. 压缩空气提供高压的设备

几种常用压缩机的应用范围如下。

1）离心式压缩机。离心式压缩机压力为 7～12bar，气量在 $60m^3\cdot min^{-1}$ 以上。

2）活塞式压缩机。活塞式压缩机应用的范围最广。

3）螺杆式压缩机。螺杆式压缩机压力为 7～15bar，气量为 $1\sim120m^3\cdot min^{-1}$。

4）滑片式压缩机。滑片式压缩机压力为 7～12bar，气量为 $0.5\sim40m^3\cdot min^{-1}$。

5）冶金常用罗茨鼓风机。为产生较高的风压，采用多级罗茨鼓风机。单级罗茨鼓风

机的出口表压力一般不超过 294×10^{3}Pa。罗茨鼓风机的主要结构和工作原理简单介绍如下。

当罗茨鼓风机运转时，气体进入由两个转子和机壳围成的空间内。与此同时，先前进入的气体由一个转子和机壳围在空间处，此时空间内的混合气体被紧紧围住，而没有被压缩或膨胀。随着转子的转动，转子顶部到达排气的边缘时，由于压差作用，排气口处的气体将扩散到围住的空间处。随着转子的进一步转动，空间内的混合气体将被送至排气口。转子连续不断地运转，更多的气体将被送至排气口。

罗茨鼓风机主体由一个机壳和两块墙板组成一个气腔，气腔内有一对腰形渐开线转子，其结构主要由转子、齿轮、轴承、密封、机壳、墙板、油箱、进口消音器等部件组成。

罗茨鼓风机的转子由叶轮和轴组成，叶轮又可分为直线形和螺旋形，叶轮的叶数一般有两叶、三叶。罗茨鼓风机机壳内两叶转子的转动是靠各自的齿轮啮合同步传递转矩的，所以其齿轮也叫同步齿轮。同步齿轮既有传动作用，又有叶轮定位作用。同步齿轮又分为主动轮和从动轮，主动轮一端与联轴器或带轮连接。

3.2.2　过热蒸汽提供高压

饱和状态下的液体称为饱和液体，其对应的蒸汽是饱和蒸汽，但最初只是湿饱和蒸汽，待饱和水中的水分完全蒸发后才是干饱和蒸汽。蒸汽从不饱和到湿饱和和干饱和的过程，温度是不增加的（湿饱和到干饱和温度保持不变），干饱和之后继续加热则温度会上升，成为过热蒸汽。

1. 过热蒸汽

过热蒸汽温度与压力没有一一对应的关系，却与蒸汽密度有关。例如，在 3.5MPa 下，温度为 260℃时，密度为 16.4231kg · m^{-3}；温度为 300℃时，密度为 14.6049kg · m^{-3}。同样的压力下，温度越高，密度越小。过热蒸汽属于凝结性气体，氧化铝生产通常用 280℃以上的过热蒸汽提供高压。《火力发电机组及蒸汽动力设备水汽质量》（GB/T 12145—2016）规定了常见过热蒸汽温度与压力。按生产蒸汽的锅炉不同，汽包炉有 3.8～5.8、5.9～12.6 与 12.7～15.6 共 3 个等级；直流炉有 15.7～18.3 与 18.4～25.0 两个等级。过热蒸汽的温度与压力如图 3-4 所示。

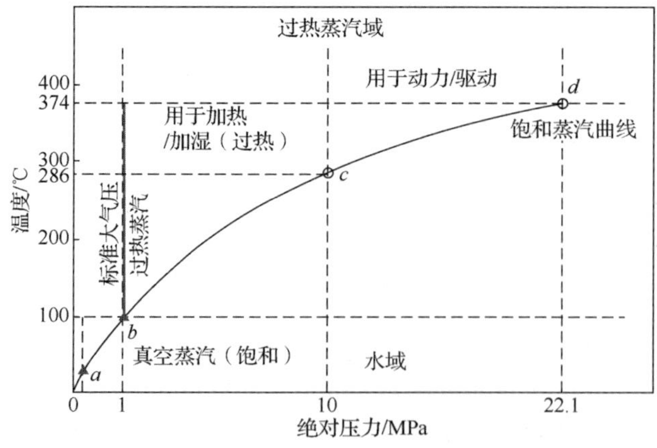

图 3-4　过热蒸汽的温度与压力

由图 3-4 可见，在水的温度与压力相图上，过热蒸汽的温度与压力有一个相应的区域。线条 0*abcd* 为饱和蒸汽曲线，线的上方为过热蒸汽域，线的下方为水域。线条 0*abcd* 上方的过热蒸汽域又划分为 3 段：*ab* 段为真空蒸汽域，蒸汽的压力未达到标准大气压；*bc* 段为过热蒸汽段，用于加热；*cd* 段为饱和蒸汽段，用于动力驱动。显然，高压浸出技术所用蒸汽为处于 *bc* 段的过热蒸汽段。

高压浸出技术用于湿法冶金，新蒸汽通常分为中压蒸汽（0.7MPa）和高压蒸汽（>3.7MPa）。

过热高压蒸汽输送的优点：①蒸汽管道口径小，热损失少；②蒸汽管道费用低，支撑费用少，人工费用低；③管道的隔热费用低；④通过减压可以在使用点获得更加干燥的蒸汽；⑤锅炉操作在高压更容易达到最佳运行状态，运行效率高；⑥锅炉的蓄热能力增加，容易处理负载的变化，减少汽水共腾和携带的可能性。

2. 流量与流速

涡街流量传感器以卡门和斯特罗哈尔有关旋涡的产生和流量关系的理论为依据来测量蒸汽、气体及低黏度液体的流量。如图 3-5 所示，在表体中垂直插入一根三角柱，即柱旋涡的发生体，当表体中有介质流过时，在三角柱的后面交替产生方向相反、有规律的卡门旋涡，其旋涡的分离频率与介质的流动速度成正比。通过传感头检测出旋涡的个数，就可以测算出流体流速，再根据表体口径即可计算出被测介质的体积流量。

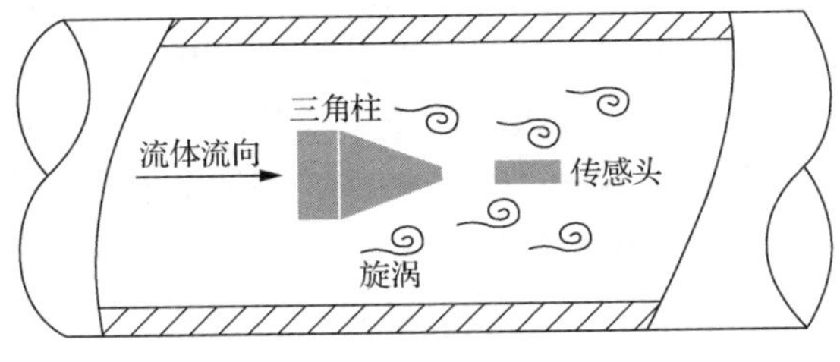

图 3-5　涡街流量计示意

3. 流动

以 0℃水为基准的保有能量与温度的关系如图 3-6 所示，蒸汽流动能量在约 110℃有大跨距的变动，即水的汽化潜热变动。

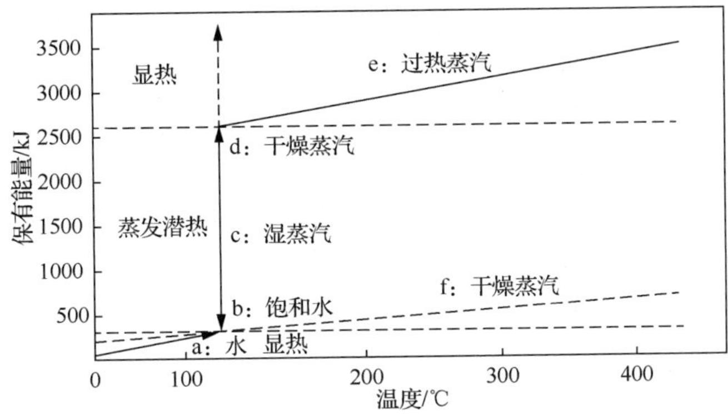

图 3-6　以 0℃水为基准的保有能量与温度的关系

在热电、化工行业中，蒸汽流量测量不准确是普遍存在的问题，其中的主要原因分析如下。

1）过热蒸汽。过热蒸汽在经过长距离输送后，随着工况（如温度、压力）的变化，特别是在过热度不高的情况下，会因为热量损失温度降低而使其从过热状态进入饱和或过饱和状态，转变成饱和蒸汽或带有水滴的过饱和蒸汽。饱和蒸汽突然大幅度减压，液体出现绝热膨胀时也会变成饱和蒸汽或带有水滴的过饱和蒸汽。饱和蒸汽突然大幅度减压，其中所含的液体出现绝热膨胀时也会变成饱和蒸汽，液体出现绝热膨胀时也会转变成过热蒸汽，这样就形成汽液两相流介质。

2）被测介质。目前所测量的蒸汽流量，测量介质都是指单相的过热蒸汽或饱和蒸汽。对于相流经常变化的蒸汽，肯定会存在测量不准确的问题。这个问题的解决方法是保持蒸汽的过热度，尽量减少蒸汽的含水量。例如，加强蒸汽管道的保温措施、减少蒸汽的压力损失等，以提高测量的准确度。然而这些方法并不能彻底解决蒸汽流量测量不准确的问题，解决这一问题的根本办法是开发一种可测两相流动介质的流量仪表。用于检测气体流量的流量计种类很多，以速度式和容积流量计应用最普遍。它们的共同特点是只能连续测定工况下的体积流量，而体积流量又是状态的函数，工作状态下的体积流量不能确切地表示实际流量，工程上一般以标准状态体积流量或质量流量表示。标准状态体积是 0℃、1atm 下的气体体积或 20℃、1atm 下的体积。以质量流量为计量单位的情况，目前应用不多。采用刻度气体流量计时，选定气体正常温度、压力为设计条件，将设计状态下的体积流量折算为标准体积流量或质量流量，其折算系数中含有气体密度的因素，当气体介质的工作状态偏离设计状态时，流量示值将产生误差。此外，气体介质组成、含量或温度的变化对流量测量也产生影响，所以蒸汽流量的测量更需要采取补偿措施，并且由于蒸汽的状态变化，补偿因素也比较复杂。

过热蒸汽的密度由蒸汽的温度和压力两个参数决定，而且在参数的不同范围内，密度的表达形式也不相同，无法用同一通式表示，所以不能获得统一的密度计算公式，只能个别推导求得温度和压力补偿公式。在温度、压力波动范围较大的场合，除进行温度、压力补偿外，还需要考虑对气体膨胀系数的补偿。

无论采用何种流量计检测饱和蒸汽的流量，在蒸汽压力波动的条件下工作，都必须采取压力补偿措施。这是因为在流量方程中都含有蒸汽密度，工作条件与设计条件不一致时，读数会产生误差。误差的大小和工作压力与设计压力偏差的大小有关，$p_{实}>p_{设}$将出现负误差，否则将出现正误差。蒸汽的干度条件是关系到能否准确计量蒸汽流量的重要条件，目前正在研制在线蒸汽干度检测仪表，待干度检测仪表应用于蒸汽流量计量与补偿系统时，必将进一步提高计量的准确性。

目前应采取以下 3 项措施：①输送蒸汽的管路必须有良好的保温措施，防止热量损失；②在蒸汽管路上要逐段疏水，在管道的最低处及仪表前的管道上应设置疏水器，及时排出冷凝水；③锅炉操作中应避免出现汽包液位过高现象，尽量减少负荷，以免出现大的波动。

3.2.3　给液体提供高压

矿浆获取的高压通常由泵提供，也称为打料泵，包括离心泵、隔膜泵和磁力泵。下面主要介绍离心泵和隔膜泵。在离心式和容积式两大类泵中，泥浆泵属于容积式泵。高压浸出过程中给液体提供高压的设备为隔膜泵。

离心泵通常在高压浸出过程中用于给隔膜泵打料。它只能给压力较小的设备供料，如给间歇式高压釜或常压设备供料。尽管多级离心式矿浆泵的出口压力可以很大，但它不能用于给高压釜组连续供料。

高压头输送矿浆需用高压正排量泵。最初，用双缸或三缸活塞泵或柱塞泵输送管道中的矿浆。其优点是由于活塞直径和行程较大，因而排量大、压头高。但是，带有一定磨蚀性的矿浆与泵的运动件之间接触将使运动件磨损严重，需频繁更换而提高生产成本。

这个问题的早期解决途径是发展油膜隔离活塞泵，它用油作为矿浆与活塞和缸体衬套之间的隔离物。考虑到油与矿浆的密度之差，要避免矿浆与活塞和缸体衬套接触。然而，这种办法不能完全防止油与矿浆混合。油受矿浆反复污染，致使油耗增加，活塞和缸体衬套磨损加剧。不过，许多重要和成功的长距离或高压头矿浆输送系统首先都采用这种泵。日本三菱公司的 Mars 泵就是油膜隔离活塞泵的实例。

为解决活塞隔膜泵中油污染的问题，研制了在油与矿浆界面放置有形隔膜的隔膜泵。泥浆泵按照泵的缸数分为单缸、双缸、三缸、五缸等多种形式[3]。高压浸出所用的泵是双缸双作用泵或三缸单作用泵，三缸单作用泵的输出波形如图 3-7 所示。由图 3-7 可见，三缸单作用泵的输出波形较为平稳。

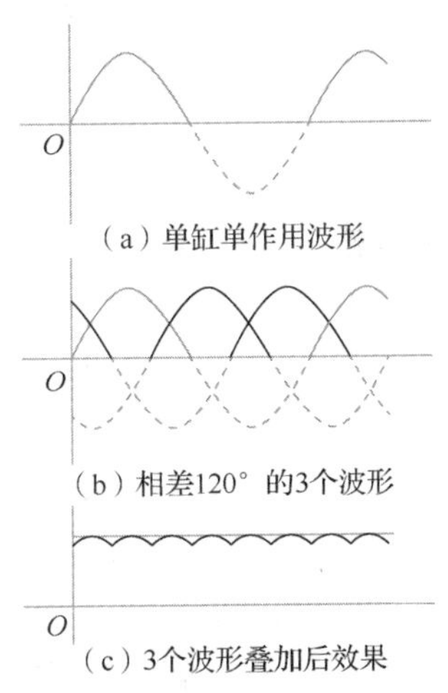

图 3-7　三缸单作用泵的输出波形

下面以霍特威斯（Holthilts）公司 Geho 型活塞泵为例阐明活塞隔膜泵的工作原理。用软橡胶隔膜将矿浆与活塞和缸体衬套隔开。活塞的往复运动通过工作液体传递到隔膜充油的一侧。隔膜发生位移而推动排放腔中的矿浆进入排放管道。在吸入行程，隔膜松弛，使腔中充满矿浆。为防止工作液体体积的变化使隔膜破裂，可使用自动阀控制系统，以便必要时添加或减少工作液体。与矿浆接触的零部件仅为阀组和隔膜。

活塞隔膜泵以 40～50 次·min^{-1} 的行程工作，意味着阀的启闭速度较低，相应地有较长的寿命。当泵送铁矿石矿浆的最大排放压力为 150bar 时，阀的寿命为 2000～3000h；当泵送铝土矿浆时，阀的寿命为 5000h。

隔膜泵可连续使用几千小时，但根据例行维修规程，多数用户每年更换隔膜一次。

合理选择泥浆泵就是要综合考虑液下渣浆泵机组和泵站的投资及运行费用等综合性技术经济指标，使之符合经济、安全、适用的原则。具体来说，有以下几个方面：①必须满足使用流量和扬程的要求，即要求泵的运行工况点（装置特性曲线与泵的性能曲线的交点）经常保持在高效区间运行，这样既省动力又不易损坏机件。②所选择的水泵既要体积小、质量小、造价便宜，又要具有良好的特性和较高的效率。③具有良好的抗侵蚀性能，这样既能减小泵房的开挖深度，又不使水泵发生汽蚀，运行平稳、寿命长。④按所选水泵建设泵站，工程投资少，运行费用低。

3.3　间歇式高压釜的矿浆流

高压浸出按工艺过程，可以分为单个高压釜的间歇式浸出和多个高压釜组的连续式进料、出料的浸出。因此，高压釜加料分为间歇式高压釜加料和连续式高压釜加料。

间歇式高压浸出器由控制器、连接管路、床钩、腿套（或足套）组成。通常把矿石磨制成浆料加入高压浸出器，然后注入新鲜溶剂，完成浸出冶金反应后，料浆自浸出器卸出。

间歇式高压浸出，反应物料一次加入，产物一次取出。其特点包括：①结构简单、加工方便，传质、传热效率高，同一瞬时反应器内各点温度、浓度分布均匀；②非稳态操作，反应过程中温度、浓度、反应速率随着反应时间而变；③操作灵活性大，便于控制和改变反应条件；④辅助时间占的比例大，劳动强度高，生产效率低。

间歇式高压浸出适合于多品种、小批量生产，适应于各种不同相态组合的反应物料，常常用 3 个间歇式高压釜交替完成浸出操作。

3.3.1　间歇式高压釜的加料与卸料

间歇式高压釜安装完毕、试压，符合要求后可以投入使用。因此，间歇式高压釜的加料通常只打开加料口，加料，再密封，之后进入加压冶金反应阶段。间歇式高压釜有两种典型的加料方式：①矿粉固体粉料和浸出剂液体分别加入；②矿粉固体粉料与浸出剂液体调配成浆料加入。

第一种间歇式高压釜加料器的作用和结构如下。

1）作用：用于加入原料矿浆和其他物料（浸出试剂），并短时间（浸出反应）存料。

2）结构：该装置安装在高压室的上部，主要由加料斗、翻板门、后门、填料箱、安全销等组成。加料斗由两侧板、前后门、填料箱构成。翻板门固定在轴上，由气缸带动。后门固定在侧板上，检修时打开。填料箱在加料斗上，起上下隔离作用，使压力容器内的粉尘不致飞扬到风筒内。安全销用于检修时将上顶栓挡住。

第二种间歇式高压釜加料器通常泄压后用离心式砂泵打料加入，再密封。

间歇式高压浸出的卸料大多数为浆液卸料。间歇式高压釜卸料部分的作用和结构形式如下。

1）作用：开闭高压室排料口的装置，排除或封住料浆。在溶出过程中也起分流料浆作用。

2）结构形式：①滑动式；②摆动下落式；③翻转式。

3.3.2　间歇式高压釜的相关参数

1. 间歇式高压釜的容积

确定反应器的容积与数量是车间设计的基础，是实现化学反应工业扩大的关键。

求算反应器的容积与数量需要的基础数据包括：①每天处理的物料总体积 V_D 和单位时间的物料处理量为 F_V；②操作周期。

操作周期又称工时定额或操作时间，是指生产每一批料的全部操作时间，即从准备投料到操作过程全部完成所需的总时间 $t_{全}$，操作时间 $t_{全}$由反应时间 $t_{反}$和辅助操作时间 $t_{辅}$两部分组成。

反应时间 $t_{反}$由动力学方程理论计算或经验获得。但应注意：①对于不少强烈放热的快速反应，反应过程的速率往往受传热速率的控制，不能简单地用动力学方程式来求算反应过程的时间。②对于某些非均相反应，过程进行的速率受相间传质速率的影响，也不能单纯地从化学动力学方程式计算反应时间。③对于某些反应速率较快的反应，在加料过程及升温过程中已开始反应，在保温阶段之前可能已达到相当高的转化率，有时需分段作动力学计算。

反应容积 V 是指设备中物料所占容积，又称有效容积。确定反应容积的前提是确定反应器的有效容积（反应容积）V_R。如果由生产任务确定的单位时间的物料处理量为 F_V，操作时间为 $t_{全}$（包括反应时间 $t_{反}$和辅助操作时间 $t_{辅}$），则反应器的有效容积：

$$V_R = F_V \cdot t_{全} \tag{3-6}$$

实际生产中，反应器的容积要比有效容积大，以保证液面上留有空间。

反应器有效容积与设备实际容积之比称为设备装料系数，以符号 φ 表示，即

$$\varphi = V_R / V \tag{3-7}$$

其值视具体情况而定，常见的间歇式设备装料系数如表 3-1 所示[4]。

表 3-1 常见的间歇式设备装料系数

条件	装料系数
无搅拌或缓慢搅拌的反应釜	0.80～0.85
带搅拌的反应釜	0.70～0.80
易起泡或沸腾状况下的反应	0.40～0.60
液面平静的储罐和计量槽	0.85～0.90

2. 间歇式高压釜的个数

已知 V_D或 F_V与 $t_{全}$，根据已有的设备容积 V_a，求算需用设备的个数 m。

设备装料系数为 φ，则每釜物料的体积为 V_a，按设计任务，每天需要操作的总批次为

$$\alpha = \frac{V_D}{\varphi \cdot V_a} = \frac{24F_V}{V_a \cdot \varphi} \tag{3-8}$$

每个设备每天能操作的批数为

$$\beta = \frac{24}{t_{全}} \tag{3-9}$$

按设计任务需用的设备个数为

$$m = \frac{\alpha}{\beta} = \frac{V_D \cdot t_{全}}{24\varphi \cdot V_a} = \frac{F_V \cdot t_{全}}{\varphi \cdot V_a} \tag{3-10}$$

由式（3-10）算出的 m 值往往不是整数，需进位取整成整数，因此实际设备总能力比设计需求提高了。其提高的程度称为设备能力的后备系数。

3. 3 个高压釜交替操作的时间安排

3 个高压釜交替操作的时间安排如图 3-8 所示。授料、浸出和卸料 3 个环节交替进行，时间表上 3 个高压釜错开。

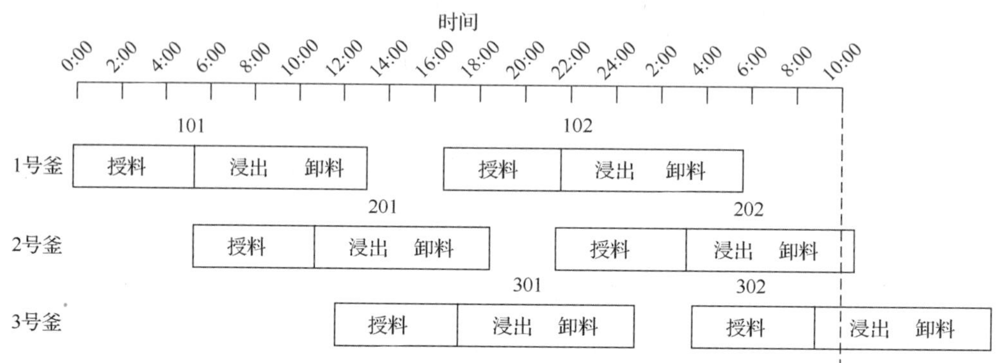

图 3-8　3 个高压釜交替操作的时间安排

4. 间歇反应釜的最佳反应时间

问题的提出：①操作时间包括反应时间 $t_{反}$ 和辅助操作时间 $t_{辅}$，辅助操作时间一般是固定的；②延长反应时间可提高产品收率，但反应后期，反应物浓度降低，反应的推动力变小，反应速率变低，所以从宏观上看，单位操作时间内的产品收获量未必高；③缩短反应时间，产品收率低，但反应速率一直较大，所以单位操作时间内产品的收获量未必低。

因此，应存在一个最佳反应时间，使单位操作时间内产品的收获量最大[5]。

1）以单位操作时间内产品的收获量最大为目标，对于反应 $A \longrightarrow R$，若反应产物的浓度为 c_R，则单位时间内获得的产品量 G_R 为

$$G_R = V_R \times c_R / (t_{反} + t_{辅}) \tag{3-11}$$

对反应时间求导，得

$$dG_R / dt = V_R[(t_{反} + t_{辅})dc_R / dt_{反} - c_R)] / (t_{反} + t_{辅})^2 \tag{3-12}$$

若使 G_R 为最大，可令 $dG_R/dt = 0$，于是

$$dc_R / dt = c_R / (t_{反} + t_{辅}) \tag{3-13}$$

此为使单位操作时间内产品的收获量最大应满足的条件。

可以用图解法（图 3-9）求解：①将产物浓度 c_R 与时间 t 的关系曲线描述在坐标轴上（OMN）；②在横轴上取 $A(-t_{辅},0)$；③过 A 点作 OMN 的切线交 OMN 于 M 点；④M 点的横坐标就是最佳反应时间。

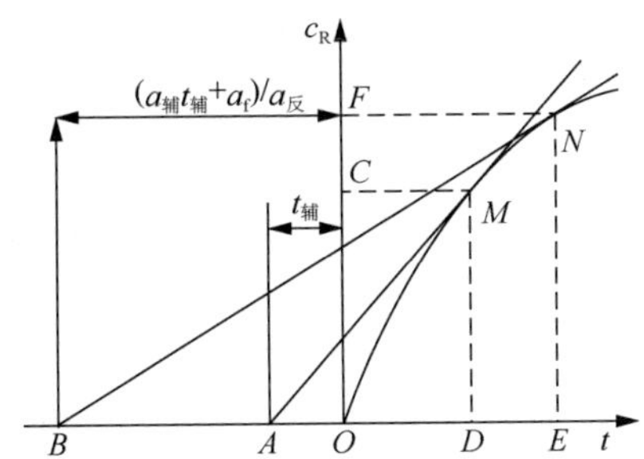

图 3-9　间歇反应获得最高产率的最佳反应时间图解法示意

2）以单位产品生产费用最低为目标，设一个操作周期中单位时间内反应操作所需费用为$a_{反}$，辅助操作所需费用为$a_{辅}$，固定费用为a_F，则单位产品的总费用Z为

$$Z=(a_{反}t_{反}+a_{辅}t_{辅}+a_F)/(V_R c_R) \tag{3-14}$$

对反应时间求导，有

$$dZ/dt=[a_{反}c_R-(a_{反}t_{反}+a_{辅}t_{辅}+a_F)dc_R/dt_{反}]/(V_R c_R^2) \tag{3-15}$$

若使Z为最大，可令$dZ/dt_{反}=0$，于是

$$dc_R/dt=c_R/[t_{反}+(a_{辅}t_{辅}+a_F)/a_{反}] \tag{3-16}$$

此为单位产品的生产费用最低应满足的条件。

可以用图解法（图 3-9）求解：①作c_R-t；②作$\overline{OB}=(a_{辅}t_{辅}+a_F)/a$；③自$[-(a_{辅}t_{辅}+a_F)/a,0]$作$c_R$-$t$曲线的切线，切点为$N$，斜率$NE/BE = dc_R/dt$；④由切点$N$的横坐标值，确定最佳反应时间$t=OE$，相应的$c_R$值由纵坐标得知。

间歇反应获得最高产率的最佳反应时间图解还应该考虑热效应。这是因为：①化学反应经常伴有热效应。对于釜式间歇反应而言，要做到等温是极其困难的。②化学反应通常要求温度随着反应进程有一个适当的分布，以获得较好的反应效果。因此研究非等温间歇釜式反应器的设计与分析具有重要的实际意义。变温操作时，要对反应进程进行数学描述，需要联立物料衡算方程（速率方程）和热平衡方程才能求解，此处不再赘述。

各釜可保持不同的生产条件。随着串联釜数的增多，每釜中完成的转化率减小，反应速率加快，达到总转化率所需时间减少，使操作费用降低，但设备投资费用增大。最佳釜数可用图解方法估算，如图 3-10 所示。

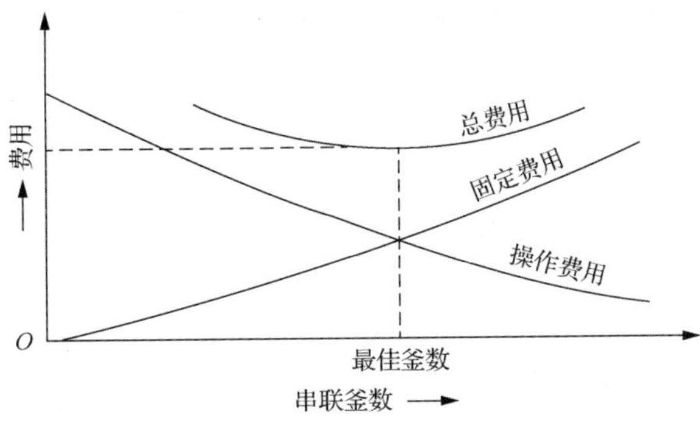

图 3-10　最佳釜数的图解估算

3.4　连续式高压容器组的矿浆流

多个高压釜组成的连续式的矿浆流输送方式包括以下几种。

1）自动输送：依靠高度差，使矿浆的势能产生矿浆流动的动能，克服摩擦阻力，实现矿浆的流动。常用的设备是耐磨管道、砖石槽、混凝土或钢筋混凝土等。

2）压力输送：依靠泵将电能转化为矿浆的动能，克服势能和摩擦力，将矿浆输送到所需要的场所。常用的设备有泵、耐磨管道等。

3）混合方式输送：压力输送和直流输送结合的方式。

3.4.1　连续式高压釜组的加料与卸料

多个高压釜组的连续式加料用高压泵打入。

1）作用：加入矿浆料和其他物料，并实现连续矿浆流。

2）结构：该装置为隔膜泵，在独立的厂房内，主要由进料系统、隔膜活塞泵、出料系统、缓冲器、蓄能器等组成。

3）工作原理：通过隔膜的运动，隔膜室容积发生变化，进料阀交替开闭，达到输送料浆的目的。隔膜腔体和隔膜室盖组合后形成隔膜腔，作为橡胶隔膜行程位置空间及吸、排料浆的通道。隔膜腔中有料浆流动区和推进液流动区。料浆流动区底部进料口连接进料阀箱，顶部出料口连接出料阀箱。在隔膜腔中装有一个橡胶隔膜把推进液油与矿浆分隔开，避免了推进液油与料浆的混合，以保证活塞缸中运动部件在清洁的油液中工作，从而减少了易损件数量[6]。

蓄能器的功用主要是储存液体的压力能，它能够：①在短时间内供应大量压力液体；②维持系统压力；③减小液压冲击或压力脉动。

空气包连通在出料管上，通过充气工具对空气囊上部预充氮气。注意事项如下：

1）进料补偿系统：由两个符合国家压力容器标准压力的补偿罐组成，用来平衡和补充进料压力，通常大于 0.5kPa；

2）料浆进入高压釜系列前，高压釜系列必须带压力，用来平衡料浆的自蒸发。

空气包的压力液体补偿使压料浆的力及流量平稳，减少了系统管路故障。

缓冲器上方有一套通入高压压缩空气的系统。当料位高时，自动充气阀打开，压缩空气进入缓冲器；当料位低时，自动排气阀打开，缓冲器上方的压缩空气排出。这样可保持缓冲器压力和料位的平稳。同时缓冲器的压力和料位与隔膜泵（图 3-11）建立了连锁，如果压力超压或料位超高，隔膜泵将自动停止，为溶出机组的安全运行提供了安全保护。

1）隔膜泵的吸料行程：活塞向后移动，使泵腔内液体压强降低，隔膜向后移动，隔膜室内的压差导致进料口打开，出料口关闭，授料器把料液通过料管送入泵腔。

2）隔膜泵的排料行程：活塞向前移动，通过隔膜把压强传递到泵腔内液体，隔膜向前移动，隔膜室内的压差导致排料口打开、进料口关闭，料液通过出料管、缓冲器排出。

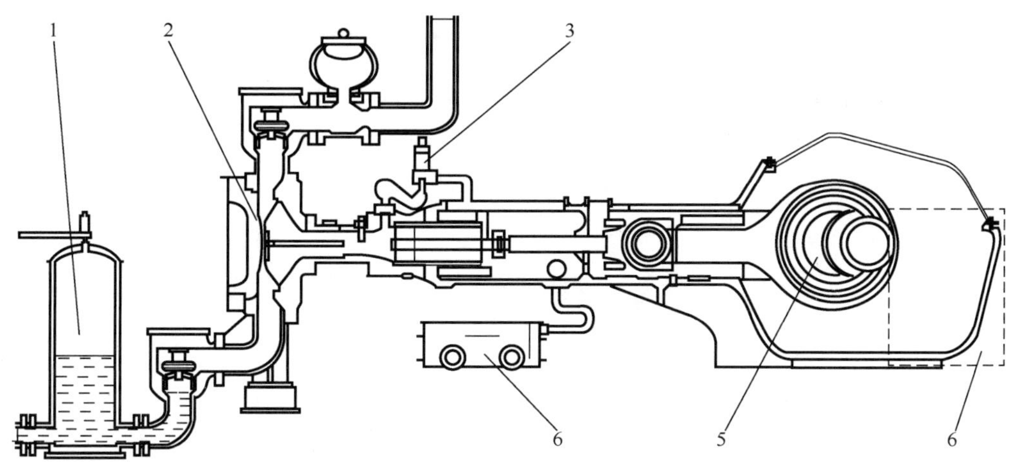

1—进料补偿系统；2—液力端；3—液压控制系统；4—电动机减速部；5—动力端；6—电控系统。

图 3-11　隔膜泵的结构

3.4.2　连续式高压釜中的矿浆流

1957 年，世界第一条煤浆管道在美国俄亥俄州建成。1967 年，世界第一条铁精矿管道在澳大利亚建成。1977 年，巴西建成世界上规模最大的萨马科铁精矿管道。

近年来，国内有效利用管道输送矿浆的矿山厂家共有 4 家[7]。

1）山西省太钢尖山铁精矿粉矿浆管道输送。1995 年动工，1997 年试车成功。管道全长 102km，管径 229.7mm，精矿运送量 2000kt·a^{-1}，矿浆质量浓度 63%～65%。

2）昆钢大红山铁精矿粉矿浆管道输送。管径 244.5mm，精矿运送量 2000kt·a^{-1}，矿浆质量浓度 63%～65%。2007 年 4 月 25 日调试完成，投入生产。管道全长 171km，途经新平、峨山、晋宁、安宁 4 个县市，共 11 个乡镇。管道建设共打穿总长度为 15km 的 10 条隧道。其中，最长的一条达 2460m，通过管道运送矿，每年降低运输成本 2 亿～3 亿元。

3）包钢到白云鄂博建成 171km 长铁精矿粉矿浆输送管道。送水量 2×10^6t·a^{-1}，精矿运送量 3500kt·a^{-1}，配套 2000kt·a^{-1} 铁精矿粉选厂。

4）贵州省瓮福磷精矿浆体管道输送。管道全长 46km，将质量分数为 63%～65%的磷精矿浆，运送到矿区磷肥加工厂。

矿浆中固体颗粒在水平管道中的运动形式主要有 3 种，即推移、滑移和悬移。而固体颗粒之所以在水平管道中表现出这么复杂的运动形式，主要是因为固体颗粒在水平管道中输送时不仅受到垂直方向上重力和浮力的作用，还受到液体的拖曳力、颗粒与颗粒间的碰撞作用，以及颗粒与管壁间的碰撞作用等。

当流体处于紊流状态时，其平均流速 $v_{平}$和最大流速 v_m 的比值约为 0.85。矿浆在水平管道中进行紊流流动时，主要以轴向运动为主，但由于受到重力、浮力和清水的曳力作用，而存在径向分速，也称为脉动分速。用比值 c/c_A 来表征矿浆流动属于均质流还是非均质流，其中 c 是管顶下 0.08 倍管径处的体积浓度，而 c_A 是管中心处的体积浓度。当 $c/c_A\geqslant0.8$ 时，浆体呈均质性；当 $c/c_A\leqslant0.1$ 时，浆体呈非均质性[8]。

1. *矿浆雷诺数 Re 对 c/c_A 的影响*

用直径 0.1mm 的固体颗粒调制矿浆进行试验：改变入口流速的大小，其他工况条件不变，得到 c/c_A 随矿浆雷诺数 Re 的变化规律如图 3-12 所示。

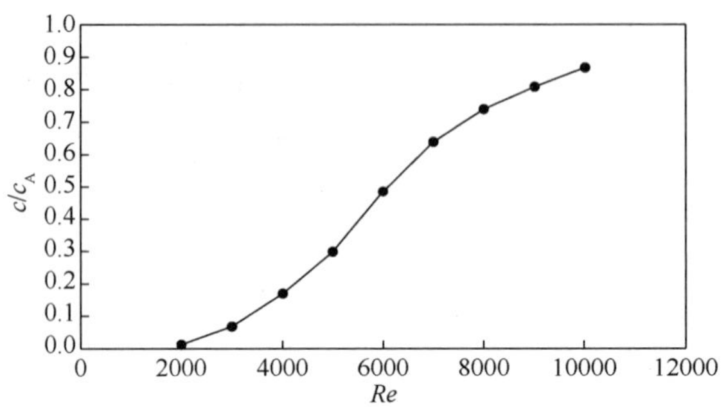

图 3-12　c/c_A 随矿浆雷诺数 Re 的变化规律

从图 3-12 中可以看出，当矿浆雷诺数 $Re = 2000$ 时，$c/c_A = 0.01<0.1$，此时矿浆呈非均质性；当流速增大时，c/c_A 随之增大；当矿浆雷诺数 $Re = 4000$ 时，$c/c_A =0.17$；当流速继续增大至矿浆雷诺数 $Re = 9000$ 时，$c/c_A = 0.8$，此时矿浆介于均质流与非均质流之间。当流速继续增大时，c/c_A 大于 0.8，此时矿浆呈显著的均质性。也就是说，矿浆随着流速的增大，从非均质流逐渐向均质流趋近，浓度分布也越来越均匀。

2. *矿浆中固体颗粒密度和粒径等对 c/c_A 的影响*

矿浆中固体颗粒密度和粒径等对 c/c_A 有很大影响。

1）粒径、密度、颗粒形状对单颗粒沉速有很大的影响，对于形状不规则的颗粒，形状系数是影响颗粒沉速最重要的因素。管壁边界条件对沉速有一定的阻滞作用，矿石密度对 c/c_A 的影响如图 3-13 所示。

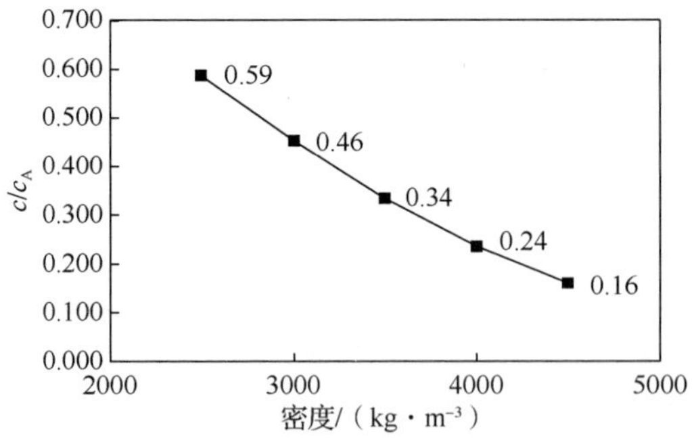

图 3-13　矿石密度对 c/c_A 的影响

2）粒径较大的颗粒群体沉降，有料浆分层的现象。粒径较小的颗粒，在旋涡流的作用下，颗粒在管道中分布不均匀。矿石粒径对 c/c_A 的影响如图 3-14 所示。

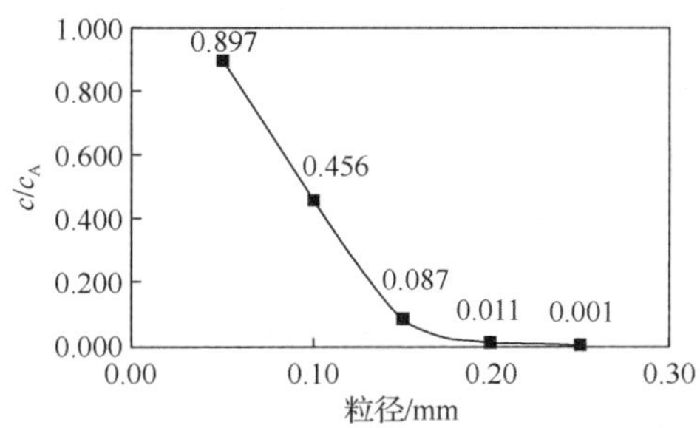

图 3-14 矿石粒径对 c/c_A 的影响

由图 3-14 可见，矿石粒径对 c/c_A 的影响可以用垂直管道粗颗粒群体沉降公式描述，即均匀颗粒群体沉降速度和单颗粒沉降速度比 u/u_o 与体积浓度 c_v 的关系为

$$u/u_o=(1-c_v)^m \tag{3-17}$$

式中：m 与雷诺数 Re 有关。

颗粒级配对非均匀颗粒沉降速度影响很大，比例较小的大颗粒占群体沉降速度的权重越大，浓度越大，平均沉降速度越小，因此矿浆的水力输送应以小粒径、高浓度输送为主。

3. 管道内矿浆流的阻力损失

当流速较小时，不足以使管道中的矿物颗粒全部开始运动，颗粒的流速远远滞后于周围的水流速度，所以体积浓度有一个急增的变化；而当流速开始增大时，颗粒开始运动，颗粒的速度虽然滞后于周围的水流速度，但此时水流速度同样较小，固液间的相对流速较小，所以此阶段的浓度基本不变；随着浆体流速的继续增大，固液间的相对流速增大，虽然此时的实际浓度依然大于输送浓度的 20%，但是已经开始随着流速的增大而大幅度降低；当流速进一步增大时，矿物颗粒全部进入运动状态，固液间的相对速度基本不变，故体积浓度不再随流速的增大而增大，此时管道内的实际浓度等于输送浓度。

管道内的阻力损失随流速、浓度、矿石密度、黏度的增大而增大，其中流速对其影响最大，其次是浓度和矿石密度，而黏度对其影响最小；阻力损失随管径、倾角的增大而减小，其中当粒径小于 0.15mm 时，阻力损失随粒径的增大而缓慢增大，而当粒径大于 0.15mm 时，阻力损失随粒径的增大而急剧增大[9]。

3.4.3 连续式高压釜的流量调节

连续式高压釜通过控制流量来改变操作参数。用电动调节阀控制连续式高压釜的流量。

图 3-15 是实验装置所配的电动调节阀，它由两个可拆分的执行机构和调节阀（调节机构）组成。上部是执行机构，接受调节器输出的 0～10mA DC 或 4～20mA DC 信号，并将其转换成相应的直线位移，推动下部的调节阀动作，直接调节流体的流量。

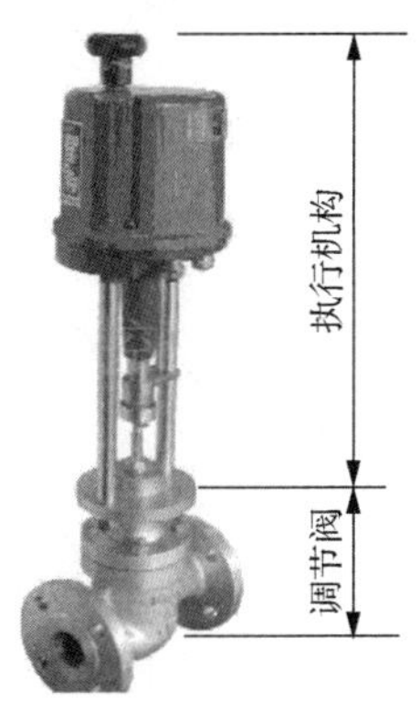

图 3-15 电动调节阀

当控制器的输入端有一个信号输入时，此信号与位置信号进行比较，当两个信号的偏差值大于规定的范围时，控制器产生功率输出，驱动伺服电动机转动，使减速器的输出轴朝减小这一偏

差的方向转动，直到偏差小于规定范围为止。此时输出轴就稳定在与输入信号相对应的位置上。

配置的是智能型控制器，它以专用单片微处理器为基础，通过输入回路把模拟信号、阀位电阻信号转换成数字信号，微处理器根据采样结果通过人工智能控制软件，显示结果及输出控制信号。

调节阀与工艺管道中被调介质直接接触，阀芯通过在阀体内运动改变阀芯与阀座之间的流通面积，即改变阀门的阻力系数，从而对工艺参数进行调节。

直通单阀座和直通双阀座的典型结构如图 3-16 所示。它由上阀盖（或高温上阀盖）、阀体、下阀盖、阀芯与阀杆组成的阀芯部件、阀座、填料、压板等组成。

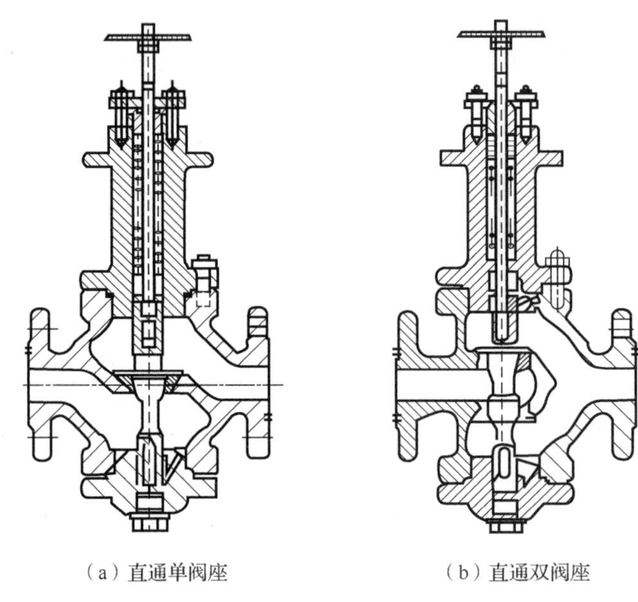

（a）直通单阀座　　（b）直通双阀座

图 3-16　直通单阀座和直通双阀座的典型结构

直通单阀座的阀体内只有一个阀芯和一个阀座，其特点是结构简单、泄漏量小（甚至可以完全切断）和允许压差小。因此，它适用于要求泄漏量小、工作压差较小的干净介质的场合。在应用中应特别注意其允许压差，防止阀门关不严。直通双阀座的阀体内有两个阀芯和阀座。它与同口径的单座阀相比，流通能力大 20%～25%。因为流体对上、下两阀芯上的作用力可以相互抵消，但上、下两阀芯不易同时关闭，所以双座阀具有允许压差大、泄漏量较大的特点，故适用于阀两端压差较大、泄漏量要求不高的干净介质场合，不适用于高黏度和含纤维的场合。

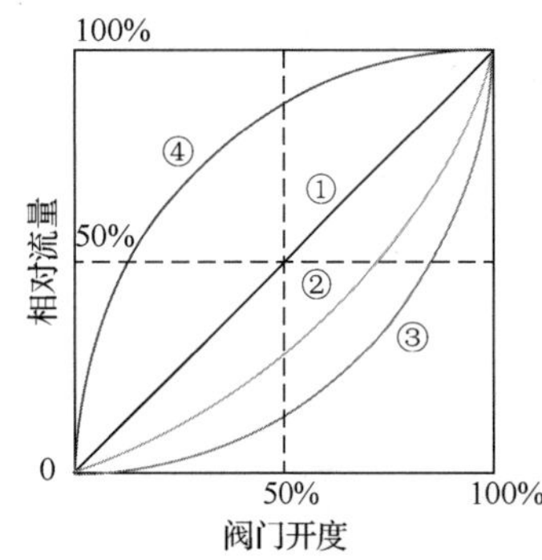

图 3-17　常见的阀门理想流量特性

任何阀门都有其固有的流量特性，其反映了阀门的相对流量与相对行程之间的关系。当阀门前后压差固定不变时所得到的流量特性称为阀门的理想流量特性。常见的阀门理想流量特性主要有以下 4 类，如图 3-17 所示。

1）直线型（曲线①）：单位行程变化引起的流量变化相等。小流量时流量的变化大，不易微调与控制，配合不好时会产生振荡。

2）抛物线型（曲线②）：流量特性为一条二次抛物线，介于直线型与等百分比型之间。

3）等百分比型（曲线③）：小开度时流量变化小，大开度时流量变化大，适用于负荷变化幅度较大的系统，也称对数特性型。

4）快开型（曲线④）：行程较小时，流量就比较大，随着行程的增大，流量很快达到最大。阀的有效行程小于 $d/4$（d 为阀座直径）。行程再增大时已不起调节作用，适用于双位控制。

阀门的理想流量特性是在阀门两端压差保持不变，即阀权度为 1 的情况下得出的。但在实际系统中，阀门在从关到全开这个过程中，两端压差是变化的。在调节阀前后，压差随负荷变化的条件下，调节阀的相对行程与相对流量之间的关系为阀门的工作流量特性。不同的阀权度下，电动调节阀的工作流量特性不同。图 3-18 给出了阀门的实际工作流量特性。

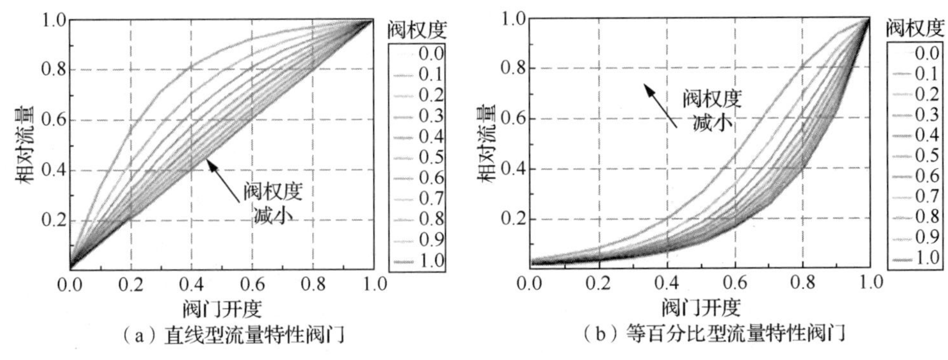

（a）直线型流量特性阀门　（b）等百分比型流量特性阀门

图 3-18　阀门的实际工作流量特性

注：图中曲线从左至右分依次代表阀权度为 0.0、0.1、0.2、0.3、…、1.0 的情况。

从图 3-18 中可看出，随着阀权度的减小，理想的直线型流量特性趋向于快开型流量特性，理想的等百分比型流量特性趋向于直线型流量特性。因此为了保证阀门原有的调节性能，保证一定的阀权度是必须的。

电动调节阀的阀门开度与盘管散热量合成后形成上抛曲线关系，如图 3-19 中曲线 1 所示。前面提到为得到理想的控制效果，阀门的理想流量特性应为等百分比型流量特性，但这需要阀门的阀权度为 0.01～0.5。但在实际工作中，阀门的阀权度在没有其他辅助设施（如压差控制阀）的帮助下是无法保证在全开至全关的过程中即时响应的。因此阀门的阀权度越小，最终合成的控制曲线越近似于图 3-19 中的曲线 1，这样会出现以下两种情况。

1）当调节阀处于大开度（曲线 1 中的 a 段）时，调节阀阀芯大幅度地动作，但盘管散热量的变化很小，达到所需温度的控制时间很长。

2）当阀门处于小开度（曲线 1 中的 b 段）时，调节阀阀芯轻微动作，导致盘管散热量的变化很大，形成振荡控制，系统达到稳定需要的时间很长。

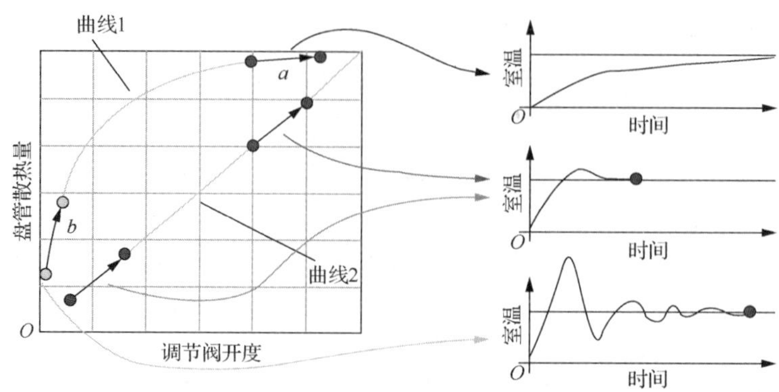

图 3-19 系统稳定时间与控制效果的关系

3.4.4 连续式高压釜组的相关参数

常用多个搅拌釜式反应器串联，使矿浆连续流动，实现高压浸出。

连续流动高压釜组一方面连续恒定地向反应器内加入反应物，另一方面连续不断地把反应产物引出反应器。反应釜内矿浆全混流流动，称为连续搅拌反应器系统（continuous stirred tank reactor，CSTR）高压釜组。实际上冶金不只是用一级 CSTR，而是多级 CSTR 设备串联使用，多级 CSTR 串联高压釜组如图 3-20 所示。

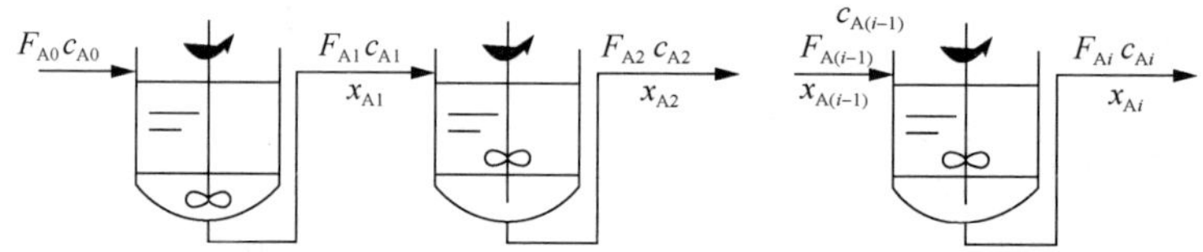

F_{A0}、c_{A0}—流入第一级高压釜的流量与物质 A 的浓度；F_{A1}、c_{A1}—流出第一级高压釜的流量与物质 A 的浓度；F_{Ai}、c_{Ai}—流出第 i 级高压釜的流量与物质 A 的浓度；x_{Ai}—第 i 釜内组分 A 的转化率。

图 3-20 多级 CSTR 串联高压釜组

1. CSTR 高压釜组的特点

CSTR 高压釜组的特点如下。

1）反应器中物料浓度和温度处处相等，并且等于反应器出口物料的浓度和温度。

2）物料在反应器内停留时间有长有短，物料全混合。

3）反应器内的控制参数不随时间变化。

多个搅拌釜式反应器串联，相同的初浓度下，反应级数越高，反应转化率越大。相同的反应级数下，末期浓度越低，反应转化率越大。

一级 CSTR 存在严重的返混，降低了反应速率，同时容易在某些反应中导致副反应的增加。为了降低逆向混合的程度，又发挥其优点，可采用 N 级 CSTR。这样可以使物料浓度呈阶梯状下降，有效提高反应速率；同时还可以在各釜内控制不同的反应温度和物料浓度，以及不同的搅拌和加料情况，以适应工艺上的不同要求。

2. 多釜串联高压釜组的计算

多釜串联高压釜组设计的计算思路：①以单釜计算为基础；②将釜与釜中间的浓度

作为两个单釜计算的纽带，进行关联；③归纳总结，以得到若干单釜串联的设计计算式[10]。

多釜串联高压釜组的计算关系为

$$(-r_A)_i = kc_{Ai}^N \tag{3-18}$$

对于一级不可逆反应，当串联各釜体积和温度都相等时，其计算式为

$$(-r_A)_i = \frac{c_{A(i-1)}}{\tau_i} - \frac{c_{Ai}}{\tau_i} \tag{3-19}$$

对于一级不可逆反应，当串联各釜体积和温度都相同时，其计算式为

$$c_{AN} = \frac{c_{A0}}{(1+k\tau)^N} \tag{3-20}$$

式中：k——常数；

c_{Ai}——第 i 釜内组分 A 的浓度，$mol \cdot L^{-1}$；当 i=0 时，记为 c_{A0}；

$c_{A(i-1)}$——第 $(i-1)$ 釜内组分 A 的浓度，$mol \cdot L^{-1}$；

$(-r_A)_i$——第 i 釜内的反应速率，$mol \cdot (L \cdot s)^{-1}$；

τ_i——物料在第 i 釜中的平均停留时间，h；

N——串联釜数。

多釜联高压釜组串联的计算问题有以下两类。

类型一：已知串联釜数 N 和各釜出口转化率，求物料在反应器中总的停留时间或总体积。

类型二：已知串联釜数 N 和物料在各反应器中的停留时间或各釜体积，求最终出口转化率。

求解方法：

按不同的反应动力学方程式代入，依次逐釜进行计算，直至达到要求的转化率为止。

$$V_{Ri} = V_0 \cdot c_{A0} \frac{x_{Ai} - x_{A(i-1)}}{(-r_A)_i} \tag{3-21}$$

式中：V_{Ri}、V_0——第 i 釜的有效体积与组分 A 的初始体积，L；

c_{A0}——釜内组分 A 的初始浓度，$mol \cdot L^{-1}$；

x_{Ai}——第 i 釜内组分 A 的转化率，%；

$x_{A(i-1)}$——第 $(i-1)$ 釜内组分 A 的转化率，%；

$(-r_A)_i$——第 i 釜内组分 A 的反应速率，$mol \cdot (L \cdot s)^{-1}$。

则反应器的总有效体积为 $V_R = V_{R1} + V_{R2} + \cdots + V_{Ri} + \cdots + V_{RN}$。

该法较适合于计算类型一，当用于计算类型二时，只能用于一、二级反应。

思 考 题

3-1 选择题。

（1）高压液化气体的充装量是以（　　）来计量的。

A．液化气体的充装系数　　B．充装结束时的温度

C．充装结束时的压力　　D．充装结束时的温度和压力

（2）为了给高压釜供稳定料流，应采用（　　）隔膜泵。

A．带授料器的三缸单动　　B．带授料器的双缸单动

C．带授料器的四缸单动　　D．带授料器的双缸双动

（3）往复式空气压缩机利用曲柄连杆机构，将驱动机的回转运动变为活塞的往复运动，使气体在气缸内完成（　　）过程。

A．无膨胀的进气、压缩、排气

B．进气、压缩、点火、排气

C．余气膨胀、吸气、缸内气体压缩、排气

D．进气、压缩、无膨胀的排气

（4）用比值 c/c_A 来表征矿浆流动属于均质流还是非均质流，以下说法错误的是（　　）。

A．改变矿浆中固体颗粒密度可以轻易得到不同的 c/c_A

B．改变矿浆中固体颗粒粒径可以轻易得到不同的 c/c_A

C．改变矿浆流动的 Re 可以轻易得到不同的 c/c_A

D．改变入口流速可以轻易得到不同的 c/c_A

（5）间歇式设备装料系数与（　　）有关。

A．浸出的反应速率

B．矿粉固体粉料与浸出剂液体调配成浆料加入

C．浸出液是否易起泡或沸腾状况

D．矿粉固体粉料和浸出剂液体分别加入

3-2　简述矿浆预处理的方法和特点。

3-3　简述连续式高压溶出器加料的方法和注意事项。

3-4　简述压缩空气提供高压的特点。

3-5　简述间歇反应获得最高产率的计算方法。

3-6　简述连续式高压器中矿浆流的表征参数与意义。

3-7　简述隔膜泵提供高压的工作原理与特点。

参 考 文 献

[1] 齐利娟，顾松青，尹中林．三水-一水软铝石型铝土矿预脱硅矿浆流变性研究[J]．轻金属，2010（9）：11-14.

[2] 彭建蓉，杨刘祥，杨大锦．高砷硫化金精矿脱砷试验研究[J]．云南冶金，1998（3）：19-21.

[3] 刘东海，黄晓云．活塞隔膜泵与液动隔膜泵的流量脉动分析[J]．液压与气动，2012（11）：71-73.

[4] 张丹．装料系数对搅拌釜混合效果的实验研究[J]．辽宁化工，2016（9）：1139-1142.

[5] MOEW J，倪翔．化工工艺计算二则：间歇式反应釜加热和冷却时间的预算[J]．化工装备技术，1990（3）：32-33.

[6] 周立瑶，李和孝．隔膜泵在氧化铝行业中的应用[J]．中国新技术新产，2018（1）：57-58.

[7] 焦孝民．管道化溶出系统管道内矿浆的流动特征分析[C]//第十届全国氧化铝学术会议论文集．焦作：冶金工业出版社，2004：196-199.

[8] 李婷．矿浆管道水力输送动力特性研究[D]．武汉：武汉理工大学，2013：9-57.

[9] 张建刚．高浓度矿浆输送系统设计[J]．工程设计与研究，2010（2）：9-12.

[10] 刘瑞江，张业旺．多釜串联模型停留时间分布方差的推导[J]．数学的实践与认识，2012，42（24）：130-135.

4 压力容器基础

容器是由物体构成用于盛装物料的空间构件。通俗地讲，化工、冶金等生产中用于盛装物料、进行反应的各种设备外部的壳体都属于容器。不言而喻，所有承受压力的密闭容器称为压力容器或者受压容器。学习和掌握压力容器的基础知识对冶金高压浸出工程具有重要意义。

4.1 高压釜简介

1. 压力容器的定义

压力容器一般是指在工业生产中用来完成反应、传热、传质、分离、储存等工艺过程，并承受0.1MPa表压以上压力的密闭容器[1]。

《特种设备安全监察条例》中明确指出，压力容器是指盛装气体或者液体，承载一定压力的密闭设备，其范围规定为最高工作压力大于或者等于0.1MPa（表压），且压力与容积的乘积大于或者等于 2.51MPa·L 的气体、液化气体和最高工作温度高于或者等于标准沸点的液体的固定式容器和移动式容器；盛装公称工作压力大于或者等于0.2MPa（表压），且压力与容积的乘积大于或者等于1MPa·L的气体、液化气体和标准沸点等于或者低于60℃液体的气瓶；氧舱等。

容器所盛装的或在容器内参加反应的物质称为工作介质。常用压力容器的工作介质是各种气体、水蒸气或液体，这里主要讲气体介质的压力来源。压力来源可以分为气体压力的产生或增大，它来自容器内或容器外。

容器的气体压力产生于容器外时，其压力源一般是气体压缩机或蒸汽锅炉。气体压缩机主要有容积型和速度型两类。容积型气体压缩机是通过缩小气体的体积，增加气体的密度来提高气体压力的。而速度型气体压缩机是通过增加气体的流速，使气体的动能转变为势能来提高气体压力的。工作介质为压缩气体的压力容器，其可能达到的最高压力为气体压缩机出口的气体压力。

蒸汽锅炉是利用燃料燃烧放出的热量将水加热蒸发而产生水蒸气的一种设备。

容器的气体压力产生于容器内时，其原因有：容器内介质的聚集状态发生改变；气体介质在容器内受热，温度急剧升高；介质在容器内发生体积增大的化学反应等。由于介质的聚集状态发生改变而产生或增加压力的，一般是由于液态或固态物质在容器内受热（如周围环境温度升高、容器内其他物料发生放热化学反应等）、蒸发或分解为气体，体积剧烈膨胀，但因受到容器容积的限制，气体密度大为增加，因而在器内产生压力或使原有的气体压力增加。例如，对于二氧化硫，当温度低于-10.1℃（标准沸点）时，它在密闭容器内的蒸气压力低于大气压力，而当温度升高至60℃时，呈液态的二氧化硫便大量蒸发，其蒸气压力即升高到 11.25 个绝对大气压（1 个绝对大气压=14.7Pa）。又如对于高分子聚合物固态聚甲醛，其受热后“解聚”变为气态，体积约增大 10^{65} 倍，在密闭容器内也会产生很高的气体压力。

由于气体介质在容器内受热而产生或显著增加压力的例子较多。例如，有些储装易于发生聚合反应的气体容器（如某些碳氢化合物储罐），在合适条件下单分子气体可以局部发生聚合反应，产生大量的聚合热，使容器内的气体受热，温度大幅度上升，使压力剧烈增高，有时还会因此发生容器超压爆破事故。

由于介质在容器内发生体积增大的化学反应而压力升高的例子也较多。例如，用碳化钙加水经化学反应生成乙炔气体，体积大为增加，在密闭的容器内会产生较高的压力。又如，电解水制取氢和氧的反应，由于 $1m^3$ 的水可以分解成 $1240m^3$ 的氢气和 $620m^3$ 的氧气，体积约增大 2000 倍，在密闭的容器内也会产生很高的压力。

冶金常用的压力容器中，气体压力在容器外增大的较多，在容器内增大的较少。但后者危险性较大，对压力控制的要求也更严格。

2. 压力容器的界限

这里讨论的压力容器主要指容易发生事故并按规定的技术管理规范进行制造和使用的压力容器。也就是对压力容器划个界限，哪些按一般设备对待，哪些按特殊设备对待。因而这里所讲的是按特殊设备对待的压力容器。

划分压力容器的界限应考虑的因素包括事故发生的可能性与事故的危害性两个方面。目前，国际上对压力容器的界限范围尚无完全统一的规定。一般说来，压力容器发生爆炸事故时，其危害性与工作介质的状态、工作压力及容器的容积等因素有关。

工作介质是液体的压力容器，由于液体的压缩性极小，容器爆破时其膨胀功，即所释放的能量很小，危害性也小。而介质是气体的容器，因气体具有很大的压缩性，容器爆破时瞬时所释放的能量很大，危害性也就大。所以一般不把介质为液体的容器列入作为特殊设备的压力容器范围内。值得注意的是，这里所说的液体是指常温下的液体，不包括最高工作温度高于其标准沸点（即标准大气压下的沸点）的液体。

《特种设备安全监察条例》和《容规》对压力容器都有相应的界定。

3. 压力容器的基本要求

压力容器通常在进行热交换的情况下使用，对其要求需要考虑载热体。被加热的物料如果不适合与热源直接接触，可通过中间介质进行加热。被加热的介质把热量传递给需要加热的物料，这种介质称为载热体。常用的载热体为水蒸气、有机载热体、熔盐及液态金属等，其中水蒸气在冶金工业过程中最为常用。

1）有机载热体：联苯 26.5%与二苯醚 73.5%的混合物的熔点为 12.3℃，沸点为 225℃，在 200℃的蒸汽压强为 2.45×10^4Pa（绝对），350℃时为 5.20×10^5Pa（绝对），与同温度的水蒸气相比，压强低得多。放热系数可达 1400～1700 $W\cdot(m\cdot K)^{-1}$。

2）熔盐载热体：当加热温度高于 380℃时，可采用熔盐载热体进行加热。这种熔盐混合物在常压下的沸点为 680℃，因此可以加热到 540℃。

3）水蒸气：水蒸气冷凝放热时，冷凝潜热及对流传热系数都很大，且加热均匀、调节温度方便、清洁无毒、输送方便、价格低廉，因此它是工业生产中广为使用的一种载热体。

压力容器的基本要求指容器的强度、刚度与稳定性。

1）强度：金属抵抗永久变形和断裂的能力。常用的强度判据有屈服强度、抗拉强度。强度是涉及安全的主要问题。

2）刚度：在外力作用（制造、运输、安装与使用）下产生不允许的弹性变形，如法兰（密封）、管板等。

3）稳定性：在外力作用下防止突然失去原有形状的稳定性，如外压及真空容器。

4. 压力容器的工艺参数

压力容器的工艺参数是由生产的工艺要求确定的，是进行压力容器设计和安全操作的主要依据。压力容器的主要工艺参数为压力和温度。

这里主要讨论压力容器工作介质的压力，即压力容器工作时所承受的主要载荷。压力容器运行时的压力是用压力表来测量的，压力表上的压力值为表压力。在各种压力容器的规范中，经常出现工作压力、最高工作压力和设计压力等概念，现将其定义分述如下。

1）工作压力：也称操作压力，指容器顶部在正常工艺操作时的压力（即不包括液体静压力）。

2）最高工作压力：指容器顶部在工艺操作过程中可能产生的最大表压力（即不包括液体静压力）。压力超过此值时，容器上的安全装置就要动作。容器最高工作压力的确定与工作介质有关。

3）设计压力：指定的压力容器顶部的最高压力。

4.2 高压容器的分类

压力容器有许多分类方法，常用的有以下几种。

1. 按作用原理分类

高压浸出容器按在生产工艺过程中的作用原理分类，可分为反应容器、换热容器、分离容器和储运容器。

1）反应容器（代号 R）：指主要用来完成介质的物理、化学反应的容器，如反应器、反应釜、发生器、分解锅、分解塔、聚合釜、高压釜、合成塔、变换炉、蒸煮锅、蒸球等。

2）换热容器（代号 E）：指主要用来完成介质的热量交换的容器，如管壳式废热锅炉、热交换器、冷却器、冷凝器、蒸发锅、加热器、硫化锅、消毒锅、蒸压釜、蒸煮器、染色器等。

3）分离容器（代号 S）：指主要用来完成介质的流体压力平衡和气体净化分离等的容器，如分离器、过滤器、集油器、缓冲器、储能器、洗涤器、吸收塔、铜洗塔、干燥塔等。

4）储运容器（代号 C，其中球罐代号 B）：指主要用来盛装生产和生活用的原料气体、液体、液化气体等的容器，如各种形式的储槽、槽车（铁路槽车、公路槽车）。

在一种容器中，如同时具有两个以上的工艺作用原理，应按工艺过程中的主要作用来划分。

2. 按压力分类

按所承受压力（p）的高低，压力容器可分为低压、中压、高压、超高压 4 个等级，具体划分如下。

1）低压容器：0.1MPa≤p<1.6MPa；

2）中压容器：1.6MPa≤p<10MPa；

3）高压容器：10MPa≤p<100MPa；

4）超高压容器：≥100MPa。

高压浸出技术中，为有利于安全技术管理和监督检查，根据容器的压力高低、介质的危害程度等，《容规》按安全技术管理（根据容器压力与容积乘积大小、介质危害程度及容器的作用对压力容器进行分类），将其适用范围的容器划分为 3 类，即第一类压力容器、第二类压力容器和第三类压力容器。

（1）第一类压力容器

除上述规定以外的低压容器为第一类压力容器。由于各国的经济政策、技术政策、工业基础和管理体系的差异，压力容器的分类方法也互不相同。采用国际标准或国外先进标准设计压力容器时，应采用相应的分类方法。

（2）第二类压力容器

具有下列情况之一的，为第二类压力容器。

1）中压容器。

2）低压容器（仅限毒性程度为极度和高度危害的介质）。

3）低压反应容器和低压储存容器（仅限易燃介质或毒性程度为中度危害的介质）。

4）低压管壳式余热锅炉。

5）低压搪玻璃压力容器。

（3）第三类压力容器

具有下列情况之一的，为第三类压力容器。

1）高压容器。

2）中压容器（仅限毒性程度为极度和高度危害的介质）。

3）中压储存容器（仅限易燃或毒性程度为中度危害的介质，且压力和体积乘积大于或等于 10MPa·m^3）。

4）中压反应容器（仅限易燃或毒性程度为中度危害的介质，且压力和体积乘积大于或等于 0.5MPa·m^3）。

5）低压容器（仅限毒性程度为极度和高度危害的介质，且压力和体积乘积大于或等于 0.2MPa·m^3）。

6）高压、中压管壳式余热锅炉。

7）中压搪玻璃压力容器。

8）使用强度级别较高（指响应标准中抗拉强度规定值下限不小于 540MPa）的材料制造的压力容器。

9）移动式压力容器，包括铁路罐车（介质为液化气体、低温液体）、罐式汽车[液化气体运输（半挂）车、低温液体运输（半挂）车、永久气体运输（半挂）车]和罐式集装箱（介质为液化气体、低温液体等）。

10）球形储罐（容积大于或等于 $50m^3$）。

11）低温液体储存容器（容积大于 $5m^3$）。

3. 按壳体承压方式分类

按壳体承压方式不同，压力容器可分为内压（壳体内部承受介质压力）容器和外压（壳体外部承受介质压力）容器两大类。

这两类容器是截然不同的，其差别首先反映在设计原理上，内压容器的壁厚是根据强度计算确定的，而外压容器的设计主要考虑稳定性问题。其次，反映在安全性上，外压容器相对内压容器安全。

4. 按设计温度分类

按设计温度（T）的高低，压力容器可分为低温容器（$T\leqslant -20$℃）、常温容器（$-20℃< T<450℃$）和高温容器（$T\geqslant 450$℃）。

5. 按安全技术管理分类

按安全技术管理分类，压力容器可分为固定式容器和移动式容器两大类。

1）固定式容器：指有固定的安装和使用地点，工艺条件和使用操作人员也比较固定，使用管道与其他设备相连接的容器，如合成塔、蒸球、管壳式余热锅炉、热交换器、分离器等。

2）移动式容器：指一种储装容器，如气瓶、汽车槽车、铁路槽车等。其主要用途是装运有压力的气体。这类容器无固定使用地点，一般也没有专职的使用操作人员，使用环境经常变迁，管理比较复杂，较易发生事故。

6. 其他分类方法

1）按容器的壁厚，有薄壁容器和厚壁容器之分。

2）按壳体的几何形状，有球形容器、圆筒形容器、圆锥形容器之分。

3）按制造方法，有焊接容器、锻造容器、铆接容器、铸造容器及各式组合制造容器之分。

4）按结构材料，有钢制容器、铸铁容器、有色金属容器和非金属容器之分。

5）按容器的安放形式，有立式容器、卧式容器等之分。

4.3 高压容器的基本结构

压力容器一般由筒体（又称壳体）、封头（又称端盖）、法兰、接管、人孔、支座、密封元件、安全附件等组成。它们统称为过程设备零部件，这些零部件大多有标准。其典型过程设备有换热器、反应器、塔式容器、储存容器等[2]。

压力容器零部件是容器不可缺少的组成部分。压力容器特定的操作条件不仅要求其主体必须满足要求，还要求零部件也符合结构、材料、性能、强度等方面的要求。受压元件的零部件如同壳体一样，也纳入质量管理与保证的监控范围。这对压力容器的整体质量和确保安全使用有着十分重要的意义。

为了便于组织生产，降低成本，利于互换，我国各有关部门对压力容器零部件进行了标准化和系列化工作，并制定了国家标准和满足行业特点的行业标准。随着经济的发展和生产技术的不断提高，曾多次对其进行修订，目前已日臻完善。

压力容器的设计应包括结构设计（选择）、设计计算与材料选择。其中结构是设计计算的基础，即根据各类承压零部件不同的结构、形状分别进行设计计算。

4.3.1　压力容器的本体

高压浸出技术所用的压力容器大多数为端头过渡的圆柱形容器。按照放置方式，分为立式和卧式两种。下面按这一分类介绍压力容器的本体结构。立式高压釜的结构如图 4-1 所示。

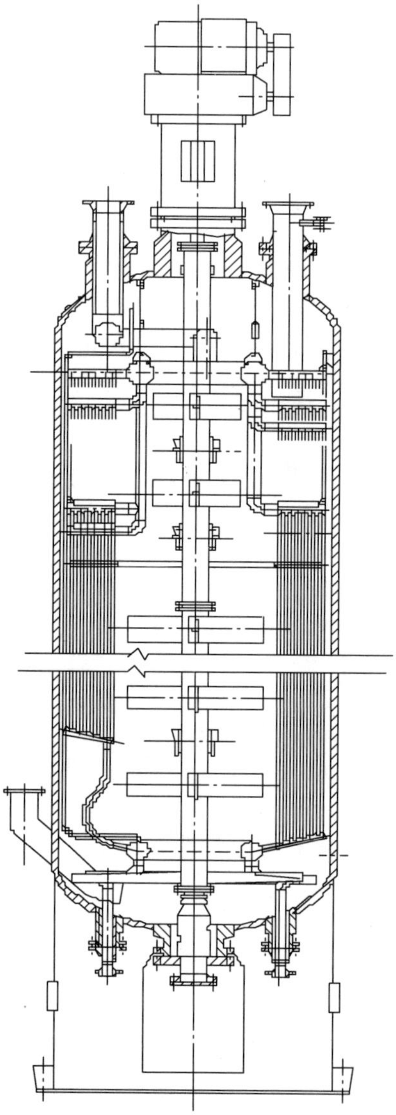

图 4-1　立式高压釜的结构

1. 压力容器的筒体

筒体是压力容器的主要形式，如图 4-1 所示立式高压釜的中间部分。圆柱形筒体制造容易、安装内件方便，而且承压能力较好，因此应用最广。圆筒形容器又可以分为立式容器和卧式容器。因为容器的筒体不但存在与容器封头、法兰相配的问题，而且卧式容器的支座标准也是按照容器的公称直径系列制定的，所以不但管子有公称直径，筒体也制定了公称直径系列。对于用钢板卷焊的筒体，用筒体的内径作为它的公称直径，其系列尺寸有 300、400、500、600 等。如果筒体是用无缝钢管制作的，就用钢管的外径作为筒体的公称直径。

筒体结构分为整体式与组合式两大类。

常见的整体式结构有单层焊接（应用最广）、锻造（主要用于超高压）、锻焊（用于大型重要工况）、无缝管（小容器）。常见组合式结构有多层包扎式、多层热套式、多层绕板式、螺旋包扎式和绕带式等。

在安全性方面，组合式优于整体式，理由如下：①以薄代厚，中厚板、薄板性能优于厚板；②缺陷只能在本层内扩展；③危险的纵缝（整体包扎含环缝）化整为零，各层均布；④安全泄放孔，利于报警；⑤预应力增加安全裕度。但是组合式工艺复杂，生产周期长，且不适于作为热容器。

2. 压力容器的封头

常见的压力容器封头的形式有凸形封头（包括半球形封头、椭圆形封头、碟形封头、球冠形封头）、锥形封头、变径段、平盖等。

1）半球形封头：半球形封头由球壳的一半作成，如图 4-1 立式高压釜的上下端头。与其他形状的封头相比，封头壳壁在压力作用下产生的应力最小，因此它所需要的壁厚最薄，用材比较节省。但半球形封头深度大、制造比较困难，尤其对加工设备条件较差的中小型设备制造厂困难更大。而对于大直径（D_i>3m）的半球形封头，可用数块钢板在大型水压机成型后拼焊而成。半球形封头还用于高压容器上代替平封头，以节省钢材。

2）椭圆形封头：椭圆形封头纵剖面的曲线部分是半个椭圆形，如图 4-2 所示。直边段高度为 h，因此椭圆形封头由半个椭球和一个高度为 h 的圆筒形筒节构成。椭圆形的曲率是连续的，其应力也是连续的，封头各部分的薄膜应力θ随着坐标轴的变化而变化，而且与长短轴的比值 $D_i/(2H-2h)$有关。$D_i/(2H-2h)$为标准椭圆形封头。直边段是为了使焊缝避开边缘应力区。封头的标准为《压力容器封头》（GB/T 25198—2010）。

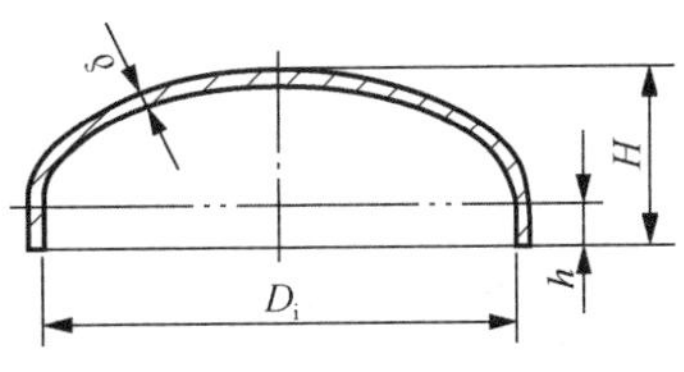

图 4-2　椭圆形封头示意图

椭圆形封头的展开尺寸为

$$D_{展}=1.2D_g+2H+\delta \tag{4-1}$$

式中：D_g——封头公称直径，mm；

H——封头直边高度，mm；

δ——封头壁厚，mm。

封头材料消耗定额计算一般规则：不需要拼接的封头应按体积立方计算限额，需拼接的封头按封头净重的 1.35～1.45 倍计算。直径小于 2m 的可按偏于上限值计算；直径大于 2m 的可按偏于下限值计算。

3）碟形封头：碟形封头由三部分组成。第一部分是半径为 R_i 的球面部分，第二部分是半径为 $D_i/2$ 的圆筒形部分，第三部分是连接这两部分的过渡区，其曲率半径为 r，R_i 与 r 均以内表面为基准，如图 4-3 所示。

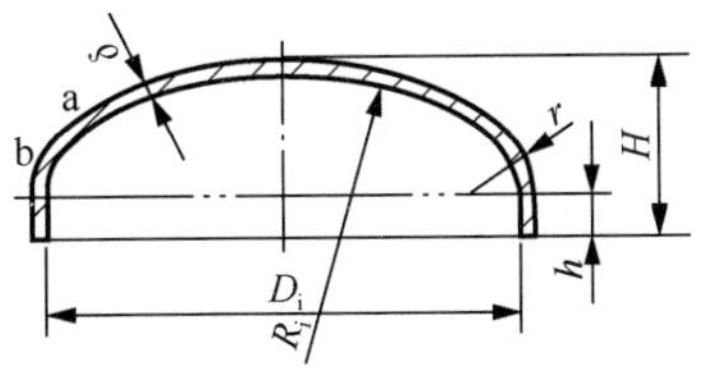

图 4-3　碟形封头示意图

由于第一部分与第三部分是两个不同的曲面，在交点 b 处曲率半径有一个突然的变化。在 b 点处不仅有由内压引起的拉应力，还有边缘力矩引起的边缘应力。在过渡区和圆筒部分交界点 a 处也有边缘应力存在，其边缘应力的大小与 D_i/r 有关。D_i/r 越大，即曲率变化越大，边缘应力越大。

碟形封头同样在碟形壳体边缘为周向压应力，为了使这部分壳体不致失稳，具有足够稳定性，《压力容器》（GB 150—2011）中规定对于 R_i=0.9D_i、r=0.17D_i 的碟形封头（原标准碟形封头），其有效厚度应不小于封头内直径的 0.15%。其他碟形封头的有效厚度应不小于 0.30%D_i。

《压力容器封头》（GB/T 25198—2010）中分 DHA 和 DHB 两种类型：对于 DHA 型封头，R_i=1.0D_i、r=0.15D_i；对于 DHA 型封头，R_i=1.0D_i、r=0.15D_i。

4）球冠形封头：球冠形封头可用作端封头，也可以用作容器中两独立受压室的中间封头，如图 4-4 所示。由于封头为一球面且无过渡区，在连接边缘有较大边缘应力，要求封头与筒体连接处的 T 形接头采用全焊透结构。在任何情况下，与球冠形封头连接的圆筒厚度应不小于封头厚度。否则，应在封头与圆筒间设置加强段过渡连接。圆筒加强段的厚度应与封头等厚。

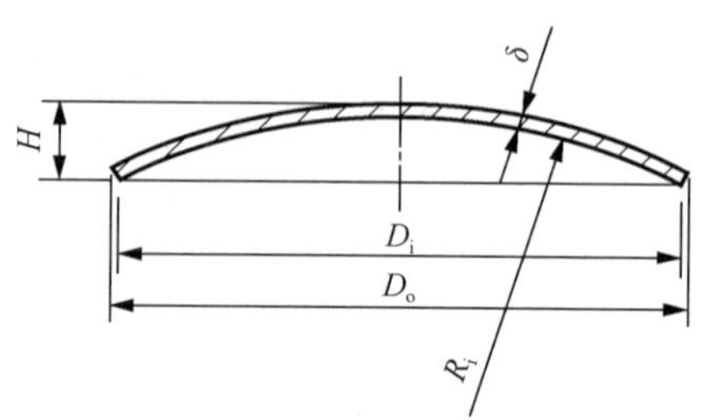

图 4-4　球冠形封头示意图

5）锥形封头：锥形封头分为无折边锥形封头和折边锥形封头，如图 4-5 所示。带折边的锥形封头由三部分组成，即锥形部分、半径为 r 的圆弧过渡部分和圆筒部分。过渡部分是为了降低边缘应力，而直边部分是为了避免边缘应力叠加在封头和筒体的连接焊缝上。

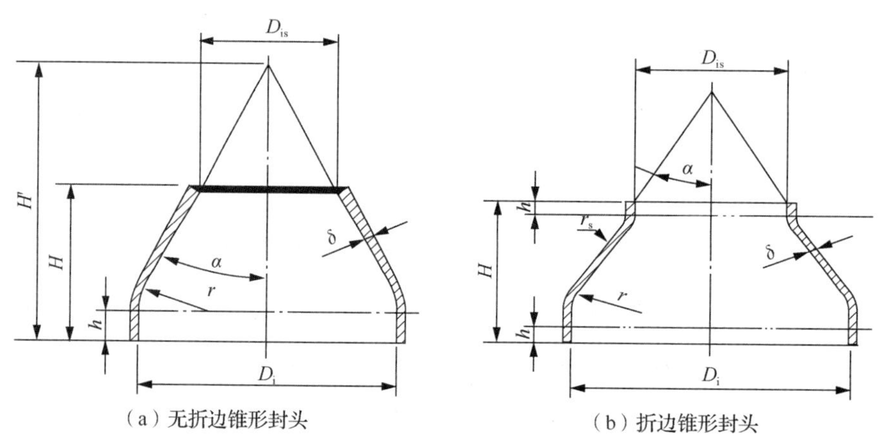

图 4-5　锥形封头示意图

锥形封头主要用于变速或方便卸料，依半顶角分为 30°（无折边）、45°（大端折边）、60°（大、小端折边），其主要制造方法为卷焊。

对于轴对称的锥形封头大端，当锥壳半顶角 $\alpha \leqslant 30°$ 时，可以采用无折边结构；当 $\alpha > 30°$ 时，应采用带过渡段的折边结构。对于锥形封头小端，当锥壳半顶角 $\alpha \leqslant 45°$ 时，可以采用无折边结构；当 $\alpha > 45°$ 时，应采用带过渡段的折边结构。《压力容器封头》（GB/T 25198—2010）中规定了封头形式。

平盖作为封头承受介质的压力时所产生的弯曲应力较大，在等厚度、同直径条件下，平板内产生的最大弯曲应力是圆筒壁薄膜应力的 20～30 倍。所以平盖封头的壁厚比同直径的筒体壁厚大得多。而且平盖封头还会对筒体造成较大的边缘应力，因此，虽然它的结构简单、制造方便，但承压容器的封头一般不采用平盖。只有压力容器上的入孔、手孔采用平盖，或较小直径的高压容器及小直径的常压容器一般也采用平盖。

3. 压力容器的支座

支座是用来支承容器质量，并使其固定在某一位置的压力容器附件。支座一般分为卧式容器支座和立式容器支座。

（1）卧式容器支座

卧式容器的支座分为鞍式支座、圈式支座、支腿式支座，如图 4-6 所示。卧式容器多使用鞍式支座。

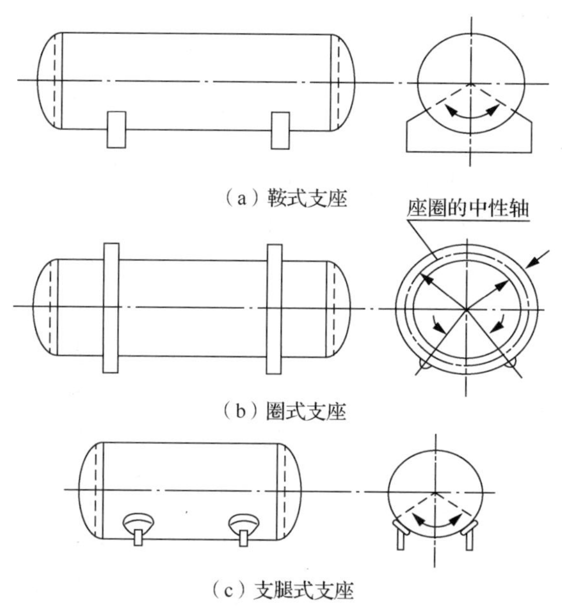

（a）鞍式支座

（b）圈式支座

（c）支腿式支座

图 4-6 卧式容器的支座

小型容器用支腿式支座，大型容器用鞍式支座，大型、高压的容器用圈式支座。

鞍式支座由底板、腹板、筋板和垫板组焊而成，适用于双支点支承的钢制卧式容器。按实际承载的大小，鞍式支座分为轻型（A）和重型（B）两种。按是否可移动，鞍式支座分为固定式（F）和滑动式（S）两种。

鞍式支座形式的选择原则如下。

1）重型鞍式支座可满足卧式换热器介质相对密度较大或长度与公称直径之比 L/D 较大卧式容器的要求，轻型鞍式支座则满足一般卧式容器的使用要求。

2）因温度变化，容器的固定侧应采用固定鞍式支座，滑动侧应采用滑动鞍式支座。固定鞍式支座一般设在接管较多的一侧。采用 3 个鞍式支座时，中间鞍式支座宜选固定鞍式支座，两侧鞍式支座可选滑动鞍式支座。

3）为改善容器的受力情况，将垫板四角倒圆；并在垫板中心开一通气孔，以利于焊接或热处理时气体的排放；为使垫板按实际需要设置或与容器等厚，标准中垫板厚度允许改变。

4）对于公称直径不大于 900mm 的容器，鞍式支座分为带垫板和不带垫板两种。

5）考虑到封头的加强作用，鞍式支座应尽可能靠近封头，即支点距端头应小于或

等于 $D_o/4$（D_o为容器的内径）。从受力情况考虑，两支座间不宜大于 0.2L（L 为容器的长）。当需要时，两支座间最大不得大于 0.25L。

6）当容器基础是钢筋混凝土时，滑动鞍式支座底板下面必须安装基础垫板，基础垫板必须保持平整光滑。

（2）立式容器支座

立式容器的支座分为耳式支座、支承式支座、腿式支座和裙式支座。

1）耳式支座。耳式支座一般由两块筋板及一块底板焊接而成，如图 4-7 所示。耳式支座主要承受的是剪力，适合一定长径比，广泛使用在反应釜及立式换热器等直立设备上。耳式支座的优点是简单、轻便，缺点是对器壁易产生较大的局部应力。

耳式支座适用于公称直径不大于 4000mm 的立式圆筒形容器。支座数量一般应采用 4 个均布，容器直径小于或等于 700mm 时，支座数量允许采用 2 个。

2）支承式支座。支承式支座由数块钢板焊接而成，分为 a 型和 b 型两类，如图 4-8 所示。二者的区别：a 型支承在容器的圆柱体部分，而 b 型支承在容器的底封头上。

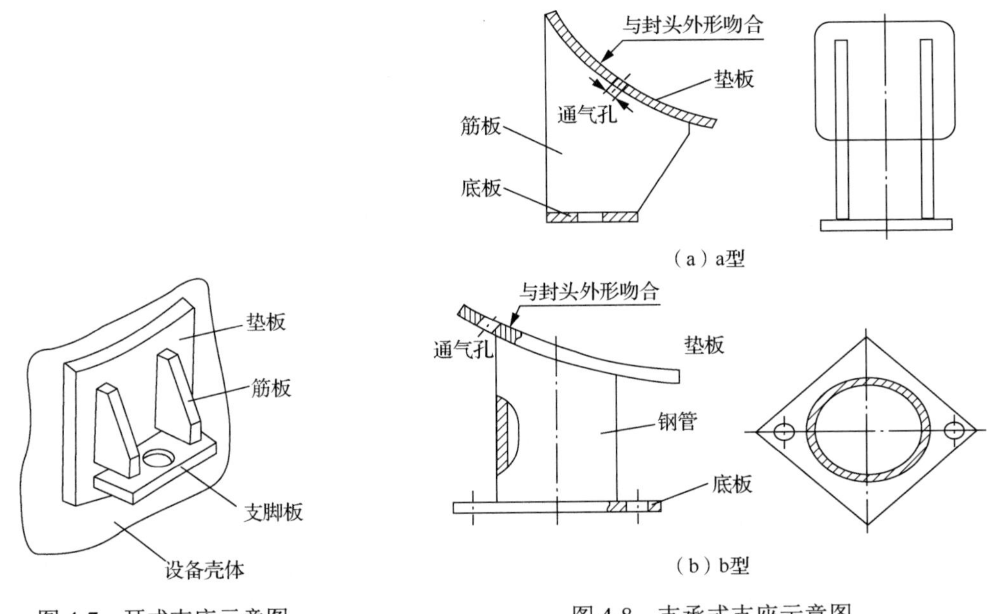

图 4-7　耳式支座示意图

图 4-8　支承式支座示意图

支承式支座适用于下列条件的钢制立式圆筒形容器：①公称直径为 800～4000mm；②容器总高度不大于 10m；③圆筒长度与公称直径之比不大于 5。

3）腿式支座。腿式支座是容器支座的重要组成部分，常用于中小型直立容器，用于支撑容器质量、固定容器位置，并使容器在操作中保持稳定。其结构由一块底板、一块盖板、一个支柱焊接而成。底板上有螺栓孔，用螺栓固定设备于地基之上。一般在设备周围均匀分布 3 个腿式支座，大一点的设备可以用 4 个。腿式支座有 A 型、AN 型（不带垫板）、B 型、BN 型（不带垫板）、C 型、CN 型（不带垫板）6 种结构。

腿式支座不适用于通过管线直接与产生脉动载荷的机器设备刚性连接的容器，对此类容器应选用裙式支座等支承形式，以避免振动。如经计算，确认无问题，可不受此限制。

A、AN 型支座具有易与容器圆筒相吻合、焊接安装较为容易的优点；B、BN 型支座具有在所有方向上都具有相同截面系数、抗压失稳能力较强的优点。

考虑支腿与圆筒连接处的局部应力问题，将腿式支座分为带垫板和不带垫板两种。符合下列情况之一，应设置垫板：①用合金制的容器壳体；②容器壳体有热处理要求；③与支腿连接处的圆筒有效厚度小于中《压力容器封头》（GB/T 25198—2010）表 4 给出的最小厚度。垫板材料一般与容器壳体材料相同。

4）裙式支座。裙式支座简称裙座，是支撑塔容器的部件，因外形像裙子而得名。裙式支座分圆筒形裙式支座和圆锥形裙式支座两种，如图 4-9 所示。裙式支座由钢板卷制成圆筒形或圆锥形筒体作为支承部件的一种。立式容器的裙式支座由座体、基础环及螺栓座等组成。座体为圆柱形或圆锥形筒体，焊于直立设备底部。座体设有排气孔和人孔。前者用于泄放凝聚于座体内的气体；后者为安装、检修人员进出座体之用。地脚螺栓通过螺栓座使直立设备固定在基础上。裙式支座是塔设备的关键部位，牵涉到塔器的的安全运行。

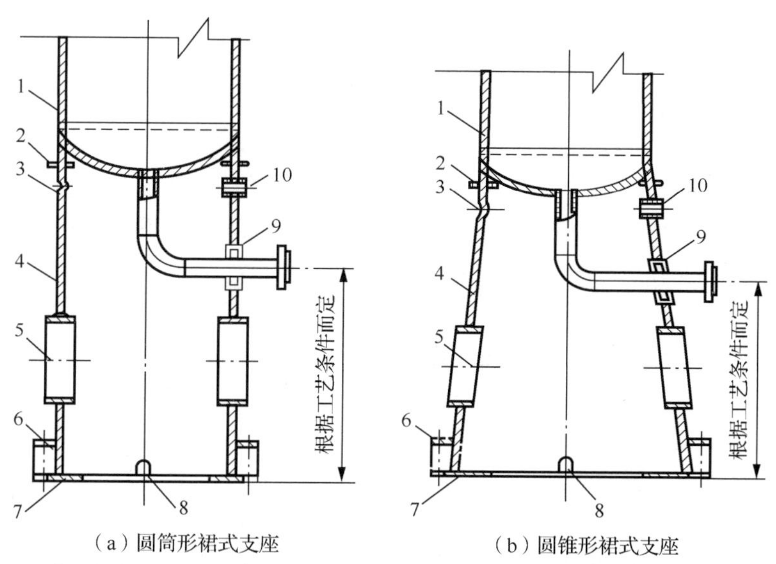

（a）圆筒形裙式支座　　（b）圆锥形裙式支座

1—高压釜体；2—保温支承圈；3—无保温时排气孔；4—裙式支座筒体；5—人孔；6—螺栓座；7—基础；8—排液孔；9—引出管；10—保温时排气孔。

图 4-9 裙式支座示意图

裙式支座的材料消耗按裙式支座净重的 1.06～1.10 倍计算。

裙式支座除承受塔器的全部质量外，还承受风载荷、地震载荷的作用。裙式支座用于高大的立式塔和容器。

塔径小且很高的塔，当 D_o<1m（D_o 为容器的内径），且 H/D_o>25（H 为容器的内高），或 D_o>1m，且 H/D_o>30 时，只能用圆锥形裙式支座，其他可用圆筒形裙式支座。

考虑到管子热膨胀，在支承筋与引出管之间应保留一定间隙。

裙式支座直接焊接在塔底封头上，可采用对接焊缝或搭接焊缝。在没有风载荷或地震载荷时，对接焊缝承受容器质量产生的压缩载荷，搭接焊缝则承受剪切载荷。相比而言，搭接焊缝受力情况较差，在一些小塔或受力较小的情况下采用。

塔壳设计温度低于-20℃或高于 250℃时，裙式支座壳顶部分的材料应与塔下封头材料相同，裙式支座壳体过渡段长度取 4 倍保温层厚度，但不小于 500mm；对奥氏不锈钢塔，其裙式支座壳体过渡段高度不小于 300mm，材料同底封头。

当塔内或周围容器内有易燃、易爆介质时，一旦发生火灾，裙式支座形式会因温度升高而丧失强度，故裙式支座应设防火层。当裙式支座直径 $D \leqslant 1500$mm 时，仅外面敷设防火层；当裙式支座直径 $D > 1500$mm 时，两侧均敷设 50mm 石棉水泥层。当塔内操作温度很高时，塔体与裙式支座的温度差引起不均匀热膨胀，会使裙式支座与塔底封头连接焊缝受力情况恶化，此时须对裙式支座加以保温。

4. 压力容器的开孔与补强

除了上述部件，压力容器还要有法兰、接管、人孔、密封元件、安全附件等部件。这些部件的共同特征是在压力容器上开孔，压力容器上开孔后，强度降低，需要补强。

压力容器检查孔包括人孔与手孔，开设检查孔是为了检查容器在使用过程中是否产生裂纹、变形、腐蚀等缺陷。对压力容器检查孔的要求见《容规》中开设检查孔压力容器的条件。

人孔和手孔均已标准化，可根据设计需要和操作条件直接选用。选用时应综合考虑公称压力、公称直径、设计温度，以及人孔、手孔的结构和材料等诸方面的因素。人孔、手孔的类型很多，选择使用上有较大的灵活性。通常可以根据操作需要、压力、质量、安装位置及开启频繁程度等确定人孔、手孔的类型。具体有以下考虑：①工作压力较高时宜选用对焊法兰人孔、手孔，反之多用平焊法兰人孔、手孔。②安装位置较高、检修不便的容器上宜选用回转盖或吊盖形式的人孔、手孔。③若选择吊盖人孔，当人孔筒节轴线水平安装时，应选垂直吊盖人孔；当人孔筒节轴线垂直安装时，应选水平吊盖人孔。④人孔、手孔需经常打开时，可选用快开式的人孔、手孔结构。

为了使压力容器能正常操作，在筒体和封头上常设置如进、出料口，压力表，温度计等接口，以及视镜、液面计等附件。为了安全及维修方便，在容器上开孔是不可避免的，但要考虑开孔的位置、大小、连接结构和开孔补强问题。压力容器开孔后，不但会削弱器壁强度，而且会在开孔附近形成应力集中。

容器的开孔集中程度用应力集中系数 K 来表征。应力集中系数即开孔处的最大应力值与开孔时最大薄膜应力之比。开孔接管处的应力集中系数主要受下列因素影响：①容器的形状和应力状态。由于孔周边的最大应力是随薄膜应力的增加而上升的，圆壳的薄膜应力是球壳的 2 倍，圆筒壳的应力集中系数大于球壳。同理，圆锥壳的应力集中系数高于圆筒壳。②开孔的形状、大小及接管壁厚。开方孔时应力集中系数最大，椭圆孔次之，开圆孔最小。接管轴线与壳体法线不一致时，开孔将变为椭圆形而使应力集中系数增大。开孔直径越大，接管壁厚越小，应力集中系数越大，故减小孔径或增加接管壁厚均可降低应力集中系数。插入式接管的应力集中系数小于平齐接管。

在实际生产中，容器壳体开孔后均需焊上接管或凸缘，而接管处的应力集中与壳体开小圆孔时的应力集中并不相同。在操作压力作用下，壳体与开孔接管在连接处各自的位移不相等，而最终的位移必须协调一致。因此，在连接点处将产生相互约束力和弯矩。开孔接管处不仅存在孔边集中应力和薄膜应力，还有边缘应力和焊接应力。另外，压力容器的结构形状、承载状态及工作环境等对接管处的应力集中的影响均较开孔复杂。所以，容器接管处的应力集中较小孔严重得多，应力集中系数可达 3～6。但其衰减迅速，具有明显的局部性，不会使壳体发生任何显著变形，故可允许应力峰值超过材料的平均屈服应力。开孔补强的目的在于使孔边的应力峰值降低至允许值。

不论大开孔还是小开孔，其孔边的应力集中都是存在的。但容器孔边应力集中的理论分析是以无限大平板上开小圆孔为基础的。但大开孔时，除有拉（压）应力外，还有很大的弯曲应力，且其应力集中范围超出了开小孔时的局部范围，在较大范围内破坏了壳体的应力状态。因此，小开孔的理论分析就不适用了。当壳体上开孔直径大于《压力容器 第 3 部分：设计》（GB 150.3—2011）中的规定时，其补强结构和计算需作特殊考虑，须提出特殊制造要求。

5. 压力容器的附件

压力容器的附件包括安全附件和实现特定目的的附件。安全附件是为了使压力容器安全运行而安装在设备上的一种安全装置，包括安全阀、爆破片装置、紧急切断装置、易熔塞和压力表、液面计、测温仪表等。

1）安全阀：当容器内压力高时，可自动排出一定数量的流体以减压；当容器内的压力恢复正常后，阀门自行关闭。

2）爆破片：由进口静压使爆破片受压爆破而泄放出介质以减压，爆破后便不可再用，须更换，即具有非重闭性。

3）安全阀与爆破片装置的组合：有安全阀与爆破片装置并联组合、安全阀进口和容器之间串联安装爆破片装置、安全阀出口侧串联安装爆破片装置 3 种组合方式。

4）爆破帽：超压时其薄弱面发生断裂，泄放出介质以减压。爆破后不可再用，须更换。

5）紧急切断阀、减压阀：通常与截止阀串联安装在紧靠容器的介质出口管道上，以便在管道发生大量泄漏时进行紧急止漏；一般还具有过流闭止及超温闭止的性能。减压阀间隙小，介质通过时产生节流，压力下降，用于将高压流体输送到低压管道。

6）易熔塞：属于熔化型（温度型）安全泄放装置，容器壁温度超限时动作，主要用于中、低压的小型压力容器（如液化气钢瓶）。

4.3.2 压力容器的搅拌机构

压力容器的搅拌机构提供的力作用于流动中的两种或两种以上物料，在彼此之间相互散布，可以实现物料的均匀混合，促进溶解和气体吸收，强化热交换等物理及化学变化。

压力容器的搅拌机构包括搅拌装置、传动装置和轴封装置。搅拌装置由搅拌器、轴及其支撑组成。搅拌的作用是使内部反应物充分接触，提高内壁散热系数，使整个体系内温度均匀，反应能正常进行。搅拌方式通常有电磁搅拌和电动搅拌[3]。

1. 电磁搅拌装置

电磁搅拌装置包括釜体与顶部设置的封闭罩，封闭罩内设置有内法兰，内法兰沿圆周均匀分布有 4 块内永磁体。联轴器主要由具有很强磁力的一对内、外磁环组成，中间有承压的隔套。内法兰通过轴承活动连接釜体，轴承与搅拌轴固定连接。封闭罩外设置有外法兰，外法兰沿圆周均匀分布有 4 块外永磁体。内永磁体与外永磁体均采用径向分布，外法兰通过联轴器连接电动机，所述的封闭罩为不导磁材料。将动密封转化为静密封，具有绝对密封、安全可靠、传动效率高、噪声小、可自动过载保护等优点。搅拌器由伺服电动机通过联轴器驱动。控制伺服电动机的转速，便可达到控制搅拌转速的目的。隔套上部装有测速线圈，连成一体的搅拌器与内磁环旋转时，测速线圈便产生感应电动势。该电动势与搅拌转速相对应，传递到转速表上便可显示出搅拌转速。磁联轴器与釜盖间装有冷却水套，当操作温度较高时应通冷却水，以防磁钢温度太高而退磁。

磁力搅拌高压反应釜的常规技术参数如表 4-1 所示。

表 4-1　磁力搅拌高压反应釜的常规技术参数

项目	公称容积/L（其他容积可以另行设计制造）								
	50	100	200	300	500	1000	2000	5000	10000
内径/内高	350/520	450/640	600/910	600/1290	800/1100	1000/1390	1200/2400	1800/2500	2000/3000
盘管传热面积/m^2	0.2	0.5	0.8	1.0	1.2	2.5～4	4～6	10～15	16～20
工作压力/MPa	−0.1～15.0								
夹套压力/MPa	0.1～1.6								
工作温度/℃	室温～300								
加热方式	夹套蒸汽、夹套导热油、电加热管（或循环）、远红外线、外半盘管等多种加热方式								
冷却方式	夹套冷却或内盘管冷却								
搅拌转速/($r \cdot min^{-1}$)	20～500，可配防爆电动机、变频调速等								
搅拌桨形式	自吸式、推进式、桨式、锚式、涡轮式等								

2. 电动搅拌装置

电动搅拌装置主要由搅拌装置、釜体与轴封（轴）三部分组成。其作用是依靠搅拌器在搅拌槽中转动对液体进行搅拌。其通过自身运动使搅拌容器中的物料按某种特定的方式运动，从而达到某种工艺要求。这种特定方式的流动（流型）是衡量搅拌装置性能最直观的重要指标。

搅拌轴及搅拌容器转轴处采用密封装置。为避免泄压，轴封的选择必须给予重视。

传动装置即赋予搅拌装置及其他附件运动的传动件组合体。要求传动链短、传动件少、电动机功率小，以降低成本。

机械搅拌釜式反应器（简称搅拌釜）的高度与直径比一般为 1～3，高度与直径比大于 3 时，采用多层搅拌桨。

4.4　高压浸出反应器的基本知识

高压浸出反应器（包括零部件）的结构与强度设计、制造、安装与维修都与过程设备设计有很大不同，下面简要进行介绍。

4.4.1　高压釜筒体及主要零部件的结构与强度设计基本知识

过程设备是指完成物理或化学加工所用到的设备，即完成物料的粉碎、混合、储存、分离、传热、传质、反应等操作的设备。例如，泵、压缩机、管道、储罐、塔、换热器、反应器等。

过程设备设计是指根据设备的工艺、强度、经济性等要求制订出的可用于制造的技术文件。

过程设备设计与压力容器设计的区别如表 4-2 所示。

表 4-2　过程设备设计与压力容器设计的区别

过程设备设计	压力容器设计
主要内容：典型过程设备设计，如储存设备、换热设备、塔设备和反应设备等。 重点：突出功能要求、结构特点与设计选用的联系	最终目的：防止压力容器失效，确保其安全可靠运行。 主要内容：压力容器总体结构、应力分析模型、环境和时间对材料性能的影响、失效形式、设计方法。 达到目标：掌握设计方法，提高设计阶段分析和解决压力容器在全寿命过程中安全问题的能力

随着科学技术的发展，过程设备向多功能、大型化、成套化和专业化方向发展，呈现以下特点：①功能原理多种多样，是典型的非标设备；②机电一体化；③外壳一般为压力容器。

压力容器的失效即失去正常的使用功能，即失稳或断裂[4]。可能的失效原因包括选材不当、材料误用、材料缺陷、材质劣化、介质腐蚀、制造缺陷、设计失误、缺陷漏检、操作不当、意外操作条件、难以控制的环境等。

压力容器的规范标准就是对压力容器的材料、设计、制造、安装、使用、检验和修理、修改提出相应的要求。例如，《压力容器》（GB 150—2011）、《钢制压力容器：分析设计标准》（JB 4732—1995）、《钢制焊接常压容器》［NB/T 47003.1—2009（JB/T 4735.1）］、技术法规《容规》等。2009 年，国务院发布制定了《容规》的法律文件，国家质量技术监督局发布了《容规》的技术文件。

1．《容规》的技术要求

1）安全可靠。包括：①材料的强度高、韧性好。强度是指载荷作用下材料抵抗永久变形和断裂的能力。屈服点和抗拉强度是钢材常用的强度判据。韧性是指材料断裂前吸收变形能量的能力。材料韧性越好，临界尺寸越大，过程设备对缺陷就越不敏感。韧性随着强度的提高而降低。在选择材料时，应特别注意材料强度和韧性的合理匹配。②材料与介质相容。材料被腐蚀后，不仅会导致壁厚减薄，还有可能改变其组织和性能。因此，材料必须与介质相容。③结构有足够的刚度和抗失稳能力，过程设备在载荷作用下保持原有形状。④密封性能好，即过程设备防止介质泄漏的能力。

2）满足过程要求。包括：①功能要求，如储罐的储存量，换热器的传热量和压力降，反应器的反应速率，塔的流量、传热传质效率等；②寿命要求，如高压容器的寿命大于 20 年，反应设备的寿命大于 15 年，一般设备的寿命大于 10 年。

3）综合经济性好。包括：①生产效率高、消耗系数低。生产效率是指过程设备常用单位时间内单位容积（或面积）处理物料或所得产品的数量。消耗系数是指生产单位质量或体积产品所需的资源（包括原材料和能量，如原料、燃料、电等）和人力。②结构合理、制造简便，易于运输和安装。

4）操作、维护和控制。压力容器设计的承压能力、耐蚀性能和耐高低温性能是有条件、有限度的。为了用好、管好和修好压力容器，操作人员须经过安全技术培训，熟悉生产工艺流，懂得压力容器的结构原理，严格遵守安全操作规程，明确操作要点，能及时分析和处理异常现象，保证压力容器安全使用。对压力容器进行定期检验，保持完好的防腐层；消除产生腐蚀的因素；消灭容器的“跑、冒、滴、漏”，经常保持容器的完好状态；注意容器在停用期间的维护；经常保持设备的完好。检验中若发现缺陷，要及时采取相应措施。

2. 高压釜的设计

设计是过程设备研制的第一道工序，设计工作的质量和水平往往对产品的质量、性能、研制周期和经济效益起着决定性的作用。

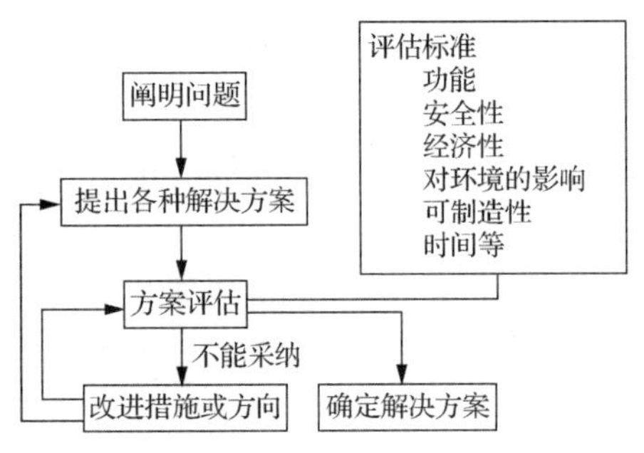

图 4-10　设计常用的决策过程

1）基本设计步骤。包括需求分析、目标界定、总体结构设计、零部件结构设计、参数设计和设计实施等，是一个不断决策的过程。在总体结构设计、零部件结构设计和参数设计中都要反复应用图 4-10 所示的决策过程。

2）影响参数设计的因素。随着经验的积累、测试手段的改进、计算技术的提高和研究的深入，设计准则不断得到丰富和发展。例如，压力容器常规设计（弹性失效设计准则），压力容器分析设计（弹性失效设计准则、塑性失效设计准则、弹塑性失效设计准则）。

3）过程设备更新换代的途径。包括改变工作原理，改进制造工艺、结构和材料，加强辅助功能。

3. 制造、检验

1）依各类承压零部件不同的结构、形状，采用不同的加工方法分别制造，然后通过多种方法（焊接、法兰螺栓、螺纹）连接在一起，构成一台完整的容器。其中，焊接是主要方法。

2）制造中检验。包括射/超检验、水压试验、磁/渗检验、气密性试验。

4. 在役设备检验与监控

在役高压容器长期使用，载荷波动、材料性能蜕化、应力腐蚀等因素可能导致容器缺陷的产生或原始缺陷的扩展。由于承受着较高的工作压力，以及高温、易燃、易爆或腐蚀等介质，高压容器一旦发生破裂或泄漏往往会引起爆炸、火灾、环境污染等灾难性事故，因此适宜的监测技术和安全评定方法是保证其安全使用的有效手段。

随着新的无损检测技术和断裂力学的发展，对含缺陷结构承压容器的安全评估已成为可能。常用的在役设备检验如图 4-11 所示。

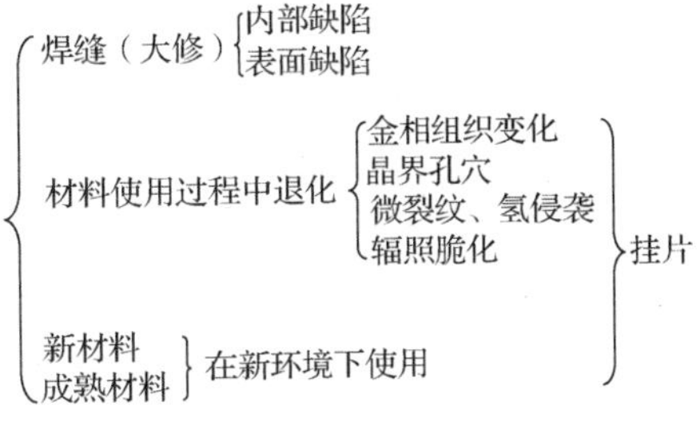

图 4-11 常用的在役设备检验

4.4.2 高压釜制造、安装与维修基本知识

压力容器设计一般包括结构设计（选择）、设计计算与材料选择。其中结构是设计计算的基础，即根据各类承压零部件不同的结构、形状，分别进行设计计算[5]。

在制造的全过程中要采用多种冷、热加工方法。其中，热加工（焊接、热处理、热成形）以其技术的复杂性、质量要求的多样性及质量检验的难度，成为影响产品安全运行的关键。

压力容器产品的质量主要是安全要求，而非性能要求，因此采取严格的市场准入（单位、人员）制度，以及全过程（设计、制造、使用等）质量控制。

产品施焊后，用检验试板焊缝力学性能的办法来考核产品焊缝的力学性能是否合格。它不能替代无损检测与外观检查。这就是产品焊接试板的作用。

1.《容规》对压力容器安装改造与维修的要求

第 113 条规定：从事压力容器安装、改造、维修的单位必须是已取得相应的制造资格的单位或者是经安装单位所在地的省级安全监察机构批准的安装单位。从事压力容器安装监理的监理工程师应具备压力容器专业知识，并通过国家安全监察机构认可的培训和考核，持证上岗。

第 114 条规定：下列压力容器在安装、改造、维修前，安装单位或使用单位应向压力容器使用登记所在地的安全监察机构申报压力容器名称、数量、制造单位、使用单位、安装单位及安装地点办理报装手续：①第三类压力容器；②容积大于或等于 $10m^3$ 的压力容器；③成套生产装置中同时安装的各类压力容器。

2. 焊后（消除应力）的热处理

热处理的目的是消除过大焊接应力，细化晶粒。焊接应力因焊接过程中变形协调而产生。焊接应力量值高，可能大于或等于屈服极限，且一直存在；属二次应力，有自限性；测量困难（通常不能把 X 光衍射仪置于在用设备进行检测）。对容器的主要危害为应力腐蚀。应关注应力腐蚀的复杂性，如介质、温度、酸碱度、材质、残余应力等。

需进行焊后热处理的条件包括：①通用条件，依据材质、厚度、预热温度的不同组合判定；②必需条件，图样注明应力腐蚀，盛装极度、高度危害介质；③免做条件，奥氏体不锈钢。

焊后热处理的方法包括整体进炉、分段进炉、局部热处理、现场热处理。

热处理工艺要求包括进、出炉炉温，升、降温速度，保温时温差，炉内气氛。目的在于热透，避免过大温差应力造成的损害。

3. 耐压试验与气密性试验

（1）耐压试验

耐压试验的目的是在竣工后出厂前全面考核（验证）容器强度，检漏。

液压试验：试验压力计算公式中的系数（1.25）与安全系数有关，试验前的应力校核基于弹性失效准则。液压试验的危险性主要来自能量观点和金属碎片。

气压试验：气压试验的危险性远高于液压试验，除能量观点和金属碎片外，气体会快速恢复被压缩的体积形成冲击波。

允许气压试验的条件：因承重等无法液压；液体无法吹干排净生产中不允许残留的液体。

（2）气密性试验

气密性试验的目的是检漏。气密性试验是指为防止压力容器发生泄漏而进行的以气体为加压介质的致密性试验的一种。气密性试验必须在液压试验合格时才能进行。

气密性试验的条件：冶金高压浸出过程或极度、高度危害介质，生产工艺过程中不允许泄漏。

气密性试验的介质：空气、氨、惰性气体等。

气密性试验的程序：①受压容器需经水压试验合格后进行，耐压试验合格后是否做气密性试验按图样规定执行。试验前安全附件应装配齐全，试验压力为设计压力的 1.0 倍或按图样规定。②试验时，应缓慢升压至试验压力，保压 30min，对所有焊缝及连接部位进行检查。如有泄漏，应将压力降至零，再进行处理。查明原因，消除隐患后再重新进行试验。③直至无泄漏为合格。

4.5 高压场中的流体动密封技术

高压设备流体动密封技术主要包括填料密封、油密封、机械密封、流阻型密封等[6]。

1. 填料密封

填料密封包括：①软填料密封；②硬填料密封（活塞环、分瓣环、锥形环）；③成型填料密封（O 形圈、V 形圈等）；④油封和防尘密封[7]。下面重点介绍软填料密封。

软填料密封包括压盖填料密封和盘根密封，适用于旋转运动，如离心泵、真空泵、搅拌机、反应釜。

软填料密封泄漏的原因：①存在动力，即压力差、浓度差，或沿泄漏方向有相对运动；②存在泄漏通道。

软填料密封泄漏途径：①通过填料与静止件界面的泄漏；②通过填料本身的泄漏（渗透泄漏）；③通过填料与运动界面之间的泄漏。

流体通过软填料密封泄漏的机理分析用流体压力分布分析法求解。为保证密封良好，理论上填料底部的径向压力大于密封介质压力。

如图 4-12 所示，如果介质压力分布与径向压力相反，密封力没有发挥作用；如果介质压力分布与径向压力相同，对轴起磨损作用，有时甚至烧轴。这是填料密封的最大缺点，通常很难避免。

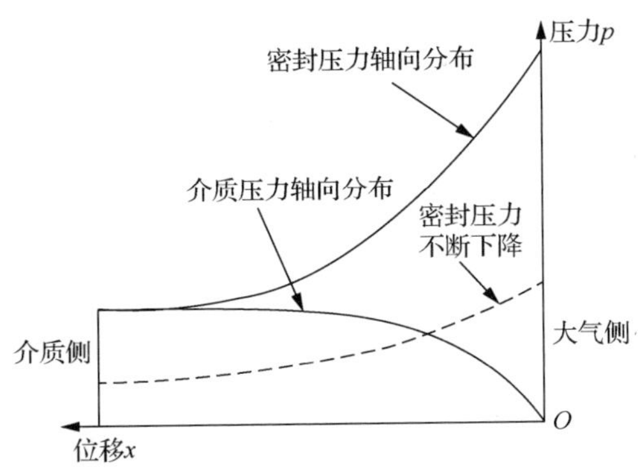

图 4-12 软填料密封压力分布

填料密封对结构的基本要求：①径向应力分布均匀，且与泄漏介质压力分布规律一致；②考虑冷却和润滑措施，及时带走摩擦热；③设置自动补偿装置（降低应力松弛）；④装拆方便（集装式、箱体剖分等）；⑤防止填料挤出（隔环、组合式填料等）；⑥防止腐蚀或磨蚀。

软填料材料的组成：①橡胶，如天然橡胶、合成橡胶；②纤维，如矿物类（石棉、柔性石墨）；③植物类（棉花、麻）；④动物类（皮革、毛发）；⑤合成类（人造丝、各种合成纤维）。

选择填料时要考虑的因素：①设备的种类和运动方式；②介质的物理性质和化学性质；③工作温度和工作压力；④运动速度；⑤数值特征，包括表征磨损与发热特性的工作温度 T 和 PV（P 为容器的压强，V 为容器的体积）值、标志腐蚀性强弱的 pH。

在高压下，如果仍采用平面填料，会由于气体压力很高，而填料本身又不能抵消气体压力作用，致使填料作用在活塞杆上的比压过大而加剧磨损。为降低密封圈作用在活塞杆上的比压，在高压密封中，可采用锥面填料。锥面填料主要用于压差为 10～100MPa 的高压系统。

2. 油密封

油封即润滑油密封，多用于润滑油系统中，作为油泵、高压釜搅拌的轴承密封。

油封技术的功能是把油腔和外界隔离，对内封油，对外防尘。但有时也可以用来密封水或其他弱腐蚀性介质和低压往复杆或摇动球面的密封件。

油封实际上也是一种唇形密封，又称为旋转轴唇形密封圈。因与其他唇形密封相比，油封有其明显的特点，且品种规格繁多而另列为一类。油封的密封圈由各种合成橡胶制成。

油封唇口与轴接触面之间存在一层很薄的油膜。这层油膜一方面起到密封流体介质的作用，另一方面还可以起到唇与轴之间的润滑作用。

由于油封唇的作用，轴表面及转动情况和密封介质性质的不同，以及三者的相互作用和相互配合条件经常会发生变化，在轴旋转动态过程中，油膜厚度在不断变化，变动量一般为 20%～50%。油膜过厚，容易泄漏；油膜过薄，会导致干摩擦。

3. 机械密封

机械密封又称为端面密封，是一种应用广泛的旋转轴动密封装置，常用于离心泵、反应釜、压缩机等设备。因具有泄漏少、寿命长等优点，机械密封成为主要的轴密封方式。按密封端面是否直接接触分为接触式机械密封和非接触式机械密封。接触式机械密封靠弹性元件的弹力和密封流体的压力使密封端面紧密贴合，通常液膜厚度 0.5～2μm；非接触式机械密封是在流体静压和动压作用下，在密封端面间充满一层完整的流体膜，迫使密封端面彼此分开而不存在硬性固相接触；通常液膜厚度大于 2μm。

以非接触式机械密封为例进行介绍。

非接触式机械密封包括：①气膜润滑非接触式机械密封；②液膜润滑非接触式机械密封。

气膜润滑密封的工作原理就是靠动与静间的气膜润滑、非接触式密封，如图 4-13 所示。从流体动力学角度来讲，在气膜密封端面开任何形状的沟槽都能产生动压效应。理论研究表明，对数螺旋槽产生的流体动压效应最强，用其作为气膜密封动压槽形成的气膜刚度最大，密封的稳定性最好。

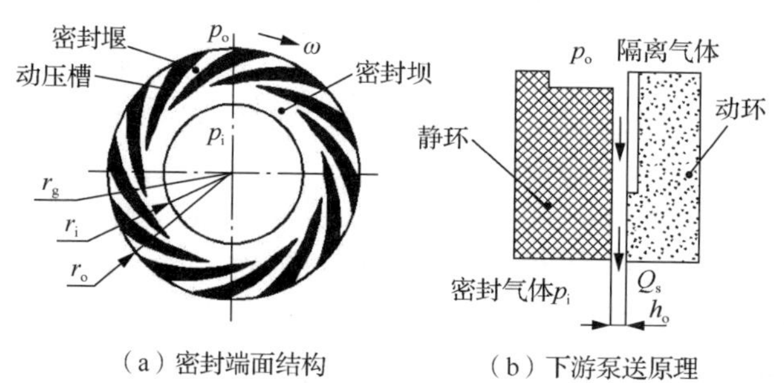

p_o、p_i—密封装置的外、内压力；r_g、r_o、r_i—气膜半径，密封装置的外、内半径；h_o—气隙；Q_s—气隙流量。

图 4-13　气膜密封的工作原理示意图

液膜润滑密封的工作原理就是靠动与静间的液膜润滑、非接触式密封，如图 4-14 所示。若动环外径侧为高压被密封液体（规定为上游侧或高压侧），则内径侧为低压流体（可气体也可液体，规定为下游侧或低压侧）。

当动环以图 4-14（a）所示方向旋转时，在螺旋槽黏性流体动压效应的作用下，动静环端面之间产生一层厚度极薄的液膜 h_0［图 4-14（b）所示］，使端面保持分离即非接触状态。在外径与内径压力差的作用下，高压被密封液体产生方向由外到内的压差流 Q_p，而螺旋槽的流体动压效应所产生的黏性剪切流 Q_s 的方向由内径指向外径，与压差流 Q_p 的方向相反，此为上游泵送概念的由来。

液膜密封包括零泄漏密封和零逸出密封两种。

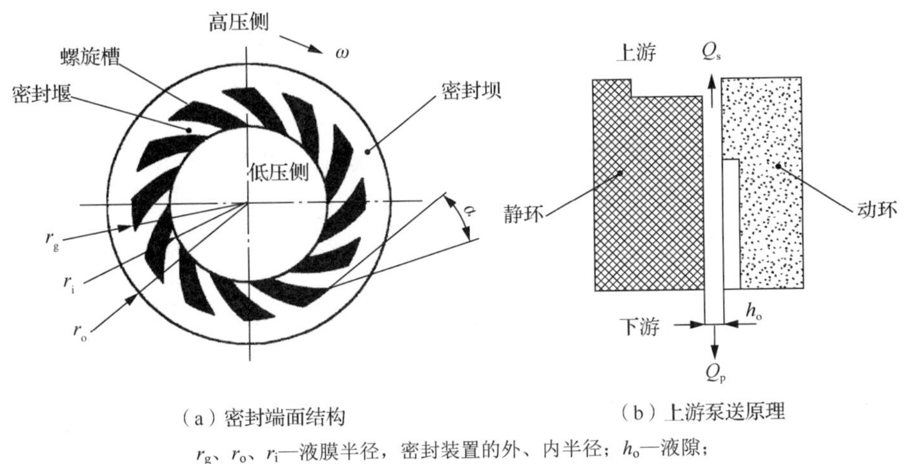

（a）密封端面结构　　（b）上游泵送原理

r_g、r_o、r_i—液膜半径，密封装置的外、内半径；h_o—液隙；

Q_s、Q_p—液膜上游、下游的流量。

图 4-14 液膜密封工作原理示意图

4. 流阻型密封

流阻型密封有口环密封与迷宫密封两种，属非接触式密封，严密性较差[8]。

1）口环密封：利用流体在间隙内的节流效应限漏，泄漏量较大，通常用在级间密封等严密性要求不高的场合。

2）迷宫密封：利用转子与静子间的间隙变化，对流体进行节流、降压，从而实现密封作用。

流阻型密封最大的特点是固定衬套与轴之间的径向间隙较大，泄漏量也较大。为了减少液体的泄漏，向密封衬套注入密封水。同时，可在轴套表面加工出与泄漏方向相反的螺旋形沟槽。在衬套内表面车出反向槽，使水中杂质顺着沟槽排掉，不致咬伤轴及轴套。

流阻型密封的浮环与轴套之间充满液体，轴转动时，类似于滑动轴承原理，在环、套间形成油膜，产生流体动压力，将浮环托起；油膜起到节流降压作用，阻止了高压侧气体泄漏。

4.6 高压场中材料的防腐

高压釜需要防腐，高压场中材料的防腐从防腐蚀设计开始。防腐蚀设计包括耐蚀材料选择（主体设备材料、零部件材料、覆层材料），在设备结构设计和强度校核中考虑腐蚀控制的要求，在设计中为准备采用的防护技术（如覆盖层）提供必要的实施条件，对加工制造技术提出指示性意见等。

4.6.1 腐蚀速率的计算和腐蚀规律

腐蚀率指单位时间内、单位面积上金属材料损失的质量，或单位时间内，金属材料平均损失的厚度。在实践中，一个工程师对基本趋势的识别远比对潜在复杂过程的评估重要。潜在的复杂过程要留给化学家去解决。基于这个背景，可以将不同的腐蚀过程分为 3 个基本过程。这些过程都取决于腐蚀层的类型，可以粗略地分为保护性腐蚀层和非保护性腐蚀层。

腐蚀反应通常是直接与保护性腐蚀层的形成联系的。度量腐蚀的参数包括：①腐蚀引起的损失，即腐蚀层厚度，用 Y 表示；②腐蚀速率，用 y 表示[9]。

1. 腐蚀速率

腐蚀速率是评定金属耐均匀腐蚀性能的重要指标。常用的测定腐蚀速率的方法有失重法和线性极化法，也可用电阻法和塔菲尔曲线外推法等。下面重点介绍失重法。

失重法是经典的方法，简便易行，结果可靠。实验室试验用的试件尺寸为 50mm×25mm×（2～3）mm，工厂挂片试件尺寸较大。试件表面须先经砂纸打磨去锈，用丙酮等溶剂去油污，蒸馏水冲洗干净，50℃下干燥，存放备用。试前称重精确至 0.1mg，测量面积。试件用塑料绳悬挂在试验瓶内。每次试验用 2～3 个试件，根据需要选定条件来设计装置，如静止、溶液搅动、试件旋转、通入气体等。高温溶液试验要装冷凝器，试验期间要保持固定液面，并经常更换新溶液。试验周期根据需要拟定，一般为 48～200h。若腐蚀速率高则时间可短些，反之则长些。也可每次试验几个周期，每周期 48h，每周期都用新溶液。也可在一次较长期试验中，分别于 24h、48h、96h、240h 取出试件，计算腐蚀速率，以便了解腐蚀速率的变化。

腐蚀速率 y=（试件试前质量−试件试后质量）/（试件表面积×时间）

一般 y 小于 $1\text{mm}\cdot\text{a}^{-1}$ 的材料认为可用。

2. 腐蚀速率的计算

1）质量法（重量法）：以腐蚀前后金属质量的变化来表示，即

$$K_{失重}=(W_0-W_1)/St \tag{4-2}$$

式中：W_0——初始质量，kg；

W_1——腐蚀后质量，kg；

S——表面积，m^2；

t——时间，h。

2）深度法：以腐蚀后金属厚度的减少来表示，即

$$D=24\times365K_{失重}/1000\gamma=8.76K_{失重}/\gamma \tag{4-3}$$

式中：D——腐蚀深度，$\text{mm}\cdot\text{a}^{-1}$；

γ——金属的密度，$\text{g}\cdot\text{cm}^{-3}$。

3）腐蚀电流密度 i_{corr} 法：当 ΔE 很小时（通常 ΔE 在±10mV 左右），极化曲线呈线性关系，其斜率为极化阻抗 R_{p}：

$$R_{\text{p}} = Ei_{\text{corr}}b_{\text{a}} \times b_{\text{c}} \tag{4-4a}$$

在强极化区，腐蚀电流 i_{corr} 用塔菲尔曲线外推法确定：$b_{\text{a}} = \text{d}E_{\text{a}}/\text{dlg}i_{\text{a}}$，$b_{\text{c}} = \text{d}E_{\text{a}}/\text{dlg}i_{\text{c}}$，则 $i_{\text{corr}} = \dfrac{b_{\text{a}}b_{\text{c}}}{2.303(b_{\text{a}}+b_{\text{c}})R_{\text{p}}}$，令 $B = \dfrac{b_{\text{a}}b_{\text{c}}}{2.303(b_{\text{a}}+b_{\text{c}})}$，则 $i_{\text{corr}} = B/R_{\text{p}}$，将腐蚀电流密度 i_{corr} 换算为腐蚀速率 V：

$$V = 3.27 i_{\text{corr}} A / nD \tag{4-4b}$$

式中：V——腐蚀速率，$\text{mm} \cdot \text{a}^{-1}$；

A——原子量；

n——得失电子数；

D——金属材料密度，$\text{g} \cdot \text{cm}^{-3}$。

3. 腐蚀规律模型

（1）线性腐蚀情形

线性腐蚀情形对所有非贵金属都会发生。过程的典型特征是具有碎裂、疏松的腐蚀层。

（2）抛物线形腐蚀情形

抛物线形腐蚀情形的特征是具有相对致密的腐蚀层。

如果要发生进一步的腐蚀，氧气就需要透过腐蚀层扩散。腐蚀层的厚度改变与时间成反比。在快速的开始阶段后，反应速率急剧减慢。

腐蚀层厚度和腐蚀速率为

$$Y^2 = 2k't \tag{4-5a}$$

$$y = \frac{\mathrm{d}Y}{\mathrm{d}t} = \frac{k'}{Y} \tag{4-5b}$$

式中：k'——常数。

（3）对数型腐蚀情形

在裸露的金属表面上腐蚀速率很高，如果氧化过程产生了金属表面上的保护层，就可以用来保护生产介质，将腐蚀速率降低到可接受的水平。

这样，腐蚀层厚度和腐蚀速率呈对数情形。在工业设施中，由于酸蚀和钝化，储液罐、容器、加热的表面和管道的保护层形成的过程得到加速。这个过程发生只需几天。它们之间的关系如下：

$$Y = k'' \ln t \tag{4-6}$$

$$y = \frac{\mathrm{d}Y}{\mathrm{d}t} = \frac{k''}{t} \tag{4-7}$$

式中：k''——常数。

4.6.2　耐蚀材料的选择

耐蚀材料的选择根据以下几点进行：①设备的用途；②加工要求和加工量；③设备在整个装置中所占的地位，以及各设备之间的相互影响；④是否易于检查、修理或更换；⑤计划的使用寿命。

选择耐蚀材料时要考虑腐蚀环境，包括：①介质的种类、浓度、温度、压力、流速、充气情况等；②原料和工艺水中的杂质；③设备局部区域（如缝隙、死角）内介质的浓缩、杂质的富集，以及可能的局部过热或局部温度偏低、介质条件变化的幅度等[10]。

耐蚀材料评价可以用归纳腐蚀数据的方格图，也可以用腐蚀数据的表格明示。铅的腐蚀数据的方格图如图 4-15 所示。

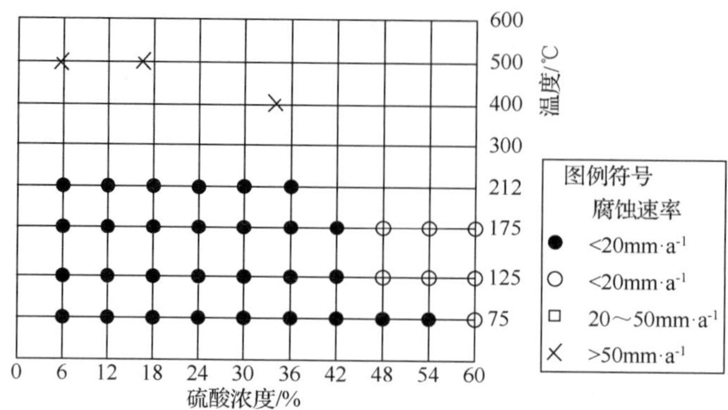

图 4-15　铅的腐蚀数据的方格图

从图 4-15 可知，方格图上铅的腐蚀数据可用点（●）与不可用点（○）围成分界线，使用时在可用点（●）围成区内即可。从方格网图中还可以提取数据，如图 4-15 所示，75℃时铅可以耐 54%的硫酸腐蚀。

表 4-3 为铬 18 镍 9 不锈钢的腐蚀数据。

表 4-3　铬 18 镍 9 不锈钢的腐蚀数据

介质	浓度%	温度/℃						
		25	50	75	100	125	150	175
硝酸	<30	—	—	—	—	○	×	×
	40～60	—	—	√	√	×	×	
	70	—	√	√	○	×		
	80	—	√	○	○	×		
	90	—	√	○	○	×		
	100	—	×					

注：—表示优良，腐蚀速率小于 0.05mm · a^{-1}；√表示良好，腐蚀速率为 0.05～0.5mm · a^{-1}；○表示可用，但腐蚀较重，腐蚀速率为 0.5～1.5mm · a^{-1}；×表示不适用，腐蚀严重，腐蚀速率大于 1.5mm · a^{-1}。

材料的耐蚀性和物理、机械、加工性能是材料技术指标的两个方面。这两个方面往往存在矛盾。在耐蚀性和物理、机械、加工性能不能同时满足时，就要根据设备具体情况有所偏重。或者以耐蚀性为主，对材料物理、机械、加工性能的不足，采取适当措施进行弥补，并制订符合材料性能特点的使用规程；或者以物理、机械、加工性能为主，而对材料实施有效的防护技术，以保证其腐蚀速率达到要求的水平。

耐蚀性评价中应注意如下几个问题。

1）任何时候、任何情况下都不要假定或推测材料的使用环境条件，不要在“可能”“大概”的前提下去选择材料。

2）既要考虑材料的优点，又要注意材料的弱点和可能发生的腐蚀问题。

3）使用不同材料组合时，要考虑材料之间的相容性。

4）要十分重视设备实际使用经验，积累腐蚀数据、案例，特别是设备腐蚀破坏事故的有关资料。将试验结果和实际使用经验结合起来，可以为评价材料耐蚀性提供最可靠的依据。

4.6.3 高压反应器的防腐

腐蚀过程总是从材料与介质界面上开始的，因此任何可能引起材料或介质特性改变的因素都会使整个腐蚀进展发生变化。仅集中在金属表面局部地区进行，其余大部分地区腐蚀很微弱，甚至几乎不腐蚀，这一类腐蚀称为局部腐蚀。

局部腐蚀与全面腐蚀具有不同的特征。后者在材料表面进行金属溶解反应和去极性物质还原反应的地区，即阳极区和阴极区尺寸非常微小，甚至是超显微级的，并且彼此紧密挨近。腐蚀过程通常在整个金属表面上以均匀的速度进行，最终使金属变薄至某一极限值而破坏[11]。

局部腐蚀的类型很多，影响因素也很复杂。下面从结构设计的角度，讨论力学因素、表面状态与几何因素、异种金属组合因素、焊接因素等对局部腐蚀的影响，以及避免或减轻局部腐蚀的途径。

1. 力学因素

机械设备结构上存在或外加不同性质的应力如拉、交变、剪应力，其在与腐蚀介质共同作用下，将分别产生应力腐蚀、腐蚀疲劳、磨损腐蚀，它们的腐蚀特征和机理各不相同。

金属结构在拉应力和特定腐蚀环境共同作用下引起的破裂，简称应力腐蚀。

图 4-16 为处理工作压力为 1.8MPa、介质为 H_2S 溶液的塔设备入孔衬里结构。由图 4-16 可见，由于不锈钢衬里与高颈法兰内壁贴合不好，致使局部有间隙处产生过高的局部应力，在介质腐蚀的共同作用下平行轴线位置出现裂纹。后来改用不锈钢衬里，在衬筒两端焊接时，由于未待第一道焊缝完全冷却就焊第二道，两道焊缝收缩时间重叠，造成衬筒产生过大的轴向应力，结果沿垂直轴线处又发生腐蚀破裂。

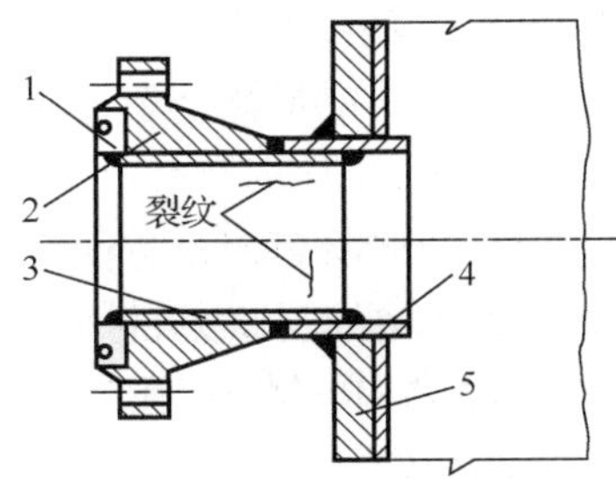

1—316L 焊环；2—20MnMo 法兰；3—316L 衬里；4—316L 入孔接管；5—塔壁复合板（22g-316L）。

图 4-16 塔设备入孔衬里结构

图 4-17 为不锈钢胀管颈部的破裂，由于和其他设备管线连接的位差考虑不周，造成管间空间的死区，结果溶液喷溅引起交替的湿态和干态，本来水中含量极低的氯化物被浓集了，致使不锈钢胀管颈部出现应力腐蚀破裂。

应力腐蚀是应力与腐蚀介质综合作用的结果。其中应力的性质必须是拉应力，而压应力的存在不仅不会引起应力腐蚀，甚至还可以使之延缓。一般有效应力（指工作应力与残余应力之和）如果低于某一应力水平就不会发生应力腐蚀。从应力与破裂时间的关系曲线（图 4-18）可以看出，应力值越大，到达破裂的时间越短。这就是应力腐蚀产生的条件。

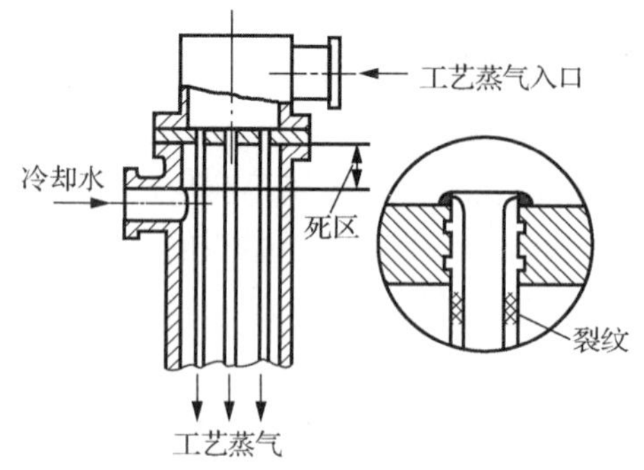

图 4-17　不锈钢胀管颈部的破裂

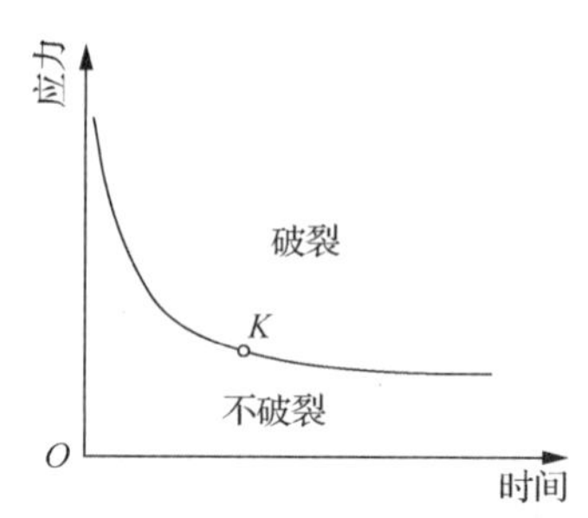

图 4-18　应力与破裂时间的关系曲线

产生应力腐蚀的另一重要条件是环境因素（包括腐蚀介质性质、浓度、温度），对于某种材料，其对应的环境条件是特定的。也就是说，只有在一定材料和一定环境的组合情况下才能发生这类腐蚀破坏。最早发现的这种特定组合为数不多，如黄铜-氨溶液、奥氏体不锈钢-Cl^-溶液、碳钢-OH^-溶液等。随着对应力腐蚀研究的深入，这种组合的范围不断扩大。

电化学阳极溶解理论的论点认为：合金中存在一条阳极溶解的活性途径，腐蚀沿这些途径优先进行，阳极侵蚀处就形成狭小的裂纹或蚀坑。小阳极的裂纹内部与大阴极的金属表面构成腐蚀电池，活性阴离子（如 Cl^-）进入形成闭塞电池的裂纹或蚀坑内部，浓缩的电解质溶液水解而被酸化，促使裂纹尖端的阳极快速溶解，在应力作用下使裂纹不断扩展，直至破裂。活性途径通常多半是晶粒边界、塑性变形引起的滑移带及金属间化合物、沉淀相，或者由于应变引起的表面膜的局部破裂。当有较大应力集中时，会使这些活性途径处进一步产生变形，形成新的活性阳极。电化学阳极溶解理论已被合金的阴极极化所证实，因为采用阴极保护可以抑制合金裂纹的产生和发展，如果取消阴极保护，裂纹又继续扩展。

影响应力腐蚀的因素有环境、应力和冶金 3 个方面，因此，有效的防止方法就是消除关于这 3 个方面因素的有害。对于一定的材料来说，主要是从控制环境条件和消除应力两方面采取措施。在实际应用中控制环境有许多困难，比较有效而广泛应用的方法是消除或降低应力值，包括：①降低设计应力，使最大有效应力或应力强度降低到临界值以下；②合理设计与加工，减少局部应力集中；③采用合理的热处理方法消除残余应力或改善合金的组织结构，以降低对应力腐蚀的敏感性；④其他方法，如合理选材。

2. 表面状态与几何因素

不适合的表面状态和几何构型还会引起孔蚀、缝隙腐蚀及浓差电池腐蚀等。实际上许多工程结构发生的应力腐蚀、疲劳腐蚀和磨损腐蚀，也是由于几何形状设计不合理造成的，但它们的破坏本质上是力学因素与腐蚀环境共同作用的结果。

孔蚀又称坑蚀，俗称点蚀、小孔腐蚀，只发生在金属表面的局部地区。粗糙表面往往不容易形成连续而完整的保护膜，在膜缺陷处容易产生孔蚀；一旦形成了蚀孔，如果存在力学因素的作用，就会诱发应力腐蚀或疲劳腐蚀裂纹。孔蚀时，虽然金属失重不大，但由于腐蚀集中在某些点、坑上，阳极面积很小，有很高的腐蚀速率；加之检查蚀孔比较困难（因为多数蚀孔很小，通常又被腐蚀产物所遮盖），直至设备腐蚀穿孔后才被发现，所以孔蚀是隐患性很大的腐蚀形态之一。

在有一定闭塞性的蚀孔内，溶解的金属离子浓度大大增加，为保持电荷平衡，Cl^-不断迁入蚀孔，导致Cl^-富集。高浓度的金属氯化物水解，产生Cl^-，由此造成蚀孔内的强酸性环境，又会进一步加速蚀孔内金属的溶解和溶液 Cl^-浓度的增高和酸化。蚀孔内壁处于活化状态（构成腐蚀原电池的阳极），而蚀孔外的金属表面仍呈钝态（构成阴极），由此形成了小阳极/大阴极的活化-钝化电池体系，使孔蚀急速发展。易钝化的金属在含有活性阴离子（最常见的是 Cl^-）的介质中，最容易发生孔蚀。孔蚀的过程大体上有蚀孔的形成与成长两个阶段。

防止孔蚀的方法：①主要从材料上考虑降低有害杂质的含量和加入适量的能提高抗孔蚀能力的合金元素；②改善热处理制度，或者设法降低介质中尤其是卤素离子的浓度；③结构设计时注意消除死区，防止溶液中有害物质的浓缩。此外，也可以采用阴极保护。

当金属与金属或金属与非金属之间存在很小的缝隙（一般为0.025～0.1mm）时，缝内介质不易流动而形成滞留状态，促使缝隙内的金属加速腐蚀，这种腐蚀称为缝隙腐蚀。

许多工程结构都普遍存在这类间隙，这些缝隙是由设计不合理造成的，而有些从设计上是很难避免的。以往一直认为，缝隙腐蚀是由于缝隙内与缝隙外存在金属离子或氧的浓度差所引起的，因此就用浓差腐蚀的概念来解释这类腐蚀形态。后来的研究表明，金属离子或氧的浓差只是缝隙腐蚀的起因，它的进一步发展与孔蚀一样属于闭塞电池的自催化腐蚀过程。

孔蚀和缝隙腐蚀发展阶段的机理是一致的，但是它们的诱发机理和发生过程有所不同。前者是由于材料的钝态或保护层的局部破坏所引起，通过形成孔蚀源而发展起来的；后者则是由于介质的电化学不均匀性所引起，腐蚀一开始就在缝隙条件下受闭塞电池的作用。从电极电位来看，发生和发展缝隙腐蚀的电极电位比孔蚀更低。从介质来看，缝隙腐蚀在不含 Cl^-的溶液中也会发生，而孔蚀则多在含有特殊活性阴离子的条件下才会发生。

溶液中的Cl^-浓度对两种腐蚀有很大的影响，通常是Cl^-浓度越高，孔蚀和缝隙腐蚀发生的可能性越大，而且发展的速度也越快。其他卤素离子也有类似的影响。一般溶液的温度越高，产生孔蚀和缝隙腐蚀的危险性越大。

缝隙腐蚀的防止，主要是在结构设计上如何避免形成缝隙和能造成表面沉积的几何构型，包括：①为了防止浓差腐蚀，或防止溶液浓缩引起的腐蚀，结构设计时应尽量避免积液和死区。②若在结构设计上不可能采用无缝隙方案，也应使结构能够妥善排流，以利于沉积物及时清除，也可采用固体填充料将缝隙填实。③设计选材时，采用某些耐缝隙腐蚀的材料，可以延长设备寿命。

3. 异种金属组合因素

异种金属彼此接触或通过其他导体连通，处于同一个介质中，会造成接触部位的局部腐蚀。其中，电位较低的金属溶解速度增大，电位较高的金属溶解速度减小，这种腐蚀称为电偶腐蚀，或称接触腐蚀、双金属腐蚀。

防止电偶腐蚀的途径如下。

1）选择相容性材料。产生电偶腐蚀的动力来自接触的两种不同金属的电位差。开始人们试图利用电动序来判断电偶腐蚀的倾向，但是实际应用的大部分金属材料是合金，并且所处的介质大多不含有金属本身的离子，因而实际电位不仅数值上不同于标准电位，甚至序列也可能发生倒置。为了确切判断选择的材料是否会产生电偶腐蚀，最好实际测量某些金属在给定介质条件下的稳定电位（自腐蚀电位）和进行必要的电偶试验。

2）合理设计结构。包括：①尽量避免小阳极大阴极的结构。阳极面积大、阴极面积小的结构，往往电偶腐蚀并不显著。②将不同金属的部件彼此绝缘。③插入第三种金属。当绝缘结构设计有困难时，可以在其间插入能降低两种金属间电位差的另一种金属或者采用镀层过渡。④将阳极性部件设计成易于更换的，或适当增厚以延长寿命。

电偶效应的正确利用就是牺牲阳极保护。根据电偶腐蚀原理，偶合的阳极被腐蚀，阴极受到保护。因此有时人为地在设备上附加一种负电性较强的金属构件，依靠它的溶解产生电流，使主体设备得到保护，这就是牺牲阳极保护。作为牺牲阳极的材料，不仅要求具有足够负的腐蚀电位，还希望阳极极化性能越小越好。为了使阳极溶解产生的电流主要用来供给被保护设备，牺牲阳极本身微电池作用所消耗的电流应尽可能小。

4. 焊接因素

冶金高压设备大部分是焊接结构，由于焊接工艺不当或材料选择的问题，常常产生各种不同的焊接缺陷而导致设备的腐蚀，其腐蚀类型因焊接缺陷的形式而异。

焊接缺陷与腐蚀包括：①熔化金属流淌到焊缝之外未熔化部位堆积而成的焊瘤，它与母材没有熔合；②在工件上沿焊缝边缘所形成的沟槽或凹陷，常常是由电流过大、电弧拉得太长或焊条角度不当，使工件被熔化了一定深度后，填充金属却未能及时流过去补充所致，一般角焊、立焊、横焊和仰焊时易产生咬边；③熔敷金属的小粒子飞散而附着在母材表面的缺陷，当电流过大、焊皮中有水分、电弧太长、粉性熔渣或焊条角度不当时都可能出现这种飞溅缺陷；④电弧熔坑。

晶间腐蚀是一种由微电池作用引起的局部破坏现象，是金属材料在特定的腐蚀介质中沿着材料晶间产生的腐蚀。晶间腐蚀并不一定都发生在焊接结构上，但焊缝晶间腐蚀是生产上常见的腐蚀破坏形式之一。常用金属与合金基本上都是多晶体结构，其表面有大量晶界，而晶间区仅在500nm以下，腐蚀沿如此狭窄的部位向纵深发展，肉眼是根本无法辨认的。因此其腐蚀特征是，在表面还看不出破坏时，晶粒间已几乎完全丧失了结合强度，并失去金属声音，严重时只要轻轻敲打即可破碎，甚至形成粉状。特别是不锈钢材料，有时即使晶间腐蚀已发展到相当严重的程度，其表观仍保持着光亮无异的原态。所以，这是一种危害性很大的局部腐蚀。

防止晶间腐蚀的方法如下。

1）固溶处理。加热到1050～1150℃，使焊接时析出的碳与铬重新分解溶入奥氏体内，再在水中冷却，即经淬火进入一次稳定区。该法工艺比较复杂，且构件淬火易变形，仅适宜于小工件。

2）稳定化退火。加热到850～900℃保温2～5h后空冷，在这个温度区内，元素在金属中的扩散相当迅速，使晶粒各处的铬量均匀，进入二次稳定区。

3）超低碳法。控制焊缝的含碳量低于 0.04%，可大大降低碳化铬的析出量。随着冶炼技术的提高，现在超低碳不锈钢的应用日益广泛。

4）合金化法。加入钛、铌、钽等比铬亲碳能力更强的合金元素，使碳与这些合金元素优先形成碳化物析出，起到稳定奥氏体内铬含量的作用，避免了贫铬。

金属从活性溶解状态向耐蚀状态的转化称为金属的钝化。钝化后的状态称为钝态。金属钝化现象的特征：①金属钝化的难易程度与钝化剂、金属本性和温度等有关；②金属钝化后电位往正方向急剧上升；③金属钝态与活态之间的转换往往具有一定程度的不可逆性；④在一定条件下，利用外加阳极电流或局部阳极电流也可使金属从活态转变为钝态。

钝化途径包括化学钝化和阳极钝化。

4.7 管道化溶出反应器

长度远大于其直径（长径比在 10 以上）的反应器称为管道化溶出反应器。矿浆在管道内进行加热、反应、冷却之后排出高压管道，完成一个循环。

管道浸出的反应效率很高，没有流体质点返混，停留时间均匀，但在较短的停留时间内要充分反应完全所需反应温度高，管道易结垢。管道压煮器的三传效率很高，每一个截面上的反应物浓度都不随时间变化。

管道化溶出是拜耳法氧化铝溶出生产中的先进技术。基于国内铝土矿的特点及在系统地研究一水硬铝石溶出过程中的溶出、结疤和磨损情况后，通过自身的设计和对进口装置的改造，我国成功研制出适用于国内一水硬铝石溶出的工艺技术和设备。

1. 优势

1）可以实现高温低浓度溶出。经处理后溶出与分解的碱液浓度接近，这样就可以减少乃至取消蒸发作业，显著降低能耗（20%以上）。

2）由于溶出温度高，多级自蒸发产生的二次蒸汽大，可以提供更多的赤泥洗水，从而减少赤泥带走的碱和氧化铝损失；如果赤泥洗水量不增加，则蒸发水量就可以减少，从而降低蒸发汽耗。

3）设备表面积比高压釜小，减少热损失。

4）氧化铝溶解度大，溶出液苛性分子比低（低于 1.45），显著提高循环效率。

5）由于溶出温度高和高湍流作用，即使是铝针铁矿中的氧化铝也能提取出来，氧化铝相对溶出率大于 95%。

6）根据同位素 ^{140}La 测量，即使串联高压釜数达 10 台，仍有 50%的物料达不到平均停留时间而排出釜外。但是物料在管式反应器中，大部分能达到平均停留时间。由于溶出时间不够，高压釜的溶出率低于管式反应器，对于三水铝石型铝土矿，二者相差 3%。

7）溶出速度快，时间短。对于三水铝石型铝土矿，在将矿浆加热到 280℃的过程中，氧化铝就全部溶出，不需要保温溶出反应时间。对于一水软铝石型土铝土矿，在加热过程中的低温段可溶出 20%，在 210～260℃可溶出 70%，只有 10%需要保温溶出 5min。

8）矿浆紊流程度高，有利于传热。管式反应器平衡传热系数高达 1500～2500

W·（m^2·℃）$^{-1}$，而高压釜只有 400～600W·（m^2·℃）$^{-1}$。

9）用熔盐加热，很容易调整熔盐与矿浆之间的温度差（达 100～150℃），从而可以减少换热面积。

10）管式反应器制造容易。

11）管道化溶出装置没有机械搅拌等运动部件，维护费用低。

12）可用化学或高压水方法清洗结疤，清洗速度快，而且无笨重体力劳动。

13）管道化溶出装置的质量与面积之比只有 120～140kg·m^{-2}，而高压釜高达 250～280kg·m^{-2}，同时前者的传热面积只有后者的一半，因此，管道化溶出装置的投资可以减少 20%～40%。

2. 管道溶出实例

管道溶出器是管道化强化溶出技术的关键设备之一，矿浆中铝盐的溶出大部分是在管道中进行的。管道化间接加热器按常规的分类方法，应属于套管式换热器。在国外氧化铝生产的管道化溶出系统中，这种加热器得到了广泛的应用。我国也在 20 世纪 90 年代引进了一套管道化溶出装置，之后在间接加热连续脱硅工程和管道化创新工程中也大量应用了这项设备，并取得了很好的经济效益。拜耳法溶出技术可分为 3 类：多罐串联连续溶出技术、单套管预热-高压釜溶出技术和管道-停留罐溶出技术。

1）多罐串联连续溶出技术。其特点是采用蒸汽直接加热，由于冲淡严重，溶出的苛性碱浓度低，溶出温度也比较低，溶出指标差，赤泥浆被迫再用于烧结法回收氧化铝和碱，属于淘汰的技术。

2）单套管预热-高压釜溶出技术。以中国铝业广西分公司为代表，采用的是 20 世纪 90 年代从法国彼施涅公司引进的 AP 溶出技术，其主要技术要点为：矿浆在单管预热器中预热到 150℃左右，再在间接加热机械搅拌高压釜中加热、溶出；溶出温度为 260℃，溶出时间为 40min 左右；矿浆流量高达 490m^3·h^{-1}，单套管反应器直径大，减少了结疤对流速和阻力的影响，但机械搅拌高压釜数量多、加热管束易结垢、机械搅拌机构复杂。中国铝业山西分公司、贵州分公司也采用了该项溶出技术。

3）管道-停留罐溶出技术。以中国铝业河南分公司为代表，其技术原型是德国管道化溶出技术。其特点是矿浆用隔膜泵喂入管道加热器。加热器分别用溶出后矿浆、闪蒸乏汽、熔盐作为热源，溶出温度高达 270～280℃，进入管道（或停留罐）短时停留溶出后闪蒸。溶出时间短，溶出效果好，可实现低碱浓度溶出，溶出的苛性比高，能耗较低且循环效率高。管式反应器制造和维护容易，不足之处是系统反应温度高、压力高。

3. 自蒸发式管道化溶出器结构

所有管道采用内外管结构，外管中有 4 根内管，内管内径为 114mm，壁厚为 9mm。其中分别有：矿浆换热段 1 段，总长 150m；乏汽换热段 10 段，总长 2000m；熔盐换热段（SWT 段）4 段，总长 400m。管道化溶出系统示意图如图 4-19 所示[12]。

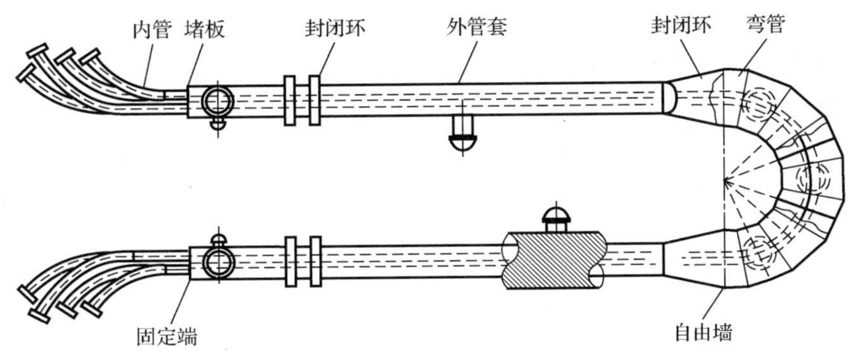

图 4-19　管道化溶出系统示意图

管道化溶出系统的管道化间接加热器采用几段加热器串联而成。每段加热器由内管和外管组成套管结构。内管中为加热介质，套管中为被加热介质。段与段之间的管相通，使被加热介质经过几级加热，温度逐渐升高。每段加热器的外套管自成体系，与其他段不相通，分别通入温度和压力不等的加热介质。为补偿换热器中内、外管间因温度不同而产生的膨胀差，设计时对传统套管式的套管进行了一定的改动，将套管向一侧延长至弯管部分，利用弯管结构来补偿内外管的膨胀差。

思　考　题

4-1　选择题。

（1）裙式支座的结构特点是支座较低，由钢板制成，其优点是（　　）。

A．稳定性好　　B．可承受较大的质量

C．施工方便　　D．节省钢材

（2）球罐支柱（承）形式中裙式支座的类型包括（　　）等。

A．锥形支承　　B．圆筒裙式支承

C．半埋入支承　　D．钢筋混凝土连续基础支承

（3）从事压力容器完整产品安装的单位必须是已取得相应的压力容器制造资格的单位，或者是经（　　）批准的安装单位。

A．安装单位所在地的市级安全监察机构

B．安装单位所在地的省级安全监察机构

C．国务院安全监察机构

D．安装单位所在地的设区的市级安全监察机构

（4）具备（　　）级压力容器制造许可证的单位，可以安装所有的压力容器。

A．A2　　B．A3　　C．B2　　D．B3

（5）球形容器和同容积的圆筒形容积相比，可节约材料（　　）。

A．20%～30%　　B．30%～40%

C．10%～20%　　D．25%～30%

4-2 简述高压釜的主要结构及各部分的要求。

4-3 简述高压釜内搅拌的作用。

4-4 简述任意一个高压釜防腐方法的原理。

4-5 简述高压场中材料防腐的方法。

4-6 简述管道化溶出系统的特点。

参考文献

[1] 国家质量监督检验检疫总局. 固定式压力容器安全技术监察规程：TSG 21—2016[S]. 北京：新华出版社，2016.

[2] 沈荣根. 圆筒形高压容器单面管接头的新结构[J]. 压力容器，1987（2）：19-21.

[3] 陆亚伟，陆燕，柯沁. 压力容器：反应釜中搅拌轴的设计[J]. 中国化工装备，2000（4）：30-33.

[4] 刘蓉. 压煮器疲劳寿命的估算[J]. 轻金属，1993（4）：17-21.

[5] 侯剑，包佳. 大型高压釜设备安装技术[J]. 中国科技纵横，2014（24）：40-41.

[6] 苏美玉. 流体动密封技术应用于石油化工设备的分析[J]. 化工装备技术，2015（8）：191-192.

[7] 胡忆沩. 处理填料密封泄漏的动态密封技术[J]. 流体机械，2000，28（11）：41-43.

[8] 顾永泉. 阻塞与缓冲流体密封系统[J]. 石油化工设备，1996（5）：37-42.

[9] 霍金仙. 高压釜腐蚀试验应注意的问题[J]. 山西电力，2003（1）：5-7.

[10] 侯锐钢，茆凌峰，梅冬. 有色金属典型工艺过程耐蚀材料选择与防护构造设计[J]. 腐蚀与防护，2002，23（6）：270-272.

[11] 李伟达，袁爱武，吴桂荣. 含硫浸出渣硫回收车间的防腐设计[J]. 硫酸工业，2013（4）：13-15.

[12] 王洪玉，路军. 管道化溶出装置套管加热器制造工艺研讨[J]. 轻金属，2002（11）：25-27.

5　高压浸出的控制技术基础

为了实现高压釜内的某种反应，达到预期指标，就要对高压釜及其内部各种参数进行控制。高压浸出要对高压釜及容器的压力、温度、液位、停留时间及流动状态等进行控制，下面简要叙述这些控制技术。

5.1　压力控制技术

高压浸出经常要控制压力在某一范围内变化，使压力不超过某一上限值也不低于某一下限值。而压力控制系统在实际中也有较广泛的应用。高压釜的基本操作是在进行加压反应前使用加压气体将釜内空气置换 3 次以上，一般高压釜的压力控制方式有以下 3 种。

1）背压控制：排气口端接背压阀，通过调节背压阀，控制釜内压力。

2）前压控制：气源上接减压阀，通过调节减压阀，控制输出端气体的压力。

3）中压控制：反应釜上有压力表，先通入高于目标压力的气体，再通过排气口阀门，将压力控制到设定压力。

实验室的高压釜，其压力控制步骤是在给高压釜加压的时候，首先将气源阀门打开，将要加入的气体通到进气口处，再打开进气口加压。加压后操作相反，先关闭进气口阀门，再关闭气源阀门。

实际工业生产中按介质的压力分为蒸气压力控制、空气压力控制与矿浆泵压力控制。三者的控制技术有所区别。

5.1.1　压力的测量与变送

丈量仪表中的电测式仪表称为压力传感器。压力传感器由弹性敏感元件和位移敏感元件组成。弹性敏感元件的作用是使被测压力作用于某个面积上并转换为位移或应变，然后由位移敏感元件或应变计转换为与压力成一定关系的电信号。有时把这两种元件的功用集于一体，如压阻式传感器中的固态压力传感器。压力是消费过程和高压浸出过程中的重要过程参数，不仅需求对它停止快速动态测量，还要将测量结果作数字化显现和记载。大型工厂、化工厂、发电厂和钢铁厂等的自动化还需求将压力参数远间隔传送，并请求把压力转换为数字信号送入计算机。压力传感器的发展趋向是进一步优化动态响应速度、精度和牢靠性，以及完成数字化和智能化等。常用压力传感器有电容式压力传感器、变磁阻式压力传感器、霍耳式压力传感器、光纤式压力传感器、谐振式压力传感器等[1]。

传感器由两部分组成，即敏感元件和转换元件。其中敏感元件是指传感器中能够直接感受或响应被测量的部分；转换元件是指传感器中将敏感元件感受或响应的被测量转换成适于传输或测量的电信号的部分。传感器的输出信号一般很微弱，需要将其调制与放大。随着集成技术的发展，人们又将这部分电路及电源等电路一起装在传感器内部。这样，传感器就可以输出便于处理、传输的可用信号了。传感器是指上面所说的敏感元件，而变送器就是上面所说的转换元件。

压力测量仪表有液柱式压力计、弹性式压力计、电气式压力计与活塞式压力计。压力表按其测量范围，分为：①微压表，用于测量小于 60kPa 的压力值；②低压表，用于测量 0.1～1.6MPa 的压力值；③中压表，用于测量 1.6～10MPa 的压力值；④高压表，用于测量 10～100MPa 的压力值；⑤超高压表，用于测量 100MPa 以上的压力值。

高压浸出经常用中压表、高压表和超高压表，或按工作原理分类有弹性式压力计与电气式压力计。弹性式压力计如图 5-1 所示。电气式压力计就是后面叙述的压力变送器。

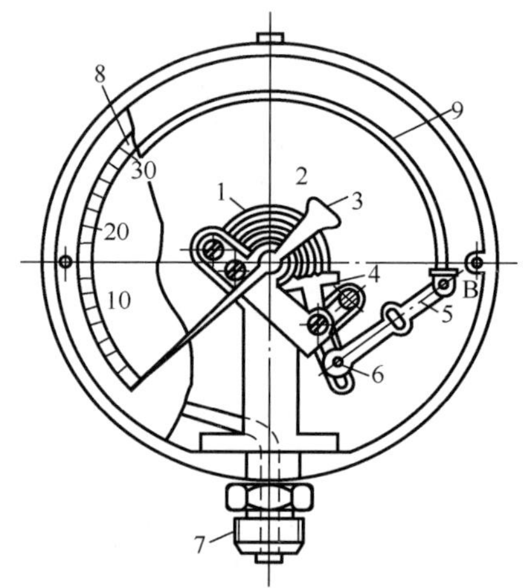

1—游丝；2—中心齿轮；3—指针；4—扇形齿轮；5—拉杆；6—调整螺钉；7—接头；8—面板；9—弹簧管。

图 5-1　弹性式压力计

压力变送器是一种将压力转换成气动信号或电动信号进行控制和远传的设备。它能将测压元件传感器感受到的气体、液体等物理压力参数转变成标准的电信号（如 4～20mA DC 等），以供给指示报警仪、记录仪、调节器等二次仪表进行测量、指示和过程调节。

压力变送器的发展大体经历了以下 4 个阶段。

1）早期压力变送器采用大位移式工作原理，如水银浮子式差压计及膜盒式差压变送器，精度低且笨重。

2）20 世纪 50 年代有了精度稍高的力平衡式差压变送器，但其反馈力小，结构复杂，可靠性、稳定性和抗振性均较差。

3）20 世纪 70 年代中期，随着新工艺、新材料、新技术的出现，尤其是电子技术的迅猛发展，出现了体积小巧、结构简单的位移式变送器。

4）20 世纪 90 年代科学技术迅猛发展，变送器测量精度提高而且逐渐向智能化发展，数字信号传输更有利于数据采集，出现了扩散硅压阻式变送器、电容式变送器、差动电感式变送器和陶瓷电容式变送器等不同类型。

压力变送器是工业实践中最为常用的一种传感器，其广泛应用于各种工业自控环境，涉及水利水电、冶金、石化、管道等众多行业。

压力变送器有电动式和气动式两大类。电动式的统一输出信号为 0～10mA、4～20mA 或 1～5V 等直流电信号。气动式的统一输出信号为 20～100Pa 的气体压力。

压力变送器按不同的转换原理可分为力（力矩）平衡式、电容式、电感式、应变式和频率式等，下面简单介绍几种压力（差压）变送器的原理、结构、使用、检修和校验等知识。

压力变送器的主要作用是把压力信号传到电子设备，进而在计算机显示压力。其原理大致是：将水压的力学信号转变成电流（4～20mA），这样的电子信号压力和电压或电流大小呈线性关系，一般是正比关系。所以，变送器输出的电压或电流随压力增大而增大，由此得出一个压力和电压或电流的关系式。压力变送器被测介质的两种压力通入高、低两压力室，低压室压力采用大气压或真空作用在敏感元件的两侧隔离膜片上，通过隔离片和元件内的填充液传送到测量膜片两侧。电气式压力计的组成方框图如图 5-2 所示。

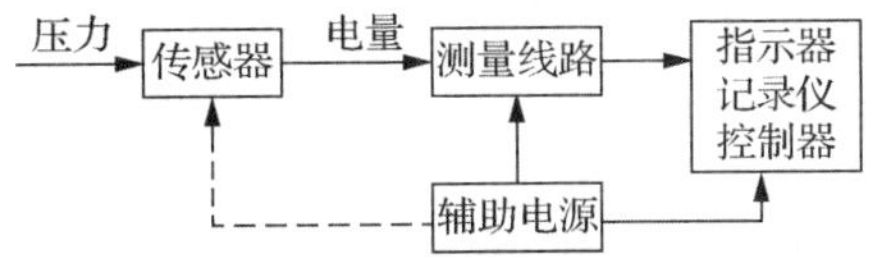

图 5-2　电气式压力计的组成方框图

压力变送器是由测量膜片与两侧绝缘片上的电极各组成一个电容器。当两侧压力不一致时，测量膜片产生位移，其位移量和压力差成正比，故两侧电容量就不等，通过振荡和解调环节，转换成的信号和被测压力成正比。

压力变送器感受压力的电气元件一般为电阻应变片，电阻应变片是一种将被测件上的压力转换成电信号的敏感器件。电阻应变片应用最多的是金属电阻应变片和半导体应变片两种。金属电阻应变片又有丝状应变片和金属箔状应变片两种。通常是将应变片通过特殊的黏合剂紧密地粘在产生力学应变的基体上，当基体受力发生应力变化时，电阻应变片也一起产生形变，使应变片的阻值发生改变，从而使加在电阻上的电压发生变化。

压力变送器的主要性能如下。

1）被测介质广泛，可测油、水及与 316 不锈钢和 304 不锈钢兼容的糊状物，具有一定的防腐能力。

2）准确度高，稳定性高，选用进口原装传感器，线性好，温度稳定性高。

3）体积小、质量小，安装、调试、使用方便。

4）不锈钢全封闭外壳，防水好。

5）直接感测被测液位压力，不受介质起泡、沉积的影响。

压力变送器的选用应根据工艺生产过程对压力测量的要求，结合其他各方面的情况，加以全面的考虑和具体的分析，一般考虑以下几个问题。

（1）被测压力的类型

压力类型主要有表压、绝压、差压等。表压是指以大气为基准，小于或大于大气压的压力；绝压是指以绝对压力零位为基准，高于绝对压力零位的压力；差压是指两个压力之间的差值。

（2）被测压力的量程

一般情况下，按实际测量压力为测量范围的60%～80%选取。对于波动较小的压力的测量，最大被测压力不应超过所选压力表量程的2/3；对于被测压力波动较大的场合，被测压力上限不应超过所选量程的 1/2；测量高压压力时，最大工作压力不应超过量程的 3/5；为了保证测量准度，最小工作压力不应低于量程的 1/3。

要考虑系统的最大压力。一般来说，压力变送器压力范围最大值应该达到系统最大压力值的 1.5 倍。一些水压和过程控制，有压力尖峰或者连续的脉冲。这些尖峰可能会达到最大压力的 5 倍甚至 10 倍，可能造成变送器的损坏。连续的高压脉冲接近或者超过变送器的最大额定压力，会缩短变送器的实用寿命。但提高变送器额定压力会牺牲变送器的分辨率。可以在系统中使用缓冲器来减弱尖峰，但这样会降低传感器的响应速度。

压力变送器一般设计成能在 2 亿个周期中承受最大压力而不会降低性能。在选择变送器时可在系统性能与变送器寿命之间找到一个折中的解决方案。

（3）被测介质

按测量介质的不同，可分为干燥气体、气体液体、强腐蚀性液体、黏稠液体、高温气体液体等，根据不同的介质正确选型，有利于延长变送器的使用寿命。

（4）系统的最大过载

系统的最大过载应小于变送器的过载保护极限，否则会影响变送器的使用寿命甚至损坏变送器。通常压力变送器的安全过载压力为满量程的 2 倍。

（5）需要的准确度等级

变送器的测量误差按准确度等级进行划分，不同的准确度对应不同的基本误差限（以满量程输出的百分数表示）。实际应用中，根据测量误差的控制要求并本着使用经济的原则进行选择。

（6）系统工作温度的范围

测量介质温度应处于变送器工作温度范围内，如超温使用，将会产生较大的测量误差，并影响变送器的使用寿命；在压力变送器的生产过程中，会对温度影响进行测量和补偿，以确保其受温度影响产生的测量误差处于准确度等级要求的范围内。在温度较高的场合，可以考虑选择高温型压力变送器或安装冷凝管、散热器等辅助降温措施。

（7）测量介质与接触材质的兼容性

在某些测量场合测量介质具有腐蚀性，此时需选用与测量介质兼容的材料或进行特殊的工艺处理，确保变送器不被损坏。

（8）压力接口的形式

通常以螺纹连接（M20×1.5）为标准接口形式。

（9）供电电源和输出信号

通常压力变送器采用直流电源供电，提供多种输出信号选择，包括 4～20mA DC、0～5V DC、1～5V DC、0～10mA DC 等，可以有 232 或 485 数字输出。

（10）现场工作环境情况及其他

现场环境是否存在振动及电磁干扰等情况，选型时应提供相关信息，以便采取相应处理。在选型时，其他如电气连接方式等其他情况也可以根据实际予以考虑。

5.1.2 压力的调节与控制

压力阀控制压力过程中需要解决两个关键问题：压力可调与压力反馈。

调压是指以负载为对象，通过调节控制阀口的大小，使系统输给负载的压力大小可调。调压有流量型液源并联溢流式调压、压力型液源串联减压式调压、半桥回路分压式调压与液泵变量调压。压力的调节与控制通常用减压阀控制出口压力。

压力反馈系统有压力负反馈系统与压力正反馈系统。压力负反馈的核心是构造一个压力比较器。压力比较器一般是一个减法器，将代表期望压力大小的指令信号与代表实际受控压力大小的压力测量信号相减后，使其差值转化为阀口液阻的控制量，并通过阀口的调节使期望压力与受控压力之间的误差趋于减小，这就是简单的压力反馈过程。

压力控制阀是控制压力的阀的总称。压力控制阀有时候也简称为压力阀，主要用来满足对执行机构提出的力或力矩的要求，包括减压阀、溢流阀、顺序阀和压力继电器[2]。压力控制阀可控制高压浸出系统中液面的压力（溢流阀、减压阀）或通过压力信号实现系统的控制（顺序阀、压力继电器）。

1. 减压阀

根据串联减压式压力负反馈原理设计而成的液压阀称为减压阀，可用于降低并稳定系统中某一支路的油液压力，常用于夹紧、控制、润滑等液路中。其特征阀与负载相串联，调压弹簧腔有外接泄液口，采用出口压力负反馈。减压分为直动式和先导式。直动式减压和先导式减压的符号如图 5-3 所示。

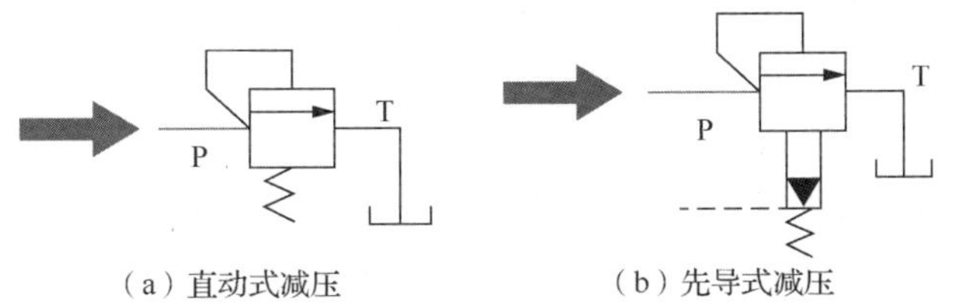

（a）直动式减压　　（b）先导式减压

图 5-3　直动式减压和先导式减压的符号

（1）直动式减压阀

直动式减压阀系统中的压力油直接作用在阀芯上，利用产生的液压力与阀芯的弹簧力相互作用，控制阀芯的启闭。直动式减压阀一般用于低压小流量场合；当对阀芯采用适当措施时，也可用于高压大流量场合。

当油压大于开启压力时，锥阀阀芯被顶起，开始溢流；不考虑阀芯重力、摩擦力及液动力的情况下，阀芯受力方程为

$$p \cdot S = K(x_0 + x) \Rightarrow p = \frac{K(x_0 + x)}{S} \tag{5-1}$$

式中：p——阀芯下端受到的液压力，Pa；

S——阀芯面积，mm^2；

x——阀口的开度，mm；

x_0——弹簧的预压缩量，mm；

K——弹簧系数。

工作过程中，x 变化较小，且 $x \ll x_0$，可认为进口压力基本恒定，能实现溢流定压的作用。

（2）先导式减压阀

先导式减压阀由先导阀和主阀组成，广泛用于高压、大流量场合。

先导压力控制是指控制系统中有大、小两个阀芯，小阀芯为先导阀芯，大阀芯为主阀芯，并相应形成先导级和主级两个压力调节回路。其中，先导阀芯以主阀为负载，构成小流量半桥分压式调压回路；主阀芯以系统中的执行元件为负载，根据液源不同，具体选择并联式、串联式或液泵变量式等调节方式，构成大流量级调压回路。

先导式减压阀有以下共同特点。

1）先导型压力负反馈控制中有两个压力负反馈回路，有两个比较器和调压回路。先导级负责主级指令信号的稳压和调压；主级则负责系统的稳压。

2）主阀芯既构成主调压回路的阀口，又作为主级压力反馈的力比较器，主级的测压容腔设在主阀芯的一端，另一端作用有主级的指令力。

3）主级所需要的指令信号由先导级负责输出，先导级通过半桥回路向主级的力比较器输出一个压力（该压力称为主级的指令压力），然后通过主阀芯端部的受压面积转化为主级的指令力。

4）先导阀芯既构成先导调压回路的阀口，又作为先导级压力反馈的力比较器。先导级的测压容腔设在先导阀芯的一端，另一端安装有作为先导级指令元件的调压弹簧和调压手柄。在比例压力阀中，用比例电磁铁产生指令力。

主阀和先导阀均有滑阀式和锥阀式两种典型结构。

2. 溢流阀

压力阀都是靠作用在阀芯上的液压力与弹簧力相平衡的原理进行工作的。根据并联溢流式压力负反馈原理设计而成的液压阀称为溢流阀。溢流阀具有溢流定压作用、背压作用、远程调压和系统卸荷作用，还能防止系统过载。溢流阀的阀与负载相并联，溢流口接回液箱，采用进口压力负反馈。

根据结构不同，溢流阀可分为直动式和先导式两种基本形式，现在还有电磁溢流阀。

（1）直动式溢流阀

直动式溢流阀是作用在阀芯上的主液路液压力与调压弹簧力直接相平衡的溢流阀。根据阀口和测压面结构形式的不同，形成三种基本结构。无论何种结构，直动式溢流阀均由调压弹簧和调压手柄、溢流口、测压面 3 部分构成。其工作原理如下。

当阀芯重力、摩擦力、液动力忽略不计，令指令力（弹簧调定力）时，阀芯在稳态下的受力平衡方程为

$$\Delta F_{指} = F_{指} - p \cdot S = -Kx$$
$$p = \frac{K(x_0 + x)}{S} \approx \frac{Kx_0}{S}(常数) \quad (5\text{-}2)$$

式中：$F_{指}$——调压弹簧的预紧力，N；

p——进口的压力，Pa。

其他符号同式（5-1）。

由此可知，直动式溢流阀的开启压力是直接与弹簧力相平衡的，改变弹簧的预压紧力就能改变阀的开启压力，因此直动式溢流阀的开启动作迅速，且结构简单，多用作系统的安全阀，而不作溢流阀（调压）。

（2）先导式溢流阀

先导式溢流阀有三节同心结构与二节同心结构两种基本形式。三节同心结构由主阀和导阀组成，主阀部分由阀体、主阀芯、主阀弹簧组成，导阀部分由调压螺母、调压弹簧、导阀阀芯和导阀阀座等主要零件组成，如图 5-4 所示。

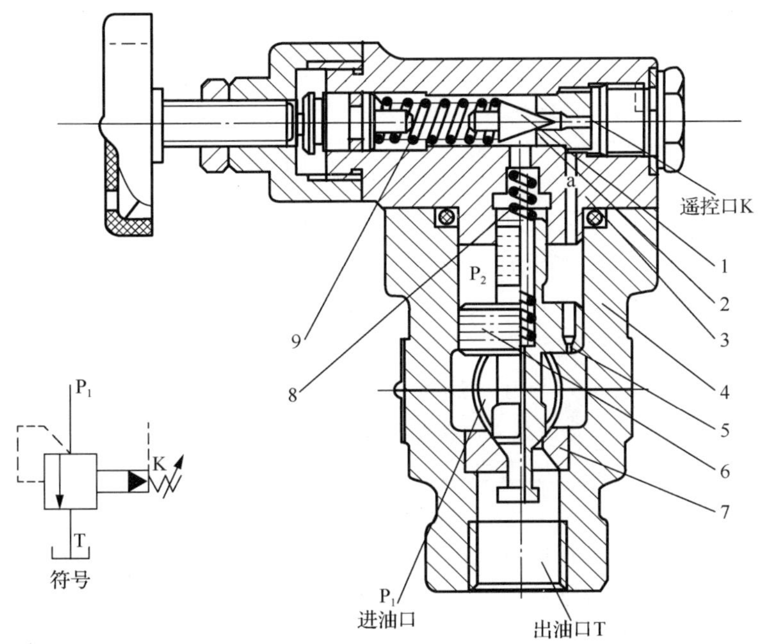

1—锥阀（先导阀）；2—锥阀座；3—阀盖；4—阀体；5—阻尼孔；6—主阀芯；7—主阀座；8—主阀弹簧；9—测压弹簧。

图 5-4　YF 型三节同心先导式溢流阀的结构

三节同心结构的工作原理为：阀芯受力有令导阀的指令力与令主阀的指令力。先导式溢流阀的开启压力主要是由 P_2 来平衡的，而 P_2 是由导阀弹簧调定的，所以改变导阀弹簧的预压紧力就能改变阀的开启压力。与直动式溢流阀相比，先导式溢流阀结构复杂，开启动作慢，但稳压性能好，所以多用作系统的溢流阀（调压）。

与三节同心结构相比，二节同心结构的特点是：①主阀芯仅与阀套和主阀座有同心度要求，免去了与阀盖的配合，故结构简单，加工和装配方便。②过流面积大，在相同流量的情况下，主阀开启高度小；或者在相同开启高度的情况下，其通流能力大。③主阀芯与阀套可以通用化，便于组织生产。

电磁溢流阀是电磁换向阀与先导溢流阀的组合，用于系统的多级压力控制或泄荷。电磁溢流阀除具有溢流阀的基本性能外，还要满足以下要求：①建压时间短；②具有通电或断电卸荷功能；③卸荷时间短且无明显液压冲击。

（3）溢流阀的静态特性与动态特性

静态特性是指阀在稳态工况时的特性，动态特性是指阀在瞬态工况时的特性。

静态特性主要讨论其溢流特性，即溢流阀在稳定工况下，其进口压力和流量之间的关系，它是衡量溢流阀特性的一个重要指标，如图 5-5 所示。图中 p_0 为开启压力，p_n 为调定压力（全流压力）。

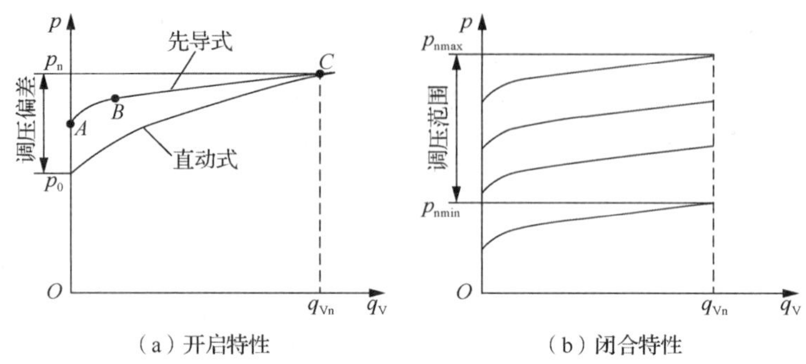

（a）开启特性　（b）闭合特性

图 5-5　溢流阀的静态特性

压力调节范围：调压弹簧在规定的范围内调节，系统压力能平稳上升或下降，且压力无突变及迟滞现象时的最大和最小调定压力。

由溢流阀的启闭特性可以看出：①对同一个溢流阀，其开启特性总是优于闭合特性。②先导式溢流阀的启闭特性优于直动式溢流阀。

静态调压偏差指调定压力与开启压力之差。

$$\Delta p_n = p_n - p_0 \tag{5-3}$$

开启比指开启压力与调定压力之比。

$$\delta = p_0 / p_n \tag{5-4}$$

溢流阀在稳态情况下从开启到闭合的过程中，被控压力与通过溢流阀的溢流量之间的关系是衡量溢流阀定压精度的重要指标。溢流阀的开启比越大，静态调压偏差就越小，它所控制的系统压力就越稳定。

直动式溢流阀与先导式溢流阀的比较如下。

1）直动式溢流阀：结构简单，灵敏度高，但压力受溢流量的变化影响较大，调压偏差大，不适于在高压、大流量下工作，常作安全阀或用于调压精度不高的场合。

2）先导式溢流阀：主阀弹簧主要用于克服阀芯的摩擦力，弹簧刚度小。当溢流量变化引起主阀弹簧压缩量变化时，弹簧力变化较小，因此阀进口压力变化也较小。调压精度高，广泛应用于高压、大流量系统。

溢流阀的阀芯在移动过程中要受到摩擦力的作用，阀口开大和关小时的摩擦力方向刚好相反，从而使溢流阀开启时的特性与关闭时的特性产生差异。

除启闭特性外，溢流阀的静态性能还包括：①压力调节范围，指压力弹簧在规定的范围内调节时，系统压力平稳上升或下降的最大和最小调定压力。②卸荷压力，指当溢流阀作卸荷阀用时，额定流量下进、出口液的压力差。③最大允许流量和最小稳定流量，溢流阀在最大允许流量下工作时应无噪声，最小稳定流量取决于压力平稳性的要求。

动态特性是指流量阶跃变化时的压力响应特性，其衡量指标主要有响应时间和压力超调量等。

动态特性即溢流阀在瞬态工况时的性能，包括：①压力超调量，指瞬态过程中最大峰值压力与调定压力的差值。②建立压力时间，指从卸荷状态压力回升至调定压力并稳定时所需的时间（建压时间短，阀的快速性就好）。③过渡过程时间，指瞬态过程中压力开始上升到最后稳定在调定压力所需的时间（过度过程时间短，则阀的动态响应好）。④卸荷时间，指从调定压力状态下降到完全卸荷时所需的时间。

对溢流阀的性能要求：①定压精度要高，即静态压力超调要小；②灵敏度要高，即动态超调量要小；③工作平稳，振动和噪声小；④阀关闭时，密封要好，泄漏要小。

减压阀与溢流阀的区别：①静止状态，减压阀阀口常开，溢流阀阀口常闭；②减压阀控制出口压力稳定，而溢流阀控制进口压力稳定；③减压阀阀口随出口压力的升高而关小，溢流阀阀口随进口压力的升高而开大；④减压阀进、出液口都是压力液路，经先导阀的回液必须单独引回液箱，而溢流阀和出口合并一同流回液箱。

3. *顺序阀*

顺序阀依靠系统中的油液压力变化来控制阀口的启闭和液压系统中各执行元件动作的先后顺序。

顺序阀利用油液液压力作为控制信号控制液路的通断。通过改变控制方式、泄液方式及二次液路的连接方式，顺序阀还可用作背压阀、泄荷阀和平衡阀等。

顺序阀的主要应用：①实现多室的顺序动作；②和单向阀组合成单向顺序阀，用在有平衡配重的立式液压装置中，起平衡作用；③用于压力油卸荷，作双泵供油系统中低压泵的卸荷阀。

顺序阀具有内部控制、外部泄液的作用。按控制原理，分为直动式顺序阀与先导式顺序阀；按控制线路，分为内控顺序阀和外控顺序阀。

内控顺序阀和外控顺序阀的职能符号如图 5-6 所示。

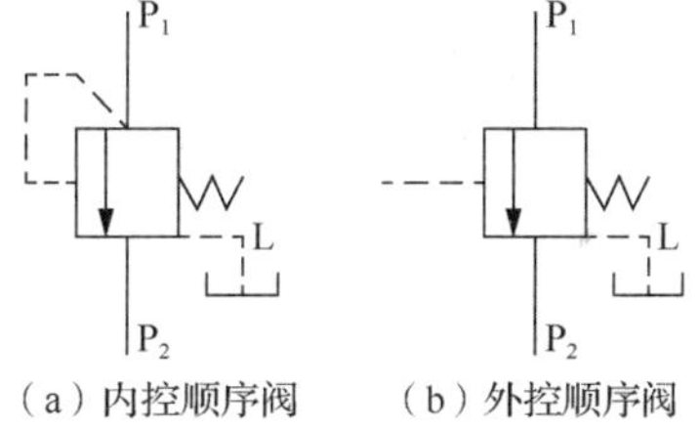

（a）内控顺序阀　（b）外控顺序阀

图 5-6　内控顺序阀和外控顺序阀的职能符号

对于内控顺序阀，当进口压力超过调定压力时，阀口的开启状态分为以下两种情况。

1）当负载压力大于调定压力时，阀口全开，此时

$$p_1 = p_2 = p_L \tag{5-5}$$

式中：p_1、p_2——进、出液口压力，Pa；

p_L——调定压力，Pa。

2）当负载压力小于调定压力时，阀口小开口，此时

$$p_1 = p_{调},\ p_2 = p_L \tag{5-6}$$

外控顺序阀的结构主要由阀体、阀芯、调压弹簧、控制活塞及上下端盖等零件组成。其控制液口外部控制，外部泄液。

顺序阀与溢流阀的区别：①顺序阀只有开启和切断两种状态，不像溢流阀那样有自动稳压调节作用；②顺序阀进出口都是压力系统管路，所以它的泄压口必须单独引回稳压罐，而溢流阀和出口合并一同流回稳压罐；③顺序阀的进、出液口一经接通，浆液通过该阀的压力损失较小，而溢流阀处于溢流状态时，压力损失一般较大。

图 5-7 为内控顺序阀的工作原理和职能符号。阀的控制介质来自阀的进（油）口 P_1，当进口压力低于调定压力时，阀芯在弹簧力的作用下处于下端，阀门关闭，介质出口无压力输出。当压力 p_1 高于调定压力时，阀芯的液压力大于弹簧力使阀芯上移，将阀口打开，压力介质自出口（溢油）P_2 输出。

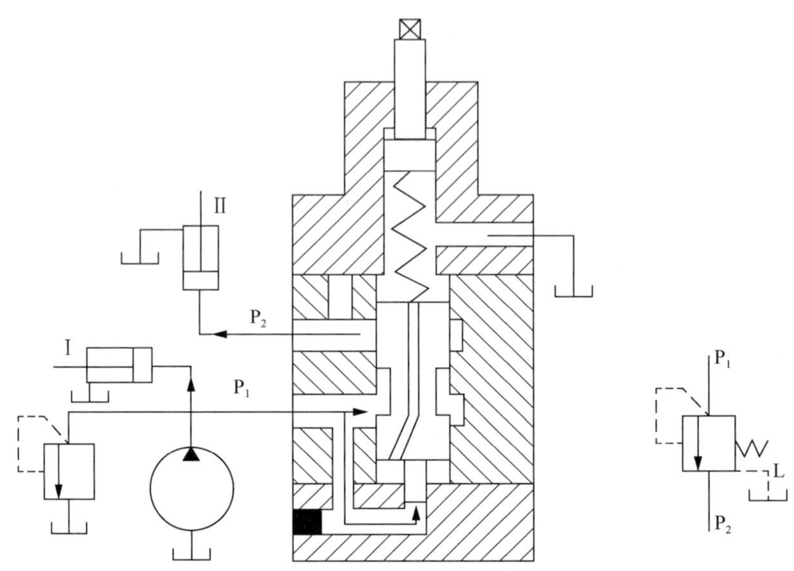

图 5-7　内控顺序阀的工作原理和职能符号

4. 压力继电器

压力继电器是一种将压力信号转变为电信号的转换装置。它是液压-电气控制系统的自动控制元件，通过在线检测液压系统的压力变化，控制压力继电器内的微动开关，能自动接通或断开电气线路，利用系统中压力变化，控制电路的通断，实现执行元件的顺序控制或安全保护。

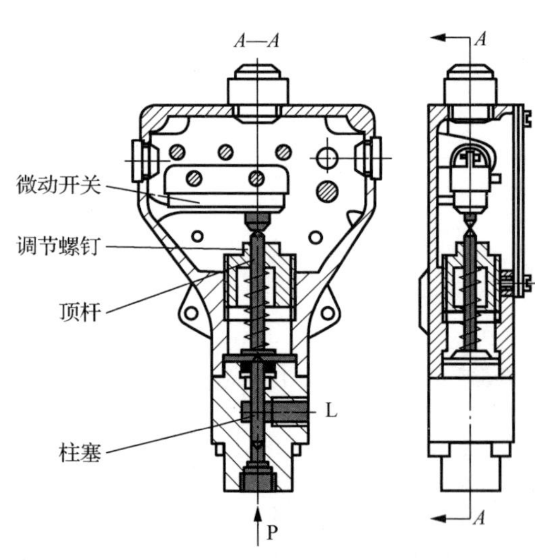

图 5-8　压力继电器的结构

压力继电器的结构如图 5-8 所示。它主要由微动开关、调节螺钉、顶杆、柱塞等部分构成。压力继电器有柱塞式、膜片式、弹簧管式和波纹管式 4 种结构形式。下面对柱塞式压力继电器（图 5-8）的工作原理进行介绍。当从继电器最下端进油口进入的液体压力达到调定压力值时，其推动柱塞上移，此位移通过杠杆放大后推动微动开关动作。改变弹簧的压缩量，可以调节继电器的动作压力。

压力继电器主要用于控制水、油、气体及蒸气的压力等。它在液压系统中用途很广，如压力超调自动报警和保护、润滑系统的失压报警、系统工作程序的自动换接和顺序控制等。

压力继电器必须放在压力有明显变化的地方才能输出电信号。若将压力继电器放在回油路上，由于回油路直接接回油箱，压力没有变化，压力继电器不会工作。

5.1.3　回路中的调压与减压

回路中的压力控制系统包括测压元件、单片机、调节器与执行器，如图 5-9 所示[3,4]。

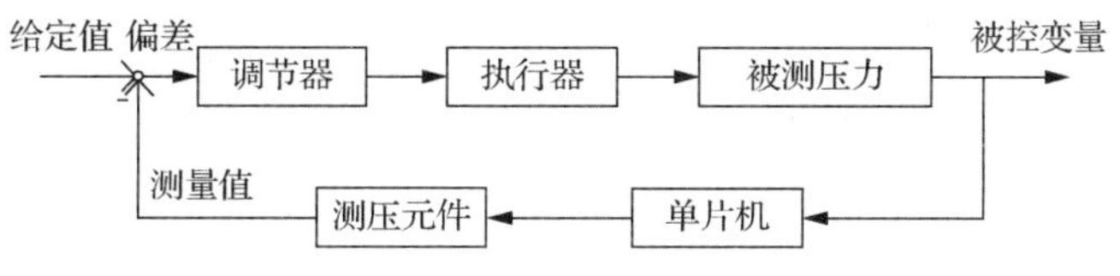

图 5-9　回路中的压力控制结构图

压力检测与控制试验系统的设计思路：①根据工程要求选取合适的器件，并通过相应的理论计算进行选取。②进行控制系统回路的连接。③在连接好相应的回路后，根据给定的数值进行理论计算，用压力传感器对设备入口处压力进行测量，通过调节器使测得的值和给定值进行比较。若测得的值使测量误差超过压力示值的±1%，则需对产生的偏差进行比例、积分或微分处理后，输出调节信号控制执行器的动作，改变调节阀阀芯和阀座间的流通面积，同时控制变频器对水泵的控制，调节水泵的转速以达到适当的进水速度，从而使测量误差不超过压力示值的±1%。

一个完整的压力检测系统包括取压口、引压管路和压力仪表，如图 5-10 所示。

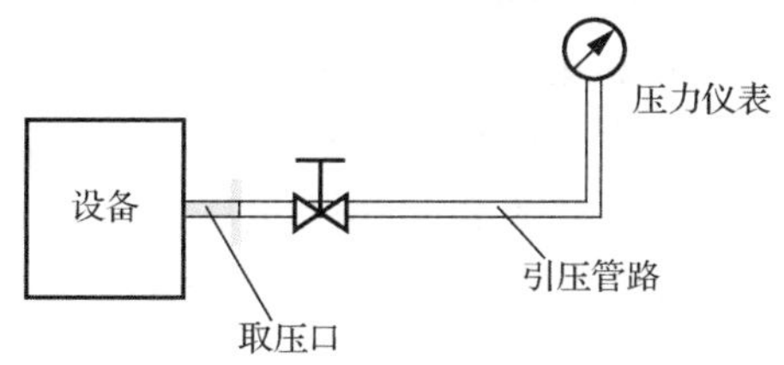

图 5-10　回路中的压力检测结构图

调节阀又称控制阀，是通用的末端执行机构，通过接收调节控制单元输出的控制信号，借助动力操作改变流体流量。调节阀一般由执行机构和阀门组成。如果按其所配执行机构使用的动力，调节阀可以分为电动、气动、液动 3 种，即以电为动力源的电动调节阀、以压缩空气为动力源的气动调节阀和以液体介质（如油等）压力为动力的电液动调节阀。

调节阀是一个局部阻力可变的节流元件。阀芯移动改变了阀芯与阀座间的流通面积，即改变了阀的阻力系数，使被控介质流量相应改变。调节阀结构由上阀盖、下阀盖、阀体、阀座、阀芯、阀杆、填料和压板等构成。为适应多种使用要求，阀芯和阀体有不同的结构，使用的材料也各不相同。

5.2　温度控制技术

本节简要叙述温度控制技术。

5.2.1　温度的测量与变送

1. 温度的测量

温度测量仪按使用仪器的不同，一般可分为下列 5 种：热膨胀式温度计、热电法测温仪、电阻法测温仪、气体温度计和光学测温仪。前 4 种必须使温度计接触被测体系，称为接触式温度计；光学测温仪不需接触被测体系，称为非接触式温度计[5,6]。高压浸出中用到的温度计有下面 3 种。

（1）热膨胀式温度计

热膨胀式温度计分为以下 3 种。

1）液体膨胀式温度计：玻璃液体温度计基于机械膨胀来测温，测量范围一般为-80～600℃。例如，水银和酒精温度计，一般可直接显示刻度，也可做成简单位式温度传感输出。

2）固体膨胀式温度计：如双金属片测温仪，一般也是直接显示刻度或者做成简单位式温度传感输出。

3）压力式温度传感器：一般是在气、液态物质受热后，体积膨胀引起压力升高再转换成机械位移输出或显示。

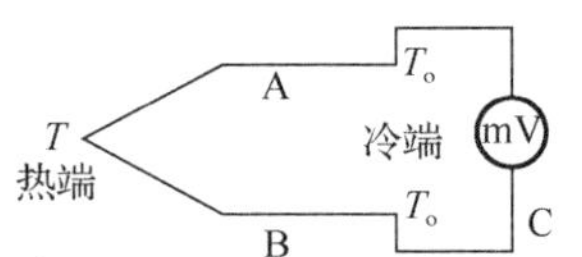

图 5-11　热电偶工作原理示意

热膨胀式温度计不适合高压浸出之用。

（2）热电偶温度计

热电偶是将两种材质不同的导体或半导体在其端点实现物理接触构成回路，当回路两端点温度不同时，回路中就会出现热电势，如图 5-11 所示。

$$E_{AB}(T,T_o)= e_{AB}(T) + e_{BA}(T_o) \quad (5\text{-}7)$$

$$T \neq T_o$$

在 T_o 为常数时（及冷端温度稳定不变），温度 T 与热电势是一个单值对应关系。只有将冷端温度保持为 0℃，或者进行一定的修正才能得到准确的测量结果。将冷端温度保持为常数的方法称为热电偶冷端补偿方法。

生产厂以分度表形式给出严格保证冷端温度为 0℃的 $E_{AB}(T,0)$，由分度表绘制的 $E_{AB}(T,0)$-T 曲线如图 5-12 所示。由图 5-12 可见，热电偶有上翘的非线性特性，且测温范围也各不相同。铂铑 30-铂铑 6 热电偶（也称双铂铑热电偶，分度号 B）适用于 0～1300℃；铂铑 10-铂热电偶（分度号 S）适用于 0～1600℃；镍铬-镍硅（镍铝，分度号 K）热电偶适用于 0～1200℃；镍铬-康铜热电偶（分度号 E）适用于 0～400℃。

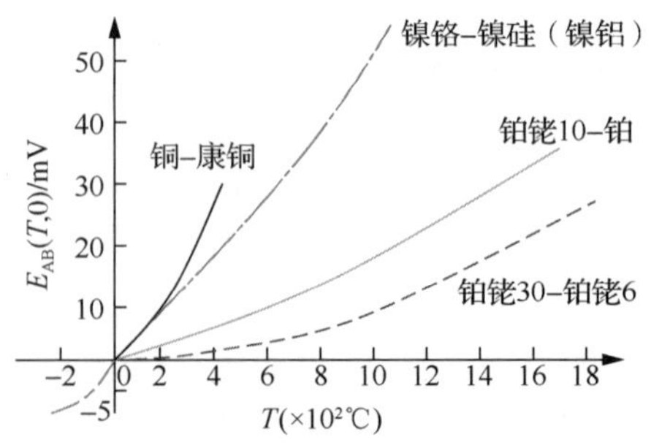

图 5-12　常见热电偶的热电势与温度的关系

镍铬-康铜热电偶的造价低，测量温度范围正好处于高压浸出需要监控的温度范围，是高压浸出常用的测温元件。其特点是构造简单，感温元件热容量小，测温范围广。

（3）电阻法测温仪

电阻法测温仪利用金属热电阻和半导体热敏电阻随温度的变化检测电阻的变化，从而算出对应的温度。

在中、低温区，热电偶输出的热电动势很小。而在中、低温区，用热电阻比用热电偶作为测温元件时的测量精确度更高。

热电阻的特点是性能稳定、测量精度高，一般可在-270～900℃范围内使用（推荐在 150℃以下选用）。

目前世界上用作热电阻的材料主要有铂、铜及镍；我国只采用铂、铜两种金属热电阻。

2. 温度的变送

温度变送器就是把温度信号转变成电信号的器件，一般可分为直流毫伏变送器、热电偶温度变送器、热电阻温度变送器。温度变送器的组成结构如图 5-13 所示[7]。

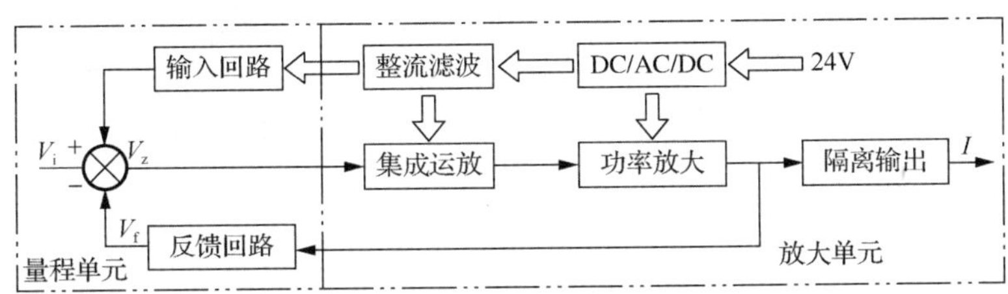

图 5-13 温度变送器的组成结构

由图 5-13 可见，温度变送器由量程单元与放大单元组成。量程单元就是，在输入回路中有针对热电偶、热电阻和毫伏输入形式的专用电路，能实现热电偶的冷端补偿、热电阻三线接入及零点迁移、量程调整在反馈回路中有热电偶和热电阻非线性校正的线性化电路。放大单元的主要功能是信号放大，采用高性能集成运算放大器，隔离输出是为了防爆性能的实现。另外，放大单元接受 24V DC 外部供电，经直-交-直变换、滤波，向输入回路、集成运放和功率放大电路提供直流电源。

5.2.2 高压浸出的温度控制方法

温度控制系统通常有断续式二位控制与比例-积分-微分控制。

1. 温度控制系统

温度控制系统框图如图 5-14 所示，温度传感器用来测量被测体的实时温度并将其转换成电压信号，该电压信号经过滤波放大电路，成为有用信号分两路进入后续电路：一路进入 A/D 转换电路将其转换成数字信号显示；另一路进入电压比较器，与输入控制温度电压信号进行比较，比较结果信号将驱动温度控制装置工作，对被测体的温度进行实时控制，电压比较器的比较结果将决定是否发出声光报警。该方案是将测量温度与输入控制温度转换成电压信号进行比较，从而实现温度的控制[8]。

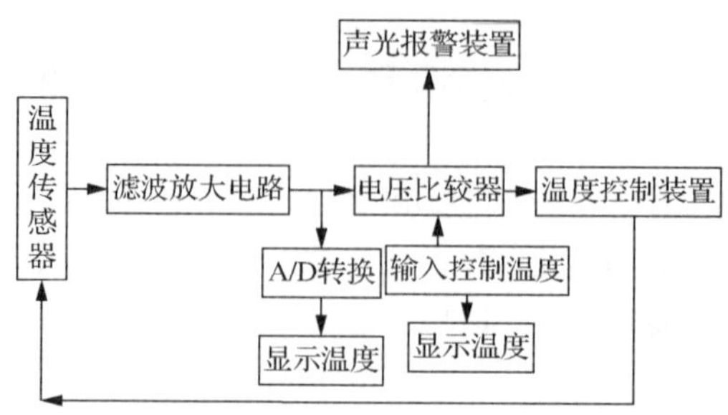

图 5-14　温度控制系统框图

2. 控制电路（温控电路）

温度传感器测得温度后将温度值转化为电压值，因此，利用电压之间的关系就可以控制温度。我们调节温度是将其转化为电压的形式，通过改变电压值来实现控制温度与被测温度的比较。利用 LM324 电压比较器来完成控制电路的核心控制，因为比较器最小输入电压差为 40mV，而温度测量中输出电压精度在 5mV，所以需要加大电阻以提高电压值，以实现两个电压的正常比较。温度控制电路如图 5-15 所示[9]。

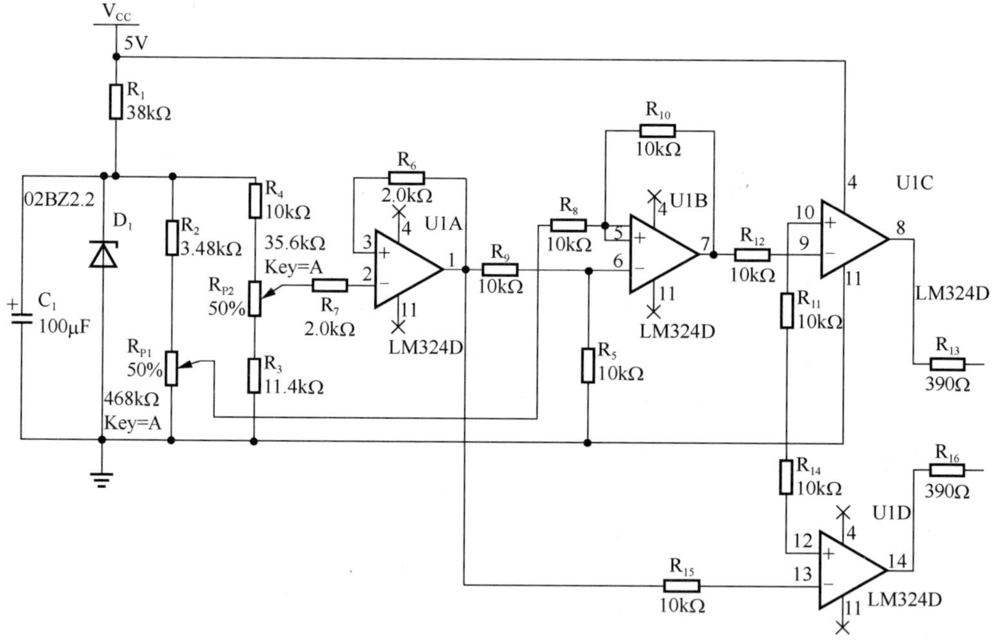

图 5-15　温度控制电路

温度控制选择可通过电位器 R_{P2} 来实现。通过调节 R_{P2} 可使其中间头的电压在 0～1.2V 范围内变换，对应的控制温度范围为 0～480℃，完全可以满足一般的加热需要。将开关打在逻辑控制 2 的位置，电位器 R_{P2} 中间头的电压经过电压跟随器 A（图中 Key=A）后送到数字显示表头输入端来显示控制温度数值。

调节电位器 R_{P2}，数显表头所显示的数值随之变化，所显示的温度数值即为控制温度值。电位器 R_{P1} 为预控温度调节，其电压调节范围为 0～0.27V，对应可调节温度范围为 0～108℃。此电位器调整后，其中间头的电压与电位器 R_{P2} 中间头的电压分别送入比较放大器（放大倍数为 1）的反相及同相输入端，其输出端的电压为二输入电压之差。该电压对应两个设定的温度值之差。当温度传感器输出的电压小于放大器的输出电压时，其输出高电平。当温度传感器输出的电压大于放大器的输出电压而小于 Key=A 的输出电压时，表明实际温度已接近控制温度，其输出低电平，电压比较器的 UID 输出高电平。当实际温度上升到 400℃以上时，温度传感器的输出电压大于 1V，电压比较器的 UID 输出低电平。

3. 显示电路

控制温度的显示电路采用的是七段输入数码管，即七段显示数码管，这种数码管有共阴极和共阳极之分。应用这种数码管时，必须前置译码电路，即 7448N 七段数码显示译码器。

4. 加热电路

加热电路如图 5-16 所示，当温度传感器输出的电压小于 B 的输出电压时，C 输出高电平，晶闸管 T_1 因获得偏流一直导通，交流 220V 直接加在电热元件两端，进行大功率快速加热。当温度传感器输出的电压大于 B 的输出电压而小于 A 的输出电压时，表明实际温度已接近控制温度，C 输出低电平，晶闸管 T_1 因无偏流处于截止状态，电压比较器 D 输出高电平，晶闸管 T_2 仍处于导通状态，交流 220V 需要通过二极管 D_2 加在电热元件两端，进行小功率慢速加热，当实际温度上升到 400℃以上时，温度传感器的输出电压大于 1V，电压比较器 D 输出低电平，晶闸管 T_2 也截止，电热元件断电，停止加热。

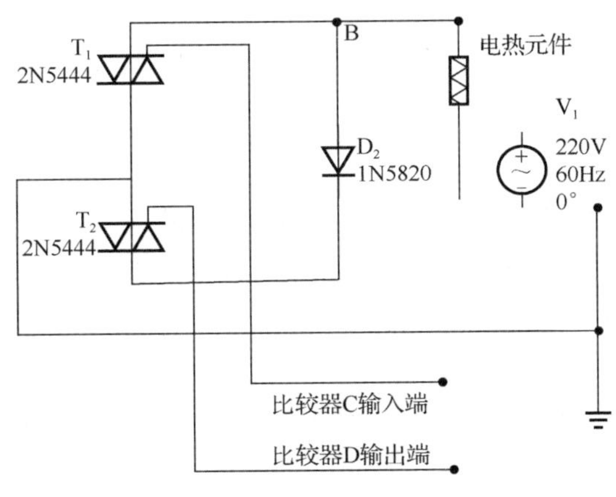

图 5-16 加热电路

高压浸出的加热往往是由蒸汽来执行的，加热系统的执行元件为蒸汽电磁阀，工作原理与前述的压力控制器或压力继电器基本相同。

5.3 高压浸出的液位控制技术

物位包括液位和料位两类。液位又包括液位信号器和连续液位测量两种。液位信号器是对几个固定位置的液位进行测量，用于液位的上、下限报警等。连续液位测量是对液位连续地进行测量，在高压浸出领域具有非常重要的意义。

一般而言，对于间歇式操作，釜内物料为固液或液液反应，长径比宜选用 1.0～1.3；釜内物料为气液反应，则长径比宜选用 1.0～2.0。对于高压釜内物料的，装料系数一般为 0.35～0.8 倍的全容积。装料系数低于 0.35，很容易在操作时因水汽化而缺液体，不安全，也影响反应。如果反应过程中起泡沫或液体呈沸腾状态，要降低装料系数，以 0.5～0.7 倍的全容积为宜[10]。

冶金中立式高压釜的长径比为 10～30，装料系数可以比 0.35～0.8 倍的全容积大，但不是无限的。装料系数超过 0.6 倍的全容积后，压强与温度关系的转变点 T_{Cr} 开始下降，如图 5-17 所示，液位控制操作很难[11]。

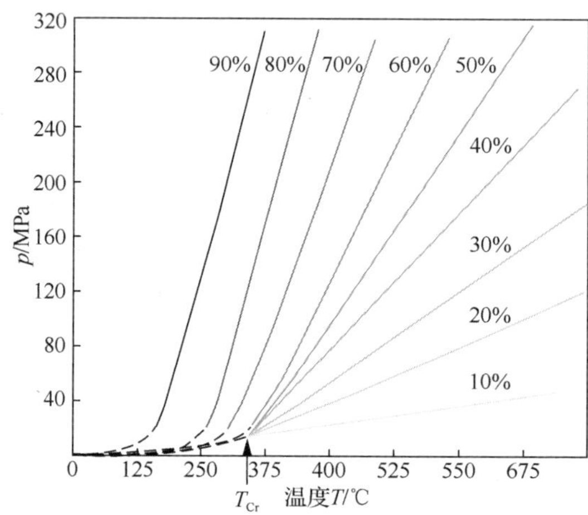

图 5-17　不同填充度下水的压强-温度图（p-T 图）

5.3.1　液位控制技术简介

要控制液位，先要测量液位。测量液位的方法比较多，依据测量方式的不同，可分为接触式与非接触式两种类型。

1. 接触式测量法

接触式测量法是指测量用传感器直接与容器内存储液体相接触，从而获得测量参数的方法。其包括单法兰静压/双法兰差压液位传感器、浮球式液位传感器、磁性液位传感器、投入式液位传感器、电动内浮球液位传感器、电动浮筒液位传感器、电容式液位传感器、磁致伸缩液位传感器、伺服液位传感器等。

当液位传感器投入被测液体中某一深度时，传感器迎液面受到的压强为

$$p = \rho g H + p_0 \tag{5-8}$$

式中：p——变送器迎液面所受压强，Pa；

ρ——被测液体密度，$kg \cdot m^{-3}$；

g——当地重力加速度，$m \cdot s^{-2}$；

p_0——液面上大气压，Pa；

H——变送器投入液体的深度。

同时，通过导气不锈钢将液体的压力引入传感器的正压腔，再将液面上的大气压 p_0 与传感器的负压腔相连，以抵消传感器背面的 p_0，使传感器测得的压力为 ρgH。显然，通过测取压强 p，可以得到液位深度。

液位传感器的特点：①稳定性好，满度、零位长期稳定性可达 0.1% $FS\cdot a^{-1}$（FS 表示满位）。在补偿温度 0～70℃范围内，温度飘移低于 0.1% FS，在整个允许工作温度范围内低于 0.3% FS。②具有反向保护、限流保护电路，在安装时正负极接反不会损坏变送器，异常时变送器会自动限流在 35MA 以内。③采用固态结构，无可动部件，可靠性高，使用寿命长。④安装方便、结构简单、经济耐用。

（1）人工检尺法

人工检尺法可用于测量油罐液位，其历史十分悠久。它利用浸入式刻度钢皮尺测量液位，具有测量简单、可靠性高、直观、成本低的优点，但人为读数误差大，无法实现自动检测和操作。

（2）电参数测量法

常见的电参数测量法有电阻法、光电法、测重法、电容法、浮标法及声光电的反射回波法等。这些方法的关键都是利用液位传感器将液位的相对位移量转换成为电压、电流、阻抗等便于进行电处理的物理量。限于篇幅，下面仅简单介绍电容法的基本原理。

电容法所使用的电容通常由两块圆柱形极板或一个探极与罐壁构成。当液位不同时，电容器的介电常数不同，电容量也不同。在此基础上可以把电容量转化为电压、相移、频率、脉宽等物理量，再进行测量。

电容式液位测量装置通常结构简单、灵敏度高、稳定性好、动态响应快，生产成本也不高，适合于恶劣的工作环境；但电容式液位测量器需要考虑温度补偿，且介质的成分、水分、温度、密度等不确定因素直接影响测量结果的准确性。另外，检测电路比较复杂，尤其是对于微小电容量变化的检测。

2. 非接触式测量法

非接触式测量法包括超声波法、调制型光学法、微波法等。其特点是测量手段并不采用浮子之类的固态物，而是利用声、光、射线、磁场等的能量。其液位传感器不和被测介质接触，不受被测介质影响，也不影响被测介质，故适用范围广泛，特别是接触式测量装置不能适用的特殊场合，如黏度高、腐蚀性强、污染性强、易结晶的介质。下面简单介绍几种非接触式测量法。

（1）超声波法

对于超声波法，换能装置将电功率脉冲转换为超声波，射向液面，经液面反射后再由换能器将该超声波转换为电信号。该法可用于多液面的测量。

超声波是机械波，传播衰减小，界面反射信号强，且发射和接收电路简单，因而应用较为广泛；但超声波的传播速度受介质的密度、浓度、温度、压力等因素影响，其测量精度往往较低。

在容器底部或顶部安装超声波发射器和接收器，发射出的超声波在相界面被反射，并由接收器接收，测出超声波从发射到接收的时间差，便可测出液位高低。

式（5-9）为超生波传播距离、传播速度、传播时间三者的关系。

$$L = \frac{1}{2} C \cdot \Delta t \tag{5-9}$$

式中：L——超声波的传播距离，m；

C——超声波的传播速度，$m \cdot s^{-1}$；

Δt——传播时间，s。

超声波的传播距离是与液位有关的量，故测出 L 便可知液位。L 的测量一般是用接收到的信号触发门电路对振荡器的脉冲进行计数来实现的。

外贴式超声波液位开关采用超声波检测技术，弥补了传统液位开关的不足，不受液体表面泡沫、水汽的影响。侧贴式超声波液位开关利用超声波在管壁介质中的余震信号，大幅度提高了稳定性和穿透性，可适用于多种材料的容器，包括合金钢、不锈钢、塑料、玻璃及各种合成材料。

外贴式超声波液位开关提供了容器尤其是高压、腐蚀、密闭容器物位测量的解决方案，将探头紧贴于容器外侧壁，不需要打孔，即可完成单点物位测量。这种技术不受介质压力、温度、泡沫、气体、反射系数等因素的影响，适用于医药、石液、化工、电力、食品等行业的各类液体液位工程控制。对于有毒的、强腐蚀危险品液体的检测，该技术更是理想的选择。

（2）微波法

微波法的原理是微波通过天线辐射出去，经液面反射后被天线接收，然后由二次电路计算发射信号与接收信号的时间差得出液位。

微波传播速度受传播介质、温度、压力、液体介电常数的影响很小，但液体界面的波动、液体表面的泡沫、液体介质的介电常数对微波反射信号强弱有很大影响。当压力超过规定数值时，压力对液位测量精度将产生显著影响。另外，波导管的锈蚀、弯曲和倾斜都会影响测量精度。

（3）光纤测量法

光纤测量法是近年来出现的一种新技术。其根据光导纤维中光在不同介质中传输特性的改变对液位进行测量。

光纤测量法的优点包括精度高、灵敏度好、抗电磁干扰、耐腐蚀、电绝缘性好、检测现场无电、光路有抗扰性，以及便于与计算机连接和便于与光纤传输系统组成网络等。

目前，市面上进行液位测量的仪表种类繁多，但是同时具有测量、监控、数据记录及处理功能的液位测量装置并不多。在某些工业控制系统中，数据的测量这一基本功能已不能满足现代工业的要求，往往需要对大批数据进行记录，并对其进行后期处理分析，实现差错控制、工艺改善、资源优化等一系列工作。射频电容式物位限位开关是一种新型的物位仪表。由于采用了射频技术和数码标定技术，电容式物位限位开关也应用于高压浸出。

（4）高压浸出料位计——核辐射液位计

高压浸出的料位波动大，液体腐蚀性强，用上述液位计难测准确，或经不住液体腐蚀，最可靠的液位计就是核辐射液位计。其射线的投射强度随着通过介质层厚度的增加而减弱，通过测量射线的衰减量就可以计算出液位。核辐射液位计示意图如图 5-18 所示。

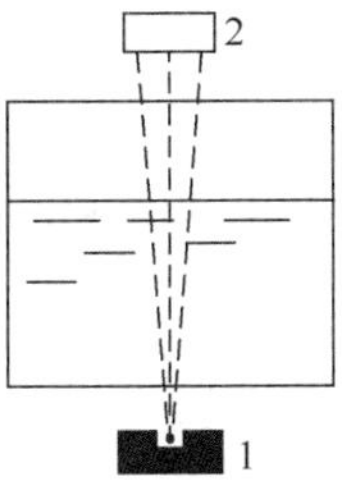

核辐射液位计适用于高温、高压容器、强腐蚀、剧毒、有爆炸性、黏滞性、易结晶或沸腾状态的介质物位测量，还可以测量高温熔融金属的液位。但由于放射线对人体有害，使用过程要做很多安全处理。

1—辐射源；2—接收器。

图 5-18　核辐射液位计示意图

1）γ 射线料位计。

γ 射线料位计依据射线穿过物质时的衰减原理，对密闭容器内或开放场所中的料位变化进行连续测量。

γ 射线料位计的测量是非接触式的，无须在被测设备上开孔、打眼、进行改造，安装十分方便；投入使用以后，基本不需要维护；特别适用于常规仪表不能使用的场所，如高温、高压、强腐蚀、剧毒、多粉尘等恶劣环境。

HZ-5203B 型微机 γ 射线料位计采用单片机系统处理信号，能够适应各种形状的被测容器，线性化更好，测量精度更高，使用更可靠；标定过程简单、易行；可以适用于模拟式同位素仪表不能适用的场所。

γ 射线料位计的主要技术指标如下。

① 测量量程：0～5000mm；

② 测量精度：≤3%满量程；

③ 环境温度：-20～60℃（探测器），0～50℃（主机）；

④ 防爆等级：Ex dⅡCT5；

⑤ 输出信号：4 位数码料位显示；

⑥ 光柱料位模拟指示；

⑦ 0～10mA 或 4～20mA 标准电流输出；

⑧ 两路继电器越限报警输出。

当 γ 射线穿过被测物质时，其强度随吸收物质的厚度（或高度）作指数规律变化：

$$I = I_0 \cdot e^{-\mu\rho d} \tag{5-10}$$

式中：I_0——未经被测物料衰减时测到的射线信号，Ci；

I——经过被测物料衰减后测到的射线信号，Ci；

μ——被测物料对射线的质量吸收系数；

ρ——被测物料的密度，$g \cdot cm^{-3}$；

d——射线穿过被测物料的距离，m。

对于确定的测量对象，I_0 和 μ、ρ 都是不变的常量，因此通过测量 I，就可以得到射线穿过被测物料的距离 d。图 5-19 为典型 γ 射线料位计的测量方式。

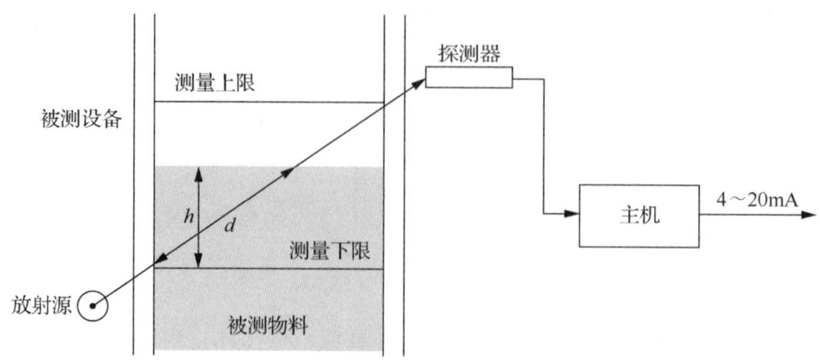

图 5-19　典型 γ 射线料位计的测量方式

放射源和探测器分别安装在被测设备两侧的设定位置（根据不同情况，放射源或探测器也可置于被测设备里面，或者安装于设备的上下方）。当待测物料高度发生变化时，在探测器一方，到达它的射线强度就会随之变化。探测器的主要组成部分是闪烁晶体、光电倍增管、高压电路、前放电路。进入探测器里的 γ 射线被闪烁晶体接收，将它转换成微弱的闪烁光子，再由光电倍增管将它转换成电流脉冲信号，送给前放电路处理（放大、甄别、整形）。高压电路负责提供光电倍增管工作所必需的直流高压，一般为 800～1300V。探测器出来的电脉冲信号经专用电缆送到主机，由主机进行处理，最后给出对应于料位变化的显示信号或者标准电流输出信号。

γ 射线料位计采用单点源、单探测器安装方式，可满足量程从数毫米到数百毫米（具体与被测设备的构造有关）范围的料位测量。对于测量范围较大（如从数百毫米到 1000mm）的料位变化，可采用两点源或多点源、一个探测器的测量方式，安装如图 5-20（a）所示。两点源相当于两个探测器的量程相加。HZ-5203B 型微机 γ 射线料位计由于使用了单片机，可以对被测信号大范围地进行线性化处理；也可由一个转换器分别带 1～3 只探测器，进行大范围的测量。和模拟式料位计相比，其适用的对象大大扩展，可用于许多模拟式料位计不能使用的场所。

对于测量范围更大（如 1000～3000mm）的料位变化，可采用多点源、三探测器的测量方式，安装如图 5-20（b）所示。四点源相当于 4 个探测器的量程相加。

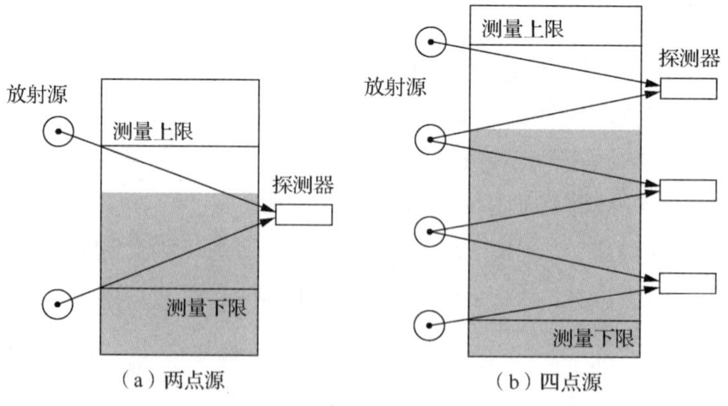

图 5-20　多点源 γ 射线料位计的测量方式

对于变截面容器里的料位变化，也可进行测量，其安装方式如图 5-21（a）和（b）所示。

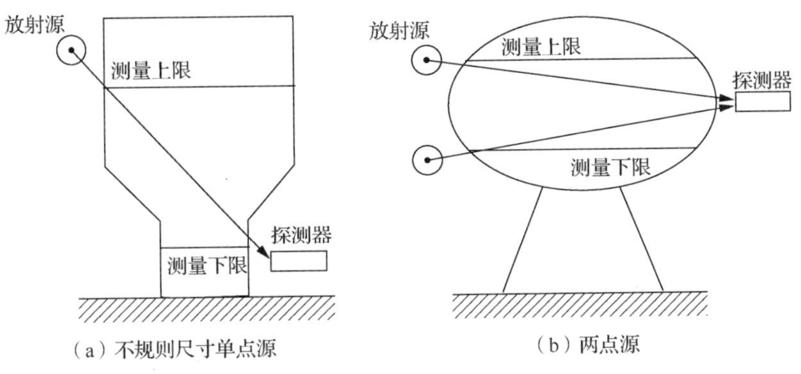

图 5-21 不规则截面与两点源 γ 射线料位计测量方式

图 5-21（a）把控制液位测量范围选择射线经过路径限制在截面不变的位置，测量的计算不变。图 5-21（b）尽量把控制液位测量范围选择射线经过路径限制在图形截面对称中心的位置，测量的计算加上图形截面几何尺寸。

注意：在安装时，主机安装于仪表室中，探测器部分和放射源部分安装在被测设备两侧，主机和探测器之间用专用电缆连接，最远传输距离为 500m。

2）探测器与放射源的安装[12]。

一般情况下，被测设备大体可分为两种有代表性的形状：卧式和立式。探测器与放射源的安装方式视被测设备的形状，可参照图 5-22 和图 5-23 两种安装图。

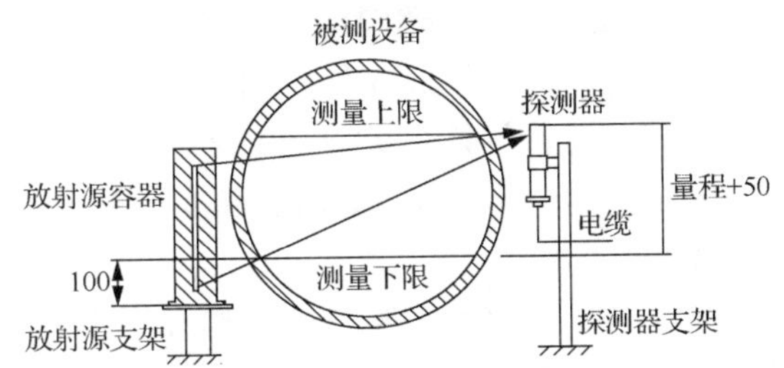

图 5-22 卧式容器安装示意图

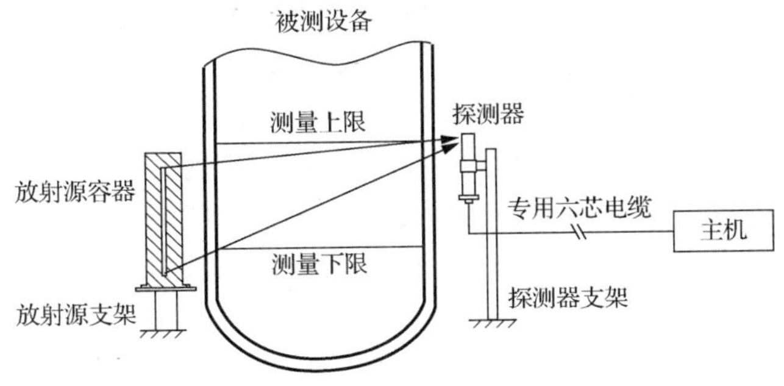

图 5-23 立式容器安装示意图

放射源容器的结构如图 5-24 所示。容器外层为钢壳，里面为铸铅，中心有一根不锈钢管，放射源均匀分布在不锈钢管内。在放射源容器的侧表面，有一道扇形开口，开口处装有铅制闸板。在仪表未投入使用之前的运输、存放、安装过程中，铅闸板一直装于容器之上，使放射源处在完全密封状态下。当仪表安装到设备上时，应将铅闸板抽掉，仪表才能正常使用和标定。

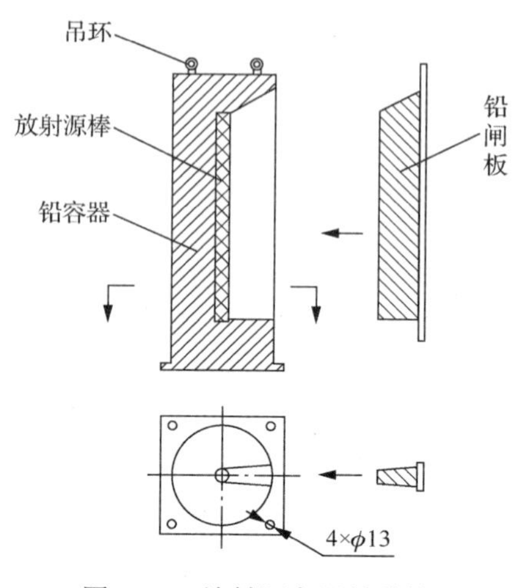

图 5-24　放射源容器的结构

注：放射源容器的直径和高度由测量条件决定，由此引起安装孔孔距不确定，安装时需实际测量决定。

放射源容器底部有 4 个螺孔，通过螺栓固定在支架上。被测对象条件的差异决定了放射源的活度及其容器直径不同，因而底座螺孔间距无法统一，须随具体测量条件而定。

放射源在安装时应将容器的扇形开口朝向被测设备，对准对面的探测器安装。取闸板时，先卸下闸板上的固定螺钉，再将闸板向外拉出。取下的闸板应妥善保管，在以后设备检修或搬运放射源时，应该将铅闸板再装到容器上，以达到关闭放射源的目的。

放射源容器和闸板均为铅浇铸，质量较大，搬运和安装时应注意安全，以免砸伤人。

3）特殊情形下的放射源安装。

对一些直径和壁厚过大的设备，由于需穿透的壁厚和照射距离过大，外置放射源的方式已无法有效进行测量；这时需要在设备上伸进一个盲管，将放射源内置进盲管中，如图 5-25 所示。

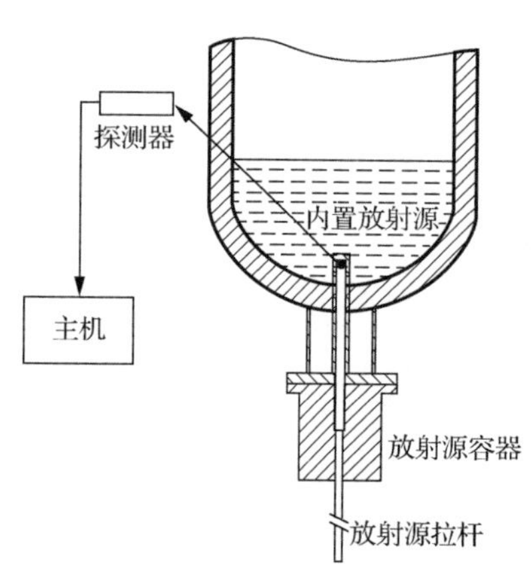

图 5-25　内置放射源的测量示意图

这种内置放射源的测量方式，放射源容器固定在设备外部。测量时通过手柄将放射源（固定在不锈钢管内）推进盲管内；遇有设备检修或其他需要搬移开放射源的情形时，通过手柄将放射源拉出，置于放射源容器内，放射源便处在完全密封状态下，进而进行相关操作。采用内置方式可降低使用放射源的强度，减少成本。

4）放射源的安全使用。

本仪表使用的放射源出厂前经有关职能部门检测，容器表面及对周围环境的辐射剂量符合国家规定的安全标准。用户购进含放射性同位素的仪表时，应事先向所在地环保部门办理准购批件。放射源的使用应遵照

《电离辐射防护与辐射源安全基本标准》（GB 18871—2002）的有关规定。放射源应设有专职人员管理，严格收发手续，防止差错和丢失事故。废弃不用的放射源应按照规定由专门机构进行处理，用户不得随意处置或者丢弃。

5.3.2　高压浸出液位控制的组成

在水塔中经常要根据水面的高低进行水位的自动控制，同时进行水位压力的检测和控制。液位器具有水位检测、报警、自动上水和排水（上水用电动机正转模拟，下水用电动机反转模拟）、压力检测功能。该控制器主要由 89S52 单片机，0809A/D 转换器，A、B、C 三点水位检测电路，以及压力检测电路、数码显示电路、键盘和电源电路组成。

1. 原理简介

由三路传感器（3 根插入水中的导线）检测液位的变化，由 89S52 单片机控制液位的显示及电泵的抽放水，由 0809A/D 转换器采集水位压力的变化并由数码管显示压力。

（1）液位采集电路

三路液位检测都采用简单的晶体管检测电路检测液位变化，将电平信号分别送入单片机。实际检测时，焊接出 4 根导线，分别将接 A、B、C 和 V_{CC} 的导线放入水杯（模拟水塔）中，位置如图 5-26 所示。

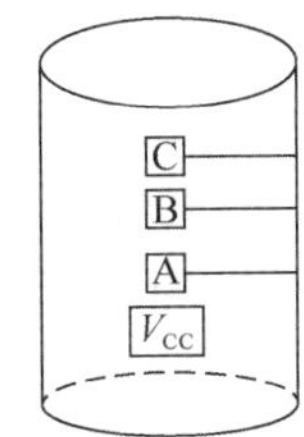

图 5-26　三路液位采集点

（2）压力检测电路

该电路主要由 LM324 运放组成测量放大器，放大器可分为前后两级。测量的模拟信号经过 0809A/D 转换器转换为数字信号并传输给单片机，经单片机处理后送数码管显示。

2. 电路功能介绍

（1）液位检测的调试

电路焊接好后，接通电源，改变液位使检测点发生变化。当液位在 A 点以下时，红灯连续亮并且发出频率较高的报警声，显示 00，电动机正转；当 A≤液位<B 时，显示 0A，电动机正转；当 B≤液位<C 时，显示 0B，电动机不转；当液位在 C 点及以上时，绿灯连续亮并且发出报警声，显示 0C，电动机反转。

（2）按键电路的调试

按下 S2 切换到液位检测，按下 S3 切换到温度显示。

0809A/D 转换器的 8 路 A/D 转换集成芯片可实现 8 路模拟信号的分时采集，芯片内有 8 路模拟选通开关，以及相应的通道地址锁存用译码电路，其转换时间为 100μs 左右。0809A/D 转换器的芯片为 28 引脚双列直插式封装。

1）IN_0～IN_7：模拟量输入通道信号单极性，电压范围为 0～5V，若信号过小，还需进行放大。

2）ADDA、ADDB、ADDC：地址线 A 为低位地址，C 为高位地址。其地址状态与通道对应关系如表 5-1 所示。

表 5-1　选择的通道

C	B	A	选择的通道
0	0	0	IN_0
0	0	1	IN_1
0	1	0	IN_2
0	1	1	IN_3
1	0	0	IN_4
1	0	1	IN_5
1	1	0	IN_6
1	1	1	IN_7

（3）简易频率测量与控制装置电路原理图

频率测量与控制装置电路原理图见相关文献。ZN601/602 系列电感式液位变送器是典型的射频感应式液位仪表。它可将各种物位参数的变化转换成标准电流信号，远传至操作控制室，供二次仪表或计算机进行集中显示、报警或自动控制。电感式液位变送器的良好结构及安装方式可适用于高温、高压、强腐蚀、易结晶、防堵塞、防冷结及固体粉状、粒状物料等特殊条件下的液位、料位或物位的连续检测，可广泛应用于各种工业过程中的检测控制。

其主要参数如下。

1）有效检测范围：0～20m；

2）输出信号：4～20mA，二线制；

3）精度：0.5 级、1 级、1.5 级；

4）供电电源：负载电阻 0～750Ω，24V DC；

5）承压范围：负压、常压、高压（32MPa 以下）；

6）固定方式：螺纹安装 M20×1.5、M27×2 法兰，安装 DN15、DN25、DN50、DN80，特殊规格可根据用户要求定制；

7）工作温度：−50～240℃；

8）环境温度：−20～75℃；

9）适用介质：酸、碱、盐或对聚四氟乙烯；

10）现场显示：模拟显示 0～100%、数字显示。

5.4　高压浸出的停留时间控制技术

单个高压釜浸出，物料在釜内的停留时间就是从进料开始反应至反应结束的时间。实际生产上，往往用多个高压釜串联，物料连续打进第一个釜，依次流到下一釜，从最后一个釜流出，完成浸出，物料在釜内的停留时间就不是从进料开始反应至反应结束的时间。实际反应器的流动状况可以用多个串联的同体积全混反应器来描述，串联的釜数 N 就是模型参数。对于两种理想的反应器，其模型参数分别为：①对于全混釜，$N=1$；②对于活塞流，$N=\infty$；③对于实际反应器，$1\leqslant N\leqslant\infty$。下面简要叙述停留时间控制技术。

5.4.1 停留时间控制简介

现在讨论多个高压釜模型参数与停留时间分布函数的关系。在连续流动的反应器内，不同停留时间物料之间的混合称为返混。返混程度的大小通常用物料在反应器内的停留时间分布来测定。然而，在测定不同状态的反应器内物料的停留时间分布时发现，相同的停留时间分布可以有不同的返混情况，即返混与停留时间分布不存在一一对应关系，因此不能用停留时间分布的实验测定数据直接表示返混程度，而要借助于相关的数学模型来间接表达[12]。

物料在反应器内的停留时间完全是一个随机过程，需用概率分布的方法来定量描述。所用的概率分布函数为停留时间分布密度函数 $E(t)$ 和停留时间分布函数 $F(t)$。停留时间分布密度函数 $E(t)$ 的物理意义是：同时进入的 N 个流体粒子中，停留时间介于 t 和 $t+\mathrm{d}t$ 之间的流体粒子所占的分率为 $\mathrm{d}N/N$。停留时间分布函数 $F(t)$ 的物理意义是：流过系统的物料中停留时间小于 t 的物料的分率。

停留时间分布的测定方法有脉冲法、阶跃法等，常用的是脉冲法。当系统达到稳定后，在系统的入口处瞬间注入一定量 Q 的示踪物料，同时在出口液体中检测示踪物料的浓度变化。

由停留时间分布密度函数的物理含义可知

$$E(t)\mathrm{d}t = Vc(t)\mathrm{d}t / Q \tag{5-11}$$

$$Q = \int_0^\infty Vc(t)\mathrm{d}t \tag{5-12}$$

所以

$$E(t) = \frac{Vc(t)}{\int_0^\infty Vc(t)\mathrm{d}t} = \frac{c(t)}{\int_0^\infty c(t)\mathrm{d}t} \tag{5-13}$$

式中：$c(t)$——示踪剂浓度，$\mathrm{g \cdot L^{-1}}$；

V——出口流量，$\mathrm{L \cdot s^{-1}}$；

t——停留时间，s。

由此可见，$E(t)$ 与示踪剂浓度 $c(t)$ 成正比。因此，本实验中用水作为连续流动的物料，以饱和 KCl 作示踪剂，在反应器出口处检测溶液电导值。在一定范围内，KCl 浓度与电导值成正比，则可用电导值来表达物料的停留时间变化关系，即 $F(t) \propto L(t)$，这里 $L(t) = L_t - L_\infty$，L_t 为 t 时刻的电导值，L_∞ 为无示踪剂时的电导值。

停留时间分布密度函数 $E(t)$ 在概率论中有两个特征值：平均停留时间 $\overline{t}$ 与方差 σ_t^2。

平均停留时间 $\overline{t}$ 的表达式为

$$\overline{t} = \int_0^\infty tE(t)\mathrm{d}t = \frac{\int_0^\infty tc(t)\mathrm{d}t}{\int_0^\infty c(t)\mathrm{d}t} \tag{5-14}$$

采用离散形式表达，并取相同时间间隔 Δt，则有

$$\overline{t} = \frac{\sum tc(t)\Delta t}{\sum c(t)\Delta t} = \frac{\sum tL(t)}{\sum L(t)} \tag{5-15}$$

方差σ_t^2的定义为

$$\sigma_t^2 = \int_0^\infty t^2 E(t) \mathrm{d}t - \overline{t}^2 \tag{5-16}$$

也用离散形式表达，并取相同时间间隔Δt，则有

$$\sigma_t^2 = \frac{\sum t^2 c(t) \Delta t}{\sum c(t) \Delta t} - (\overline{t})^2 = \frac{\sum t^2 L(t)}{\sum L(t)} - (\overline{t})^2 \tag{5-17}$$

若用无因次时间θ来表示，即$\theta = t / \overline{t}$，无因次方差

$$\sigma_\theta^2 = \sigma_t^2 / \overline{t}^2$$

在测定了物料在反应器中的停留时间分布后，为了评价物料的返混程度，需要用数学模型来关联和描述，本实验采用多釜串联模型。

多釜串联模型的建模思想是用与返混程度等效的串联全混釜的个数 N 来表征实测反应器中的返混程度。模型中全混釜的个数N是模型参数，表征返混程度的大小，并不代表实际反应器的个数，因此不限于整数。根据反应工程的原理可知，参数N越大，返混程度越小。图 5-27 为多釜串联模型拟合的停留时间分布曲线的理论值和实验值的情况（通过测定导电率分布来表示）。

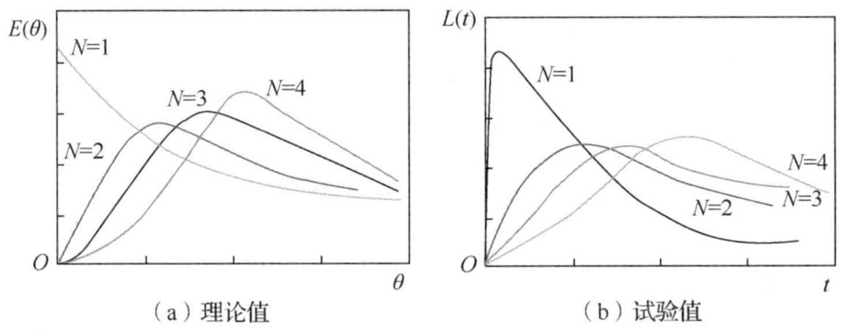

图 5-27 多釜串联模型拟合的停留时间分布曲线的理论值和试验值的情况

多釜串联模型假定N个串联的反应釜中每个釜均为全混釜，反应釜之间无返混，每个釜的体积相同，据此可推导得到多釜串联反应器的停留时间分布函数关系，并得到与模型参数N存在的关系为

$$N = \frac{1}{\sigma_\theta^2} \tag{5-18}$$

根据等效原则，只要将实测的无因次方差σ_θ^2代入式（5-18），便可可求得模型参数N，并据此判断反应器内的返混程度。

当$N=1$，$\sigma_\theta^2 = 1$时，为全混釜特征；当$n \to \infty$，$\sigma_\theta^2 \to 0$时，为平推流特征。

当 N 为整数时，代表该非理想流动反应器可以用 N 个等体积的全混流反应器的串联来建立模型。当N为非整数时，可以用四舍五入的方法近似处理，也可以用不等体积的全混流反应器串联模型。

根据实验结果，可以得到多釜的停留时间分布曲线。

5.4.2 高压浸出停留时间的控制方法

浸出时间在整个高压浸出冶炼流程中占有很大的比例，最佳的浸出时间不仅能使反

应接近完全，还能大大缩短整个流程需要的时间。①用对比法，在大槽和小槽分别做对比实验，从而得出比较合理的浸出停留时间；②多釜串模型，只要模型参数 N 和反应动力学方程已知，就可以通过逐釜计算的办法进行求解。

1. 多釜串联装置

其停留时间与串联釜的个数有关，30 个釜串联接近活塞流；5 个釜以下串联全混流可以逐级计算。多釜串联装置中组分 A 的浓度随停留时间的分布如图 5-28 所示。多釜串联装置的停留时间分布要通过试验进行优化。

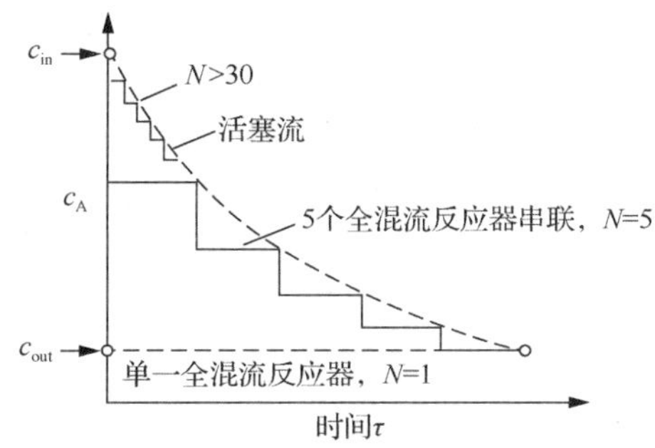

图 5-28 多釜串联装置中组分 A 的浓度随停留时间的分布

2. 卧式高压釜

有人通过纯氧稳态物理吸收法用氧探头分别检测立式、卧式高压釜内的液相氧浓度，并指出，卧式高压釜中液体自由面及流速的变化主要受重力作用影响，釜内气体很难克服各种压力梯度进入矿浆液相形成气泡，主要依靠中心负压吸入气体；而立式高压釜靠增加搅拌桨转速高速排出液体，使其在离心作用下产生气泡，使气泡分布不均匀。在相同生产规模条件下，具有相同搅拌设备及相同转速的两种高压釜，卧式高压釜的气液传质特性较好，立式高压釜可通过优化搅拌设备改善气液传质特性。

重有色金属矿主要为硫化矿，其浆的浸出都要与氧气反应，故用多室卧式高压釜。图 5-29 为四室卧式高压釜示意图。

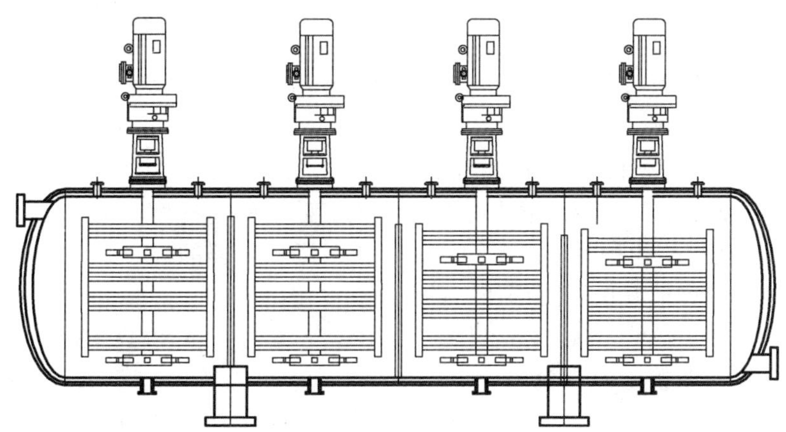

图 5-29 四室卧式高压釜示意图

五室卧式高压釜的质点分布率 $E(\theta)$与无因次时间θ的关系如图 5-30 第 5 条线所示。五室串联模型的 $E(\theta)$大于 0.5θ的质点分布率为 88%。如果取五室卧式高压釜的矿浆无因次时间θ为理论研究获得时间的 2 倍，浸出效果都达不到理论研究的效果，这就是尽量增加卧式高压釜的室的原因。

3. 立式高压釜多级串联

对于 3.5MPa 以上的无氧冶金反应，多个立式高压釜串联的技术难度比卧式高压釜串联低，规模可以做得很大，一条生产线年产 45 万 t 氧化铝。

20 个立式高压釜的质点分布率 $E(\theta)$与无因次时间θ的关系如图 5-30 第 20 条线所示。20 个立式高压釜串联模型的 $E(\theta)$大于 0.5θ的质点分布率为 98%。如果取 20 个立式高压釜的矿浆无因次时间θ为理论研究获得时间的 2 倍，浸出效果几乎是理论研究的效果，这就是铝土矿溶出氧化铝时要 18 个立式高压釜串联的原因。

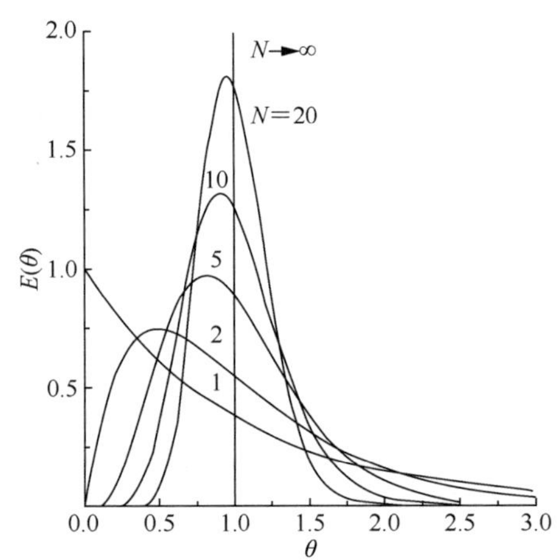

图 5-30　多釜串联高压釜的质点分布率 $E(\theta)$与无因次时间θ的关系

思　考　题

5-1　选择题。

（1）我国将供水温度高于（　　）的系统称为高温水采暖系统。

A．70℃　　B．80℃　　C．90℃　　D．100℃

（2）以下不属于影响高压浸出因素的是（　　）。

A．温度　　B．浸出时间　　C．矿石的粉碎度

D．浸出溶剂的种类　　E．浸出容器的大小

（3）压力表量程最好选用工作压力的（　　）倍。

A．1　　B．1.5　　C．2　　D．3

（4）安全阀的调整压力一般为（　　）。

A．设计压力　　B．最高工作压力的 1.05～1.10 倍

C．工作压力的 1.05～1.10 倍　　D．1.5 倍设计压力

（5）液位计安装完毕并经调校后，应在刻度表盘上用红色油漆画出（　　）液位的警告红线。

A．最高　　B．最低　　C．最高和最低　　D．1.2 倍最低

（6）压力容器的工作压力是指容器（　　）在正常工艺操作时的压力。

A．顶部　　B．底部　　C．内部　　D．侧部

（7）液位计安装完毕并经调校后，应在刻度表盘上用红色油漆画出（　　）液位的警告红线。

A．最高　　B．最低　　C．最高和最低　　D．1.2 倍最低

5-2　高压釜的压力控制方式有哪几种？

5-3　简述高压溶出温度控制的方法。

5-4　与普通液位计相比，简述高压浸出料位计的要求。

5-5　简述高压溶出液位的安装。

5-6　简述控制高压溶出液位的意义。

5-7　简述控制多釜串联高压溶出停留时间的意义。

5-8　比较卧式与立式多釜串联高压溶出停留时间控制的异同。

参 考 文 献

[1] 马德金．压力容器质量保证体系控制技术[J]．化学工程与装备，2010（9）：132-134.

[2] 衣超，韩颜莹，姜宏暄．数字式大流量压力控制阀设计研究[J]．液压与气动，2005（11）：10-12.

[3] 夏一峰．一种实现液压回路油压动态调节的装置[J]．机械设计与制造工程，2000，29（1）：67.

[4] 林振坚．DCS 在压力反应釜自控系统中的应用[J]．中国钨业，2001（5）：108-109.

[5] 苏美玉．流体动密封技术应用于石油化工设备的分析[J]．化工装备技术，2015（8）：191-192.

[6] 杨启伟，陈以．常用温度控制法的对比[J]．兵工自动化，2005（6）：86-88.

[7] 邱文棣．温度控制课程中项目对象的设计及项目化教学的实施[J]．职业，2016（11）：75-77.

[8] 黄彦．基于单片机的温度控制系统[J]．科技创新导报，2017（9）：7-9.

[9] 李炳毅．一种新型高压釜单片机控制器[J]．新疆石油科技，1994（3）：98-108.

[10] 贾瑶，岳恒，柴天佑．高压酸浸过程多工况切换控制方法[J]．控制理论与应用，2014（10）：1318-1326.

[11] 陈红，陈湘萍，王春珍．浅谈 γ 射线料位计在矿浆液位测量中的应用[J]．贵州科学，2006（2）：36-38.

[12] 胡瑞生，王瑞达，刘启业．多釜串联性能研究实验的改进[J]．大学化学，2014（2）：63-68.

6 高温高压浸出的换热

由于物料的性质和传热的要求各不相同，换热器种类繁多，结构形式多样。加热方式有夹套蒸汽、夹套导热油、夹套油浴循环、远红外等形式。但高温高压浸出的换热不是简单的常压换热设备那样的方式，所遵循的规律也大不相同，需要进行系统分析研究。

热量总是自高温处向低温处传递。在高温高压浸出生产中，传热过程是通过换热器实现的，而其中以间壁式换热器应用最为广泛。冷热两种流体经过间壁传热过程包括 3 个步骤：首先热量自热流体传递到间壁的一侧，然后自间壁的一侧传递至另一侧，最后由壁面传递给冷流体。间壁式换热器内热量传递的两种基本方式是热传导和对流传热。

6.1 高温高压流体的换热

高温高压流体的换热通常用传热系数来描述，传热系数与普朗特数（*Pr*）直接相关。普朗特数是由流体物性参数组成的一个无因次数（即无量纲参数），表明温度边界层和流动边界层的关系，反映流体物理性质对对流传热过程的影响，水的普朗特数-温度关系如表 6-1 所示。

表 6-1 水的普朗特数-温度关系

温度/℃	0	25	100	150	200
普朗特数（*Pr*）	13.67	6.22	1.79	1.17	0.93

普朗特数的取值为

$$Pr = \frac{\nu}{\alpha} = \frac{\mu \cdot C_p}{k} \tag{6-1}$$

式中：ν——运动黏度，$m^2 \cdot s^{-1}$；

α——导热系数，$W \cdot (m \cdot K)^{-1}$；

μ——动力黏度，$Pa \cdot s$；

C_p——等压比热容，$J \cdot (kg \cdot K)^{-1}$；

k——热传导系数，$W \cdot (m \cdot K)^{-1}$。

当几何尺寸和流速一定时，流体黏度大，流动边界层厚度也大；流体导温系数大，温度传递速度快，温度边界层厚度发展得快，使温度边界层厚度增加。因此，普朗特数的大小可直接用来衡量两种边界层厚度的比值。

普朗特数在不同的流体于不同的温度、压力下，数值是不同的。液体的普朗特数随温度有显著变化；而气体的普朗特数除临界点附近外，几乎与温度及压力无关。

大多数气体的普朗特数均小于 1，但接近于 1。例如，对空气（γ=1.4，γ 为比热比）近似为 3/4，对单原子气体（γ=5/3）为 2/3，且随着 γ 趋于 1，普朗特数也趋近于 1。有些情况下，气体的普朗特数远大于 1。常温下水的普朗特数可达 10 以上。利用气体普朗特数接近于 1 的特点，在分析气体边界层问题时，常假定 Pr=1，从而简化方程的处理。例如，平板边界层中，当取 Pr=1 时，动量方程和能量方程的形式相似，它们的解呈线性关系，即克罗科关系。通过解动量方程求出速度分布后，无须联立求解动量、能量方程，只利用克罗科关系即可求得温度分布。

水的沸腾状态如图 6-1 所示。

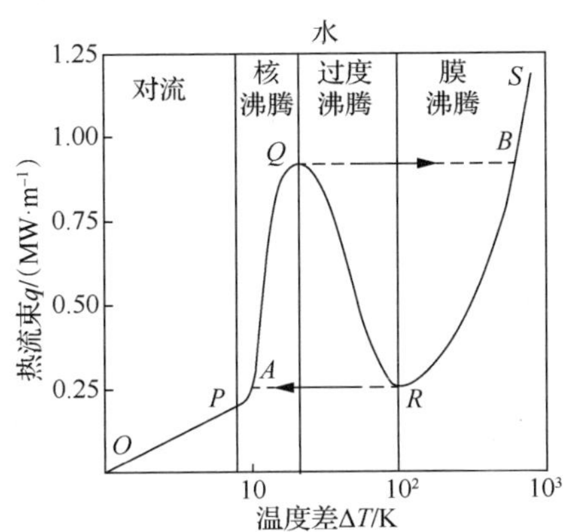

OP—自然对流；*P* 点—开始产生气泡，为沸腾起始点；*PQ*—核沸腾区；*QR*—过渡沸腾区；*RS*—膜沸腾区。

图 6-1 水的沸腾状态

当固体与液体的温度差 ΔT 进一步加大时，在固体表面形成气泡，气泡增大到一定尺度就跃离固体表面，增加了液体的扰动。这时传热量大大增加，开始形成界面上的核沸腾现象。

膜沸腾是指发生在固-液界面上的有一种传热形式。在核沸腾的情况下，继续加热固体，这时固体表面的气泡大量生成，形成很高的密度，最后气泡连成一片而成为一层气膜，固体表面被气膜所包围，不与液体直接接触，然后整个气膜脱离界面而形成沸腾膜。

当热流密度达到由核沸腾转变为过度沸腾所对应的值时，加热表面上的气泡很多，以致很多气泡连成一片，覆盖了部分加热面。由于气膜的传热系数低，加热面的温度会很快升高，从而使加热面烧毁。这一临界对应点又称为沸腾临界点或临界热流密度。在临界热流密度试验过程中，临界判断一般采用加热元件壁温判断，其判据有两条：一是加热元件壁温跃升速率达到或超过某一定值；二是加热元件壁温达到或超过最高温度限值。

在对流沸腾中，主要有两种类型的临界热流密度：偏离核态沸腾和干涸。在压水堆核动力装置稳态热工设计中，通常只遇到过冷沸腾和低含汽量的饱和沸腾，因此偏离核态沸腾热流密度尤其重要。偏离核态沸腾机理模型主要包括 3 种类型：①当发热元件壁面上形成一个大蒸汽泡时，其底部薄层液膜不断蒸发，形成干斑，导致发热元件壁面传热恶化；②当发热元件壁面上的气泡层增厚到足以阻碍液体润湿壁面时，蒸汽将无法逸出而形成汽壳，堵塞了液体流道，导致发热元件壁面发生过热；③在高热流密度下，汽块与发热元件壁面之间的液膜蒸发速度大于液体润湿壁面速度，导致发热元件壁面异常过热而干涸。

蒸汽直接加热把蒸汽直接加入水或料浆等液体中，将其快速加热到所需要的温度。它是一种混合式加热方式，常称为直接加热、混合加热等。

蒸汽直接加热一般分为蒸汽和水混合加热、蒸汽和料浆混合加热两种。水分为生活用水和工艺用水。料浆一般是指白水、污水、黑液、纸浆、矿浆、淀粉料浆等黏性和易沉降类液体。

蒸汽直接加热的加热液体主要有水（生活用水和工艺用水）、白水、污水、黑液、纸浆、矿浆、淀粉料浆等液体，而蒸汽作为加热介质。

蒸汽直接加热设备又称为蒸汽直接加热器，指蒸汽和液体直接相混合，也即蒸汽直接加入或喷入液体中，将液体加热的设备。它不同于间接加热设备，也不同于蒸汽喷射压缩器。对于不同的液体，应选择不同的蒸汽直接加热设备。

蒸汽的加入或喷入方式主要有：①蒸汽以一定压力进入液体中，此时蒸汽具有动力作用；②蒸汽被抽入，此时液体具有动力作用；③蒸汽加入液体中，此时蒸汽不具有动力作用；④蒸汽和液体都具有一定压力，此时两者都具有动力作用，或其中的一个具有动力作用。

6.1.1　换热器的指标

国内外对换热器的评价有多种指标，有定性的和定量的。习惯上，人们最为关注的重要的指标是传热总系数 K 值和运行的流阻系数 ΔP，或能效传热总系数和能效表面热流强度[1-4]。

1. *传热总系数 K 值或换热面表面热流强度 q*

换热器的传热方程为

$$Q=KF\Delta T_{\mathrm{m}} \tag{6-2}$$

式中：Q——热负荷，kW；

K——传热总系数，$\mathrm{kW\cdot(m^2\cdot ℃)^{-1}}$；

F——换热表面积，$\mathrm{m^2}$；

ΔT_{m}——传热平均对数温差。

式（6-2）中的 Q 和 F 属于容量指标；ΔT_{m} 属于强度指标，是传热过程的推动力；而 K 属于混合指标。它既含有容量指标，又含有强度指标。它的物理意义是每小时、每平方米的换热表面积（容量指标）、当传热推动力（强度指标）为1℃时，能够传输的热量（容量指标）。K 的数值取决于两流体的对流给热和换热表面的传导给热。在强制对流条件下，流体对流给热的关联式可表述如下：

$$Nu=f(Pr,Re) \tag{6-3}$$

式中：Nu——对流给热的努塞特数；

Pr——物性对对流给热影响的普朗特数；

Re——流体流态对对流给热影响的雷诺数。

式（6-3）可整理成幂函数：

$$Nu=CRe^{m}Pr^{n} \tag{6-4}$$

式中：C、m 和 n 这 3 个常数由实验确定。由上述无因次群的关联式可见，影响传热总系数 K 的因素包括流体在给定定性温度下的物性和流体的流态，而与推动流体流动的压力差和推动传热的温度差无关。在实验时，为使流体流动和传热得以进行，必须有一定的压力差和温度差。即传热总系数 K 值是在某一特定的压力差和温度差条件下取得的数值。由于压力差对传热的影响不大，可忽略不计，而温度差对传热影响很大，必须将其关联进去。因此，当评价一台在运行中的换热器性能时，仅仅将 K 值作为单一的评价标准，而不考虑当时的温度差是多少，是片面的。为此，人们提出了换热面表面热流强度这一概念。定义为 $q=Q/F$，其物理意义是每平方米换热表面、每小时的换热量。

由式（6-2）可得

$$q=Q/F=K\Delta T_{\mathrm{m}} \tag{6-5}$$

换热面表面热流强度 q 可以作为换热器评价的量化指标，它是 K 和 ΔT_{m} 的积，涵盖了 ΔT_{m} 的影响。

以传热总系数 K 和换热面表面热流强度 q 作为换热器的评价指标，追求的目标是换热器的最小化，以达到降低换热器固定资产投资的目的。然而，它并没有顾及换热器的能效。

2. 传热器的流阻系数 ΔP 或换热器的热效率 η

换热器的其他指标还有传热器的流阻系数 ΔP 或换热器的热效率 η。换热器的流阻系数 ΔP 通过测量流入换热器的流体压强降来简单表征。ΔP 越小，流体流过换热器的动能损失就越小。在实际生产时，应保证换热器在最小压降的前提下获得最大的换热量。

通过分析管壳式换热器的壳程传热与阻力性能特点可知：如果采用能量系数 K/N（K 为总传热系数，而 N 为流体输送机械的功率）来评价换热器的换热性能，那么强化传热时更应着眼于提高其换热性能。在弓形折流结构无相变换热时，壳程对流总传热系数 α 与传热器的流阻系数 ΔP 采用能量系数 B_{D} 作为评价指标，能更准确地反映强化传热的性能。

壳程对流总传热系数与传热器流阻系数 1/3 次幂的比值称为换热器的能量系数 B_{D}，即

$$B_{\mathrm{D}}=\frac{\alpha}{\Delta P^{1/3}} \tag{6-6}$$

式中：B_{D}——能量系数，$\mathrm{W}\cdot(\mathrm{N}\cdot\mathrm{K})^{-1}$；

α——壳程对流总传热系数，$\mathrm{W}\cdot(\mathrm{m}^2\cdot\mathrm{K})^{-1}$；

ΔP——传热器的流阻系数。

换热器在能源系统内有着广泛应用，所以应不断对换热器进行优化设计，提升换热器性能，降低能源系统对能源需求。主要利用熵产分析法与㶲效率分析法从能质层面对换热器性能进行分析。

换热器㶲效率 η_{e} 的数学公式为

$$\eta_{\mathrm{e}}=\frac{\Delta E_{\mathrm{e}}}{\Delta E_{\mathrm{h}}}=\frac{E_{\infty}-E_{\mathrm{ei}}}{E_{\mathrm{hi}}-E_{\mathrm{ho}}} \tag{6-7}$$

式中：ΔE_{e}——换热器冷流体获得的热量，kJ；

E_{ei}、E_{∞}——冷流体流入与流出换热器的热量，kJ；

E_{hi}、E_{ho}——热流体流入与流出换热器的热量，kJ；

ΔE_h——换热器热流体的热量，kJ。

现阶段对换热器分析研究都是以上述数学方程式作为研究前提，对换热器换热过程改善进行分析，进而提高换热器㶲利用效率。换热器效能的物理意义是，换热器的实际换热效果与最大可能的换热效果之比。

当换热器中传递的热量为 Q 时，所付出的代价包括三部分，即传热㶲损耗费用、流动㶲损耗费用和换热器成本费用。流动㶲损耗费用实际上就是泵（或风机）的功率消耗，由机械功来补偿。它间接反映了换热器的运行费用，故两者之间必然存在机械功和㶲的折算系数。

根据吴双应的理论，换热器㶲效率包括两部分：第一部分为换热器由于温差传热而引起的热量㶲损失 ΔE_T；第二部分为由换热器中流体黏性流动阻力所引起的压力㶲损失 ΔE_P。G 为高温高压水质量流量。式（6-7）下就是 ΔE_T 效率，而压力㶲损失 ΔE_P 的计算用单流程管壳式换热器流动阻力简化，气-气、气-液、液-气、液-液不同换热介质的换热器总㶲损失表达式如下。

对于管侧：

$$Fr = \frac{1}{8\beta}\frac{1}{Eu_t St_t}\left(f_t + \frac{d_i}{L}\xi_t\right) \tag{6-8}$$

式中：Fr、Eu_t、St_t——换热器冷流体的弗劳德数、欧拉数与斯坦顿数；

ξ_t、f_t——冷流体的局部阻力系数与沿程阻力系数；

L、d_i——换热器列管的长与内直径，mm；

β——换热器热的系数。

对于壳侧：

$$Fr = \frac{1}{8\beta}\cdot\frac{1}{Eu_s St_s}\left(f_s + \frac{d_i}{d_e} + \frac{d_i}{L}\xi_s\right) \tag{6-9}$$

式中：Fr、Eu_s、St_s——换热器冷流体的弗劳德数、欧拉数与斯坦顿数；

ξ_s、f_s——热流体的局部阻力系数与沿程阻力系数；

L、d_i、d_e——换热器外管的长、内直径与外径，mm；

β——换热器热的系数。

从㶲经济学的观点来看，在换热器中传递的热量为 Q 时，所付出的代价包括三部分，即传热㶲损耗费用、流动㶲损耗费用和换热器成本费用。但是应当指出，传热㶲损耗和流动㶲损耗对换热过程所起的作用是不一样的。前者对换热过程起直接推动作用，它的大小取决于换热温差；而后者只能通过影响换热系数的大小对换热过程起间接推动作用，它主要消耗于克服流动阻力上。同时，传热㶲损耗费用和流动㶲损耗费用也是不等价的，前者是传热的㶲损失，而后者实际上就是泵（或风机）的功率消耗，由机械功来补偿，它间接反映了换热器的运行费用，故两者之间必然存在机械功和㶲的折算系数 n。研究结果表明，n=3～5。因此，在换热器中传递一定的热量 Q 时，总费用为

$$\eta = \frac{C_e\left(\Delta E_T + n\Delta E_P\right) + I/\tau}{G_e C_{pc}\varepsilon\left(T_{hi} - T_{ci}\right)} \tag{6-10}$$

式中：C_e——热㶲单价，元 · kJ^{-1}；

ΔE_T、ΔE_P——换热器由于温差传热而引起的㶲损失与换热器中流体黏性流动阻力所引起的㶲损失，kJ；

n——机械功和㶲的折算系数，无因次量；

I——换热器的年投资分摊费用，元 · a^{-1}；

τ——换热器年运行时间，h · a^{-1}；

G_e——流体的质量流量，kJ · s^{-1}；

C_{pc}——冷流体的比热容，kJ · $(kg \cdot K)^{-1}$；

ε——传热有效度，无因次量；

T_{hi}、T_{ci}——入口端热流体与冷流体的温度，K。

例如，某液-液换热器，管内为热水，热水进口温度为67℃，进口压力为0.20MPa，冷水在壳程，进口温度为15℃，进口压力 0.15 MPa。冷水流量为5000kg · h^{-1}；传热系数为1000W · $(m^2 \cdot ℃)^{-1}$；换热器投资为1000+700F元（F为换热器传热面积）；10年偿还，贷款利率为10%，税率为2%；㶲价取为6.94×10^{-8}元 · J^{-1}；换热器年工作时间7200h。对3种常见流型（顺流、交叉流、逆流）换热器进行㶲经济分析和计算，计算结果列于图6-2。

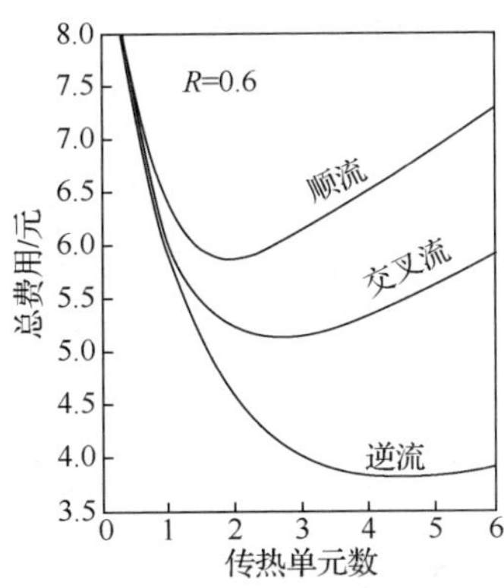

图 6-2 R 一定时总费用与传热单元数的关系

由图6-2可知，冷热体热容量R=0.6时，逆流换热的总费用最低，需要换热级数4～5级。在保证其他有关参数不变的情况下，传热单元数在不断增加之后，逆流换热器㶲效率也在不断提升，传热单元数在增加到一定数值之后，换热器逆流㶲效率增长速度逐渐趋于平缓［图6-3（a）］。逆流换热器㶲效率在不断增加之后，R数值也会适当降低，R与逆流换热器㶲效率之间成正比，但R数值在增加到一定范围之后，逆流换热器㶲效率增长趋势逐渐趋于平缓，最后停留在最值范围内［图6-3（b）］。也就是说，逆流换热器效率的增长在一定范围之内存在极限值，同时R也具有最值，进而利用㶲效率能够对换热器热力学性能进行分析研究[2]。

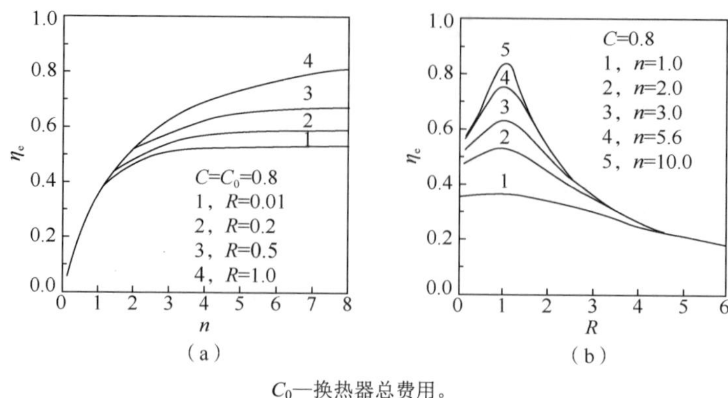

C_0—换热器总费用。

图 6-3　逆流换热器㶲效率η_e与传热单元数 n、冷热体热容量 R 规律

特别注意，上述分析过程与分析所得结果全部都是以换热器在正常环境温度下运行为基础的。若换热器处于低温环境下运行，热力学性能就会发生改变，特点也会发生一定改变。低温换热器与高温换热器之间存在一定差异，低温换热器在运行过程中会释放出热量，这样换热器内温度下降，换热器内冷量数值也会适当提升，也就是收益增加，冷流体在吸收换热器所产生的热量之后，温度提高，冷量适当降低。

由此可以发现，传统换热器㶲效率有关理论在制订上都是控制在一定范围之内的。同时按照㶲效率定义可知，其对换热器在换热量上所存在的差异并没有进行全面分析。所以，㶲效率能够对换热器热力学性能评价指标内所存在的问题进行表示。

6.1.2　高压下的间壁式换热器

两种温度不同的流体进行热量交换，使一种流体降温另一种流体升温，以满足各自的需要，这种的换热设备称为换热器。高温高压流体的换热常用间壁式换热设备。按传热面（固体壁面）的形状和结构性，又可将间壁式换热器分为管式和板面式两类。高压下的间壁式换热器为后者。表 6-2 所列为我国部分有色冶金工厂换热器的应用概况，供换热器选型参考。

表 6-2　我国部分有色冶金工厂换热器的应用概况

换热器名称	用途	换热面积/m^2	热流体	冷流体	使用厂家
浮头式	加热油渣	100，300	蒸汽	油渣	山东铝厂
钛制管壳式	加热电解液	40，45	蒸汽	电解液	白银有色金属公司
石墨管壳式	耐蚀	120，48，60	蒸汽	液体	株洲冶炼厂
石墨间冷器	冷却烟气	400	锌冶炼烟气	气体	葫芦岛锌厂
双程预热器、六程预热器	预热碱液	30，400	蒸汽	碱液	贵州铝厂
套管式加热器	普遍	142	蒸汽	液体或气体	山东铝厂

下面介绍套管式换热器和管壳式换热器。

1）套管式换热器。由直径不同的直管制成同心套管，并由 U 形弯头连接而成。一种流体走管内，另一种流体走环隙，两者皆可得到较高的流速，故传热系数较大。传热系数为 870～1750W·$(m^2 \cdot K)^{-1}$。两种流体可为纯逆流，对数平均推动力较大。优点：结构简单，适用于高温高压流体的传热，特别是小流量流体的传热；改变套管的根数，可以方便增减热负荷；方便清除污垢，适用于易生污垢的流体。缺点：流动阻力大，金属耗量多，约为管壳式换热器的 5 倍，体积大，占地面积大，多用于传热面积不大的换热器[5]。

2）管壳式换热器。优点：结构简单，造价较低，选材范围广，处理能力大，可以适应高温高压的流体，可靠性程度高。缺点：与新型高效换热器相比，传热系数低，壳程由于横向冲刷，振动和噪声大。

换热器的总传热系数主要与换热管两侧的膜传热系数和换热管的热阻有关，因而换热器的总传热系数与下列参数有关：①换热管、壳程流体的物性数据（黏度、表面张力、密度等）；②换热管、壳程流体的流速；③换热管的热阻。

换热器的基本要求：①热量能有效地从一种流体传递到另一种流体，即传热效率高，单位传热面上能传递的热量多。②换热器的结构能适应所规定的工艺操作条件，运转安全可靠，密封性好，清洗、检修方便，流体阻力小。③价格便宜，维护容易，使用时间长。

换热器选型应考虑的因素：①流体的性质；②换热介质的流量、操作温度、压力；③效率尽量高。

6.1.3 高压下的换热方式

1. 高压下矿浆与矿浆的换热

高压浸出前矿浆需要预热，溶出后的矿浆蕴含热量，二者进行换热，让溶出后矿浆的热传递给高压浸出前的矿浆，充分利用热量，这是高压浸出的一个重要环节。高压下，能不能让矿浆与矿浆通过间壁式换热器进行换热呢？如果是两个矿浆流进行换热，在一个套管式换热器中进行。高压浸出前的矿浆，压力高，走内管；高压浸出后的矿浆，压力低，走外管。通过内管与外管的间壁传递热量，矿浆在间壁上很快结垢，阻止传热进行。因此，使溶出后矿浆的热直接传递给高压浸出前的矿浆，这种方式很难做到。

2. 高压下蒸汽直接加热矿浆

我国早期的拜耳法就是用过热蒸汽直接加热矿浆来完成铝土矿溶出的。现在，冶金过程也还用蒸汽直接加热设备。使用较多的产品主要有水热器、浆热器、蒸汽喷射加热器、蒸汽喷射器、蒸汽回收器、汽水混合加热器、生水加热器、汽水混合器、水箱加热器等[6]。

1）分类：包括蒸汽和水混合加热设备与蒸汽和料浆混合加热设备两种。这两种又各自分为：①管线型——安装在管道系统中；②槽罐型——安装在水箱、槽罐内。

2）水的蒸汽直接加热设备（不包括白水、污水）。常用设备（管线型）有进口设备和国产设备。国产设备主要有长沙水泽公司的专利产品——水热器。该设备通过了现场运行条件下的噪声和振动国家权威检测，实现了无水击、无振动，噪声可以调节控制，领先世界水平。进口设备主要有 GEA 公司的蒸汽喷射加热器。

使用蒸汽直接对矿浆加热的矿浆加热器有：①安装在池内的矿浆加热器；②水平安

装的矿浆加热器；③垂直安装的矿浆加热器。

矿浆加热器的安装方式有以下几种。

1）安装在池内的矿浆加热器。这种安装在池内的矿浆加热器有两种：一是安装在中铝股份有限公司山西分公司的 GEA 蒸汽喷射加热器，二是安装在中铝股份有限公司山东分公司的无振动、堵塞、冒汽加热器。

2）水平安装的矿浆加热器。这是难度极大的一种矿浆加热器，2012 年在中铝平果铝厂安装了世界上第一台水平安装的矿浆加热器，其运行很好。这台矿浆加热器全面解决了振动、冒蒸汽、堵塞、磨损问题。水平安装的矿浆加热器如图 6-4 所示。

图 6-4（a）这种水平安装的矿浆加热器第一个全面解决了蒸汽直接加热的振动、噪声、冒蒸汽、堵塞等问题。图 6-4（b）这种水平安装在屋顶上的蒸汽喷射加热器后面接有水箱。

（a）

（b）

图 6-4　水平安装的矿浆加热器

3）垂直安装的矿浆加热器。垂直安装的矿浆加热器一般安装在水池上面，采用新的结构才能解决冒蒸汽问题，但是制造成本会提高。垂直安装的矿浆加热器如图 6-5 所示。

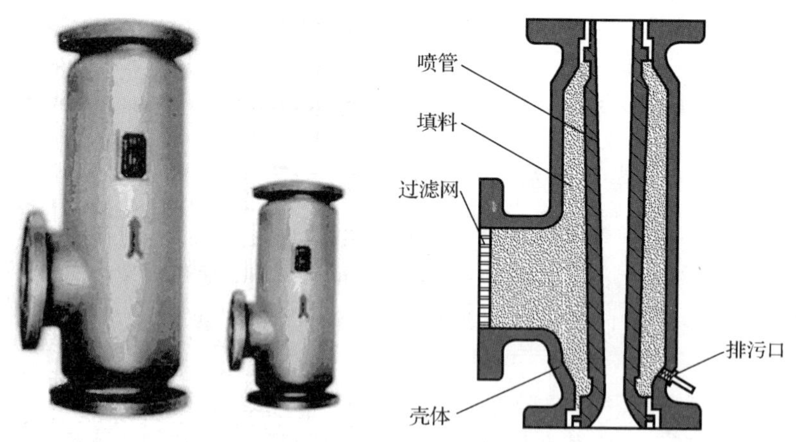

图 6-5　垂直安装的矿浆加热器

由图 6-5 可见，蒸汽从矿浆加热器的过滤网入口进入，在填料墙中分散，从喷管弥散进入矿浆，充分被矿浆吸收，能解决振动、冒蒸汽问题。

高温高压浸出的换热与常压浸出的换热有很大不同。在实践中，要实现高温高压浸出的换热，只能采取套管换热、压煮器换热、熔盐换热等方式。而各种方式的用途都很特别，需要专门研究才能选对方法。总之，高温高压浸出的换热是冶金工作者极为重视的研究领域，需要专门学习才能做出明智的决断。

3. 高压下蒸汽间壁式换热

高压下蒸汽间壁式换热通常有套管式、列管式与压煮器换热 3 种。在套管式与列管式换热器中，蒸汽走壳程，矿浆走管程；在压煮器换热器中，蒸汽走管程，矿浆走壳程，壳程有机械搅拌。

壳管式换热器的命名为壳程数-管程数。例如，1-2 型指壳程为 1，管称为 2；2-4 型指壳程为 2，管称为 4。

按流动方向，间壁式换热器可分为：①顺流换热器；②逆流换热器；③交叉流换热器。一般交叉 4 次以上即可认为是顺流后逆流。

间壁式换热器中，对数平均温差可以统一用以下计算式表示：

$$\Delta T_{\mathrm{m}}=\frac{\Delta T_{\max}-\Delta T_{\min}}{\ln\dfrac{\Delta T_{\max}}{\Delta T_{\min}}} \tag{6-11}$$

式中：ΔT_{m}、$\Delta T_{\max}$、$\Delta T_{\min}$——换热器热流体的对数平均温度差、最大温度差与最小温度差，℃。

算术平均温差总大于对数平均温差。而当 $\Delta T_{\max}/\Delta T_{\min}\leqslant 1.7$ 时，可用算术平均温差计算。

高压下蒸汽间壁式换热的一个特征是蒸汽在凝结过程中与固体壁面发生换热。蒸汽间壁式换热有膜状凝结换热与珠状凝结换热。是否形成膜状凝结主要取决于凝结液的润湿能力，而润湿能力又取决于表面张力。表面张力小的润湿能力强。实践表明，大多数常用蒸气在纯净条件下在常用工程材料洁净表面上都能得到膜状凝结。

在工业中常用流体的润湿能力都比较强。凝结时，先在壁面上凝结成液体，再沿壁面下流，逐渐形成液膜。膜状凝结时，壁面总被液膜覆盖，凝结时放出的潜热必须穿过液膜才能传到壁面上，故液膜是换热的主要热阻。珠状凝结的特点是小液珠在壁面形成、长大、脱落，沿途清扫液珠，壁面裸露，蒸气直接与壁接触，凝结成新的液珠。在珠状凝结时，蒸气与冷却壁之间没有液膜热阻，故传热得到加强。

在套管式与列管式换热器中，蒸气在冷壁面凝结，形成液膜，蒸气凝结将热量传给冷壁面。假设：①气液界面上无温差，界面上液膜温度等于饱和温度；②膜内温度分布是线形的，即认为液膜内的热量转移只有导热，而无对流作用；③液膜的过冷度可以忽略；④当气相的密度（ρ_{v}）与相的密度（ρ_{l}）之间的关系为 $\rho_{\mathrm{v}}\ll\rho_{\mathrm{l}}$ 时，计算式中的 ρ_{v} 可忽略不计；⑤液膜表面平整无波动。液膜厚度与换热系数的关系：

$$\delta=\left[\frac{4\lambda_{\mathrm{l}}\cdot\eta_{\mathrm{l}}(t_{\mathrm{s}}-t_{\mathrm{w}})x}{rg\rho_{\mathrm{l}}(\rho_{\mathrm{l}}-\rho_{\mathrm{v}})}\right]^{\frac{1}{3}} \tag{6-12}$$

式中：δ——液膜厚度，mm；

λ_{l}——液膜传热系数，$\mathrm{W}\cdot(\mathrm{m}^2\cdot℃)^{-1}$；

η_{l}——换热器的传热效率，%；

t_s、t_w——换热器壁与液体的温度，℃；

x——换热器列管的管长，mm；

r——换热器列管的半径，mm；

g——重力加速度，$m \cdot s^{-2}$；

ρ_v、ρ_l——气相的密度与相的密度，$kg \cdot m^{-3}$。

影响膜状凝结的因素：①不凝结气体。由于不凝结气体形成气膜，蒸气要扩散过气膜，形成阻力；气膜导致蒸气分压力降低，从而使液膜表面温度降低。②蒸气流速。蒸气流速向上，液膜增厚；蒸气流速向下，液膜减薄。蒸气流速再增大，液膜破裂。③过热蒸气，使液膜减薄。④管子排数。凝结液落下时要产生飞溅及对液膜的冲击扰动，会使液膜增大。⑤凝结表面情况。

凝结换热的放热系数一般比较大，故在常规冷凝器中其热阻不占主导地位。但实际运行中凝汽器的泄漏是不可避免的，空气的漏入使冷凝器平均表面传热系数明显下降。实践表明，采用强化措施可以收到实际效益。某些制冷剂的冷凝器中，强化有更大的现实意义。强化的原则就是尽量减薄黏滞在换热表面上液膜的厚度。实现的方法：①尖锋的表面；②使凝结液尽快从换热表面上排泄，如低肋管、纵向沟槽等；③表面改性，使膜状凝结变为珠状凝结，如表面涂层（油脂、纳米技术）、离子注入等。

总传热系数与管程膜传热系数、管程壳程热阻、管壁热阻和壳程传热系数有关。①管程膜传热系数与雷诺数、普朗特数、黏度修正系数等有关。雷诺数由流体流速、流体密度管径和流体动力黏度决定；普朗特数由流体热容、动力黏度和传热系数决定。②这些参数与流体的状态有关，即与高温高压有关。③壳程传热系数与壳程流体雷诺数、普朗特数、黏度修正系数、壳程排列方式、折流板间距、开孔大小等有关。④这些参数与沉积物、结垢等形成的热阻有关。总传热系数由各种因素的综合影响决定，要经过研究找出决定因素，才能找到提高总传热系数的措施。

力求使换热器中流体流动达到湍流，提高总传热系数α。对于液体，通常黏度越大，要求流速越大。

管内：

$$\alpha_{管} = \frac{Au^{0.8}}{d^{0.2}} \tag{6-13}$$

管外：

$$\alpha_{壳} = \frac{Bu^{0.55}}{d_e^{0.45}} \tag{6-14}$$

式中：$\alpha_{管}$、$\alpha_{壳}$——换热器管程与壳程的换热系数，$W \cdot (m^2 \cdot K)^{-1}$；

A、B——换热器管程与壳程的换热面积，m^2；

u——流体的流速，m/s；

d、d_e——换热器管程与壳程的直径，m。

由式（6-13）与式（6-14）可见，在套管式与列管式换热器中，蒸汽走壳程，矿浆走管程。壳程的流速对换热系数的影响比管程的流速对换热系数的影响大，为了提高总传热系数，改善矿浆流动是问题的主要方面。为了防止长管力有较大的扰曲，保证传热面积，列管要分程。壳程提高总传热系数的措施是加拆流板，这比增加壳程更有效。

6.2　间歇式高压容器内的矿浆换热

间歇式高压容器，反应后矿浆蕴含的热量很难利用，矿浆换热仅限于间歇式高压釜中矿浆加热与矿浆冷却，不涉及矿浆蕴含的热量。

1. 矿浆的筒式电加热

筒式加热器是插入金属块的钻孔中进行电加热且通常呈管状的设备。

在选择筒式加热器前，需要考虑的主要问题包括：①需要多大功率；②采用多大电压；③需要多长的加热时间；④需要多长的加热器导线；⑤需要多大直径；⑥最高温度是多少；⑦达到所需温度需要多长时间；⑧环境温度是多少等。

在大部分的应用中，都无须最高的功率密度，而仅使用所需密度即可。 可使用低于最大允许值的额定值，以留出一定的安全裕度。选择筒式加热器是为了实现最为均衡的加热，而不是使每个加热器达到尽可能高的功率。

在中等功率密度下，通常使用通用钻即可进行钻孔操作。通常情况下，这种方式产生的孔要比钻头的标称尺寸大 0.003"～0.008"，配合度可达 0.010"～0.015"。就热传导特性而言，当然配合度越高越好，但略松一些更便于安装和拆卸，尤其是对于较长的筒式加热器。在高功率密度下，不能仅仅利用通用钻将孔钻至最终直径，而应在将孔钻好后进行扩孔。使用高功率密度时，孔与加热器之间的紧密配合非常重要。配合度是指孔最大直径与加热器最小直径之差。例如，对于 1/2"直径的 OMEGALU 筒式加热器而言，其实际直径为 0.498"+0.000"/−0.005"。如果将该加热器放置在经钻孔和扩孔后直径达 0.503"的孔中，则配合度为 0.503" − 0.493"= 0.010"。

功率密度是指热流量或表面负荷，即每平方英寸加热表面的功率值。计算时应注意，常用筒式加热器的两端均带有一段 1/4"的非加热区。因此，对于额定功率为 1000W 的 1/2"×12"加热器，应按以下公式计算功率密度：

$$功率密度=W/(\pi D H_L) \tag{6-15}$$

式中：W——功率（1000W）；

π——圆周率（3.14）；

D——直径（0.5m）；

H_L——加热长度（11.5m）。

在高功率密度应用中，功率的控制是一项重要的考量因素。

2. 油浴矿浆加热

反应釜由釜体、釜盖、夹套、搅拌器、传动装置、轴封装置、支承等组成，并在釜壁外设置夹套，或在器内设置换热面，也可通过外循环进行换热。加热方式有电加热、导热油循环加热、远红外加热、外（内）盘管加热等。加热器装置主要由温度检测放大电路、温度比较电路、交流过零检测电路、晶闸管触发延时电路、晶闸管触发时间选择电路、晶闸管触发电路、电源电路和加热器（用灯泡模拟加热器）组成。

油浴矿浆换热用于 100～2000L 的中间试验高压釜加热。

3. 蒸汽矿浆加热

间歇式高压容器的加热方式为夹套加热和釜内盘管（管束）加热。夹套式换热器是间壁式换热器的一种，在容器外壁安装夹套制成，结构简单；但其加热面受容器壁面限制，传热系数范围广且不高，传热系数为 150～1500W · $(m^2 \cdot K)^{-1}$。为提高传热系数且使釜内液体受热均匀，可在釜内安装搅拌器。当夹套中通入冷却水或无相变的加热剂时，也可在夹套中设置螺旋隔板或其他增加湍动的措施，以提高夹套一侧的给热系数。为补充传热面的不足，也可在釜内部安装蛇管。夹套式换热器广泛用于反应过程的加热和冷却。

强化传热的目的是以最小的传热设备获得最大的换热能力。根据传热的基本方程，强化传热过程主要有如下几种途径：①增大传热面积。增大传热面积可以增加传热量，但随着设备的增大，投资和维修费用也相应增加。这种途径是否采用，要看传热量的增加能否补偿费用的增加。②增加传热平均温度差。即提高加热介质温度或降低冷却介质温度，如通过提高蒸汽压力或降低蒸汽管道阻力的方法提高加热蒸气的压力。③减小传热热阻，提高传热系数。在夹套的导热壁两侧都有热阻，若有一个热阻很大，而其他的热阻比较小，则应从降低最大热阻着手。换热器刚使用时，由于没有垢层，流体对流传热热阻是主要方面，减小这项热阻主要靠提高流速，增加流体的湍动程度来实现。例如，将换热器由单程改为多程、加装挡板、使用螺旋板式换热器等都能加大流体的流速。在管内适当装入一些添加物也可起到增强湍动，破坏滞流内层的作用。随着换热器使用时间的延长，垢层热阻逐渐增大，因此防止结垢和及时清除污垢也是强化传热的关键。

4. 矿浆冷却

间壁式换热高压釜中的矿浆在完成冶金反应后，在压力作用下排出浸出矿浆，经闪蒸槽降压降温至 120℃并回收蒸汽（间歇式产出，不易回收热量），再经调节槽控制调温到 90～100℃后进行后续处理。

6.3　连续式高压容器内的矿浆换热

连续式高压容器就是要追求反应后矿浆蕴含热量利用的经济性。矿浆换热有二次蒸汽、新蒸汽与熔盐加热连续式高压器内的矿浆。利用反应后矿浆蕴含的热量来预热溶出前的矿浆，首先要用自蒸发的方式使反应后矿浆蕴含的热量传递到二次蒸汽，与矿浆分离。二次蒸汽携带着热量再去加热连续式高压浸出前的矿浆。整个过程连续进行，建立热传递稳态。自蒸发-二次蒸汽预热矿浆技术将氧化铝的热耗从 18.6GJ · t^{-1} 降低到 14.0GJ · t^{-1} 以下。

6.3.1　从溶出后矿浆中取出热量——矿浆闪蒸

闪急蒸发是指使在加压状态下被加热的液体进入减压空间呈过沸腾状态而发生大量汽化。闪急蒸发简称闪蒸，是一种特殊的减压蒸发。将热溶液的压力降到低于溶液温度下的饱和压力，则部分水将在压力降低的瞬间沸腾汽化。水在闪蒸汽化时带走的热量，等于溶液从原压下温度降到降压后饱和温度所放出的显热。按操作压力，可分为负压（<0.1MPa）分离器、低压（<1.5MPa）分离器、中压（1.5～6.0MPa）分离器和高压（>6.0MPa）分离器等。按结构，可分为立式闪蒸器与卧式闪蒸器。立式闪蒸器一般用于处理高气液比的液气混合物或过饱和液体，立式自蒸发器的结构如图 6-6（a）所示。

柱式自蒸发罐的构造简单，如图 6-6（b）所示，主要由底筒、中间管、外套管、扩散管、器体等所构成。中间管与外套管同心地安装，中间管下端有孔口，使管内外相通。底筒有进水口，顶部器体有排水口及排汽口。这种自蒸发罐在多效蒸发装置中的连接方式为：用管子把前一效汽鼓的汽凝水排出口与自蒸发的底筒连接起来；顶部排汽口用管子与进入下一效汽鼓的蒸发管连接。这样，前一效的汽凝水就能从自蒸发器的底部进入；自蒸发产生的蒸汽就能导入至下一效的汽鼓用以加热使用，余下的汽凝水又能连续地排至下一效自蒸发罐，器体空间的压力大致等于下一效汽鼓的压力。由于自蒸发罐中的水柱平衡了前后两效汽鼓中的压差，前一效汽鼓中较高压的蒸汽就不会直接流入下一效汽鼓中去。当前一效汽鼓中形成的汽凝水进入自蒸发器的底筒，并从中间管上升时，在上升过程中，压力逐渐降低而产生自蒸发作用，在中间管上部形成汽-水混合物。这样一来，中间管中的汽-液混合物的重度γ_m就比管外空间水的重度γ_H小，即$\gamma_m<\gamma_H$。

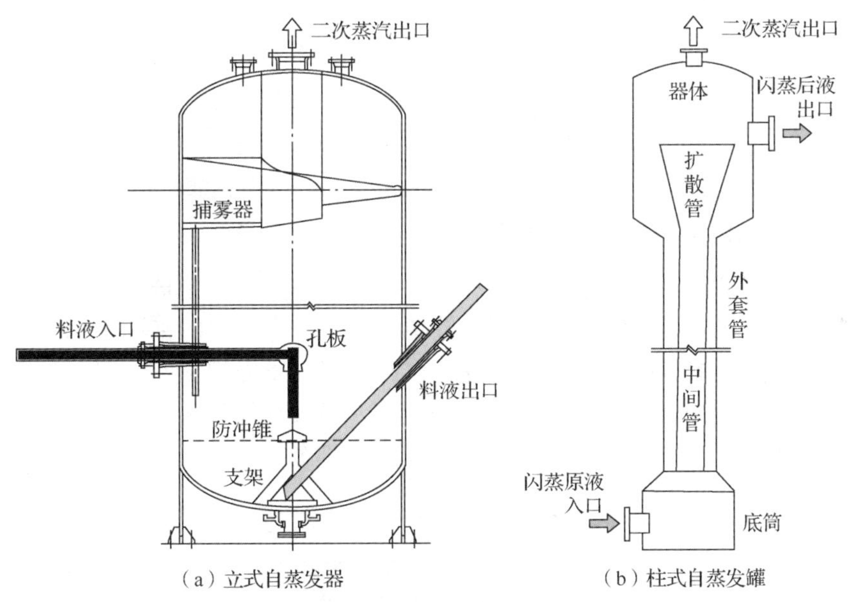

（a）立式自蒸发器　（b）柱式自蒸发罐

图 6-6　立式自蒸发器和柱式自蒸发罐的结构示意图

在闪蒸过程中，溶液被浓缩。常见闪蒸的具体实施方法是直接把溶液分散喷入低压大空间，使闪蒸瞬间完成。闪蒸的最大优点是避免在换热面上生成垢层。闪蒸前料液加热但并没有浓缩，因而生垢问题不突出。而在闪蒸中不需加热，是溶液自身放出显热提供蒸发能量，因而不会产生壁面生垢问题。连续式高压浸出之后的过热矿浆进入多级闪蒸器，如图 6-6 所示，进行能量再分配。矿浆把热量传递给一部分水，自身温度降低；一部分水接收矿浆传来的热量，吸收为自己的汽化潜热，转变为二次蒸汽。二次蒸汽与矿浆在自蒸发器的分离室得到分离，矿浆流向下一级闪蒸器，分离室的顶部引出二次蒸汽[7,8]。

闪蒸和蒸馏不同，在闪蒸过程中没有热量加入。其原理是物质的沸点随压力增大而升高，压力越低，沸点就越低。这样就可以使高压高温流体经过减压沸点降低，进入闪蒸罐。流体温度高于该压力下的沸点，流体在闪蒸罐中迅速沸腾汽化，并进行两相分离。使流体达到汽化的设备不是闪蒸罐，而是减压阀。闪蒸罐的作用是提供流体迅速汽化和汽液分离的空间。由此可以看出闪蒸也是有代价的，即牺牲压力能量。总之，闪蒸就是通过减压，使流体沸腾，而产生汽液两相，建立一个新的压力等级下的汽液平衡。

闪蒸是连续单级蒸馏过程，该过程使进料混合物部分气化或冷凝得到含易挥发组分的蒸汽和含难挥发组分较多的液体。为提高热能利用率，采用多级闪蒸。多级闪蒸是将连续单级闪蒸串联起来的操作过程。

闪蒸器的直径越小，其总体成本就越低，但随着闪蒸器直径的减小，会增加湍流的产生，产生液泛，还会增大气体再次进入液体的可能性。长径比与闪蒸器的直径、压力有关，闪蒸器直径越大，则长径比越小，如图 6-7 所示。压力越小，则长径比越小，如图 6-8 所示。

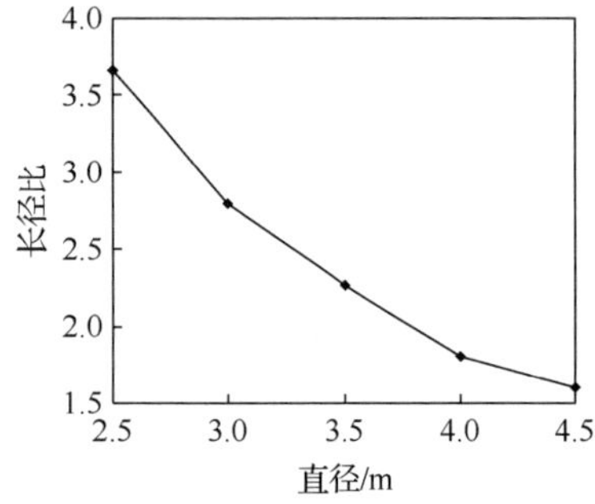

图 6-7　长径比与闪蒸器直径的关系曲线

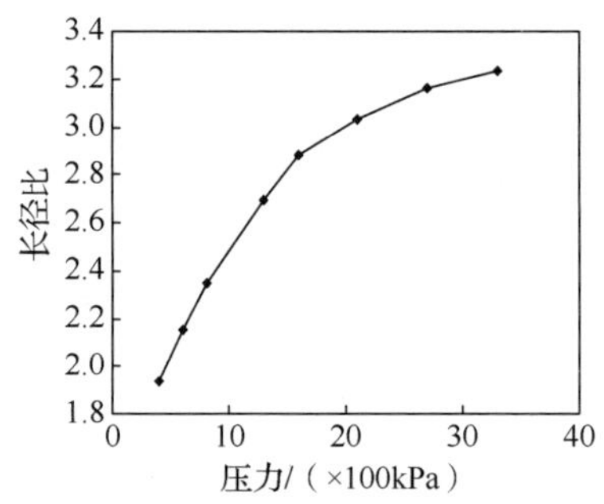

图 6-8　长径比与闪蒸器压力的关系曲线

柱式自蒸发罐适用于蒸发装置安装在较高楼层的情况，对于低楼层，自蒸发可采用卧式自蒸发罐。卧式自蒸发罐的结构更为简单，它是一个卧式的密闭圆筒，安装在蒸发罐的下面。卧式闪蒸器多用于液气比较高、自蒸发器内压力较小的情况，如原低压浸出后的矿浆自蒸发、缓冲罐等。卧式闪蒸器的结构示意图如图 6-9 所示。卧式闪蒸罐包括入口分流区、集液区、重力沉降区和除雾器区 4 个部分。

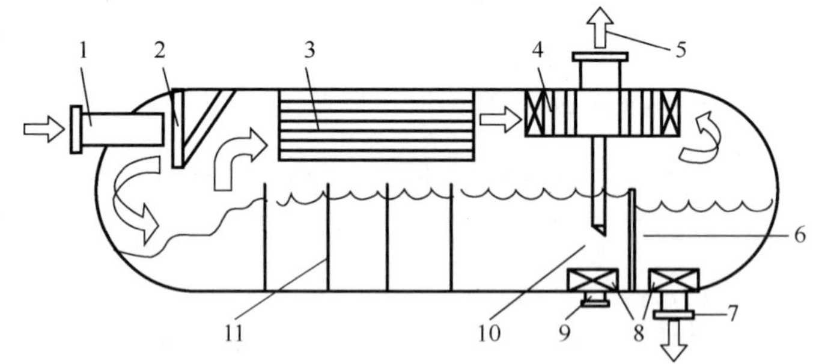

1—三相流体入口；2—挡板；3—气相整流件；4—捕雾器；5—气出口；6—溢流堰板；7—油出口；8—防涡器；9—水出口；10—下液管；11—填料或防浪板。

图 6-9　卧式闪蒸器的结构示意图

对于卧式闪蒸器，闪蒸器的最大直径由闪蒸器半满状态下的系数β来计算：

$$\beta = \frac{h_0}{d} \tag{6-16}$$

闪蒸器半满状态下系数β如图 6-10 所示。$\frac{A_w}{A}$为水相在闪蒸器内下半圆的体积的比例，即其在闪蒸器内所占截面积与闪蒸器截面积的比例。根据水相在闪蒸器内体积的比例，从图 6-10 中即可查出闪蒸器半满状态下的系数β。

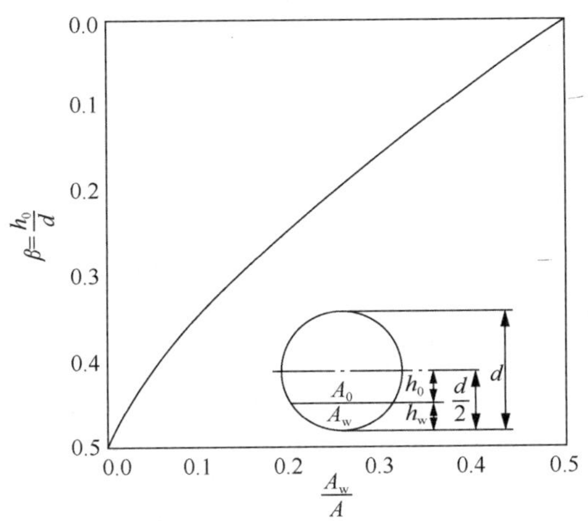

图 6-10　闪蒸器半满状态下的系数β

每一个卧式自蒸发罐的管路连接方法如下。

1）连接至前一效的汽鼓，以便引入汽凝水。

2）连接下一效的汽鼓，以把自蒸发产生的蒸汽引入汽鼓作加热用。

3）与下一个自蒸发罐连接，以便将经自蒸发后的汽凝水送到下一个自蒸发罐。

由于这种自蒸发罐液位较低，没有足够的液柱水封，在设备引入及引出汽凝水的管路上必须安装汽凝水排除器，以便能排出汽凝水，并阻止蒸汽的排出。

通常装水至一半的高度，这样就有较大的空阀供汽液分离之用。各根汽凝水管尽可能靠近自蒸发罐，并自器底引入。转弯处最好用一个 T 形管件，T 形管件的一端安装一个阀门，以作排水放空之用。

罐中可以安装挡板，分成隔室。在正常情况下，前一效自蒸发罐的汽凝水排至下一效的自蒸发罐，进行连续自蒸发。当下一效的自蒸发罐的水过满时，可通过由液位控制的阀门由旁通管送至再下一个自蒸发罐。

图 6-11 为氧化铝高压溶出车间的六级单套管预热-四级压煮器预热-六级新蒸汽加热-十级闪蒸的流程示意图。其用间接加热的高压连续溶出设备进行氧化铝溶出。原矿浆泵经前面六级单套管预热器（A_1～A_6）和四级压煮器（A_7～A_{10}）预热时，采用闪急蒸发器的二次蒸汽将料浆加热到 220℃；后面的六级压煮器（A_{11}～A_{16}）用 6.2MPa 的新蒸汽加热到 260℃的溶出温度。从最后一个溶出器流出来的已溶出完毕的料浆，依次通过十级（个）闪急蒸发器进行减压蒸发、降温冷却，产生的二次蒸汽分别在四级压煮器（A_{10}～A_7）和六级单套管预热器（A_6～A_1）的加热管上放热冷凝，生成的冷凝水排入其下部的冷凝水罐。每个冷凝水罐既是回收高压溶出器的冷凝水罐，又是更高温度的冷凝

水自蒸发器。

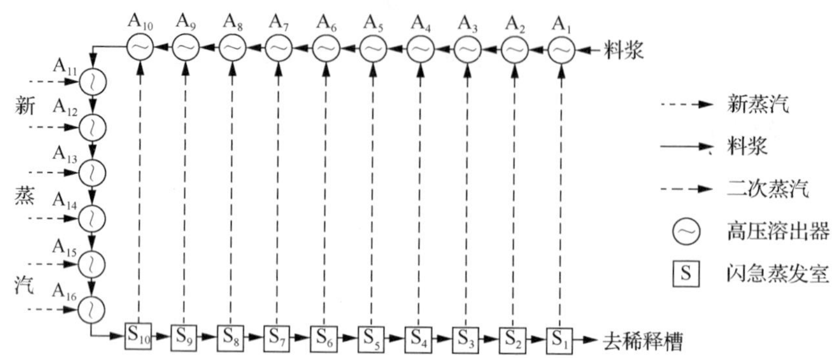

图 6-11　氧化铝高压溶出车间的六级单套管预热–四级压煮器预热–六级新蒸汽加热–十级闪蒸的流程示意图

十级闪蒸器内的温度和压力列于表 6-3 中。

表 6-3　十级闪蒸器内的温度和压力

闪蒸级	10	9	8	7	6	5	4	3	2	1
压力/MPa	2.43	1.6	1.43	1.22	1.03	0.86	0.69	0.46	0.33	0.15
温度/℃	230	211	197	191	180	176	170	160	150	136

在一些生产工艺中进行合理安排，也可充分利用加热蒸汽的冷凝水热量，也是节能的重要方法之一。如上述六级压煮器（A_{11}～A_{16}）用 6.2MPa 的新蒸汽进行料浆的加热，其冷凝水的温度和压强必然较高，生产上将它们收集在冷凝水罐中，再进行闪急蒸发，也可获得一定压强温度的蒸汽。

6.3.2　蒸汽间壁式加热连续式高压容器内的矿浆

用前述产出的二次蒸汽加热连续式高压器内的矿浆常见的有两种基本形式：一种是套管预热，另一种是压煮器预热。图 6-12 为氧化铝高压溶出车间的五级单套管预热–五级压煮器预热–六级新蒸汽加热–十一级闪蒸的流程示意图。

由图 6-12 可见，原矿浆先在五级套管预热器内由自蒸发蒸气间接预热至 150～160℃，之后进入五级预热压煮器，再在预热压煮器组中由自蒸发蒸气间接预热至 240℃后，进入六级预热压煮器，由新蒸气间接加热至溶出温度（265℃）。然后使料浆依次流过其余各个压煮器，料浆在这些压煮器中停留的时间就是所需的浸出时间。由最后一个压煮器流出的料浆进入自蒸发器。

1. 单套管预热矿浆

在图 6-12 中（图中未标出全冷凝水罐编号），第十级自蒸发器出来的二次蒸汽，进入第一级套管预热矿浆，蒸汽在第一级套管预热器中冷凝成水，流到第一级冷凝水罐（严格讲这一级换热称为叉流换热）。第二级自蒸发器出来的蒸汽，进入第二级套管预热矿浆，蒸汽在第二级套管预热器中冷凝成水，流到第二级冷凝水罐。第二级冷凝水罐兼有自蒸发作用，产出少量蒸汽引入第一级预热套管。依次类推，第六级自蒸发器出来的

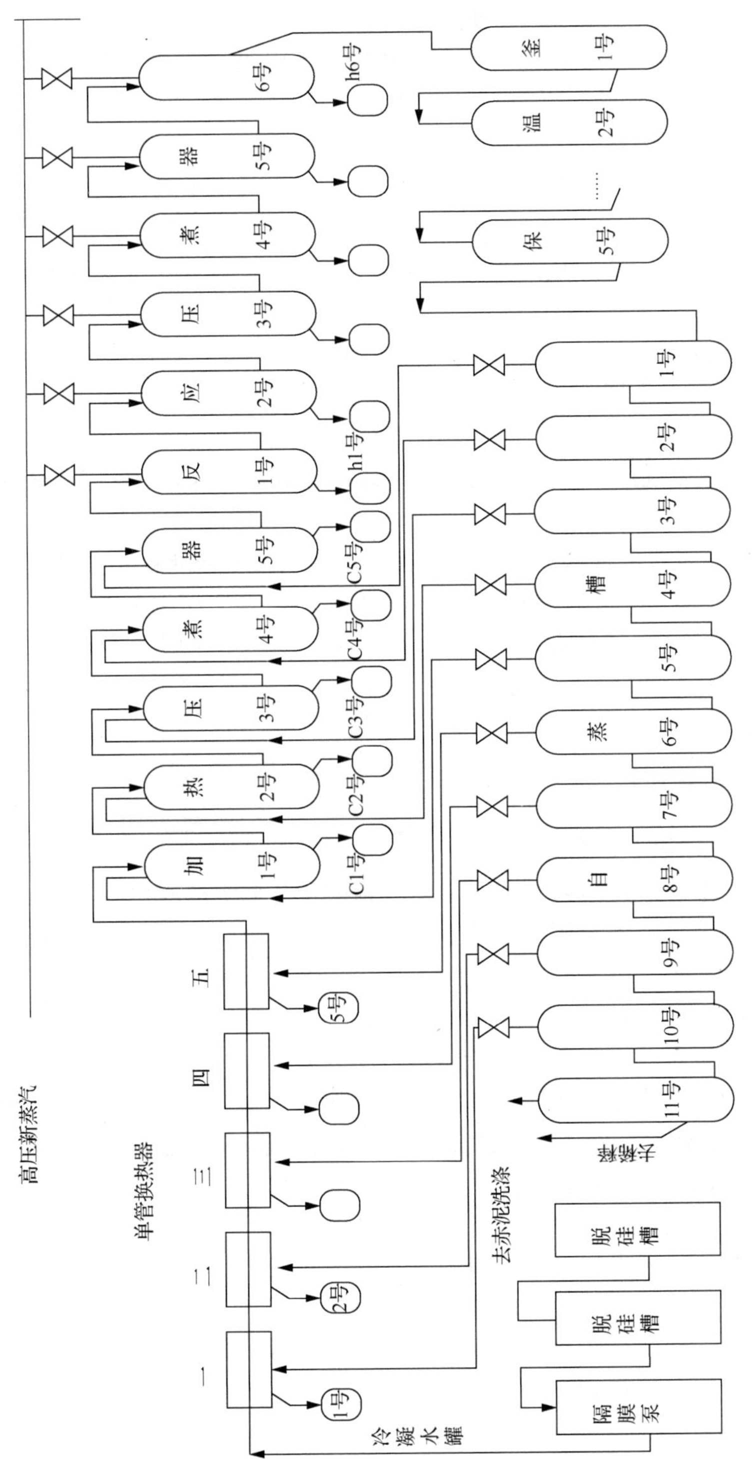

图 6-12 氧化铝高压溶出车间的五级单套管预热–五级压煮器预热–六级新蒸汽加热–十一级闪蒸的流程示意图

二次蒸汽，进入第五级套管预热矿浆，蒸汽在第五级套管预热器中冷凝成水，流到第五级冷凝水罐。第五级冷凝水罐兼有自蒸发作用，产出少量蒸汽引入第四级预热套管。冷凝水从第五级冷凝水罐流向第一级冷凝水罐。在换热过程中，五级以上的逆叉流换热称为逆流。

单套管预热矿浆的总传热系数 K 与管径有关，随着管径增大而减小。而这种换热器中，逆流管式换热器结构简单，效果也较好。

管式换热法能有效解决矿浆对换热设备的阻塞，适宜用于长距离矿浆流，具有重要的应用价值，研究表明：

1）管式换热法适用于矿浆流闭式系统，比壳管式等普通换热方式耗材量多 60%左右，考虑加工等制作工艺，两者投资接近；随着管式换热的矿浆流温度提高，总传热系数有所下降，矿浆流的温度达 160℃后，总传热系数下降 30%左右。

2）套管换热装置换热管大，流速高，雷诺数大，矿浆流侧对流换热系数高于普通换热方式 50%。

3）套管换热装置单管长度大，矿浆流侧流动阻力较普通换热器多 2～5 倍，但长距离矿浆流时，该阻力在利用任何换热方式时均存在，只是较大小不同而已。在高压浸出时，利用套管换热装置多于五级就显现出阻力增加过大的问题。

4）管式换热法分为顺流与逆流两种，其中逆流较顺流可减少 20%的换热面积或套管长度，但逆流需增加清洁加热蒸汽冷凝水闭式环路管线。

2. *压煮器预热矿浆*

在图 6-12 中，第五级自蒸发器出来的二次蒸汽，进入第一级预热压煮器预热矿浆，二次蒸汽在第一级预热压煮器中冷凝成水，流到第 C1 级冷凝水罐。第四级自蒸发器出来的蒸汽，进入第二级预热压煮器预热矿浆，蒸汽在第二级预热压煮器中冷凝成水，流到第 C2 级冷凝水罐。第 C2 级冷凝水罐兼有自蒸发作用，产出少量蒸汽引入第一级预热压煮器。依次类推，第一级自蒸发器出来的二次蒸汽，进入第五级套预热压煮器热矿浆，蒸汽在第五级预热压煮器中冷凝成水，流到第 C5 级冷凝水罐。第 C5 级冷凝水罐兼有自蒸发作用，产出少量蒸汽引入第五级预热压煮器。冷凝水从第 C5 级冷凝水罐流向第 C1 级冷凝水罐。这种逆叉流预热压煮器换热也称为逆流[9]。

二次蒸汽进入套管换热器与压煮器预热矿浆加热是有区别的。在套管换热器中，二次蒸汽走壳程，矿浆走管程；在压煮器中，二次蒸汽走管程，矿浆走壳程，壳程矿浆用机械搅拌提供湍流。压煮器换热具有高热流强度和低流动㶲损耗费用，但设备费用高。大规模生产，压煮器换热的总费用不算高，甚至是低的。

压煮器加热矿浆，有二次蒸汽加热和新蒸汽加热。从传热的角度，二者的热流强度和流动㶲损耗费用几乎相同。区别在于，二次蒸汽或多或少带料浆，冷凝水不纯净，只能一直走二次蒸汽冷凝水系统；而新蒸汽的冷凝水不带料浆，需要送往热电厂进一步加热。

6.3.3 熔盐加热连续式高压容器内的矿浆

熔盐炉内所发生的燃烧、传热、传质等物理化学变化非常复杂，外界条件对炉内状况的影响也十分复杂，炉内的反应涉及燃烧学、传热学、传质学、流体力学等多个学科。因此，熔盐炉内的燃烧过程和传热传质过程具有一定程度的不确定性。目前能在线检测的信号只有熔盐温度、熔盐流量和盘管温度，而炉内燃烧的详细状况及燃烧热效率等重要参数都无法获得。对于这样一个复杂的燃烧过程和燃烧体系，监控和调节不能光凭对它的经验积累去进行，特别是对熔盐炉内的燃烧过程。如果炉内燃烧过程组织、调控得不好，助燃风和燃料的配比不佳，就会使熔盐炉内的火焰过长或过短。以上的各种可能，轻则导致熔盐炉的熄火，或者降低熔盐炉的热效率，使功率不足，运行不稳定；重则引起辐射受热面盘管的爆管，使熔盐炉停炉整改、整修，酿成重大事故，严重影响工业生产[10]。

因此，建立并求解熔盐炉的物理数学仿真模型，获得熔盐炉的最优结构参数及各项最佳运行参数，对熔盐炉系统的整改、设计、运行乃至氧化铝的生产都具有重要的参考价值和指导意义。

仿真技术得以迅速发展和成长，主要原因是它所带来的巨大社会经济效益。20 世纪 50～60 年代，仿真主要应用于航空、航天、电力、化工及其他工业过程控制等工程技术领域。在航空工业方面，采用仿真技术可使大型客机的设计和研制周期缩短 20%；在航天军事工业方面，采用仿真模拟实验代替实弹试验可使实弹试验的次数减少 80%，大幅度降低成本和风险；在电力工业方面，采用仿真系统对核电站进行调试、维护和排除故障，一年时间即可收回建造仿真系统的成本。现代仿真技术不仅应用于传统的工程领域，还日益广泛地应用于民生、经济、社会、生物等领域，如控制交通、规划城市、资源利用、防治环境污染、管理生产、预测市场、分析和预测世界经济、人口控制等。对于社会经济等系统，很难在真实的体系和系统上进行实验。因此，利用仿真技术来研究这些工程、系统具有重要的现实意义和使用价值[11]。

1. *熔盐加热矿浆法*

（1）熔盐

1）熔盐的组成及特性。生产中采用的熔盐是一种三元无机盐类，是由硝酸钾（KNO_3）、亚硝酸钠（$NaNO_2$）及硝酸钠（$NaNO_3$）熔融后混合组成的。常规配比为 KNO_3 为 53%、$NaNO_2$ 为 40%和 $NaNO_3$ 为 7%。其商品名称为希特斯。新盐为白色粉状固体，易潮解，属无机氧化剂，是一种危险物品。熔盐与导热油相比，在相同的压力下可获得更高的使用温度（250～550℃），且熔盐类热载体不爆炸、不燃烧、耐热稳定性能好。其泄漏蒸汽无毒，传热系数是其他有机热载体的 2 倍。在 600℃以下时，几乎不产生蒸汽。其主要物理参数如下：熔点为 142℃；密度 ρ=2000kg · m^{-3}（150℃时），ρ=1650kg · m^{-3}（600℃时），在此温度区间内呈线形下降；运动黏度 ν=10×10^{-6}m^2 · s^{-1}（150℃时），随温度升高按指数规律下降，在 400～550℃接近一稳定值 $\nu\approx 0.8\times10^{-6}$m^2 · s^{-1}；比热容 $C\approx$ 1.55kJ · (kg · K)$^{-1}$；传热系数 $\lambda\approx$ 1.3W · (m · K)$^{-1}$（500℃时）；固态盐膨胀系数 β=0.00159K^{-1}，熔盐膨胀系数 β'=0.00112K^{-1}。

2）熔盐的热稳定性：①455℃以下不分解；②455～540℃时，$NaNO_2$ 缓慢分解：$5NaNO_2 = 3NaNO_3+Na_2O+N_2\uparrow$；③如果与空气接触，在 455～540℃时还会发生 $NaNO_2$ 的氧化反应：$2NaNO_2+O_2 = 2NaNO_3$；④820℃以上时，$NaNO_2$ 的分解非常强

烈，产生的 N_2 会令熔盐沸腾。

3）熔盐的腐蚀性能：在 $0.1mm \cdot a^{-1}$ 的腐蚀速率下，铁素体耐热钢可以用到 470℃，在 470℃以上推荐使用奥氏体钢。

（2）熔盐炉

熔盐炉是管道化溶出系统的关键加热设备。脱硅后的原矿浆在经过冷热矿浆换热段和二次汽换热段之后，被加热到 230℃左右，在熔盐加热段被高温熔盐进一步加热到 280℃以上，然后进入停留罐和停留段进行溶出反应。

熔盐炉的构造一般是盘管式，即熔盐在沿炉身的盘管内流动。随着工业生产的发展和技术的进步，目前已经形成了如下分类方法：①按照熔盐炉的循环方式，可以分为自然循环熔盐炉和强制循环熔盐炉；②按照热源的不同，可以分为燃煤熔盐炉、燃油熔盐炉、燃气熔盐炉、电加热熔盐炉等品种；③按照熔盐炉的结构形式，可以分为圆筒形熔盐炉、方箱形熔盐炉和管架式熔盐炉；④按照熔盐炉的整体放置形式，可以分为立式熔盐炉、卧式熔盐炉。

图 6-13 为三回程立式圆筒形熔盐炉结构图。加热盘管由直径相同的密集钢管沿炉身盘卷而成，进出口通过联箱汇集成一个管口进出。为了充分吸收热量，加热盘管又分为辐射受热面和对流受热面，以管程密布作“隔墙”，控制高温烟气的流动方向。燃烧器置于炉顶中心，燃烧室火焰由上而下与内层盘管内侧面辐射换热后，燃烧产生的高温烟气再从内层盘管底部由下而上进入内、外层盘管之间所构成的第一对流换热区，经过对流换热后从外层盘管上部进入外层盘管与壳体所构成的第二对流换热区，由上而下对流换热，最后从壳体下部排烟孔排出。熔盐由下部进口联箱分内、外两层盘管并行进入炉内，在炉内吸收热量之后，汇集到上部出口联箱，从上联箱排出。

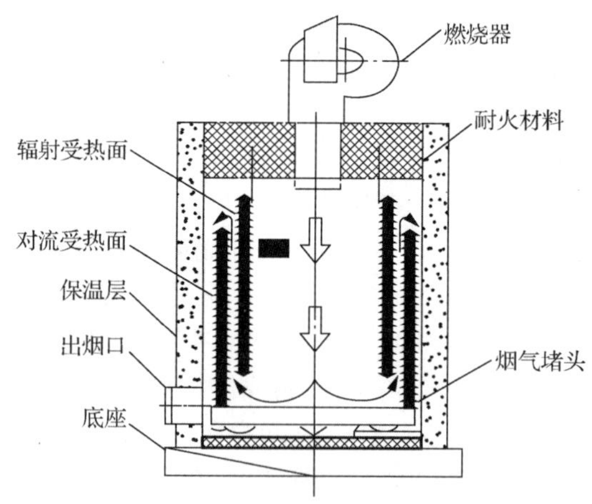

图 6-13　三回程立式圆筒形熔盐炉结构图

熔盐加热炉的熔盐运行温度高达 350～550℃，加热后各盘管出口处熔盐的温度差必须尽量小，否则难以保证整个系统的稳定运行。盘管数与熔盐的导程（循环回路）相关，可根据熔盐的循环量、加热管口径和压力损失等来决定。熔盐加热炉燃烧室的设计，首先要使火焰不能燃及加热管，而且要能产生最合适的热强度（单位面积的传热量）。此热强度对加热管的管壁温度影响很大，若过大则将缩短热载体寿命。燃烧室产生的高温燃烧气体（1000～1100℃）在内、外盘管的间隙中流动，其通过面以强制对流方式传热，熔盐的流动方向与燃烧气体的流动方向相反，通过此种强制对流，可获得较大的对数平均温差。

壳体以钢质支架作为支撑骨架，内侧采用耐火砖作为砌体，中间填充耐火纤维，外部表面材料为镀锌铁皮。

熔盐加热系统是作为熔盐高温加热后的热载体在熔盐炉和用热设备之间进行加热循环的热传递体系，主要由熔盐炉、熔盐循环泵、熔盐罐及一些管路配件等组成，如图 6-14 所示。

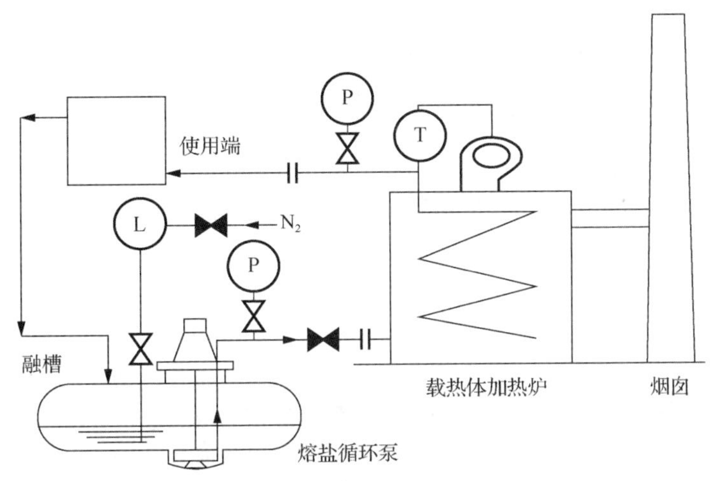

图 6-14　熔盐加热系统示意图

熔盐加热系统运行过程如下：首先将粉状的混合无机盐放入熔盐罐内，通过安装在罐内的蒸汽加热伴管或电加热伴管等方式将熔盐加热到熔点以上，使其黏度达到可以用熔盐循环泵进行循环的值。与此同时，需对熔盐炉内空管进行预热，以防止熔盐在流经冷盘管时发生冷凝固化。盘管预热到一定程度之后，开启熔盐循环泵，将熔盐送入熔盐炉中加热。加热到特定温度的熔盐被输送到用热设备，供热后，再沿循环系统流回熔盐罐。上述过程不断循环，构成熔盐加热系统。系统运行停止时，全部熔盐将流回熔盐罐中。

当使用 250～550℃高温时，一般选择熔盐作为热载体进行加热。熔盐炉及熔盐加热系统具有如下特点：①可获得低压高温热载体，调节方便，传热均匀，可以满足精确的工艺温度要求；②液相循环供热，无冷凝排放损失，供热系统热效率较高；③不需要水处理系统；④熔盐炉可安放在用热设备旁边，热量输送方便，热损失较小。

2. 单流法与双流法管道化

管道溶出器是管道化强化溶出技术的关键设备之一，矿浆中铝盐的溶出大部分是在管道中进行的。管道化间接加热器按常规的分类方法应属于套管式换热器，有单流法-间接加热（4 根内管，ϕ114mm）、单流法-间接加热（单根内管，ϕ238mm）与多流法-间接加热（3 根内管，ϕ168mm）3 种典型技术。加热可以采用 400℃的熔盐，也可以采用过热蒸汽（70.9×10^6Pa）。管道长度为 1682m、2460m 和 2560m。

所有管道采用内外管结构，外管中有 4 根内管，内管内径为 114mm，壁厚为 9mm。其中分别有：矿浆换热段（LWT 段）1 段，总长 150m；二次蒸汽换热段（BWT 段）10 段，总长 2000m；熔盐换热段（SWT 段）4 段，总长 400m。

单流法–间接加热管道溶出器采用几段加热器串联而成，每段加热器由内管和外管组成套管结构。内管为加热介质，套管中为被加热介质。段与段之间管相通，使被加热介质经过几级加热，温度逐渐升高。每段加热器的外套管自成体系，与其他段不相通，分别通入温度和压力不等的加热介质。为补偿换热器中内、外管间因温度不同而产生的膨胀差，设计时将传统套管式的套管做了一定的变动，将套管向一侧延长至弯管部分，利用弯管结构来补偿内外管的膨胀差。

熔盐段热利用率（ω）是一个重要的工艺指标，现就此进行简要说明。熔盐段热利用率即加热过程中实际热利用量占整个收入热量的比例，用公式表示为

$$\omega = \frac{Q_e - Q_s}{Q_m} \tag{6-17}$$

式中：Q_e ——熔盐加热段出口矿浆热量，$kJ \cdot h^{-1}$；

Q_s ——熔盐加热段进口矿浆热量，$kJ \cdot h^{-1}$；

Q_m ——进口熔盐热量，$kJ \cdot h^{-1}$。

表 6-4 列出了不同内管数目和内径下换热需求的熔盐流量。A、B 同为 4 内管，B 较 A 内径粗，矿浆流速慢，传热面积大，结果熔盐需求流量较少，热利用率较高；C 为 2 内管，保证传热面积与 A 相同，但熔盐需求流量仍较 A 大，同时 $1.18m \cdot s^{-1}$ 的矿浆流速使生产进程减慢。D 为 3 内管，在保证与 A 相同的流速下，传热面积减小，结果熔盐需求流量显著增加，热利用率也很低。综合较好的工艺参数是用多内管、细管径更为有利，但是管道过多过细，会造成日后管道容易堵塞，清理不便。

表 6-4　不同内管数目和内径下换热需求的熔盐流量

类别	内管数量	内管直径/mm	矿浆流速/($m \cdot s^{-1}$)	总传热面积/m^2	单管综合传热系数	熔盐流量/($m^3 \cdot h^{-1}$)
A	4	100	2.37	96.76	849.69	474.73
B	4	125	1.52	120.94	824.41	319.63
C	2	200	1.18	96.76	808.61	558.84
D	3	116	2.37	84.10	849.30	877.44

双流法将铝土矿矿浆和碱液分别加热至所需温度，然后使两者混合，在高温高压下反应溶出氧化铝。双流法溶出工序可以分为预热段、混合段、溶出段和闪蒸段 4 个阶段。选精矿高温双流法溶出技术是选矿拜耳法的核心技术之一。溶出机组的整体运行状况和技术指标的优劣是决定其能否顺利实现达产达标的关键。

双流法是将配矿用的循环母液分为两部分，总液量体积的 20%与铝土矿磨制成矿浆流，剩余的大部分碱液为碱液流。两股料流分别用溶出后矿浆多级自蒸发产生的二次蒸汽不同程度地预热后，碱液流再单独用新蒸汽加热，在第一个溶出器（或溶出管）中，两股物料流汇合；汇合后矿浆在溶出器中用新蒸汽直接加热至溶出温度，并在其后的溶出器中完成碱液对氧化铝的溶出过程。

图 6-15 为氧化铝双流法溶出工艺流程，双流法管道化溶出系统是石灰拜耳法处理

工艺的重要组成部分。双流法的套管结构如图 6-16 所示。溶出管段分 4 段，即冷热矿浆热交换段、乏气加热段、熔盐加热段、停留段，除停留段为单一的大管外，其余各段均为大管内套 3 根ϕ133m×10m 或ϕ133m×12m 的小管，这 3 根小管放在固定于外管内壁的支架上。大管中所套的 3 根ϕ133m 管组对焊接。设计温度：外管为 160～268℃，内管为 110～204.8℃。设计压力：外管为 0.63～5.19MPa，内管为 12.0MPa。工作介质：3 根ϕ133mm 管内走矿浆，大管内走蒸汽或熔盐。

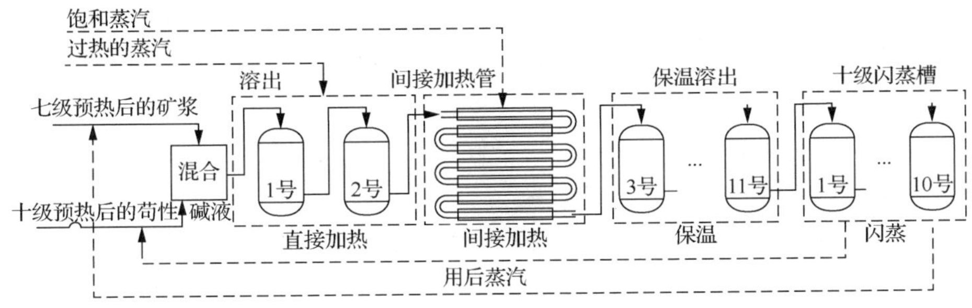

图 6-15 氧化铝双流法溶出工艺流程

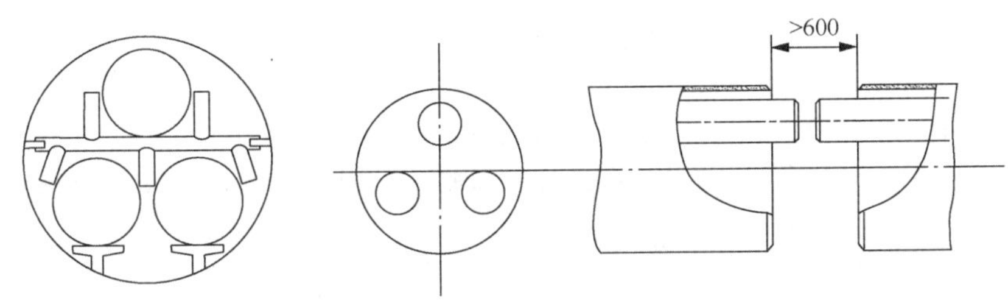

图 6-16 双流法的套管结构

双流法的优点如下。

1）换热面上结疤程度轻。在双流法溶出工艺中，绝大部分溶出碱液不参与制备矿浆而单独进入换热器间接加热，因溶出液碱中 SiO_2 含量很低，加热过程中硅渣析出量很少，大大减轻了碱液预热器热交换面上的结疤；少量碱液与铝土矿磨制成高固含矿浆，虽然这部分矿浆与单流法矿浆一样，具备矿石和碱液充分接触的条件。但是，与碱液流相比，这部分料流量少，可以在常压预脱硅后不再间接加热或只加热到不严重形成含硅、钛渣结疤的温度，以保护换热器的换热效率。所以，在双流法溶出中，换热面上的结疤程度比单流法要轻得多。

2）投资省、成本低。双流法溶出工艺的设备投入费用比管道化溶出和管道预热-压煮器溶出等方案低 20%以上，而生产运行费用与管道化溶出基本相当，在技术经济上是合理的。

3）结疤易清理。在双流法溶出过程中，不论是高温间接加热的碱液流，还是低温间接加热的矿浆流，换热器管壁结疤的主要成分都是水合铝硅酸钠，避开了单流法溶出时加热管壁上钙、钛、铁等杂质结疤生成的条件。所以，双流法溶出的加热管结疤只需用低浓度（5.0%～10.0%）的硫酸溶液即可有效清洗。

双流法溶出器组的主要缺点是碱液在高温情况下对管道壁的腐蚀加大，会发生碱淬现象，造成溶出机组频繁停车检修，降低了机组运转率。

6.4　换热器及管道结疤的清除

生产中结疤导致管道堵塞，使换热器的传热系数严重下降，降低设备产能，增加能耗，清理结疤则要花费大量的人力、物力和财力。制约氧化铝行业生产设备产能和效率的一个重要因素就是生产过程中各个环节的结疤。结疤厚度达到 1mm，所需热交换面积将增加一倍。另外，结疤成分复杂且具有一定的硬度，难以清理，有些设备（如溶出管道、蒸发器等）不但清理费用高，而且会降低设备的寿命。因此，生产过程的结疤是一个不可忽视的问题。

污垢即沉积在换热面上的固态物质。坚硬的污垢就是结疤。一般情况下，污垢是热的不良导体，传热系数较小。它的存在要产生附加热阻，这个热阻称为污垢热阻或污垢系数，一般用 R_f 来表示[12,13]。

$$R_f = \frac{1}{k} - \frac{1}{k_0} \tag{6-18}$$

式中：k——污垢后的传热系数；

k_0——洁净时的传热系数。

结疤的危害主要有以下 4 个方面。

1）结疤的传热系数非常小，使热交换设备的传热系数急剧下降，热能得不到有效利用，增加了能耗。图 6-17 为加热表面传热系数 k 与结疤厚度 δ 及传热系数 λ 的关系。例如，1mm 的硅结疤对传热系数 k 的影响为

$$k = \frac{1}{1/k_{洁净} + \delta/\lambda} = \frac{1}{1/1700 + 0.001/0.52} \approx 398\ \mathrm{W/(m^2 \cdot K)^{-1}} \tag{6-19}$$

式中：λ——结疤的传热系数，设为 $0.52\mathrm{W/(m^2 \cdot K)^{-1}}$；

δ——结疤厚度，设为 1mm；

$k_{洁净}$——洁净的热交换器的传热系数，设为 $1700\mathrm{W/(m^2 \cdot K)^{-1}}$。

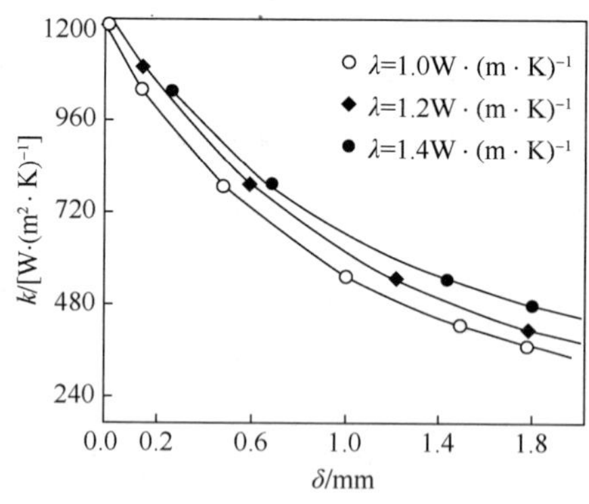

图 6-17　加热表面传热系数 k 与结疤厚度 δ 及传热系数 λ 的关系

2）结疤使设备的有效容积缩小。分离沉降槽、洗涤沉降槽、分解槽、溶出器等设备的有效容积因结疤的大量生成而减少，并引起设备负荷增加，使设备生产的效率降低，设备产能降低。

3）清理结疤需要大量人力、物力。例如，大型沉降槽、分解槽、蒸发器的结疤通常采用人工进行清理，劳动强度大，设备损耗大。在氧化铝生产中，清理沉降槽、分解槽、蒸发器等大型设备的结疤均要求有备用设备和工作场地，否则将影响生产稳定运行。再如，选矿拜耳法溶出套管预热器、硅渣输送管道等结疤清理十分麻烦，需要很长时间，严重影响生产。生产现场经常见到许多结疤严重的管道很难清理，只好更换新管。滤布结垢或被堵塞会使过滤机的产能急剧下降，造成生产波动。

4）结疤引起设备产能下降，能耗和生产成本增加，因此如何减轻和防治结疤在氧化铝生产过程中显得十分重要。

6.4.1 反应器及管道结疤的形成

下面讨论结疤对生产的危害及影响因素，以及主要生产环节有效清除结疤的方法和防止结疤生成的措施[14]。

污垢热阻随换热时间的变化如图 6-18 所示。由图 6-18 可见，污垢热阻随换热时间的延长，增长缓慢，达到诱导期后，增长加快，有线性增长模式、降率增长模式和渐进增长模式。

将污垢分为颗粒污垢、结晶污垢、化学反应污垢、腐蚀污垢和生物污垢。在传热表面上进行化学反应而产生的污垢，传热面材料不参加反应，但可作为化学反应的一种催化剂。根据结疤的来源及其物理化学性质的不同，可将氧化铝生产的结疤矿物成份分为 4 类：①因溶液分解而产生，以 $Al(OH)_3$ 为主；②由溶液脱硅及铝土矿与溶液间反应而产生，如钠硅渣、水化石榴石等；③因铝土矿中含钛矿物在拜耳法高温溶出过程中与添加剂及溶液反应而生成，主要为钛酸钙和羟基钛酸钙；④除上述 3 种以外的结疤成分，如一水硬铝石、铁矿物（铝针铁矿、赤铁矿、磁铁矿等）、磷酸盐、含镁矿物、氟化物及草酸盐等。这类结疤相对较少。

1. 单级结疤厚度对出口冷凝水温度的影响

由于模拟结果显示冷凝水出口温度在预热段 1～6 级中（按图 6-12 的级数编号）受结疤厚度影响很小，仅保留 6～9 级的变化，如图 6-19 所示。

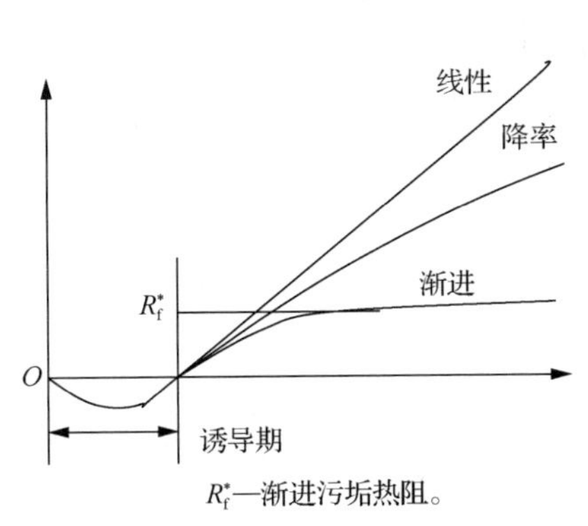

R_f^*—渐进污垢热阻。

图 6-18 污垢热阻随换热时间的变化

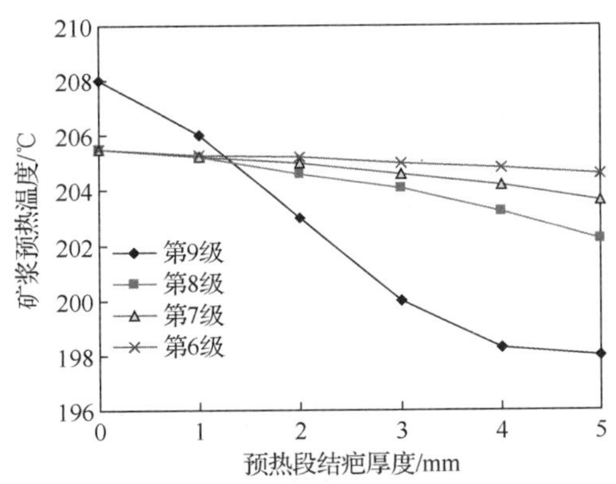

图 6-19 预热段结疤厚度对矿浆预热温度的影响

由图 6-19 可以看出，结疤厚度增加后，设备热交换能力下降，使矿浆无法充分预热，从而导致矿浆预热温度下降。此外，同样的结疤厚度，由于所处的级数不同，矿浆预热温度的变化幅度不一样，第 9 级幅度最大（其中在结疤厚度为 4～5mm 时，冷凝水出口温度已达该级预热器蒸汽进口温度），而后随所处级数减小（8～6 级），幅度逐渐减小，6 级以后（6～1 级）的所有曲线基本上为一条重合的平直线。

2. 预热级数

预热段与矿浆自蒸发段直接联系，预热级数发生改变，自蒸发级数也要相应变化。模拟中自蒸发段总的矿浆温度降（由 260℃降至 130℃，其中最后一级自蒸发汽释放出体系）保持恒定，而单级矿浆温度降和蒸汽压降随自蒸发级数改变而改变。预热级数对矿浆预热温度的影响由图 6-20 所示。由图 6-20 可见，增加预热级数有利于提升矿浆预热温度，但提升效果逐渐减小。权衡预热效果与设备制造、维护费用，预热段取 10 级左右即可。

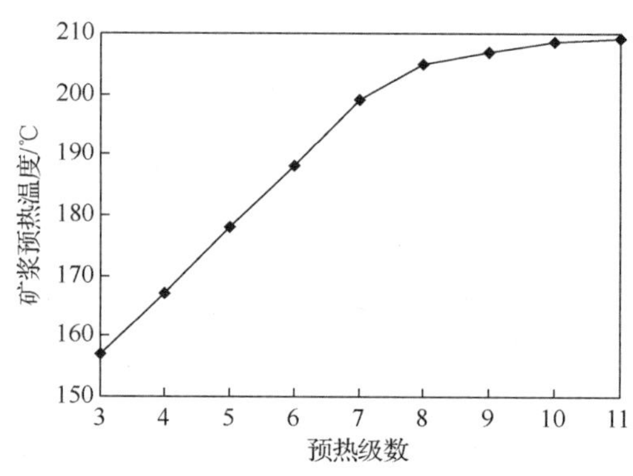

图 6-20　预热级数对矿浆预热温度的影响

以氧化铝行生产行业为例，结疤产生的主要影响因素如下。

1）温度。我国一水硬铝石型铝土矿溶出时，结疤物质与温度的关系是：170℃以下，主要结疤物质是钙霞石、水镁石，次要的是水合铝硅酸镁、钙钛矿；160～240℃，主要结疤物质是水镁石、羟基钛酸钙，次要的是水合铝硅酸镁、钙钛矿、钙霞石；220℃（240℃）以上结疤较严重，主要结疤物质是钙钛矿，次要的是钙霞石、水合铝硅酸镁。

2）矿石的物相组成。铝土矿的化学成分和矿物组成会影响结疤生成的温度范围、物质种类及含量。矿石中的 SiO_2 如果以高岭石形态存在，会在 170℃以下的低温区析出结疤；如果以伊利石、叶蜡石、绿泥石等形态存在，会在 170～220℃大量析出结疤。

3）石灰的添加。研究表明：不同温度下石灰添加量对结疤厚度有影响。随着石灰添加量的增加，在 165～210℃范围内，结疤厚度减小，而在温度 245～280℃范围内结疤厚度增大。产生这种现象的原因主要是低、高温下生成的结疤物质种类不同，低温下主要是硅渣和镁渣结疤，高温下主要是钛渣结疤。

4）溶液中 Al_2O_3 和 SiO_2 的浓度。结疤速度随溶液中 Al_2O_3 浓度的增加而增加。大量研究表明：溶液中 SiO_2 浓度对结疤速度有很大影响。在任何温度下，溶液中 SiO_2 浓度增加，则结疤加剧。溶液中 Al_2O_3 和 SiO_2 浓度升高是结疤增加的主要原因，其浓度升高都有利于硅渣结疤和镁渣结疤的生成。

5）矿浆流速。矿浆流速大，紊乱程度进一步增加，晶核被紊乱的涡流冲离结疤表面，使结疤生长速度降低。在高流速下，矿浆中的固体粒子还会将已生成的结疤冲刷掉。

6.4.2 避免结疤的措施

如上所述，结疤有使热交换设备的传热系数急剧下降、使设备生产效率降低的危害。防治结疤生成的目的在于缓解结疤生成、延长清理周期、减少清理费用、降低生产成本，实现氧化铝生产的连续高产稳定运行。防止结垢的技术应考虑以下几点：①防止结垢形成；②防止结垢后物质之间的黏结及其在传热表面上的沉积；③从传热表面上除去沉积物。避免结疤的措施一是防治结疤生成，二是清理结疤[15]。

1. 防治结疤生成的措施

防治结疤生成有以下常用措施。

1）矿浆预脱硅。对于我国高硅铝土矿，采用预脱硅的方法可以防止硅渣结疤。预脱硅就是将原矿浆在送入矿浆套管预热器之前，先在常压下与铝酸钠溶液反应，使矿石中的 SiO_2 生成水合铝硅酸钠并析出。

2）分段保温。即在矿浆中结疤物质最易析出的温度区间设置脱疤灌，从而有效地减轻加热表面上的结疤。采用该法只需要在热交换器之间连接一个容器——脱疤灌。在这个容器中，料浆不加热，也无机械搅拌装置，矿浆的流速以不产生沉淀为限，一般是预热器内沉淀速度的1/20～1/16，而且要有足够的保温时间，才能收到良好的效果。

3）添加晶种。矿浆在进入预热器之前，添加与结疤物质成分相同的晶种，使其在晶种表面上优先析出并进入料流，可以降低换热表面的结疤速度。为了减缓矿浆预热器的结疤速度，采用将赤泥晶种（一般添加拜耳法赤泥晶种）加入原矿浆再进入高压溶出器组的矿浆套管预热器的方法。该法不仅能改善赤泥的沉降性能，降低溶液中溶解的 SiO_2 的浓度，还能降低预热器表面结疤的强度和速度。

4）添加石灰。在165～210℃添加石灰可以降低结疤速度，在245～280℃添加石灰则增加结疤速度。为避免钛渣结疤生成，一些氧化铝厂将石灰直接加入高压溶出器内，而不在磨矿时加入，这样可使矿浆预热过程不生成钙钛矿结疤，钙钛渣结疤只在高温溶出段生成。

5）双流法。为了得到良好的技术经济效果和避免传热器表面结疤，通常采用双流法。双流法有效减缓了矿浆预热过程中结疤的生成。对硅矿物组成复杂的一水硬铝石矿更是如此。据报道，匈牙利开发的三管双流法（母液流、矿浆流，加有水化石榴石的矿浆流）可有效防止预热过程中硅矿物结疤的生成，通过三管周期性地交换，母液流几乎完全融掉前一周期中矿浆流管道中所沉积的方钠石结疤。

2. 清理结疤的措施

清理结疤需要大量人力、物力，因此防止结垢为高压浸出的主要措施。结疤一旦形成，必须清理。现有各种防止结疤和清除结疤的方法，但这些方法在工业生产中都会遇到各种各样的问题。氧化铝生产流程中各环节的结疤原因不尽相同，如原矿浆结疤、溶出管道结疤、蒸发器结疤、循环水管道结疤等原因及组成就有很大的差别。根据结疤成分和性质的不同，以及设备大小形状的差异，可以使用各种破坏及清除结疤的方法。总体来说，可分为化学清除法、机械清除法、高压水清除法及燃油火法。

1）化学清除法。化学清除过程最好在足够高的流速下循环进行。化学清除法较机械清除法的主要优点是清除效率高，时间短，生产费用最低，被清理设备不需要拆卸和组装，对难以接近的部位也能进行清理，成本不高；缺点是需使用腐蚀性溶剂，会腐蚀管道材料。化学清除法常使用带缓蚀剂的碱性或酸性溶液。酸洗法是化学清除法中的一种，由于成本低、操作方便而被高压浸出广泛采用，但应选择适当的酸和阻止酸对金属管道腐蚀的缓蚀剂。一般的结疤可用 5%左右的硫酸清洗，在处理含钛酸钙的结疤时，酸中应添加 1.5%～2.5%的氢氟酸。为避免氢氟酸的毒性，可以用氟化钠来代替。为防止设备被酸腐蚀，酸洗温度不宜过高（不超过 60℃），并加入一定量的缓蚀剂。利用酸泵使酸在要清洗的设备和酸槽之间循环流动，经过 30～90min 便可使结疤溶解脱落，再用清水冲洗。原矿浆由 100℃升温到 150℃时，在套管预热器内生成的结疤用草酸加磷酸的混合酸处理效果最好。

2）机械清除法。该法一般用于清除大容积设备中的结垢，人可以随便接近沉淀物质的表面清理，机械也能够靠近。清除的主要做法是利用风动机械破坏结垢，然后人工将沉淀物彻底清洗干净。该法主要用于清理铝土矿高压溶出和溶液脱硅用压煮器、链式搅拌及其他大容积设备，但不能完全清除热交换器加热表面上的结垢，而且作业劳动强度大，必须使设备长时间停止运行，因而并不是一个很好的方法。

3）高压水清除法。其基本原理就是用特制的水枪喷射出的高压水流冲刷结垢的表面。还有一种特殊的流体力学清除法，其实质是向加热管中连续长时间地通入分离器的废蒸汽，使结垢与金属表面脱离，再用高速气液流将沉淀物除掉。

4）燃油火法。具体操作为将一定比例的重油、煤油、柴油一同注入有间接加热环形蒸汽管的油槽，然后通入新蒸汽对混合油进行加热。当加热到一定温度后，开启油泵将加热后的混合油送入循环管路，进入油枪。通过调节油枪的油阀、风阀，使混合油充分雾化，用乙炔助燃使混合油燃烧，开始对脱硅机进行加热，钠硅渣结疤受热脱水炸裂而脱落。

思 考 题

6-1 选择题。

（1）换热设备是主要用于完成介质间热量交换的压力容器，主要包括（　　）。

A．蒸发器　　B．洗涤器　　C．变换炉　　D．过滤器

（2）蛇管式换热器、列管式换热器、夹套式换热器、套管式换热器均属于（　　）。

A．混合式换热器　　B．蓄热式换热器

C．间壁式换热器　　D．中间载热体换热器

（3）夹套式换热器的传热系数较小，传热面又受容器的限制。为了提高其传热性能，可在容器内安装（　　），以提高其传热效率。

A．套管　　B．蛇管　　C．列管　　D．搅拌器

（4）冶金过程中主要由（　　）来衡量换热设备的优劣。

A．单位时间传热量　　B．传热效率

C．传热面积　　D．单位时间传热量和传热效率

（5）高压浸出为了提高管壳式换热器的传热效率，可采取（　　）措施。

A．两股流体平行同向流动　　B．两股流体平行逆向流动

C．多壳程和管程　　D．增加膨胀节

6-2　简要说明高压下换热的方法、特点及注意事项。

6-3　比较说明高压浸出所用换热设备的结构、原理及特点。

6-4　简述常见搅拌高压浸出换热的方法与注意事项。

6-5　比较说明卧式与立式反应器组连续高压浸出的异同。

6-6　简述从溶出后矿浆中取出热量的方法与原理。

6-7　简述氧化铝高压溶出车间中五级单套管预热-五级压煮器预热流程的汽、液与冷凝水的走向。

6-8　简述熔盐加热连续式高压器内矿浆的方法与注意事项。

参 考 文 献

[1] 袁尚科，赵子琴．流体相对流动对套管式换热器效率的影响分析[J]．石油化工设备，2009（5）：26-28.

[2] 王俊琪，杨战民，张小明．不同形式的间壁式换热器的性能研究[J]．南京工业职业技术学院学报，2012（4）：32-35.

[3] 吴植仁，富跃军．论换热器评价的科学指标[C]//第三届全国换热器学术会议．长沙：中南工业大学出版社，2007：15-17.

[4] 吴双应，牟志才，刘泽筠．换热器性能的㶲经济评价[J]．热能动力工程，1999（6）：437-440.

[5] 袁尚科，赵子琴．流体相对流动对套管式换热器效率的影响分析[J]．石油化工设备，2009（5）：26-28.

[6] 陈凤珍．氧化铝生产中强化高压溶出技术探讨：石灰后添加工艺[J]．世界有色金属，1998（10）：10-12.

[7] 李晓飞．溶出矿浆自蒸发器闪蒸控制技术[J]．铝镁通讯，2011（1）：7-8.

[8] 甘国耀．溶出过程的控制技术[J]．轻金属，2000（10）：24-26.

[9] 于航．矿浆预热器串级控制系统的设计与实现[J]．科技创新与应用，2014（5）：45-45.

[10] 张永敏．浅谈管道加热系统[J]．铝镁通讯，2006（2）：16-17.

[11] 周孑民，万小立，宁练．管道化熔盐炉加热系统 CB 仿真模型的研究[J]．现代化工，2012（9）：103-106.

[12] 尹中林，顾松青，毕诗文．加热界面温度对一水硬铝石型铝土矿浆加热面结疤过程的影响机理[J]．轻金属，2005（7）：24-27.

[13] 周萍，李旺兴，周孑民．管道化溶出生产过程中熔盐加热段结疤与传热规律的研究[J]．轻金属，2001（7）：20-22.

[14] 刘潭，白莉，林英姿．基于套管结构研究污垢热阻特性的方法与分析[J]．吉林建筑工程学院学报，202（4）：55-58.

[15] 陈介荣，汤锡泉．钢管减径外结疤的成因及消除措施[J]．钢管，1989（4）：14-17.

7　冶金中的高压浸出

前面章节讲述了高压浸出涉及的工程方面问题，本章主要讲述高压浸出涉及的工艺研究问题。

7.1　有色金属硫化矿的高压浸出

有色金属硫化矿是金属矿产资源的一类，如闪锌矿、方铅矿、黄铜矿及其混合共生矿。其特点是原矿经过选矿可以有约 400 倍的富集，产出相对较纯的精矿。有色金属硫化矿的利用一直以来就是把其精矿焙烧生成氧化物，再还原该氧化物得到金属。焙烧产出的 SO_2 或多或少要向环境排放。有色金属硫化矿的高压浸出能够极大限度减少 SO_2 向环境的排放。

有色金属硫化矿的高压浸出在高压条件下利用工业氧气与硫化矿反应，使目标金属进入溶液，同时尽可能产出单质硫。氧压浸出工艺于 20 世纪 50 年代由美国化学建设公司（Chemical Construction Company）和加拿大 Sherritt-Gordon 公司首次开发用于处理碱金属硫化物和难处理金矿。随着在镍精矿和镍-铜冰铜处理方面的成功实践，其应用范围逐渐扩大，20 世纪 70 年代开始研究将该工艺用于处理锌精矿和铜精矿，以解决精矿焙烧产生的烟气污染问题。1976 年首个工业化实验厂在加拿大科明科公司建成并成功地实现了工业化实验，1981 年第一套锌精矿氧压浸出装置在英属哥伦比亚加拿大特累尔锌厂建成，此后相继有厂家采用锌精矿氧压浸出技术新建和改扩建锌冶炼企业。有色金属硫化矿的高压浸出涉及硫化矿在水中氧化的热力学、浸出时元素硫的行为、硫化矿在水中氧化的动力学及硫化矿在水溶液中氧化的工艺学。

7.1.1　有色金属硫化矿在水中氧化的热力学

1. 单一 Me_mS_n-H_2O 系的电位-pH 图在高压浸出中的应用

硫化物的压力浸出机理较为复杂，其热力学计算中的数据来自于文献[1-5]，根据具体浸出体系中各物质的 $\Delta G^0_{T(\text{某物质})}$，用 $\Delta G^0_T=\Sigma\Delta G^0_{T,\text{产物}}-\Sigma\Delta G^0_{T,\text{反应物}}$ 来计算具体冶金反应的 ΔG^0_T，最后计算某个反应的电动势 φ 或 pH。

2. ZnS-H_2O 系的 φ-pH 图

298K 和 423K 下 ZnS-H_2O 系中不同化学反应平衡式及 φ-pH 关系式[6]如表 7-1 所示。

表 7-1 $ZnS\text{-}H_2O$ 系中不同化学反应平衡式及 φ-pH 关系式

化学反应平衡式	φ_{298} - pH 关系式	φ_{423} - pH 关系式
$2H^+ + 2e = H_2$	$\varphi = -0.0591pH - 0.0296\lg p_{H_2} / p_0$	$\varphi = -0.0839pH - 0.0420\lg p_{H_2} / p_0$
$O_2 + 4H^+ + 4e = 2H_2O$	$\varphi = 1.229 - 0.0591pH + 0.0148\lg p_{O_2} / p_0$	$\varphi = 1.1257 - 0.0839pH + 0.0210\lg p_{O_2} / p_0$
$HS^- + H^+ = H_2S(aq)$	$pH = 6.9457 + \lg[HS^-] - \lg[H_2S]$	$pH = 6.1066 + \lg[HS^-] - \lg[H_2S]$
$S^{2-} + H^+ = HS^-$	$pH = 12.9908 + \lg[S^{2-}] - \lg[HS^-]$	$pH = 9.9651 + \lg[S^{2-}] - \lg[HS^-]$
$HSO_4^- + 7H^+ + 6e = S + 4H_2O$	$\varphi = 0.3329 - 0.0690pH + 0.0099\lg[HSO_4^-]$	$\varphi = 0.2851 - 0.0979pH + 0.0140\lg[HSO_4^-]$
$SO_4^{2-} + H^+ = HSO_4^-$	$pH = 1.9505 - \lg[HSO_4^-] + \lg[SO_4^{2-}]$	$pH = 4.9555 - \lg[HSO_4^-] + \lg[SO_4^{2-}]$
$SO_4^{2-} + 8H^+ + 6e = S + 4H_2O$	$\varphi = 0.3522 - 0.0788pH + 0.0099\lg[SO_4^{2-}]$	—
$S + 2H^+ + 2e = H_2S(aq)$	$\varphi = 0.1446 - 0.0591pH - 0.0296\lg[H_2S]$	$\varphi = 0.1224 - 0.0839pH - 0.0420\lg[H_2S]$
$S + H^+ + 2e = HS^-$	$\varphi = -0.0608 - 0.0296pH - 0.0296\lg[HS^-]$	—
$SO_4^{2-} + 9H^+ + 8e = HS^- + 4H_2O$	$\varphi = 0.2489 - 0.0665pH - 0.0074\lg([HS^-]/[SO_4^{2-}])$	$\varphi = 0.2218 - 0.0944pH - 0.0105\lg([HS^-]/[SO_4^{2-}])$
$SO_4^{2-} + 8H^+ + 8e = S^{2-} + 4H_2O$	$\varphi = 0.1529 - 0.0591pH - 0.0074\lg([S^{2-}]/[SO_4^{2-}])$	$\varphi = 0.1173 - 0.0839pH - 0.0105\lg([S^{2-}]/[SO_4^{2-}])$
$HSO_4^- + 9H^+ + 8e = H_2S(aq) + 4H_2O$	—	$\varphi = 0.2444 - 0.0944pH - 0.0105\lg([H_2S]/[HSO_4^-])$
$SO_4^{2-} + 10H^+ + 8e = H_2S(aq) + 4H_2O$	—	$\varphi = 0.2859 - 0.1049pH - 0.0105\lg([H_2S]/[SO_4^{2-}])$
$Zn^{2+} + 2e = Zn$	$\varphi = -0.7629 + 0.0296\lg[Zn^{2+}]$	$\varphi = -0.7509 + 0.0420\lg[Zn^{2+}]$
$ZnS + 2H^+ + 2e = Zn + H_2S(aq)$	$\varphi = -0.8942 - 0.0591pH - 0.0296\lg[H_2S]$	$\varphi = -0.9172 - 0.0839pH - 0.0420\lg[H_2S]$
$ZnS + H^+ + 2e = Zn + HS^-$	$\varphi = -1.0996 - 0.0296pH - 0.0296\lg[HS^-]$	$\varphi = -1.1735 - 0.0420pH - 0.0420\lg[HS^-]$
$ZnS + 2e = Zn + S^{2-}$	$\varphi = -1.4837 - 0.0296\lg[S^{2-}]$	$\varphi = -1.5917 - 0.0420\lg[S^{2-}]$

续表

化学反应平衡式	φ_{298} - pH 关系式	φ_{423} - pH 关系式
$ZnS + 2H^+ \Longrightarrow Zn^{2+} + H_2S(aq)$	$pH = -2.2196 - 0.5lg[Zn^{2+}] - 0.5lg[H_2S]$	$pH = -1.9814 - 0.5lg[Zn^{2+}] - 0.5lg[H_2S]$
$Zn^{2+} + S + 2e \Longrightarrow ZnS$	$\varphi = 0.2758 + 0.0296lg[Zn^{2+}]$	$\varphi = 0.2887 + 0.0420lg[Zn^{2+}]$
$HSO_4^- + Zn^{2+} + 7H^+ + 8e \Longrightarrow ZnS + 4H_2O$	$\varphi = 0.3187 - 0.0517pH + 0.0074lg([Zn^{2+}][HSO_4^-])$	$\varphi = 0.2860 - 0.0735pH + 0.0105lg([Zn^{2+}][HSO_4^-])$
$SO_4^{2-} + Zn^{2+} + 8H^+ + 8e \Longrightarrow ZnS + 4H_2O$	$\varphi = 0.3331 - 0.0591pH - 0.0074lg([Zn^{2+}][SO_4^{2-}])$	$\varphi = 0.3275 - 0.0839pH - 0.0105lg([Zn^{2+}][SO_4^{2-}])$
$Zn(OH)_2 + SO_4^{2-} + 10H^+ + 8e \Longrightarrow ZnS + 6H_2O$	$\varphi = 0.4448 - 0.0739pH + 0.0074lg[SO_4^{2-}]$	—
$HZnO_2^- + 11H^+ + SO_4^{2-} + 8e \Longrightarrow ZnS + 6H_2O$	$\varphi = 0.5373 - 0.0813pH + 0.0074lg([SO_4^{2-}][HZnO_2^-])$	—
$SO_4^{2-} + ZnO_2^{2-} + 12H^+ + 8e \Longrightarrow ZnS + 6H_2O$	$\varphi = 0.6342 - 0.0887pH + 0.0074lg([ZnO_2^{2-}][SO_4^{2-}])$	$\varphi = 0.6650 - 0.1259pH + 0.0105lg([ZnO_2^{2-}][SO_4^{2-}])$
$Zn(OH)_2 + 2H^+ \Longrightarrow Zn^{2+} + 2H_2O$	$pH = 7.5550 - 0.5lg[Zn^{2+}]$	—
$HZnO_2^- + H^+ \Longrightarrow Zn(OH)_2$	$pH = 12.5208 + lg[HZnO_2^-]$	—
$ZnO_2^{2-} + H^+ \Longrightarrow HZnO_2^-$	$pH = 14.1052 + lg[ZnO_2^{2-}] - lg[HZnO_2^-]$	—
$ZnO + 2H^+ \Longrightarrow Zn^{2+} + H_2O$	—	$pH = 4.3434 - 0.5lg[Zn^{2+}]$
$ZnO + H_2O \Longrightarrow ZnO_2^{2-} + 2H^+$	—	$pH = 12.7394 + lg[ZnO_2^{2-}]$
$ZnO + SO_4^{2-} + 10H^+ + 8e \Longrightarrow ZnS + 5H_2O$	—	$\varphi = 0.3976 - 0.1049pH + 0.0105lg[SO_4^{2-}]$
$ZnO + HSO_4^- + 9H^+ + 8e \Longrightarrow ZnS + 5H_2O$	—	$\varphi = 0.3561 - 0.0944pH + 0.0105lg[HSO_4^-]$

由表 7-1 中 φ-pH 关系式，假设条件为 $p=1.0\text{MPa}$，$[H_2S]=[HS^-]=[S^{2-}]=[HSO_4^-]=10^{-2}\text{mol}\cdot L^{-1}$，$[SO_4^{2-}]=10^0\text{mol}\cdot L^{-1}$，$[Zn^{2+}]=10^0\text{mol}\cdot L^{-1}$，$[HZnO_2^-]=[ZnO_3^{2-}]=[ZnO_4^{4-}]=10^0\text{mol}\cdot L^{-1}$，由此可绘制出 298K 和 423K 时 ZnS-H_2O 系的 φ-pH 图，如图 7-1 所示。图中虚线表示 S-H_2O 系 φ-pH 图（关系式如表 7-1 所示）。

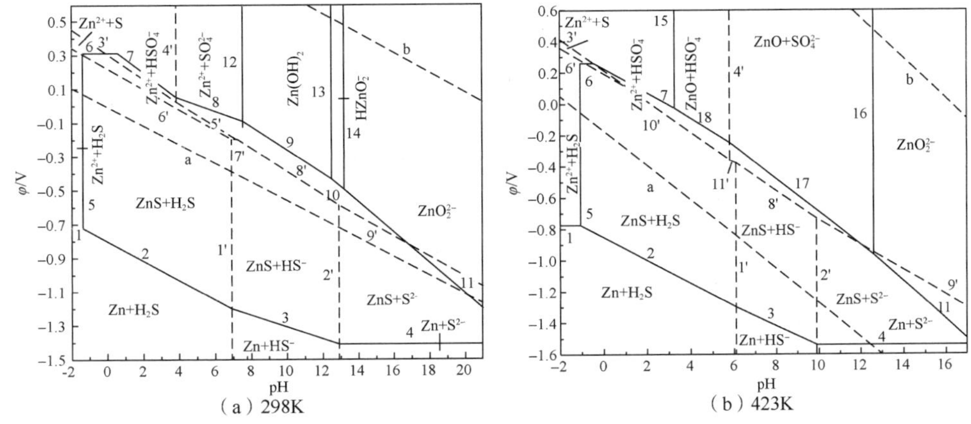

图 7-1　不同温度下 ZnS-H_2O 系的 φ-pH 图

由图 7-1 可知，在水的稳定区域内，锌主要以 ZnS、Zn^{2+}、$HZnO_2^-$ 等形式存在。闪锌矿浸出时对水溶液体系的酸度要求高，pH 约为−1，因此，为了提高浸出过程发生的可能性，可采用增加氧分压提高电位和升温的方式实现闪锌矿的浸出。由图 7-1（b）可知，当氧压较高、温度为 423K 时，在 pH<3 的条件下，就能实现闪锌矿的浸出。从热力学来说，闪锌矿几乎在整个 pH 的范围内都能被氧气氧化，但是被氧化的趋势取决于氧电极与硫化物电极之间的电位差。

3. $CuFeS_2$-H_2O 系的 φ-pH 图

用同样的方法，计算 298K 和 423K 下 $CuFeS_2$-H_2O 系中各化学反应平衡方程式的 φ-pH 关系式，假设条件为 $p=1.0\text{MPa}$，$[H_2S]=[HS^-]=[S^{2-}]=[HSO_4^-]=10^{-2}\text{mol}\cdot L^{-1}$，$[SO_4^{2-}]=10^0\text{mol}\cdot L^{-1}$，$[Fe^{2+}]=[Fe^{3+}]=10^{-1}\text{mol}\cdot L^{-1}$，$[Cu^{2+}]=10^0\text{mol}\cdot L^{-1}$，绘制出 298K 和 423K 时 $CuFeS_2$-H_2O 系的 φ-pH 图，如图 7-2 所示。

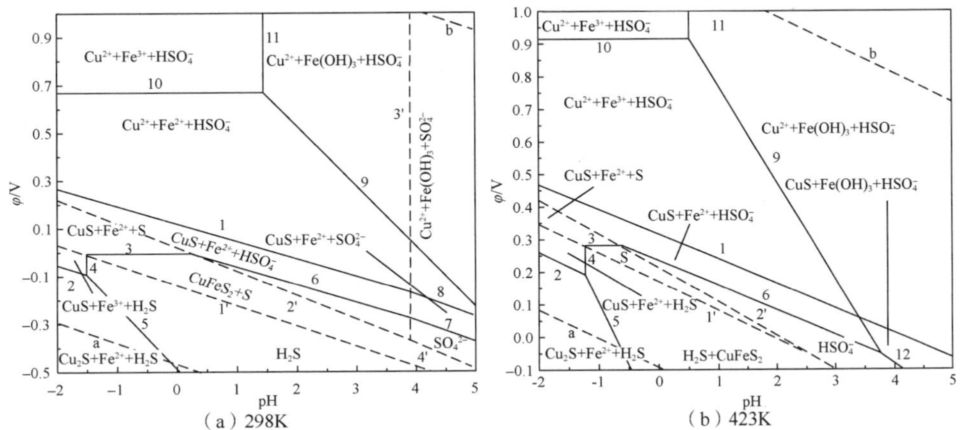

图 7-2　不同温度下 $CuFeS_2$-H_2O 系的 φ-pH 图

由图 7-2 可知，黄铜矿酸浸过程要求体系的酸度与闪锌矿相近，pH 约为–1，但在此条件下 $CuFeS_2$ 仅转化为 CuS 和 Fe^{2+}，并未完全实现其中 Cu 和 Fe 的浸出，若要使 CuS 进一步浸出为 Cu^{2+}，则需要更高的酸度。

4. PbS-H_2O 系的 φ-pH 图

用同样的方法，计算绘制了 298K 和 423K 下 PbS-H_2O 系的 φ-pH 图，如图 7-3 所示（假设条件为 $p=1.0\text{MPa}$，$[H_2S]=[HS^-]=[S^{2-}]=[HSO_4^-]=10^{-2}\text{mol}\cdot\text{L}^{-1}$，$[SO_4^{2-}]=10^0\text{mol}\cdot\text{L}^{-1}$，$[Pb^{2+}]=10^{-5}\text{mol}\cdot\text{L}^{-1}$，$[HPbO_2^-]=[PbO_3^{2-}]=[PbO_4^{4-}]=1\text{mol}\cdot\text{L}^{-1}$）。

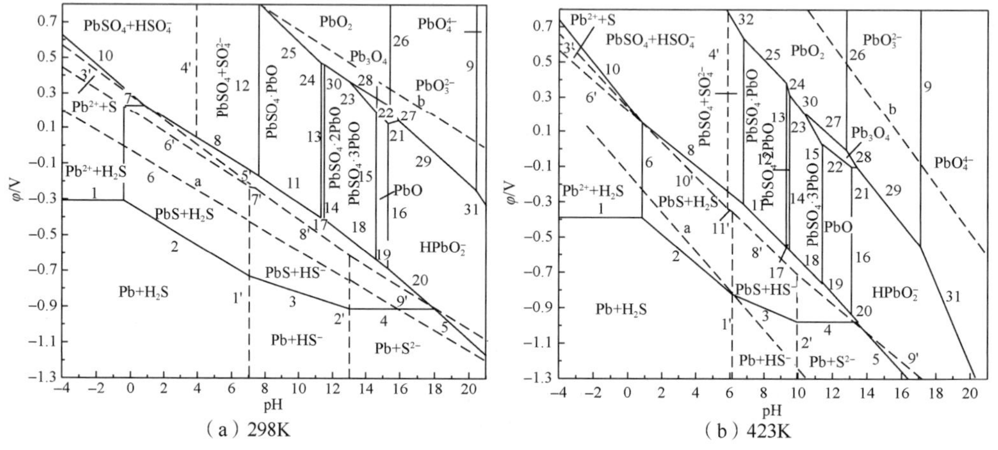

（a）298K　　（b）423K

图 7-3　不同温度下 PbS-H_2O 系的 φ-pH 图

由图 7-3 可知，方铅矿的浸出过程对体系酸度的要求比闪锌矿稍低，pH 约为 0，但由于方铅矿浸出后生成 $PbSO_4$ 沉淀，此过程仅仅是方铅矿转化为 $PbSO_4$ 的过程。同样，为了降低转化过程对酸度的要求，使方铅矿尽可能完全转化为 $PbSO_4$，实际上此过程仍需要在加氧压和高温的条件下用硫酸浸出。当氧压较高时，在图 7-3 中的 pH 范围内，方铅矿均能转化为 $PbSO_4$。

5. FeS_2-H_2O 系 φ-pH 图

用同样的方法，计算 298K 和 423K 下 FeS_2-H_2O 系中的各化学反应平衡式及 φ-pH 关系式，假设条件为 $p=1.0\text{MPa}$，$[H_2S]=[HS^-]=[S^{2-}]=[HSO_4^-]=10^{-2}\text{mol}\cdot\text{L}^{-1}$，$[SO_4^{2-}]=10^0\text{mol}\cdot\text{L}^{-1}$，$[Fe^{2+}]=[Fe^{3+}]=10^{-1}\text{mol}\cdot\text{L}^{-1}$，绘制出 298K 和 423K 时 FeS_2-H_2O 系的 φ-pH 图，如图 7-4 所示。

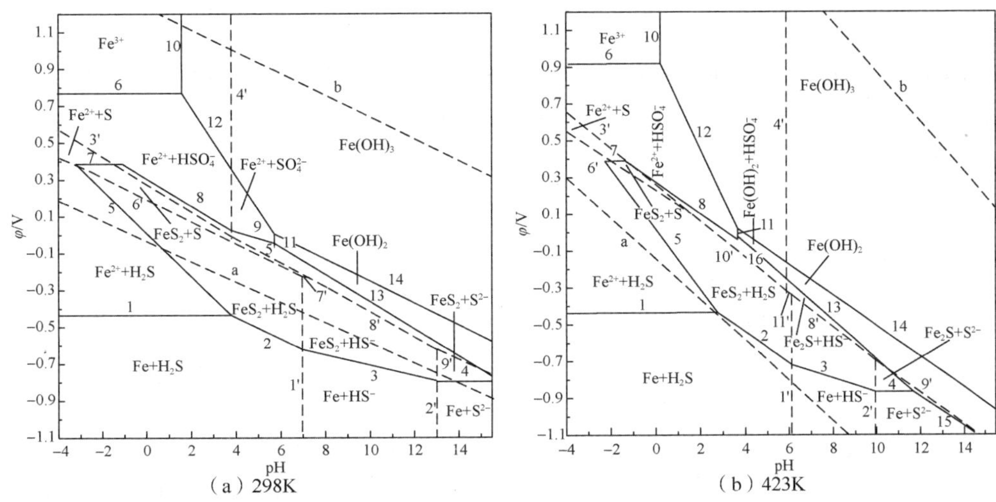

图 7-4　不同温度下 FeS_2-H_2O 系的 φ-pH 图

由图 7-4 可知，黄铁矿的浸出对水溶液体系酸度的要求较闪锌矿高，pH 约为–2，在此条件下一般生成 Fe^{2+}，若要使 Fe^{2+}进一步转化为 Fe^{3+}，则需要较高的氧化电位。当氧压较高、温度为 423K 时，在 $pH<3$ 的条件下，就能实现黄铁矿的浸出。

6. 用 φ-pH 图分析多个金属硫化物高压浸出的氧化顺序

用 φ-pH 图可以揭示多个金属硫化物高压浸出的氧化顺序。为了比较不同硫化物在酸性体系中的浸出性能，计算了 298K 和 423K 下几种常见硫化物浸出时的电位及 pH。在同一图中绘制了多个金属硫化物的 φ-pH 图，把 AgS、CuS、PbS、Cu_2S、FeS_2、$CuFeS_2$ 与 ZnS 绘在同一图中，如图 7-5 所示，其中水相中各离子的活度取 1。

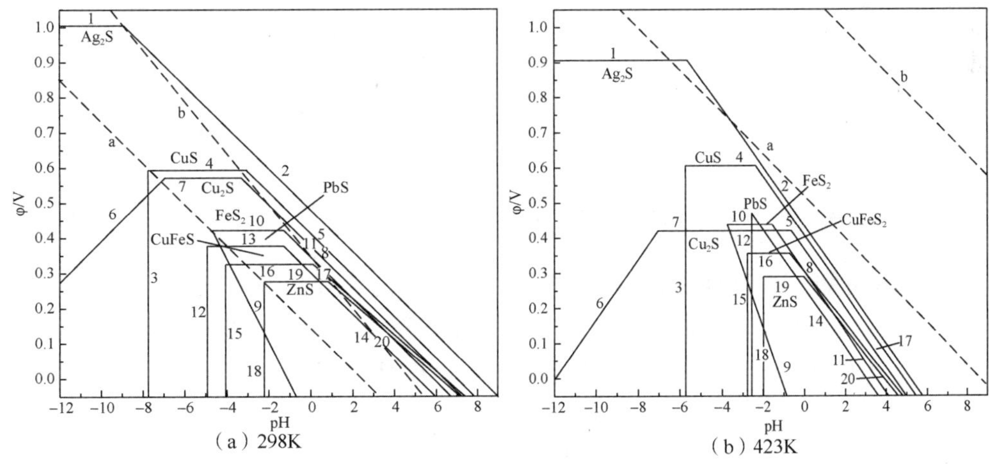

图 7-5　298K 和 423K 下 Me_mS_n-H_2O 系的 φ-pH 图（1）

由图 7-5 可以看出，各种硫化物在 298K 和 423K 时进行酸浸反应时的 φ 和 pH，以及各种硫化物在酸性体系中的相对稳定程度。由图 7-5 可知，298K 时的稳定程度由高到低依次为 $Ag_2S>CuS>Cu_2S>FeS_2>PbS>CuFeS_2>ZnS$，在 423K 时其稳定性顺序有变化，

其中 Cu_2S 的浸出电位比 FeS_2 的稍低，$PbSO_4$ 的稳定区域在酸性条件下不断扩大。

由图 7-5 可知，在加压浸出的过程中，硫化矿中各种铜的硫化物较难浸出，黄铜矿较容易浸出，但其第一步浸出仅仅是生成 CuS 和 Fe^{2+}。因此，若要黄铜矿彻底浸出，实际上需要很高的酸度。因此，从热力学角度考虑，复杂多金属铜、铅、锌、铁硫化精矿中的硫化物，最容易浸出的是闪锌矿，其次黄铜矿，而后是方铅矿和黄铁矿，其中若要获得较高的铜浸出率，需选择较高的温度和氧压。

从加压浸出过程热力学的分析来看，影响复杂多金属硫化物精矿浸出过程的主要因素有浸出温度、浸出过程的氧化还原电位和浸出液的 pH，即加压浸出时氧气的压力和酸溶液的酸度。

加压浸出是硫化物在水溶液中氧化溶解的过程，为了提取有价金属，应尽可能的避免金属杂质进入溶液中，必须从理论上计算出硫化物在水溶液中的溶解顺序，对可能进入液相的金属杂质进行控制。图 7-6 给出更多金属 Me_mS_n-H_2O 系的 φ-pH 图。

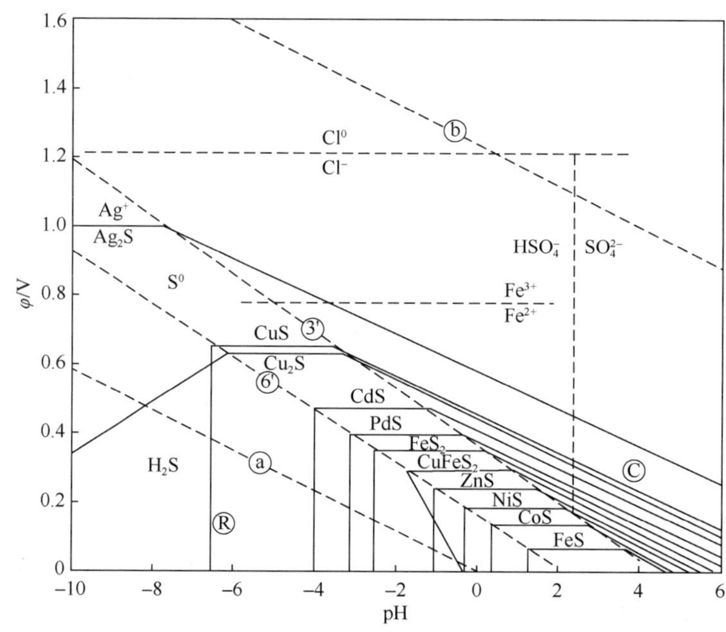

图 7-6　Me_mS_n-H_2O 系的 φ-pH 图（2）

由图 7-6 可知，有色金属硫化物（Me_mS_n）的浸出可以分为以下 3 类。

1）有色金属硫化物在水溶液中几乎都能被纯氧气氧化，生成元素硫。各种硫化物的氧化次序为 FeS>HS>CoS>NiS>ZnS>$CuFeS_2$>FeS_2>PbS>CdS>Cu_2S>CuS>Ag_2S。

2）有产生 H_2S 的简单酸浸，如：

$$FeS + 2H^+ = Fe^{2+} + H_2S \tag{7-1}$$

3）有产生 SO_4^{2-} 或 HSO_4^- 的酸浸，包括高压氧化酸浸和高压氧化氨浸，如：

$$CuS + 2O_2 = Cu^{2+} + SO_4^{2-} \tag{7-2}$$

由图 7-6 可以看出，有色金属硫化物在水溶液中稳定，即其稳定区与水的稳定区重合。有色金属硫化物在水溶液中高压浸出的氧化剂可以是氯气、氧气和三价铁离子。三价铁离子是中等强度的氧化剂，要进行选择性浸出，可以用三价铁离子。当 pH<0.2 时，

氧气的氧化能力大于氯气，在酸性溶液中的腐蚀性又比氯气弱，是理想的氧化剂。在一定的 pH 下，氧化剂线与被浸出的有色金属硫化矿线之间的电位差是浸出反应的热力学推动力。该电位差越大，浸出反应的热力学推动力越大，反应进行得越彻底。

硫化银很难氧化，其氧化要求很高的酸度和氧分压。其氧化的电位与贱金属氧化的电位差值大于 0.3V，当硫化银氧化时，贱金属氧化已经很彻底了。因此，可以利用这一原理处理阳极泥。

根据需要，可通过控制溶液的 pH、电位与加压，使有色金属硫化物在水溶液中浸出，硫以不同形式产出。

线®为金属硫化物进入溶液的下限 pH_d，线©为金属硫化物进入溶液的上限 pH_u。线©的反应式为

$$2Me^{2+} + 2SO_4^{2-} + 18H^+ + 18e = Me_2S + 8H_2O + H_2S(aq) \tag{7-3}$$

金属硫化物在水溶液中元素硫稳定区的 pH_u^0 和 pH_d^0 如表 7-2 所示[7]。

表 7-2 金属硫化物在水溶液中元素硫稳定区的 pH_u^0 和 pH_d^0

MeS	FeS	Ni_3S_2	NiS	CoS	ZnS	CdS	PbS	$CuFeS_2$	FeS_2	Cu_2S	CuS
pH_u^0	3.94	3.35	2.80	1.71	1.07	0.174	−0.12	−1.10	−1.19	−3.50	−3.65
pH_d^0	1.78	0.47	0.45	−0.83	−1.60	−2.60	−2.02	−3.80	−3.20	−8.04	−7.10

由表 7-2 可见，有色金属硫化矿在高压浸出时，控制浸出液的 pH，可以得到硫的不同产物。当体系的 $pH > pH_u^0$ 时，有色金属硫化矿氧化成 SO_4^{2-} 或 HSO_4^-；当体系的 $pH_d^0 < pH < pH_u^0$ 时，有色金属硫化矿氧化生成元素硫；当 $pH < pH_d^0$ 时，有 H_2S 析出。以 ZnS 氧气高压浸出为例：

$pH > 1.07$ 时，

$$ZnS + 2O_2 = Zn^{2+} + SO_4^{2-} \tag{7-4}$$

$-1.6 > pH < 1.07$ 时，

$$2ZnS + 4H^+ + O_2 = 2Zn^{2+} + 2S^0 + 2H_2O \tag{7-5}$$

$pH < -1.6$ 时，

$$ZnS + 2H^+ = Zn^{2+} + H_2S(g) \tag{7-6}$$

显然，pH_d^0 较大的 FeS、NiS 与 CoS 可以采用酸浸，pH_d^0 很小的 CuS、CdS 与 PbS 等有色金属硫化矿需要用氧化剂才能将 MeS 中的硫氧化。总之，控制体系的 pH 与电位就可以将有色金属硫化矿中的有价金属浸出到溶液中。

7.1.2 金属硫化物高压浸出时元素硫的行为

有色金属硫化矿高压浸出的目标就是用工业氧气与硫化矿反应，尽可能产出元素硫，消除火法冶金的 SO_2 危害。因此，需要研究高压浸出时元素硫的行为。

常温常压下，纯硫磺为亮黄色固体或淡黄色，形状有块状、粉状、粒状或片状等；有特殊臭味，能溶于二硫化碳，不溶于水。常态下，硫磺的熔点为 112～119℃，沸点约为 445℃，闪点为 207℃，自燃点为 248～260℃，密度为 $2.07g \cdot cm^{-3}$。硫磺在空气中遇明火燃烧，燃烧时呈蓝色火焰，生成二氧化硫，粉末与空气或氧化剂混合易发生燃烧，

甚至爆炸。一般情况下，液硫不具腐蚀性，但当有水存在时，它会迅速腐蚀钢材。液硫在 300℃时对钢材有严重腐蚀。

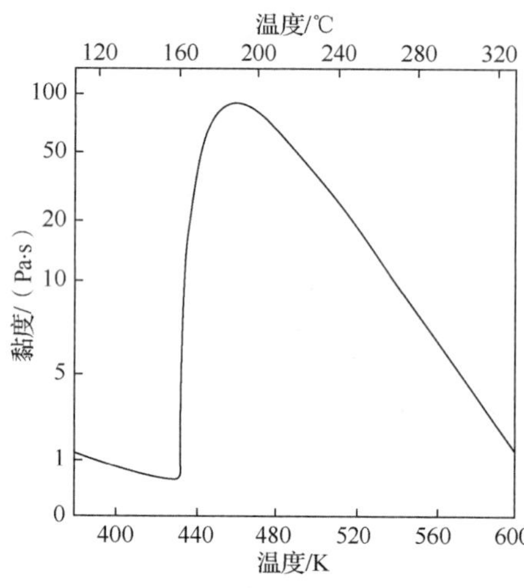

图 7-7　液态硫的黏度-温度特性曲线

1. 硫的黏度-温度特性

液态硫的黏度-温度特性曲线如图 7-7 所示。由图 7-7 可知，温度从 160℃升高至 188℃时，S_n 长链结构迅速增多，液体的黏度随温度升高突然增加。温度为 130～160℃时，液体硫磺的流动性最好。从 188℃再升高至 444℃时，S_n 长链开始断裂，液体黏度又随温度升高而减小。

通常情况下，液态硫的黏度高，容易紧密包裹未反应的有色金属硫化矿颗粒；相反，液态硫的黏度低，就会不易包裹未反应的有色金属硫化矿颗粒。液态硫具有独特的黏度-温度性质，130～160℃时黏度小，流动性好，给有色金属硫化矿的高压浸出提供了有益条件。

硫分子中硫原子数目随温度的不同而不同，主要存在有 S_2、S_6、S_8 共 3 种分子状态。当加热硫磺时，存在如下平衡：

$$3S_8 \rightleftharpoons 4S_6 \rightleftharpoons 12S_2 \tag{7-7}$$

随着温度的升高，平衡逐渐向右移动，熔点以下硫分子为 S_8，熔点到沸点范围内 S_6、S_8 共存，随温度升高 S_8 逐渐减少而 S_6 逐渐增多。沸点时 S_2 开始出现，700℃时 S_8 为零，750℃时，几乎全部转变为 S_2。硫分子中硫原子数目与温度的关系如图 7-8 所示。

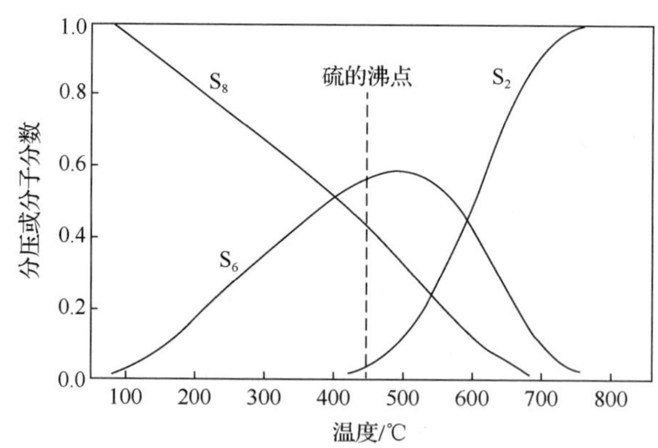

图 7-8　硫分子中硫原子数目与温度的关系

2. 有色金属硫化矿氧化时的硫产物

溶解于溶液中的 H_2S 按 $H_2S \longrightarrow S^0 \longrightarrow S_2O_3^{2-} \longrightarrow SO_3^{2-} \longrightarrow HSO_4^-$ 或 SO_4^{2-} 的顺序氧化。其中 $S_2O_3^{2-}$ 与 SO_3^{2-} 是不稳定离子，最终会分解成 S^0 或 SO_4^{2-}。

图 7-9 为 110℃下 S-H-O 系的 φ-pH 图。在 298K 及 $p_{O_2} = p_{H_2} = p_{H_2S} = 101325$Pa 时，

H_2S 在水中的溶解度为 $0.1mol \cdot L^{-1}$，通常将各种含硫离子的活度取为 0.1。

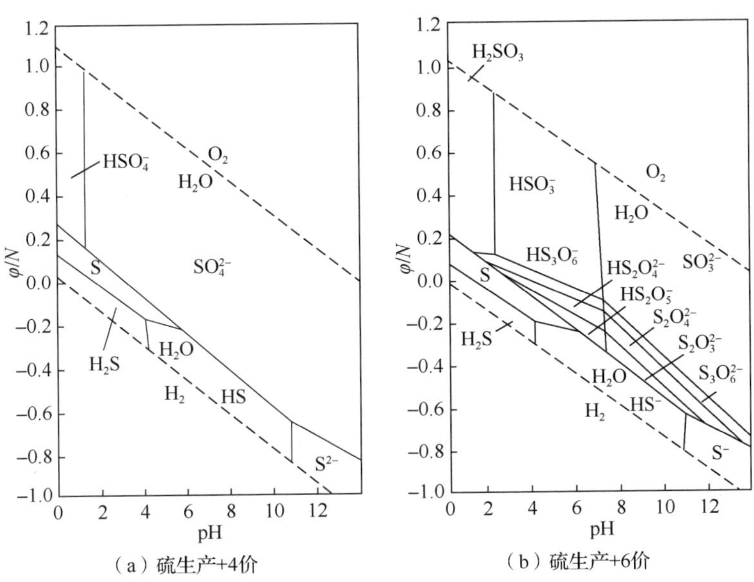

（a）硫生产+4价　　（b）硫生产+6价

图 7-9　110℃下 S-H-O 系的 φ-pH 图

图 7-9 表明，当硫化物氧化到平衡条件时，仅仅生成SO_4^{2-}、HSO_4^-及单质硫，而元素硫仅在 pH<6 的酸性介质中才能形成。假使硫的氧化进行得不完全，那么在溶液中除了硫酸根和单质硫，还有$S_2O_3^{2-}$及SO_3^{2-}，二者皆不稳定。

硫化锌精矿氧压浸出时，产物液态硫会包裹未反应的硫化锌精矿粒，阻碍氧传递至矿粒表面，使反应未能进行到所需的程度。

7.1.3　有色金属硫化矿在水中氧化的动力学

在 7.1.1 节中阐述了有色金属硫化矿在水中高压氧化的方向及主要产物形态，分析了冶金反应进行的限度，表明有色金属硫化矿在水中高压氧化是可能的。但是有色金属硫化矿在水溶液中高压氧化的速度决定了该过程是否经济，即是否可行。本节讲述后者。

1. 有色金属硫化矿在水中氧化的动力学

一般说来，浸出反应过程可以认为是由以下几个步骤组成的。

1）溶剂质点由液流中心向固体矿物外表面的扩散。

2）溶剂质点沿着矿物的孔隙和裂缝向其内部深入渗透的内扩散。

3）溶剂质点在固体表面上的吸附（表面包括矿物的外表面及孔隙和裂缝内表面等）。

4）被吸附的溶剂与矿物之间的化学反应。

5）反应产物的解吸。

6）反应产物由反应区表面向液流中心的扩散。

例如，硫化锌氧化酸浸出反应：

$$ZnS + 1/2O_2 + 2H^+ = Zn^{2+} + S^0 + H_2O \tag{7-8}$$

反应可以分成如下两个半电池反应。

阳极反应：

$$ZnS - 2e \longrightarrow Zn^{2+} + S^0$$

阴极反应：

$$1/2O_2 + 2H^+ + 2e \longrightarrow H_2O$$

反应产生的元素硫，当有氧存在时，可按下式氧化：

$$S^0 + 3/2O_2 + H_2O \longrightarrow SO_4^{2-} + 2H^+ \tag{7-9}$$

此反应在温度低于 120℃时进行缓慢，但当高于 120℃时，反应速率显著增快。更高温度下的动力学研究更困难。

氧浓度对浸出反应速率有明显影响。硫化锌在 100℃时氧化酸浸的动力学曲线如图 7-10 所示。

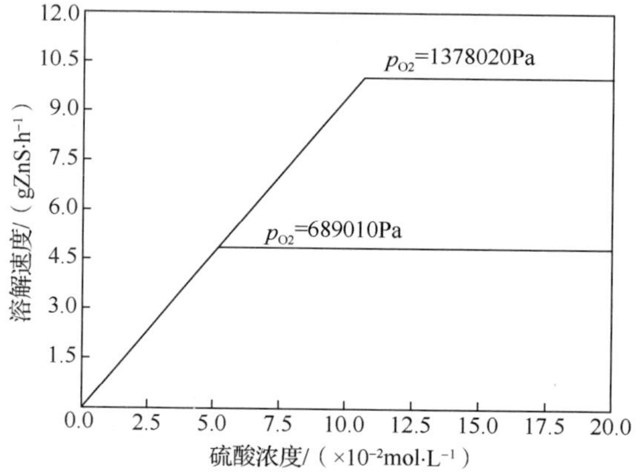

图 7-10　硫化锌在 100℃时氧化酸浸的动力学曲线

由图 7-10 可以看出，在低酸浓度时浸出速度仅与酸度有关，而与氧浓度无关。在高酸浓度时则相反，浸出速度决定氧浓度，而且溶液中硫酸浓度和氧浓度之间存在某一比值时，浸出速度达到极限值，如图 7-10 中两条水平线和斜线的交点为两个不同比值时的最大溶解速度。

初始硫酸浓度与氧分压对硫化锌浸出反应速率的影响如图 7-11 所示。

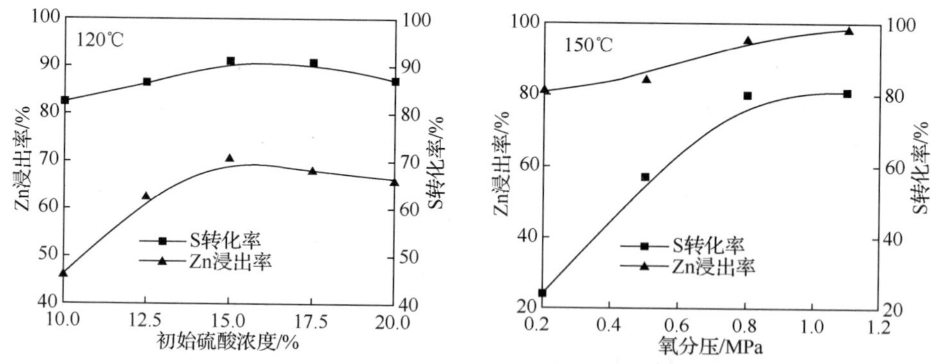

图 7-11　初始硫酸浓度与氧分压对硫化锌浸出反应速率的影响

从硫化锌的氧压浸出实验结果(图 7-11)可以看出，在 120℃，当初始酸浓度由 10.0%提高到 20.0%时，Zn 浸出率与 S 转化率先增大后减小，当酸浓度为 15%时取得最大值，此时 Zn 浸出率为 90.9%，S 转化率为 70.6%；在 150℃，当氧分压由 0.2MPa 增大到 1.1MPa 时，Zn 浸出率增加到 98.9%，S 转化率增加到 81.3%。这一结果与 φ-pH 图的变化趋势吻合。

因此，硫化锌氧化酸浸如果要使硫成为元素硫产出，除控制溶液的 pH 较低外，还要控制较低温度，以不利于硫进一步氧化。控制较低温度会使浸出速度变慢，这显然缺乏实用意义，故在大多数情况下，硫化物氧化酸浸时，金属和硫均以溶液形态回收。

2. 影响浸出速度的因素

影响浸出速度的主要因素有矿块的大小、过程的温度、矿浆的搅拌速度和溶剂的浓度。

如前所述，浸出是液-固之间的多相反应过程，其他条件相同的情况下，浸出速度与液-固接触表面成正比，浸出过程的速度随着矿块的减小而增大，故矿块在浸出之前应进行破磨。矿块的破磨程度取决于有价成分在矿块中的分布情况、经济效益和所采用的浸出方法。应当指出，矿块不宜过分磨细，否则会使矿浆的黏度增大，这样又会降低浸出速度。适宜的矿块大小要由实验确定。

温度对浸出速度的影响取决于它对过程限制步骤的影响。在动力学区域，反应速率常数以下式表示：

$$K \approx K_K = K_C \cdot e^{-\frac{W_K}{RT}} \tag{7-10}$$

式中：K_C——常数，相当于活化能等于零时的反应速率常数；

R——气体常数，$8.314\text{J}\cdot(\text{mol}\cdot\text{K})^{-1}$；

W_K、K_K——反应活化能，$\text{kJ}\cdot\text{mol}^{-1}$。

温度对反应速率的影响是，温度升高 10℃，反应速率增加 2～4 倍，即反应速率的温度系数等于 2～4。

如果过程受扩散速度限制，即在扩散区域，则浸出速度与温度的关系可用下式表示：

$$K \approx K_D = K_C \cdot e^{-\frac{W_D}{RT}} \tag{7-11}$$

式中：K_C、K_D——常数；

W_D——扩散活化能，$\text{kJ}\cdot\text{mol}^{-1}$。

扩散过程也需要活化能，因为扩散质点在其运动时不断地落入和跳出溶剂质点力场的范围。但是，由于扩散过程是在没有完全断裂形成化学键的情况下发生的，扩散时需要较小的活化能，一般认为是 $836.8\sim29288\text{J}\cdot\text{mol}^{-1}$。这个较小数值的活化能，通常可用来作为判断过程是否在扩散区域的标志。

扩散速度的温度系数一般在 1.5 以下，如果浸出过程在动力学区域进行，则加速反应进行最有效的措施是提高温度、增大溶剂浓度、减小矿块粒度、提高固体的气孔率、使用催化剂等。如果浸出过程由扩散限制，也就是过程的限制步骤是液相中的扩散，则必须首先提高液流的速度和增大紊流程度（用加强搅拌的方法）。如果固体内扩散成为浸出过程的控制步骤，那么强化过程的方法是将矿块磨细和增大孔隙的相对体积[8-10]。

在常压浸出过程中，温度升高的限度受到溶液沸腾温度的限制。如果浸出在加压条件下进行，则过程的温度可以按照溶液上面的蒸气压力相应地增加，而使浸出过程加速进行。

7.1.4 金属硫化物高压浸出工艺

锌精矿湿法冶炼过程中将锌从精矿浸出的方法通常有两种：一种是先将锌精矿焙烧，然后浸出焙砂；另一种是锌精矿直接氧压或富氧常压浸出。锌精矿焙烧过程产生的二氧化硫必须经过处理转化为硫酸。硫化锌精矿氧压浸出是把磨细的硫化锌精矿直接进行浸出，将硫化锌精矿、废电解液、氧气连续加入氧压釜，在加温、加压状态下，用氧气作为氧化剂，用废电解液作为浸出剂，实现湿法炼锌过程酸溶液的循环。在加压条件下提高反应温度，对反应的热力学和动力学都有利。通过控制浸出过程的温度、酸度、氧压等操作条件，精矿中以硫化物形态存在的锌在酸和氧的作用下转化为硫酸锌，进入溶液。浸出过程产出的硫酸锌溶液净化后进行电积得到金属锌，浸出反应时间为1～3h，锌的浸出率达98%以上。硫以单质硫形态留在渣中，含元素硫的底流再经浮选分离成硫磺精矿，硫磺精矿在粗硫池中熔化、经热过滤后从未浸出的硫化物中分离出熔融元素硫，然后将熔融硫送入精硫池，经造粒后得到含硫约99.8%的硫磺产品。该工艺避免了传统焙烧工艺尾气中二氧化硫对大气环境的污染。氧压浸出技术具有明显的优越性[11-14]。

以硫化锌矿为例，下面叙述金属硫化物高压浸出的工艺。

传统锌系统面临的迫切需要解决的问题：一是二氧化硫低空污染问题，二是浸出渣的综合利用问题。解决该问题的方法是用氧气直接浸出硫化锌精矿。

如前所述，硫化锌的酸浸反应要求溶剂的酸度很高，要求在氧气加压和高温的条件下进行。理论上硫化锌及其他许多有色金属硫化矿在任何pH的水溶液中都是可以浸出的，只是在不同的pH下产物不同。硫化锌精矿富氧直接浸出技术被普遍认为是锌冶炼的又一次重大技术突破。富氧直接浸出工艺主要分为两大类：富氧压力浸出（简称氧压浸出）和常压富氧浸出[15]。

从浸出动力学角度分析，常压富氧浸出在溶液沸点以下进行，反应速率较小。氧压浸出在密闭的反应容器内进行，反应温度可以提高到溶液沸点以上，反应速率增大，可以强化浸出反应过程。2000年，狄纳泰克公司做了氧压浸出与常压富氧浸出的对比试验[16]。试验在3.8L钛质压力釜中进行，锌精矿主要成分为Zn 53.7%、S 30.6%、Fe 8.7%、Cu 1.2%。该公司用粒径不同的锌精矿分别做了氧压浸出与常压富氧浸出试验，常压富氧浸出试验的温度为95℃，氧压浸出试验的温度为150℃，具体的实验条件与锌浸出率如表7-3和表7-4所示。

表7-3　氧压浸出与常压富氧浸出试验条件对比

试验类别	温度/℃	压力/kPa	时间/h	搅拌器转速/$(r \cdot s^{-1})$	氧化剂	排空气/$(L \cdot min^{-1})$
氧压浸出	150	1100	2	4.7	氧气	0.5
常压富氧浸出	95	50	24	4.7	氧气	前8h为0.5，后16h为0

表 7-4 氧压浸出与常压富氧浸出锌浸出率对比

氧压浸出锌浸出率/%				常压富氧浸出锌浸出率/%			
浸出时间	锌精矿粒径			浸出时间	锌精矿粒径		
	32.3μm	33.7μm	37.7μm		14.6μm	23.5μm	37.7μm
15min	89.2	83.6	96.5	2h	55	31	35
60min	99.7	98.4	99.5	8h	84	43	62
120min	99.7	99.5	99.4	24h	95	83	83

从表 7-4 可以看出，为了实现锌的浸出，氧压浸出所需的反应时间更短，精矿的粒径可适当放宽。精矿平均粒径为 32.3μm 时，加压浸出反应 1h，锌浸出率可以达到 99.7%。而常压富氧浸出需要在精矿平均粒径为 14.6μm 时，反应 24h，锌浸出率可以达到 95%。因而，与同为直接浸出工艺的常压富氧浸出相比，氧压浸出的主要特点如下。

1）氧压浸出在密闭的反应釜中进行，所控制的反应温度、压力均比常压富氧浸出高，因此物料在反应器内的反应强度大，浸出速度加快，反应时间短，有利于铁、锌及铟等稀散有价金属的分离。因此，在提高金属浸出率，特别是稀散有价金属浸出率这一方面，氧压浸出更具优势。

2）由于氧压浸出反应温度为 145～155℃，高于单质硫的熔点，反应过程中产生的单质硫呈熔融状态，可通过降温降压使硫进入渣中，再通过浮选、熔融、过滤等产出硫磺。

3）氧压浸出产出的溶液经中和除铁后直接采用传统的净化工艺，既可满足电积对溶液杂质含量的要求，又可以脱离常规焙砂浸出系统而独立建厂。

4）氧压浸出在 2～3h 内锌的浸出率可达 98%，与常压富氧浸出相比，氧压浸出物料的反应强度更大，所需的反应器容积较小，设备占地面积较小。另外，氧压浸出反应器为卧式反应釜，适合采用室内配置。

5）常压富氧浸出反应压力较低，为了获得高的金属浸出率，需要消耗更高的氧气量，而氧压浸出的氧耗低于常压富氧浸出。

常压富氧浸出工艺是在氧压浸出基础上发展起来的新技术，它规避了氧压浸出高压釜设备制作要求高、操作控制难度大等问题，而且同样能达到浸出回收率高的目的。氧压浸出与常压富氧浸出锌浸出工艺的对比如表 7-5 所示。

表 7-5 氧压浸出与常压富氧浸出锌浸出工艺的对比

项目	常压富氧浸出	氧压浸出
锌的回收率	98%	98%
反应时间	24h	2h
反应器体积	产 1t 锌为 10 倍 $V_{传统}$	产 1t 锌为 1.0 倍 $V_{传统}$
反应压力	100～200kPa	1100～1300kPa
生产控制	要求一般	要求严格
原料处理	浆化设备较多，费用较高	浆化设备较少，费用较低
工艺的适应性	较强，适用于已有焙烧、浸出厂的技术改造，并可搭配处理浸出渣	强，适用于已有焙烧、浸出厂的技术改造，并可单独新建厂
维护	维修费用较低	维修费用较高
一次性投资	适中	稍高

常压富氧浸出和氧压浸出两种工艺流程均有较为成功的锌冶炼厂在生产，且运行状态基本良好。表 7-6 列出采用两种工艺的锌冶炼生产厂。

表 7-6　工业化常压富氧浸出厂家

公司	国家	工厂简称	规模/（万 $t\cdot a^{-1}$）	建成时间
新波立顿公司	芬兰	科科拉 I	5	1998 年
新波立顿公司	芬兰	科科拉 II	5	2001 年
新波立顿公司	挪威	澳达	5	2004 年
韩国锌联合公司	韩国	温山	20	1994 年
株洲冶炼集团股份有限公司	中国	株冶	10	2009 年

常压富氧浸出的核心技术在设备装置上，其主要设备装置为常压立式罐。从安全性角度考虑，常压富氧浸出的反应器危险性较小。

硫化锌精矿氧压浸出工艺有一段浸出和两段浸出工艺之分。一段浸出工艺是在一个高压釜内一次完成浸出作业。在相同浸出率的条件下，一段浸出工艺浸出液酸度高，需要采用含锌物料作为中和剂，一般与焙烧-浸出工艺联合使用，使用锌焙砂作为中和剂。两段浸出工艺可以得到酸度较低的浸出液，可以单独处理硫化锌精矿[17]。硫化锌精矿一段氧压浸出全湿法工艺如图 7-12 所示。

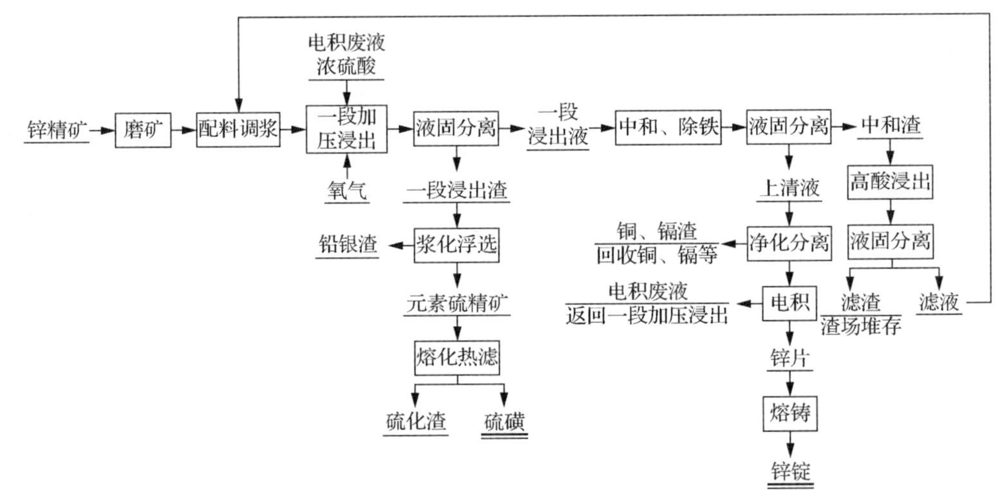

图 7-12　硫化锌精矿一段氧压浸出全湿法工艺

硫化锌精矿一段氧压浸出工艺，如果浸出过程酸度低，则浸出渣中锌含量高，锌浸出率低。为了提高一段氧压浸出过程硫化锌的浸出率，需要提高溶液酸度。但是，浸出液中酸度提高后，为了和后续净化工序配合，需要使用中和剂中和余酸。因此，实际运行中一段氧压浸出需要与传统工艺结合，或者有氧化锌矿配合。这就限制了一段氧压浸出的应用。

目前，锌精矿氧压浸出工艺的工业应用主要有两大类：一类是一段氧压浸出与传统焙砂浸出联合工艺，另一类是两段氧压浸出全湿法工艺。不同工艺流程的选择取决于原料特点、建厂条件、环境要求及投资的经济合理性[18]。硫化锌精矿两段氧压浸出原则工艺流程如图 7-13 所示。

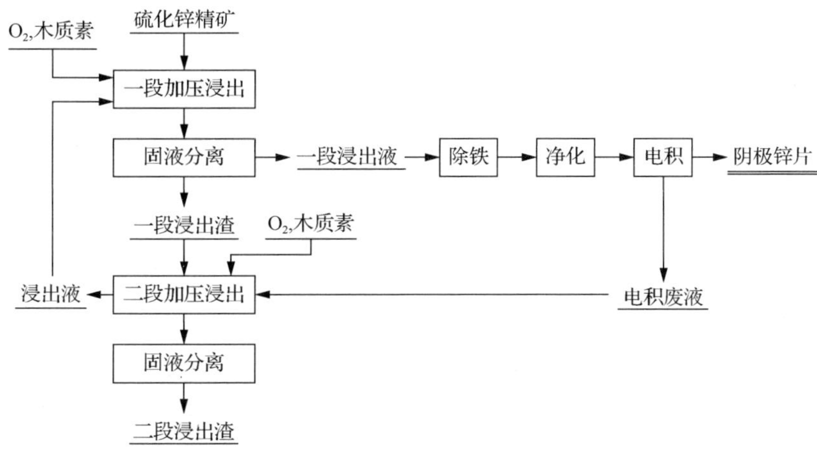

图 7-13 硫化锌精矿两段氧压浸出原则工艺流程

氧压浸出过程中，锌精矿中的锌、铁、硫分别与硫酸、氧气反应生成硫酸盐和单质硫。铁溶出后形成的硫酸亚铁又与硫酸和氧气反应，生成硫酸铁。锌精矿中的锌、硫又与硫酸和氧气反应，生成锌和单质硫，浸出过程中铁离子的氧化、还原过程起到作为氧的传递载体加速锌的浸出的作用。所以浸出过程中铁的控制尤为重要。高铁硫化锌精矿氧压浸出必须考虑铁的行为，使铁尽可能留在渣中。在温度为 140～150℃、氧分压为 800～1300kPa 的条件下，将高铁硫化锌精矿直接浸出。在锌浸出过程中，矿物晶格中的铁也部分浸出，并作为氧的传递载体加速锌的浸出。浸出结束后，铁大部分以铁矾形态沉淀留在渣中，从而实现锌的选择性浸出。氧压浸出过程通常采用调节浸出液的酸度的方法来控制铁的行为。锌精矿的浸出一般有低酸浸出和高酸浸出。浸出液中维持比较高的余酸可使反应釜中的铁沉淀量降至最低。例如，锌精矿中的铅和银含量较高，则需控制二段浸出溶液中硫酸在 $50g \cdot L^{-1}$ 左右，限制铁的沉淀，以便从浸出渣中分离出高品位的铅银渣[19]。

与传统锌冶炼工艺相比，锌精矿氧压浸出工艺具有多方面的优势。

1）取消了庞大的焙烧和烟气制酸系统，硫以单质形式高效回收，彻底消除了含硫烟气排放对环境造成的污染，同时也解决了传统工艺生产硫酸带来的储存、运输和销售问题。

2）对高铁闪锌矿、含铅的锌精矿及含难溶铁酸锌和铁氧体的残渣，该工艺显示出其广泛的适应性，不仅有较高的锌回收率和较低的基建投资，还可对铅、银等金属进行高效富集，为镓、铟、锗等稀散金属的综合回收提供较常规湿法工艺更有利的条件。

3）具有较强的灵活性，可与传统湿法炼锌工艺有机结合，也可独立生产；既能在较低建设投资的情况下扩大产能，又可为企业改善环境、提高综合回收能力提供良好的解决方案。

4）锌回收率高，铁富集效果好，自控水平先进，具有较高的设备利用率和在线运行率。

5）操作条件相对常规工艺较苛刻，具有较高的温度和压力，因此对设备和管道材质及加工制作的要求较高，操作要求更加严格。

1. 硫化锌精矿氧压浸出的基本原理

硫化锌精矿中的主要矿物为闪锌矿（ZnS），还有其他矿物。硫化锌精矿氧压浸出不仅要考虑主要矿物闪锌矿的氧化浸出，还要考虑其他伴生矿物的氧化浸出行为。

闪锌矿氧压浸出的过程中发生的化学反应为

$$ZnS + H_2SO_4 + \frac{1}{2}O_2 = ZnSO_4 + H_2O + S^0 \quad (7\text{-}12)$$

在缺少能传递氧的离子的情况下，该反应实际上进行得非常慢。当铁溶解时将发生下述反应：

$$ZnS + Fe_2(SO_4)_3 = ZnSO_4 + 2FeSO_4 + S^0 \quad (7\text{-}13)$$

硫化物在硫酸和氧气的作用下发生反应而使金属离子转化成为硫酸盐，硫化物中的硫被氧化成元素硫。

在氧压浸出锌精矿时，铁闪锌矿［（Zn·Fe）S］、磁黄铁矿（Fe_7S_8）和黄铁矿（FeS_2）中的铁都有可能溶出。在较高的压力温度条件下，黄铁矿可发生如下反应：

$$2FeS_2 + 7.5O_2 + H_2O = Fe_2(SO_4)_3 + H_2SO_4 \quad (7\text{-}14)$$

$$2FeS_2 + 7.5O_2 + 4H_2O = Fe_2O_3 + 4H_2SO_4 \quad (7\text{-}15)$$

铜在锌精矿中常以黄铜矿形态存在，氧压浸出过程发生的主要反应为

$$CuFeS_2 + O_2 + 2H_2SO_4 = CuSO_4 + FeSO_4 + 2H_2O + 2S^0 \quad (7\text{-}16)$$

在氧压浸出过程中，$FeSO_4$ 进一步被氧化生成 $Fe_2(SO_4)_3$：

$$2FeSO_4 + H_2SO_4 + \frac{1}{2}O_2 = Fe_2(SO_4)_3 + H_2O \quad (7\text{-}17)$$

生成的 $Fe_2(SO_4)_3$ 又与 ZnS 等硫化物发生反应：

$$ZnS + Fe_2(SO_4)_3 = ZnSO_4 + 2FeSO_4 + S^0 \quad (7\text{-}18)$$

从而起到加速浸出过程的作用，所生成的 $FeSO_4$ 又按式（7-17）反应再生成硫酸铁。

浸出过程中，当温度较高而酸度又降低时，尤其是有大量硫酸锌存在时，$Fe_2(SO_4)_3$ 又可以发生以下反应：

$$Fe_2(SO_4)_3 + 3H_2O = Fe_2O_3 + 3H_2SO_4 \quad (7\text{-}19)$$

该反应使溶液中的 Fe^{3+} 从溶液中分离，达到了除铁的目的。

锌精矿中的方铅矿可能发生下述反应：

$$PbS + H_2SO_4 + \frac{1}{2}O_2 = PbSO_4 + S^0 + H_2O \quad (7\text{-}20)$$

$$PbS_4 + Fe_2(SO_4)_3 = PbSO_4 + 2FeSO_4 + S^0 \quad (7\text{-}21)$$

一般来说，在氧压浸出时，只有 5%硫化锌精矿中非黄铁矿的硫化物中的硫被氧化成 SO_4^{2-}。

$$MeS + 2O_2 = MeSO_4 \quad (7\text{-}22)$$

Me 代表 Zn、Pb、Cu 或 Fe。因此，黄铁矿和黄铜矿只有少量溶解产生 SO_4^{2-}，传递氧的铁离子来自铁闪锌矿和磁黄铁矿。

在锌精矿氧压浸出过程中，黄铜矿先于闪锌矿溶出，溶出的铜作为催化剂加速锌溶

出，与其结合的硫则被氧化成元素硫。黄铜矿溶出先于闪锌矿，且能与闪锌矿构成原电池，促进锌溶出，结合的硫被氧化成硫酸根。随着过程酸度的下降，铜离子在强氧化气氛中被氧化成高价态的铜，催化锌加压浸出过程中溶出的亚铁使之被氧化为三价铁离子进入渣相。

在氧压浸出后期高温低酸的除铁阶段，溶液中的铁发生如下水解反应。

生成铅铁矾的反应：

$$PbSO_4 + 3Fe_2(SO_4)_3 + 12H_2O = PbFe_6(SO_4)_4(OH)_{12} + 6H_2SO_4 \tag{7-23}$$

生成草黄铁矾的反应：

$$4Fe_2(SO_4)_3 + 14H_2O = 2(H_2O)Fe_4(SO_4)_3(OH)_6 + 6H_2SO_4 \tag{7-24}$$

生成黄钾铁矾和黄钠铁矾的反应：

$$3Fe_2(SO_4)_3 + 12H_2O + 2K^+ = 2KFe_3(SO_4)_2(OH)_6 + 5H_2SO_4 + 2H^+ \tag{7-25}$$

$$3Fe_2(SO_4)_3 + 12H_2O + 2Na^+ = 2NaFe_3(SO_4)_2(OH)_6 + 5H_2SO_4 + 2H^+ \tag{7-26}$$

随着酸度的降低，硫酸铁与 K^+、Na^+等作用生成黄钾铁矾和黄钠铁矾沉淀而进入渣中。

生成水合氧化铁沉淀的反应为

$$Fe_2(SO_4)_3 + (x+3)H_2O = Fe_2O_3 \cdot xH_2O + 3H_2SO_4 \tag{7-27}$$

式中：$x=3$时为$Fe_2O_3 \cdot 3H_2O$，即$Fe(OH)_3$；$x=1$时为$Fe_2O_3 \cdot H_2O$，即 FeOOH；$x=0$时为Fe_2O_3。

注意：所有的沉铁过程均有硫酸获得再生。

2. 影响硫化锌精矿氧压浸出的因素

（1）浸出釜内体系的温度

温度升高，浸出反应速率增加，单位时间内锌的浸出率越大，提高温度越有利于提高锌的浸出率。但当温度超过 160℃后，反应生成的单质硫的黏度急剧升高，不利于反应的进行。因此，在实际生产中，氧压釜的釜内温度控制在（150±5）℃为宜。

（2）锌精矿的粒度

浸出反应是在硫化锌精矿表面进行的，精矿的粒度越细，反应的比表面积越大，单位时间内锌的浸出率越大，提高精矿的粒度有利于提高锌浸出率。实际生产中一般要求精矿粒度-320 目占 95%以上。

（3）氧分压的影响

浸出反应是在液相中进行的，溶液中溶解的氧浓度与气相中的氧分压保持一定的平衡关系，即气相中的氧分压越大，溶液中溶解的氧浓度越大，反应速率就越大。因此，增大氧分压能够提高反应速率，提高锌氧压浸出率。因此，控制浸出过程的氧分压为0.5～1.0MPa。

（4）添加剂的影响

木质素磺酸钙是一种表面活性剂，在氧压浸出反应中起到表面分散的作用。当未加入木质素磺酸钙或加入量不足时，反应生成的硫磺会包裹在未反应的硫化锌精矿表面，阻碍反应的进行，从而明显降低锌氧压浸出率；当加入足量的木质素磺酸钙后，木质素磺酸钙起到表面分散的作用，阻止硫磺的包裹，从而使反应继续进行。木质素磺酸钙的加入量一般为精矿干量的 0.2%～0.3%。

（5）浸出时间的影响

锌精矿的浸出时间越长，氧压釜锌总氧压浸出率越高。但考虑到氧压釜的处理量，实际生产过程中，一段氧压浸出时间为60min，二段氧压浸出时间为120min。

3. 氧压浸出炼锌厂生产实例

全球第一个采用加压酸浸法的工厂是加拿大科明科公司特累尔锌厂，建于1981年，工厂日处理锌精矿188t。第二个锌加压浸出工厂是加拿大梯明斯厂，高压釜日处理100t精矿，用低酸作业，铁以黄钾铁矾、碱式硫酸铁和水合氧化铁沉淀，于1983年投产。第三个采用加压浸出的工厂是德国的鲁尔锌厂，于1991年投产，高压浸出日处理精矿300t，采用高酸度作业，以免铁在浸出中生成黄钾铁矾或水合氧化物沉淀，其副产品是元素硫和Pb-Ag精矿。

到目前为止，世界上采用氧压浸出工艺炼锌建成的产能达到10万$t \cdot a^{-1}$的锌冶炼厂有8座，10万$t \cdot a^{-1}$以下的锌氧压浸出冶炼厂有3座。其中加拿大3座，中国3座，德国、哈萨克斯坦各1座。各厂采用的氧压浸出工艺不尽相同，加拿大科明科特累尔锌厂、加拿大梯明斯厂和德国鲁尔锌厂采用一段氧压浸出与传统焙砂浸出联合工艺，加拿大哈得孙湾矿冶公司、哈萨克斯坦铜业公司旗下的巴尔喀什锌冶炼厂和深圳市中金岭南丹霞冶炼厂、中国西部矿业锌业分公司、呼伦贝尔驰宏矿业有限公司锌冶炼项目均采用两段氧压浸出全湿法工艺。具体情况如表7-7所示。

表7-7　氧压浸出炼锌厂基本情况

序号	工厂	投产时间	电锌规模/（万$t \cdot a^{-1}$）	压力釜规格及数量	生产方式	备注
1	加拿大科明科特累尔锌厂	1981年	5	ϕ3.7m×15.2m，1台	一段氧压浸出与焙烧工艺联合	—
		1997年	8	ϕ3.7m×19m，1台		
2	加拿大梯明斯厂	1983年	2～2.5	ϕ3.2m×12m，1台	一段氧压浸出	2010年关闭
3	德国鲁尔锌厂	1979年 1991年	5 9.5	ϕ3.9m×13m，1台 ϕ3.9m×19.3m，3台	一段氧压浸出	1979年采用赤铁矿法除铁，1991年增加锌精矿加压浸出，1994年停产
4	加拿大哈得孙湾矿冶公司锌厂	1993年	9.5	ϕ3.9m×21.5m，1台	二段逆流氧压浸出	—
		2000年	11.5	ϕ3.9m×21.5m，3台（2用1备）		
5	哈萨克斯坦铜业公司旗下的巴尔喀什锌冶炼厂	2003年	10	ϕ4.0m×25m，3台其中备用1台	二段逆流氧压浸出	2008年关闭
6	云南冶金集团永昌铅锌公司	2004年	1.0	—	一段加压浸出	—
7	云南澜沧铅矿	2007年	2.0	—	两段逆流加压浸出	氧压浸出电锌示范工程
8	深圳市中金岭南丹霞冶炼厂	2009年	10	ϕ4.2m×28m，3台	二段逆流氧压浸出	

续表

序号	工厂	投产时间	电锌规模/（万 t·a^{-1}）	压力釜规格及数量	生产方式	备注
9	中国西部矿业锌业分公司	2015 年	10	ϕ4.2m×28m，3 台	二段逆流氧压浸出	
10	呼伦贝尔驰宏矿业有限公司	2018 年	14	—	二段逆流氧压浸出	
11	四川会理县会锌铅锌冶炼有限责任公司	—	10	—	二段逆流氧压浸出	停建
12	日本秋田锌公司饭岛冶炼厂	1972 年	20	—	还原浸出-赤铁矿法除铁	

（1）加拿大科明科特累尔锌厂

加拿大科明科特累尔锌厂是全球大型铅锌综合冶炼厂之一。冶炼厂铅产能 9 万 t·a^{-1}，锌产能 29.5 万 t·a^{-1}。加拿大科明科特累尔锌厂由三部分组成：硫化锌精矿沸腾焙烧、硫化锌精矿氧压浸出和锌氧化矿浸出。1976 年，加拿大科明科特累尔锌厂锌精矿年处理量 22.7 万 t，采用的工艺流程为沸腾焙烧制酸-两段浸出-净化-电积-熔铸生产电锌。为了扩大产能，同时不增加二氧化硫排放量，该厂决定采用加压浸出工艺与原有焙烧-浸出系统结合生产电锌。1977 年开始浸出氧压浸出锌的半工业试验，成功后，1981 年锌精矿氧压浸出项目投产，这是世界上首次将锌精矿加压浸出技术进行工业化应用的工厂。

加拿大科明科特累尔锌厂将硫化锌精矿加压浸出与传统焙烧-浸出系统联合使用，硫化锌精矿经球磨、旋流分级后，浓密机底流含固量 68%～70%，连续泵入加压釜。废电解液补加一定浓度硫酸使酸度达到 165g·L^{-1}，经热交换后泵入加压釜与硫化锌精矿进行氧压浸出反应。加压浸出温度为 150℃、总压为 1140kPa、液固比为 7∶1、反应时间为 1.5h。氧压浸出产出的矿浆进入闪蒸槽，温度降低至 117℃，压力降低至 55kPa。矿浆中的硫经过浮选、熔融、热滤生产硫磺。未反应的硫化锌和夹杂的硫磺返回焙烧。经一段氧压浸出，得到的浸出液送焙烧-浸出主系统的浸出工序，再经浸出、净化、电积生产电锌。加拿大科明科特累尔锌厂硫化锌加压浸出设备连接图如图 7-14 所示。

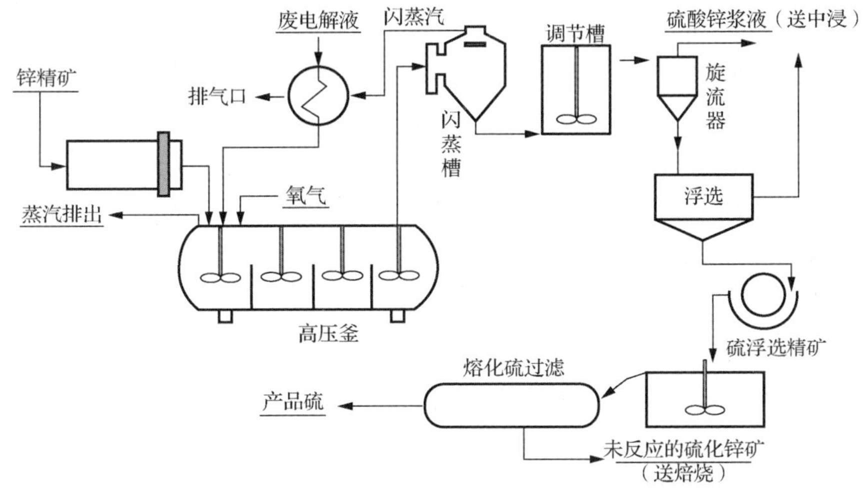

图 7-14 加拿大科明科特累尔锌厂硫化锌加压浸出设备连接图

1981 年加压浸出车间配置ϕ3.7m×15.2m 四隔室卧式加压釜一台，总容积为 130m^3，工作容积约为 100m^3。釜体为低碳钢，内衬铅、耐高温纤维和耐酸砖，室间隔板由耐酸砖砌成，每隔室均有双叶轮搅拌和挡流板，搅拌轴采用机械密封，前三室的搅拌电机功率为 110kW，第四室为 73.5kW。搅拌器材质为钛合金、Incoloy825 和 316L 不锈钢，316L 不锈钢仅用于第四室。其他与矿浆接触的部件由 Incoloy825、Inconel625、20 号合金和 Ferralium225 制成。矿浆经溢流堰或室壁底座上的两个导流孔从前一室流入下一室。各室装有温度传感器和取样装置，第四室安装 γ 射线液面探测仪。使用纯度为 98%的氧气，可以分别从高压釜的前三室加入，为防止惰性气体累积，气体从第一室连续排出。1997 年该厂进行扩建，在原加压釜旁配置一台ϕ3.7m×19m 的五隔室加压釜，设计日处理锌精矿 480t。氧气由前四隔室加入，废酸在各个隔室均可加入。

加压浸出过程中，锌的浸出率达 98%以上，硫化锌精矿中约 1%的锌进入黄铅铁矾，0.5%的锌未参与反应。精矿中约 96%的硫转化为元素硫，3%～4%的硫化物转化为硫酸盐，其余为未反应的硫化物。精矿中 91%的硫以硫磺形式回收，3%的硫浸出焙烧矿浸出系统，6%留在硫化物滤渣中，送焙烧处理。精矿中约 41%的铁进入溶液中，58%的铁形成铁的沉淀物进入渣中，约 1%的铁不参与反应。

（2）哈得孙湾矿冶公司

哈得孙湾矿冶公司位于加拿大弗林弗隆，是 1930 年建成的一座锌冶炼厂，采用的主工艺流程为焙烧-浸出-净化-电积。20 世纪 90 年代，政府对二氧化硫烟气和粉尘排放的规定更加严格，公司开始寻找清洁环保的锌冶炼方法。虽然硫化锌精矿的加压浸出技术分别于 1981 年、1983 年和 1991 年在加拿大科明科特累尔锌厂、加拿大梯明斯厂和德国鲁尔锌厂投产运行，但这 3 家硫化锌精矿氧化浸出技术均是与传统的焙烧-浸出工艺配合，均为一段加压浸出工艺。1993 年 7 月建成的哈得孙湾矿冶公司锌厂采用硫化锌精矿全湿法两段逆流氧压浸出工艺，是第一个在工业上单独应用加压浸出的工厂，锌精矿 100%通过高压釜处理，完全取代了原有的焙烧-浸出-净化-电积工艺，在全湿法炼锌方面取得了重大进展[21]。

浸出工序包括两段逆流浸出，一段高压釜为低酸浸出，二段高压釜为高酸浸出。配置 3 台ϕ3.9m×21.5m 的高压釜，四隔室五搅拌，均采用碳钢外壳内衬铅和耐酸砖防腐层。两用一备，3 台高压反应釜在一个车间并列布置，可以相互调换交替使用，生产灵活，以保证最大运行时间。氧气由 5 个搅拌桨底部通入，每台高压釜配备一台闪蒸槽，另配有两台中间槽和两台浓密机，既可以用于一段浸出操作，又可以用于二段浸出操作。两段加压浸出系统设备连接图如图 7-15 所示。

精矿矿浆、预热后的废电解液和堆存的铁酸锌渣、氧气和木质磺化素加入第一段高压釜进行低酸浸出。第一段加压釜的前 2 个隔室温度控制在 145℃，后面的 3 个隔室温度控制在 150℃。总的停留时间约为 48min。1100 kPa（表压）的氧气被加入每个隔室。哈得孙湾矿冶公司加压酸浸系统设备连接图如图 7-16 所示。

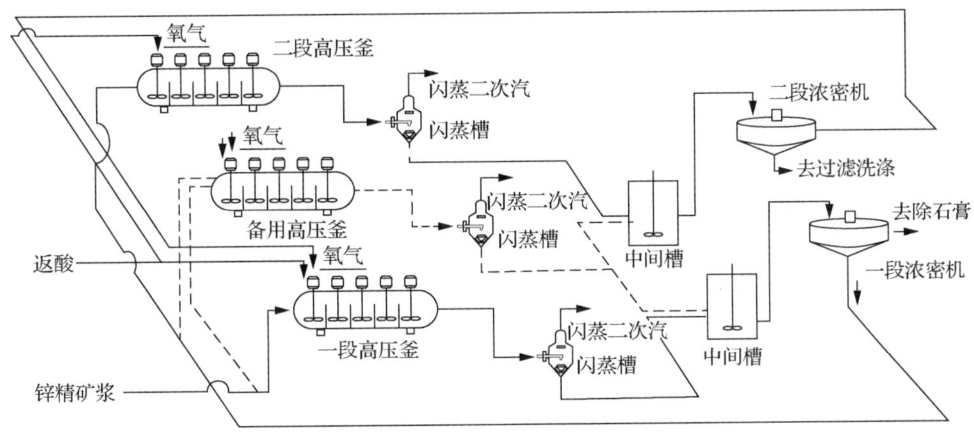

图 7-15　两段加压浸出系统设备连接图

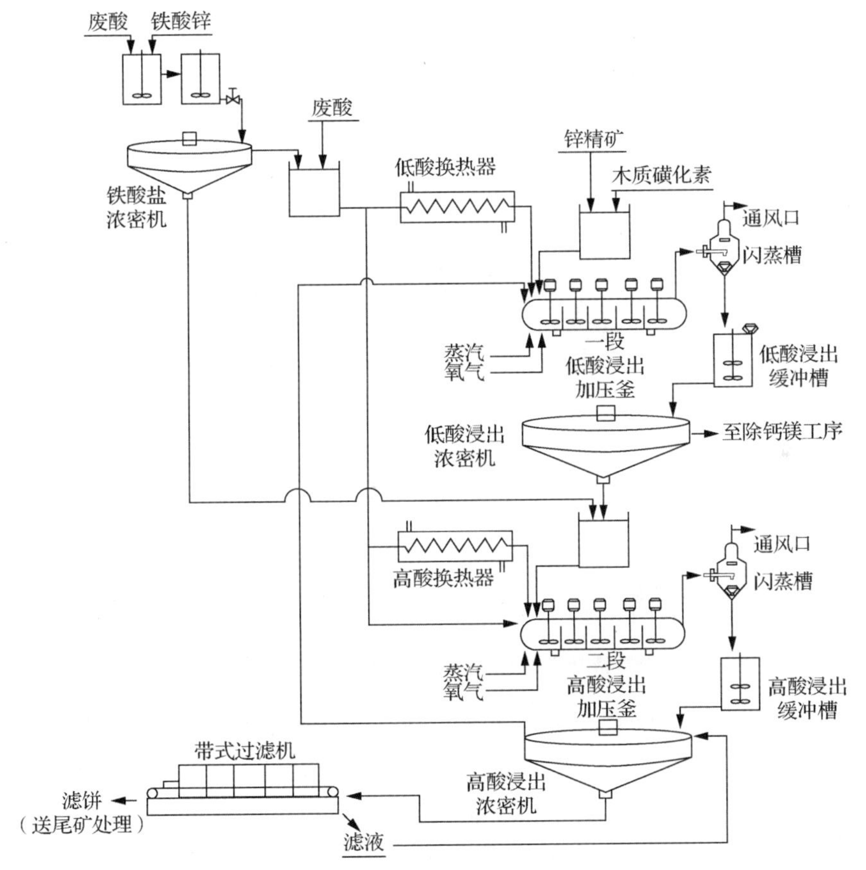

图 7-16　哈得孙湾矿冶公司加压酸浸系统设备连接图

低酸浸出的酸来源于两个部分：高酸浸出溢流和电解车间返回的废电解液。其中，废电解液的加入量通过预先设定的酸锌比自动调节。在加压釜的前两个隔室，酸锌摩尔比控制在0.8∶1，硫酸浓度为10～14g·L^{-1}，在最后一个隔室控制硫酸浓度为9～10g·L^{-1}。如果酸度过高，低酸浸出矿浆中铁的浓度将升高，导致除钙镁和除铁工序中需要添加过量的中和剂，同时也将破坏系统硫酸根的平衡。

高压釜排气口的氧气含量维持在 80%～85%（体积比），以确保加压浸出反应能快速进行和得到理想的浸出率。惰性气体和反应产生的废气连续排出高压釜。同时，反应釜中总的压力也应保持在 700～1650kPa，如果压力太低将导致反应速率下降和硫酸根缺乏（因为黄铁矿氧化程度降低）。低酸浸出浓密机溢流泵至除钙镁工序，浓密机底流则泵入第二阶段高压釜进行高酸浸出，回收其中未溶解的锌。大约 75%的锌在低酸浸出阶段溶解。

第二阶段高压釜进行高酸浸出，每个隔室通入氧气，操作压力为 1100kPa，停留时间约为 150min，酸锌摩尔比为（1.8～2.0）：1。保持加压釜最后一个隔室的硫酸浓度为 $30g\cdot L^{-1}$，以确保有足够的酸使锌溶出，同时也要尽量减少加压釜排出溶液中酸的浓度和铁的浓度。如果酸度过高，超过 $40g\cdot L^{-1}$，渣中沉淀的铁会再次溶解，导致过量的铁在两段浸出中循环。高酸浸出渣（硫浮选和水洗之后的尾渣）主要成分为赤铁矿、黄钾铁矾、斜绿、泥石、云母、少量的石英、石膏及没反应的黄铁矿和黄铜矿。两段逆流加压浸出，锌总回收率为 99.0%～99.5%。

（3）深圳市中金岭南丹霞冶炼厂

深圳市中金岭南丹霞冶炼厂是我国首家引进加拿大 Sherrit-Gordon 公司氧压浸出工艺的厂家，采用二段逆流加压浸出工艺处理富含镓锗的锌精矿，2009 年 9 月投产，采用的主体工艺流程图如图 7-17 所示。

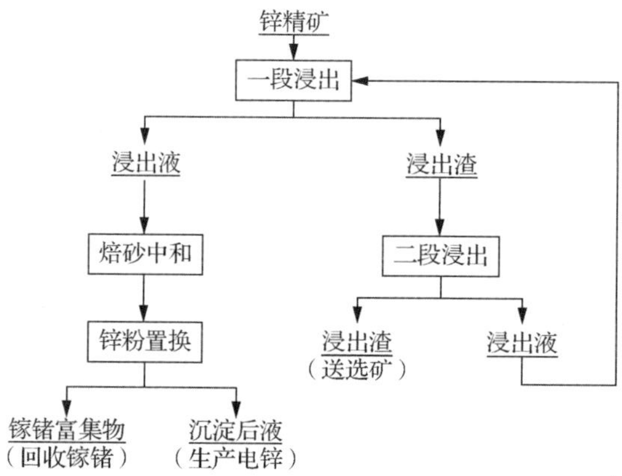

图 7-17　深圳市中金岭南丹霞冶炼厂的二段逆流加压浸出采用的主体工艺流程图

为了实现镓锗的综合回收，采用一段低温、二段高温的两段逆流加压浸出工艺，第一段浸出反应温度控制在硫熔点以下，控制为 100～115℃，总压为 3～5atm，反应时间为 1.5h，酸锌摩尔比为 0.7，加入适量的添加剂，锌浸出率为 45%～50%。第一段浸出溶液终酸浓度为 $10\sim15g\cdot L^{-1}$，铁离子浓度小于 $0.1g\cdot L^{-1}$，反应结束后，矿浆经调节阀、闪蒸槽、调节槽进入浓密机。第二段加压浸出的温度主要控制在 150～153℃，压力为 1400～1450kPa，反应时间为 130～150min，液固比为 5.8～6.8，酸锌摩尔比为 1.8，溶液终酸浓度大于 $70g\cdot L^{-1}$，溶液中铁浓度为 $9\sim10g\cdot L^{-1}$。浸出渣含锌在 2.1%～2.7%范围内波动。

第二段浸出在高温高酸下进行，保障一段浸出渣中残留的锌、镓、锗等有价金属的高效浸出，锌、镓、锗浸出率分别为 98%、90%和 95%。深圳市中金岭南丹霞冶炼厂经过多年稳定运行，获得的主要技术经济指标为：氧气单耗 170m^3·（t-干量矿浆）$^{-1}$，蒸汽消耗 300～380m^3·（t-干量矿浆）$^{-1}$，木质素消耗 4.1～4.8m^3·（t-干量矿浆）$^{-1}$，锌浸出率 98.3%以上。

深圳市中金岭南丹霞冶炼厂加压浸出系统共配备 3 台加压釜，尺寸为ϕ4.2m×28m，分为七隔室。钢塘铅内衬两层耐酸砖。原设计两用一备，试生产过程中发现锌浸出率及精矿处理量无法满足设计要求，第二段浸出改为两台加压釜并联运行，目前 3 台釜同时运行。

（4）呼伦贝尔驰宏矿业有限公司

呼伦贝尔驰宏矿业有限公司铅锌冶炼工程锌冶炼采用两段氧压浸出，锌冶炼氧压浸出项目设计规模为年产 14t 吨锌，是我国拥有自主知识产权的硫化锌加压浸出技术，对处理我国高铁锌精矿起到示范作用。

呼伦贝尔驰宏矿业有限公司氧压浸出项目采用高铁硫化锌精矿为原料，含铁 15%～20%。采用两段氧压浸出模式，第一段为低酸氧压浸出，第二段为高酸氧压浸出，将两段釜的功能彻底分开，呼伦贝尔驰宏矿业有限公司两段氧压浸出锌精矿的主体工艺流程图如图 7-18 所示。

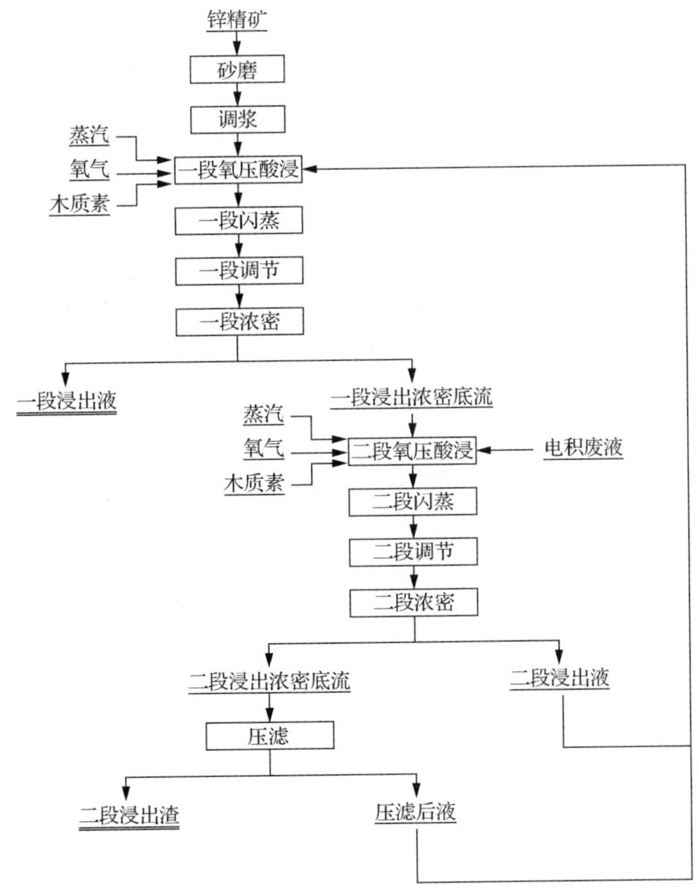

图 7-18　呼伦贝尔驰宏矿业有限公司两段氧压浸出锌精矿的主体工艺流程图

低酸氧压浸出的主要功能是用硫化锌精矿中和浸出釜产出的高酸浸出液，并控制最终溶液中硫酸浓度约为 5g · L^{-1}，铁离子浓度小于 3g · L^{-1}。硫化锌精矿只在第一段低酸氧压浸出釜加入，第一段低酸氧压浸出釜不对锌的浸出率进行控制，只是产出合格的浸出液送下一工序。第一段低酸氧压浸出釜产出的矿浆底流泵入第二段高酸氧压浸出釜进行彻底的浸出反应，废电解液只在第二段高酸氧压浸出釜加入，二段浸出液中对残酸浓度和铁离子浓度不做要求，一般浸出液硫酸浓度达到 50g · L^{-1}。原料锌精矿依次经过砂磨工序砂磨、调浆工序调浆后，进入一段低酸氧压釜进行一段氧压酸浸，依次经过一段调节工序调节和一段浓密工序浓密后，得到一段浸出液和一段浸出浓密底流；一段浸出浓密底流进入二段高酸氧压釜进行二段氧压酸浸，依次经过二段调节工序调节和二段浓密工序浓密后，得到二段浸出液和二段浸出浓密底流。二段浸出浓密底流经过压滤工序压滤后，得到压滤后液，其作为一段浸出前液返回一段氧压酸浸工序，得到的二段浸出渣进行硫磺分选。控制一段氧压釜内酸度为 20～25g · L^{-1}，釜内停留时间为 1～1.5h，木质素的加入量为干矿量的 0.4%，液固比为 6∶1，压力为 0.8MPa。控制一段氧压釜内第一、第二反应区温度为 135℃，第三至第八反应区温度为（150±5）℃，一段氧压浸出液含硫酸 3～5g · L^{-1}，含锌 130～140g · L^{-1}，铁离子浓度为 1～3g · L^{-1}。在二段氧压酸浸工序中，初始硫酸浓度控制在 150g · L^{-1} 左右，液固比为 6.5∶1，浸出时间为 2～3h，木质素的加入量为干矿量的 0.4%，压力为 1.0MPa。控制二段氧压釜内第一、第二反应区温度为 135℃，第三至第八反应区温度为（150±5）℃。根据原料和反应进程的变化，对各个反应区的温度进行调整。二段氧压浸出液中硫酸浓度为 30～40g · L^{-1}，锌离子浓度约为 110g · L^{-1}，铁离子浓度约为 10g · L^{-1}。二段氧压浸出渣中含锌小于 3%，锌的总浸出率大于 97%，元素硫的转化率大于 68%。

锌精矿氧压浸出过程中通过控制氧压釜各反应区的温度和通氧量，促进氧压浸出过程中 Fe^{3+}转化为 α-FeOOH 或 $\gamma\text{-}Fe_2O_3$，促进铁在第二段氧压浸出过程中沉淀，优化锌精矿氧压浸出过程中的除铁性能，改善二段氧压浸出渣的过滤性能；同时有利于铁在第二段氧压浸出过程中入渣除去，减少铁在第一段浸出过程中入渣后在第二段浸出过程中循环浸出。

呼伦贝尔驰宏矿业有限公司氧压浸出系统配置 4 台 ϕ4.3m×35.1m 的高压釜，容积为 300m^3，氧压釜主体内部均匀设置有 7 个隔板，分隔为 8 个反应区。反应釜各个反应区底部设置氧气加入口，第一个反应区底部设有蒸汽入口，氧压釜第一个反应区顶部设有矿浆入口和酸液入口。氧压釜第八个反应区的顶部设有排气口和回液口。在过程控制方面采取的主要措施包括：在氧压釜的各入口上均装设快速切断阀，当任意管道内压力低于氧压釜釜内压力时，集散控制系统可远程控制关闭对应的快速切断阀，进而杜绝因酸液泄漏或设备损坏引发生产事故，保证安全生产。通过向氧压釜内添加木质素硫酸钙分散氧压浸出过程中产生的硫磺，防止结釜，保证氧压釜正常运行。通过向氧压釜内直接添加冷酸和骤冷液使氧压釜的温度在工艺要求范围内，确保硫化锌的浸出效果。

氧压浸出过程保持搅拌状态能促使釜内物料加速反应、防止矿浆沉淀落底，是氧压釜不可缺少的重要组成部分，而氧压搅拌机构能够安全平稳运行的前提是搅拌机构的密封液系统能够保证密封效果。呼伦贝尔驰宏矿业有限公司在氧压釜搅拌机密封液系统方面进行了改进，主要是通过各个压力变送器及流量计对密封液系统的压力和流量进行检测并传送给集散控制系统，集散控制系统显示接收到的流量及压力信息，并在搅拌机构的密封件出现故障时控制报警器发出警报，提醒工作人员第一时间采取相应措施对搅拌机构进行维修，避免密封件泄漏导致的生产安全事故，减少设备故障率，延长设备使用寿命。

7.2 有色金属氧化矿的高压浸出

有色金属氧化矿是除硫化矿资源之外的另一类金属资源，如铝土矿、霞石、镍红土矿等。有色金属氧化矿的特点是原矿品位相对较高，但难用选矿的方式高效富集，通常富集倍数仅约为原矿品位的 2 倍。根据矿石的特点，有色金属氧化矿的利用有原地浸出、常压搅拌浸出、堆浸和高压浸出。本节叙述有色金属氧化矿的高压浸出。

7.2.1 铝土矿的高压溶出

1858 年，吕·查得里提出用铝土矿-碳酸钠烧结法生产氧化铝。1880 年，米尤列尔提出往碳酸钠、铝土矿炉料中添加石灰石，可以使烧结过程不生成或很少生成铝硅酸钠，从而大大减少氧化铝和碳酸钠的损失。后来又改为添加石灰，最终发展成当前的碱-石灰烧结法。

1889～1892 年，奥地利人拜耳发明了用苛性碱溶液直接浸出铝土矿生产氧化铝的拜耳法。拜耳法比吕·查得里提出的烧结法能耗低，产品质量好，为工业所采用。

氧化铝水合物是构成自然界各种类型铝土矿的主要成分。地壳中铝的平均含量为 8.7%左右，折合成氧化铝为 16.4%，仅次于氧和硅居于第三位，在金属元素中位于第一位。结晶的氧化铝水合物通常按所含结晶水数目不同，分为一水型氧化铝和三水型氧化铝两类。一水型氧化铝的同类异晶体包括一水软铝石和一水硬铝石。三水型氧化铝的同类异晶体包括三水铝石、拜耳石和诺水铝石（或称新三水铝石）。

铝电解生产用氧化铝主要由α-Al_2O_3和γ-Al_2O_3组成。氧化铝的质量直接影响所得金属铝的纯度和铝电解生产的技术经济指标。目前铝电解生产用砂状氧化铝，这对氧化铝生产提出了高要求。

铝土矿浸出的实质是铝土矿在加压条件下进行的浸出反应过程，即铝土矿的高压溶出。铝土矿高压溶出是拜耳法生产氧化铝过程的关键工序，浸出的目的是根据铝土矿的资源特点选择适宜的浸出条件，使矿石中的 Al_2O_3 尽可能多的进入铝酸钠溶液，实现与其他杂质矿物的分离，并同时得到具有一定苛性比的浸出液和具有良好沉降性能的赤泥，为后续工序创造良好的操作条件。

经过 100 多年的发展，铝土矿的高压溶出技术发生了很多改进和变化。

1）溶出方法：由单罐间断溶出作业发展为多罐串联连续溶出，进而发展为现在的管道化溶出。

2）溶出温度：溶出温度由最初的 105℃、200℃、240℃发展为现在的管道化溶出温度 280～300℃。

3）加热方式：由蒸汽直接加热发展为蒸汽间接加热，以及管道化溶出高温段的熔盐加热。

随着浸出技术的进步，浸出过程的技术经济指标得到显著的提高和改善。

1. 铝土矿高压溶出的原理

铝土矿高压溶出的基本原理就是1888～1889年拜耳两个专利的原理。拜耳的两个专利如下：①在苛性比为2.0～2.8的铝酸钠溶液中加入氢氧化铝晶种，经过一段时间的接触，就会不断析出氢氧化铝，直到苛性比达6～7为止；②用已分解了氢氧化铝的苛性比为6～7的碱性溶液可以溶出铝土矿中的氧化铝，使苛性比回到2.0～2.8。反应式如下：

$$Al_2O_3 \cdot (1或3)H_2O + 2NaOH \underset{晶种分解}{\overset{溶出}{\rightleftharpoons}} 2NaAl(OH)_4 + (0或2)H_2O \quad (7\text{-}28)$$

拜耳法生产氧化铝的实质就是这一反应在不同的条件下朝不同的方向交替进行。在Na_2O-Al_2O_3-H_2O赝三元相图中（图7-19），最早的拜耳法有4个循环，即*ab*线—高压溶出循环，*bc*线—赤泥分离、洗涤循环，*cd*线—晶种分解循环，*da*线—分解母液蒸发循环。

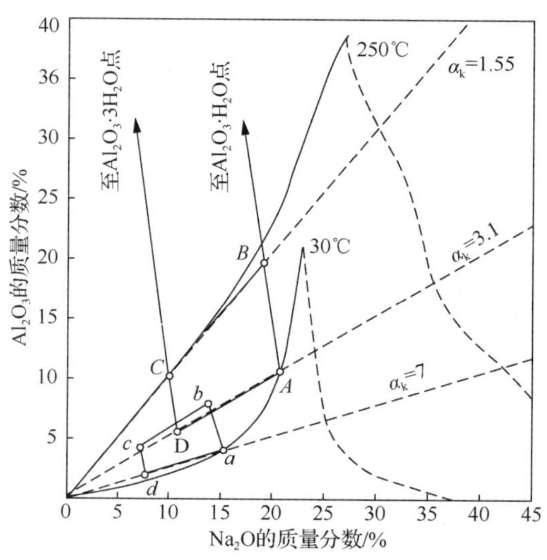

图7-19　拜耳法生产氧化铝的循环图

随着技术的进步，所控制的参数如下。

1）用Na_2O_k溶液溶出铝土矿所得到的铝酸钠溶液（α_k=1.55～1.65），在添加晶种、不断搅拌的条件下析出氢氧化铝，直至α_k=2.9～3.2，即种分过程。

2）分解得到含Na_2O_k和$NaAlO_2$的母液α_k=2.9～3.2，经蒸发浓缩后在高温下可用来溶出新的铝土矿使α_k=1.55～1.65，即溶出过程。

现代拜耳法生产氧化铝在Na_2O-Al_2O_3-H_2O系图中也有4个循环，即*AB*—高压溶出循环，*BC*—赤泥分离、洗涤循环，*CD*—晶种分解循环，*DA*—分解母液蒸发循环。

拜耳循环的巧妙之处——变换浓度和温度，铝酸钠溶液吐故纳新，氢氧化钠闭路循环利用。高温高碱条件下，将铝土矿中的氧化铝溶出；然后在低温低碱条件下添加晶种，将铝酸钠溶液中的铝以$Al(OH)_3$析出。

2. 高压溶出时铝土矿中各矿物的行为

一个合理的冶金工艺必须妥善安排杂质的出口。下面叙述铝土矿高压溶出时矿物的行为。

（1）铝土矿的溶出性能

氧化铝水合物在高压溶出时，各类型铝土矿中所含氧化铝水合物在适当的条件下溶出时与循环母液中的 Na_2O_k 作用生成铝酸钠进入溶液中。

$$Al(OH)_3 + NaOH \longrightarrow NaAl(OH)_4 \tag{7-29}$$

$$AlOOH + 3NaOH \longrightarrow NaAl(OH)_4 + Na_2O \tag{7-30}$$

铝土矿是目前氧化铝生产中最主要的矿石资源，是氧化铝生产原料的统称。但铝土矿并不是一种化学成分稳定、结晶形态单一的单一矿物。根据氧化铝在铝土矿中的不同结晶形态，铝土矿可分为三水铝石型、一水软铝石型、一水硬铝石性及它们之间相互共生的混合型。不同类型的铝土矿由于其氧化铝存在的结晶状态不同，其与铝酸钠溶液的反应能力差异较大，因而其溶出性能也有较大差别。此外，即使铝土矿中氧化铝结晶形态相同，但其矿物的化学成分、结晶的完整性因产地不同，组成和性质差异较大，其溶出性能也不相同。

在三水铝石型铝土矿中，氧化铝主要以三水铝石（$Al_2O_3 \cdot 3H_2O$）的形式存在。在所有类型的铝土矿中，三水铝石型铝土矿是最容易溶出的一种铝土矿。温度超过 85℃时，就会有三水铝石溶出，温度升高，三水铝石型铝土矿的溶出速率加快。通常情况下，三水铝石铝土矿的溶出温度为 140～145℃，保温溶出时间为 30～50min，碱浓度（以苛性碱表示）为 160～180g·L^{-1}，矿石粒度为 0.2～0.4mm，末级闪蒸料浆温度约为 105℃。此时，矿石中的三水铝石能快速地溶解进入溶液，满足工业生产的要求。

国外三水铝石的溶出主要采用列管加停留罐的溶出工艺装备，生产规模可达到单组年产约 10 万 t。国内三水铝石的溶出主要采用套管加停留罐溶出工艺装备，氧化铝生产规模约为 4 万 t。

一水软铝石的溶出条件要比三水铝石溶出条件苛刻得多，需要较高的温度和较高的苛性碱浓度才能达到一定的溶出速率。一水软铝石型铝土矿的溶出温度至少需要 200℃，实际生产过程中一般控制反应温度为 240～250℃，溶出母液为质量浓度为 180～240g·L^{-1} 的 Na_2O，产品通常是粉状氧化铝。

在所有类型的铝土矿中，一水硬铝石型铝土矿是最难溶出的。一水硬铝石的溶出温度通常为 240～250℃，溶出母液为质量浓度为 240～300g·L^{-1} 的 Na_2O，浸出时间 15～2h。我国的铝土矿大部分是一水硬铝石型铝土矿，比三水铝石型铝土矿和一水软铝石型铝土矿溶出难度大得多。

（2）含硅矿物在溶出过程中的行为

在溶出过程中，含硅矿物与碱溶液反应成为含水铝硅酸钠而析出。生产上将含水铝硅酸钠称为钠硅渣。它绝大部分进入赤泥，少量溶解于铝酸钠溶液，在溶液成分和温度变化时再继续析出。溶液中的 SiO_2 成为固体析出的过程称为脱硅过程。溶液中 Al_2O_3 和 SiO_2 浓度的比值称为硅量指数，是衡量铝酸钠溶液质量的一个重要指标。

含硅矿物造成的危害包括：①生成含水铝硅酸钠，造成 Na_2O_k 和 Al_2O_3 的损失。按 $Na_2O \cdot Al_2O_3 \cdot 1.7SiO_2 \cdot nH_2O$ 分子式计算，每千克 SiO_2 造成 0.608kg Na_2O_k 和 1kg Al_2O_3 的损失，因此拜耳法适宜于处理高铝硅比的铝土矿。②含水铝硅酸钠在生产设备和管道上，特别是在换热表面上析出成为结疤，使传热系数严重降低，增加能耗和清理工作量。

③残留在铝酸钠溶液中的 SiO_2 在分解时会随氢氧化铝一起析出，降低了产品质量。④大量钠硅渣的生成增大了赤泥量，可能成为极分散的细悬浮体，不利于赤泥的分离和洗涤。

（3）含铁矿物在溶出过程中的行为

含铁矿物通常不与苛性碱作用，少量矿物能够与苛性碱反应生成不溶于苛性碱或易分解的水合针铁矿，但其使赤泥的沉降性能下降；降低氧化铝的溶出率；磨损设备。

（4）含钛矿物在溶出过程中的行为

和碱反应生成的钛酸钠在一水硬铝石表面形成一层致密的保护膜，阻止碱液渗透到矿石内使 Al_2O_3 不能被溶出，另外在管壁上容易形成高温结疤。

消除 TiO_2 不良影响的措施：在铝土矿溶出时添加石灰，钙、钛化合物反应的主要产物为钙钛矿、羟基钛酸钙或钛水化石榴石，使一水硬铝石表面上不再生成钛酸钠保护膜，故 Al_2O_3 溶出过程不再受到阻碍，也降低了 Na_2O 的消耗。

添加石灰的主要作用包括：①消除含钛矿物的有害作用，显著提高 Al_2O_3 的溶出速度和溶出率；②促进针铁矿转变为赤铁矿，使其中的氧化铝充分溶出，并使赤泥的沉降性得到改善；③活化一水硬铝石的溶出反应；④生成水化石榴石，减少 Na_2O 损失，降低碱耗。在拜耳法溶出中加入石灰后，一部分 SiO_2 转变为水化石榴石，这样以水合铝硅酸钠存在的 SiO_2 减少，使赤泥中钠硅比降低。

（5）含硫矿物在溶出过程中的行为

铝土矿中主要含硫矿物是黄铁矿（FeS_2），也可能存在少量的硫酸盐。当铝土矿的硫含量高时，硫化物与碱液反应生成大量 Na_2S 及 FeS 水溶胶，Na_2S 最后氧化为 Na_2SO_4，不但造成碱的损失，而且在母液蒸发时析出碳钠矾 $2Na_2SO_4 \cdot Na_2CO_3$，引起蒸发器结垢，影响蒸发工序的正常生产。FeS 水溶胶则分散在溶液中，叶滤时透过介质进入精液中，使产品氧化铝的铁含量增高。在 S^{2-} 含量提高后，钢铁设备受到明显的腐蚀，使溶液中的铁含量增加，影响氢氧化铝质量；溶液中硫酸钠含量增加使溶液的黏度增加，原矿浆的磨制和分级受到影响，赤泥沉降槽溢流浑浊，因此拜耳法要求矿石中的硫含量低于 0.7%。

（6）有机物在溶出过程中的行为

铝土矿一般含 0.05%～0.30%的有机物。这些有机物可以分为腐殖酸及沥青两类。沥青实际上不溶于碱溶液，全部随同赤泥排出。腐殖酸类有机物是铝酸钠溶液中有机物的主要来源，它们在碱溶液中反应生成各种腐殖酸钠进入溶液，积累到一定数量后，将溶液染成深褐色。为改善赤泥性能添加的淀粉的分裂也是有机物的来源。

铝酸钠溶液中的有机物在空气的作用下处于不断被氧化的过程，并逐步分解为草酸钠一类简单的有机盐和树脂类物质。树脂类物质在溶液中呈胶体状态，草酸钠最后被氧化成碳酸钠。草酸钠被认为特别有害，因为它吸附到氢氧化铝表面上大大降低了种分效果，从而也降低了分解效率，并影响成品氢氧化铝的白度。有机物还使母液蒸发时所析出的一水碳酸钠晶体细小，难于分离。树脂质使铝酸钠溶液黏度增大，在输送和搅拌过程中易于产生泡沫。

铝土矿常常含有微量的镓，镓是铝的同族元素，很多性质与铝相同，在自然界常常和铝共生，主要作为氧化铝生产的副产品。铝土矿溶出时，氧化镓转变为镓酸钠进入溶液。镓酸根离子比铝酸根离子稳定，镓在铝酸钠溶液中积累，浓度可达 $100mg \cdot L^{-1}$，可作为回收镓的原料。

3. 拜耳法生产氧化铝的工序

拜耳法生产氧化铝至少有6个工序：原矿浆制备，高压溶出，赤泥分离、洗涤，晶种分解与氢氧化铝分离、洗涤，氢氧化铝焙烧，分解母液的蒸发。

1）原矿浆制备工序：矿石破碎→配矿→配碱→配石灰→调整原矿浆液固比→预脱硅。

单位矿石所需要的循环母液量称为配碱量。生产中，要求溶出液具有一定分子比。此指标是工厂根据具体生产条件确定的。配碱量主要考虑以下3方面的用碱量：①铝酸钠结合碱；②与氧化硅反应生成钠硅渣所需碱；③在溶出过程中由反苛化反应和机械损失的苛性碱。

但配料时加入的碱并不是纯苛性氧化钠，而是生产中返回的循环母液。循环母液中除苛性氧化钠外，还有氧化铝、碳酸钠和硫酸钠等成分。所以在循环母液中有一部分苛性氧化钠与母液本身的氧化铝化合，称为惰性碱。剩下的部分才是游离苛性氧化钠，它对配料才是有效的。

拜耳法配料加入的石灰量是以铝矿石中含氧化钛（TiO_2）量计算的，按其反应式要求氧化钙和氧化钛的摩尔比为2.0。

在磨矿中，球磨机的下料量要求稳定。因此，原矿浆液固比的调节是通过调节循环母液的加入量来实现的。在拜耳法磨矿中，循环母液由3个点加入，而球磨机内和分级机溢流的液固比在磨矿的操作中要求稳定。因此，调节原矿浆的液固比，实际上是靠增减加入混合槽的循环母液量来实现的。稳定循环母液的浓度和严格铝土矿的配矿制度，是确保拜耳法正确配碱的有效措施。同时，尽量减少非生产用水进入流程及提高石灰质量等，也是拜耳法正确配料，达到良好溶出指标的重要保证。

为了减轻拜耳法过程中硅渣在溶出时析出，影响溶出效果，在原矿浆进入溶出之前进行预脱硅是减轻结疤的有效途径。预脱硅即在高压溶出之前将原矿浆在90℃以上搅拌6～10h，添加钠硅渣晶种，使硅矿物尽可能转变为硅渣。预脱硅过程并不是所有的硅矿物都能参加反应，只有高岭石和多水高岭石这些活性的硅矿物才能反应生成钠硅渣，保持较长时间，可以使生成钠硅渣的反应进行得更充分。

拜耳法原矿浆制备的工艺流程如图7-20所示。

2）高压溶出工序：铝土矿的溶出过程一般是在高压、高温条件下进行的。高压溶出的目的就是用苛性碱溶液迅速将铝土矿中的氧化铝溶出，制成铝酸钠溶液。工业生产中是用循环母液来溶出铝土矿的。为了加快氧化铝水合物（特别是一水硬铝石）的溶出速度，添加了石灰，并且把铝土矿、石灰、循环母液磨制成矿浆后在溶出设备中完成溶出过程。

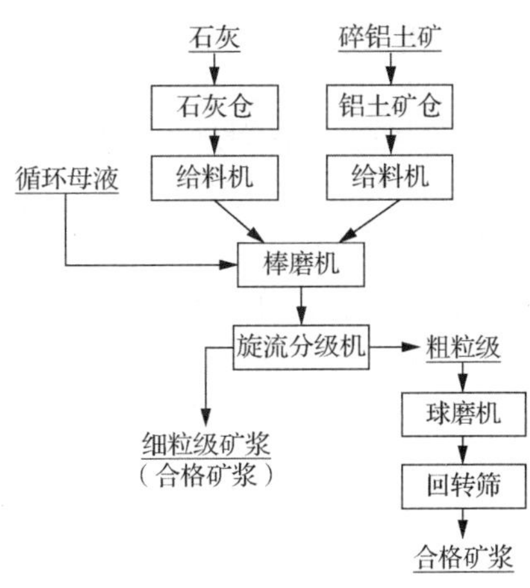

图7-20 拜耳法原矿浆制备的工艺流程

高压溶出设备有直接加热高压溶出器组，管道预热、机械搅拌、间接加热高压溶出器组，管道溶出等。例如，对于一水硬铝石型的铝土矿，采用管道化溶出间接加热，加热介质为熔盐。参加化学反应的苛性碱浓度为 $230g\cdot L^{-1}$，反应温度为 250～

260℃，套管运行压力为5～6MPa，泵的出口压力为8MPa。高压溶出在高温、高压、高碱的条件下，加快溶出速度，缩短溶出时间，能获得高的初溶出率。

3）赤泥分离、洗涤工序：就是赤泥和铝酸钠溶液分离，以减少氧化铝和氧化钠的化学损失。经分离沉降槽分离的溢流称为铝酸钠粗液。分离底流物为赤泥，赤泥经过热水多次反向洗涤。其目的是回收赤泥附液中的氧化铝和氧化钠，洗后赤泥经厢式板框式压滤机挤压、吹风变干送往赤泥堆场。

溶出矿浆在分离之前用赤泥洗液稀释，其目的主要是：①降低铝酸钠溶液的浓度，便于晶种分解。溶出矿浆浓度很高，高浓度的铝酸钠溶液比较稳度，不利于晶种分解。用赤泥洗液将溶出矿浆稀释，降低溶液的稳定性，加快分解速度，有利于种分过程进行。②使铝酸钠溶液进一步脱硅。氧化硅在高浓度铝酸钠溶液中的平衡浓度也很高。稀释使溶液浓度降低，二氧化硅的过饱和程度增大，溶液中有大量的赤泥颗粒作种子，溶液温度又高，有利于脱硅反应的进行。因此，稀释能使溶液进一步脱硅。③有利于赤泥分离。溶出后的矿浆浓度高，黏度大，不利于赤泥分离。稀释使溶液浓度降低，黏度下降，赤泥沉降速度加快，从而有利于赤泥分离。④便于沉降槽的操作。矿浆浓度波动将影响沉降槽操作，矿浆稀释使溶液浓度稳定，在稀释槽内混合后使矿浆的成分波动较小，有利于沉降槽的操作。

4）晶种分解与氢氧化铝分离、洗涤工序：铝酸钠溶液的分解是指精液中以饱和状态存在的铝酸钠溶液分解，结晶析出氢氧化铝的生产过程。

晶种分解是生产砂状氧化铝的重要工序。要生产砂状氧化铝，仅仅凭晶种分解是不够的。如果高压浸出工序不能提供合格的铝酸钠溶液，晶种分解是生产不出砂状氧化铝来的。

分解工艺可以用：①一段为附聚段、二段为长大段的两段分解工艺。②氢氧化铝结晶附聚、长大在一个过程中完成的一段分解。优先用两段分解工艺。

晶种分解与氢氧化铝分离、洗涤工序还包括产出的氢氧化铝与母液的分离、氢氧化铝的洗涤。

5）氢氧化铝焙烧工序：是氧化铝生产工艺中的最后一道工序。焙烧的目的是在高温下把氢氧化铝的附着水和结晶水除掉，从而生产出一种由α-Al_2O_3和γ-Al_2O_3混合物构成的、物理化学性质符合要求的氧化铝。

工业生产出的氢氧化铝含有10%～15%的附着水，其分子组成为$Al(OH)_3$或$Al_2O_3\cdot 3H_2O$，焙烧是在900～1250℃下进行的，氢氧化铝在焙烧过程中发生一系列变化。当温度达到100～120℃时，附着水即被完全蒸发掉。继续提高温度则发生结晶水的脱除，以及无水氧化铝的晶形转变。

目前，焙烧的生产方法包括：①循环沸腾焙烧炉。该工艺属于中温（1100℃）快速流化焙烧，其特点是物料细，操作速度高，床层浓度大，因此床层中气固接触好，传热快，总收入气和产品氧化铝进行很好的热交换，从而可使热效率达75%～80%。②气体悬浮焙烧炉。热耗为72万～75万cal·（t-Al_2O_3）$^{-1}$（1cal≈4.19J），热效率高。

6）分解母液的蒸发工序：氧化铝生产中，蒸发是用来保持水量平衡，排除生产流程中的多余水分，使母液蒸发到符合生产要求的浓度和排除生产过程中积累的杂质的很重要的一个工序。“多余”两个字是对溶出和蒸发而言的，因为蒸发是为溶出服务的。

溶出要求苛性碱浓度为 230g·L^{-1}，分解后母液苛性碱浓度为 145～150g·L^{-1}，这是受稀释影响的原因。

4. 铝土矿的高压溶出工艺

原矿浆在进压器溶出以前进行预热，高压溶出的高温压煮矿浆要通过一系列自蒸发器逐步冷却，将压力降为常压。因此，由预热器、压煮器、自蒸发器等设备组成高压溶出系统。目前，拜耳法压煮器高压溶出系统中主要有 3 种流程：①直接加热高压溶出器系统流程；②间接加热高压溶出器系统流程；③双流法高压溶出系统流程。

（1）直接加热高压溶出器系统流程

我国某些厂采用拜耳法和混联法生产氧化铝，铝土矿的高压溶出就是采用蒸汽直接加热高压溶出器系统流程。

磨好的原矿浆在槽中储存搅拌 3～4h，进行预脱硅。高岭石在 95～100℃就能反应生成钠硅渣，预脱硅效果可达 60%左右。然后原矿浆用油压泥浆泵打入预热器进行二级或三级预热，使矿浆温度从 95～100℃预热到 140～190℃，进入加热溶出器并以高压新蒸汽通入，直接加热矿浆到溶出温度 245℃左右。溶出反应在此进行，再顺次进入反应溶出器内保温完成溶出反应。溶出后的矿浆即压煮矿浆从最后一个溶出器顺次排入第一、第二、第三自蒸发器，进行三级自蒸发，使压煮矿浆冷却。第一、第二自蒸发器的乏气送入第二、第一级预热器预热原矿浆，第三级自蒸发器的乏气送热水站加热赤泥洗水。从第三级自蒸发器卸出的压煮矿浆，为了回收降至常压放出的热量，在缓冲器内与 95～100℃的赤泥洗液进行混合并达到稀释的目的。稀释后的矿浆降至 100～105℃流入稀释槽，准备进入下一工序进行赤泥的沉降分离。

该流程的主要优点：①因为用蒸汽直接加热，所以流程较简单，操作控制较简易。②高压溶出器本体没有运转部件，维护简单，设备事故少。除每年清理一次器壁及进料管的结疤并检修管道及闸门以外，可长期连续使用。③因为用蒸汽直接加热，不但设备费用低，而且避免了热交换表面结垢的清整工作。

这个流程的主要缺点：①用蒸汽直接加热，碱浓度被蒸汽冷凝水冲淡 10%左右（碱浓度降低 40～50g·L^{-1}），这就大大增加了母液蒸发设备的负担和蒸汽的消耗量。②溶出矿浆三级自蒸发器降温热利用率低，原矿浆预热温度相差很大，也增大了汽耗和蒸汽冷凝水的冲淡程度。③由于溶出矿浆只有三级降压，压差大，减压装置磨损快。

目前世界上所有用拜耳法溶出一水软铝石和三水铝土矿的厂家大多数采用间接加热，避免了直接加热溶出器的缺点。但是必须考虑我国一水硬铝石矿高压溶出全部采用间接加热经济上是否合理。另外，矿浆间接加热时在表面上的结疤问题较难处理。根据这一情况，通常尽可能提高间接加热的预热温度，溶出加热末段仍保留直接加热。我国某铝厂正在做这方面的改进。原矿浆进行六级预热，而且第一级采用套管加热进行原矿浆预热，使其预热温度达到 214℃左右。改进后采用套管加热器进行原矿浆预热的流程如图 7-21 所示。

这是我国第一组工业试验装置，为不断摸索和解决我国一水硬铝石型铝土矿强化溶出打下了基础。由于自蒸发的级数少，采用柱式自蒸发器。

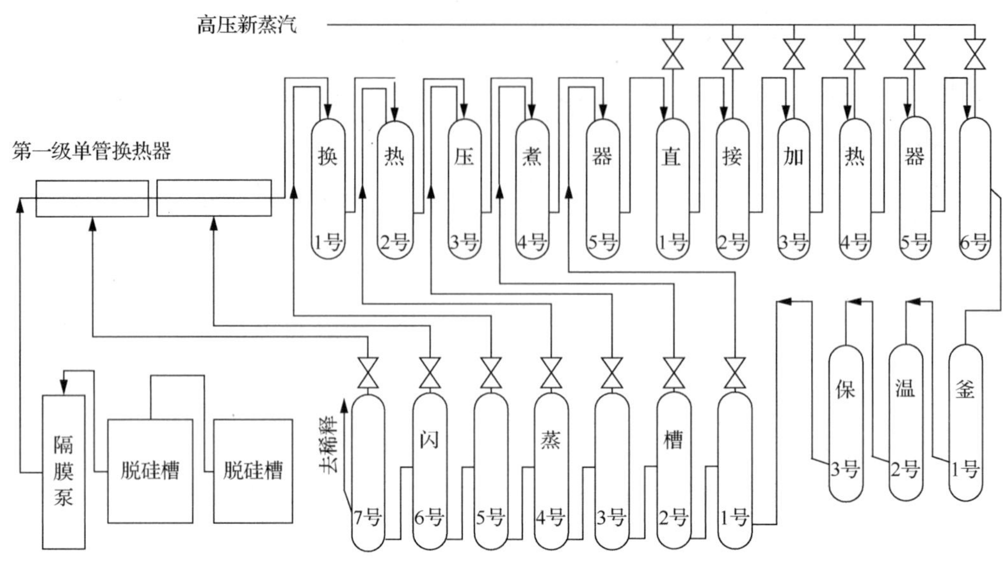

图 7-21　改进后采用套管加热器进行原矿浆预热的流程

（2）间接加热高压溶出器系统流程

间接加热高压溶出器是把溶出后的矿浆用自蒸发的方式取出热量（蕴含于二次蒸汽中），用二次蒸汽加热管壁把热量传给原矿浆进行加热。该溶出器系统生产的特点是循环母液全部和矿浆混合后加热溶出。这种类型的溶出方法也称为单流法加热溶出。

矿浆的加热方式有采用预热器的，也有全部在容器中加热的。广西平果铝氧化铝厂采用十级闪蒸-五级套管-五级压煮器间接加热高压溶出器组处理一水硬铝石矿。

原料磨磨出的原矿浆和石灰乳混合后，在预热器中用二次蒸汽间接加热，再于 100～110℃下保持 4～7h 进行预脱硅，预脱硅后铝硅比为 200～300。矿浆用活塞泵送入串联高压溶出器组，前 6 台为预热，用二次蒸汽加热，后 6 台为溶出，用新蒸汽加热，从第 12 台高压溶出釜出来的料浆经八级自蒸发后，用赤泥洗水稀释至 Na_2O_k 浓度为 $150g \cdot L^{-1}$，Al_2O_3 浓度为 $145g \cdot L^{-1}$。稀释液再加石灰乳于 102℃下保持 3～4h 脱硅，铝硅比可高达 600 以上。经两次脱硅后，溶出器的加热表面上及后续的板式热交换器中硅渣结垢显著减少。

溶出系统热耗低，汽耗为 $3.6t \cdot (t\text{-}Al_2O_3)^{-1}$。

（3）双流法高压溶出系统流程

双流法是 20 世纪 60 年代提出的溶出工艺。它将配料所需的循环母液分成两个部分，送去磨制原矿浆的部分只占 12%～35%。具体数量根据矿石中二氧化硅的流动性来确定。矿浆在加热槽内加热并预脱硅，一般是在 95℃左右处理 6～8h。其余母液单独预热到尽可能接近溶出温度，在第一个溶出器中再与预脱硅后的矿浆进行溶出。

7.2.2　镍红土矿的高压酸浸

按地质成因划分，镍矿床主要分为两大类：岩浆型硫化镍矿床和风化型镍红土矿床。据估计，全世界陆地镍资源总量中 72%为镍红土矿，资源量为 12.6 亿 t，平均品位为 1.28%；28%为硫化镍矿，资源量为 10.5 亿 t，平均品位为 0.58%。

镍红土矿是由多雨的热带和亚热带橄榄岩、蛇纹石等岩石经风化而形成的。镍红土矿床通常分层存在于地表以下 0～40m 范围，矿床的地质结构为覆盖层、褐铁矿层、过渡层、腐泥土层、橄榄岩层。有价元素镍主要分布在褐铁矿层、过渡层和腐泥土层[22]。因此，通常将镍红土矿床分为以下 3 个矿层。

1）褐铁矿层。褐铁矿层离地表最近，主要矿物包括褐铁矿、针铁矿、水铝矿和铬铁矿。矿石的化学成分和矿物组成均匀，镍的含量较低，通常含有一定数量的钴，结晶性差，粒度较细。

2）腐泥矿层。腐泥矿层埋藏较深，正好在基岩之上，主要含有石英、滑石、蛇纹石、橄榄石和硅镁镍矿等矿物。矿石含镍量最高，但其化学成分和矿物组成不均匀。

3）过渡矿层。过渡矿层位于褐铁矿层和腐泥矿层之间，Ni、Fe、MgO 和 SiO_2 的含量也介于两层之间。

典型镍红土矿层的化学成分分布如表 7-8 所示。

表 7-8　典型镍红土矿层的化学成分分布　（单位：%）

矿层名称	Ni	Fe	MgO	SiO_2
褐铁矿层	0.8～1.5	40～50	0.0～5.5	0.0～10.0
过渡矿层	1.5～1.8	25～40	5.0～15.0	10.0～30.0
腐泥矿层	1.8～3.5	10～25	15.0～25.0	30.0～50.0

1. 镍红土矿的分布和矿物组成的差异

目前，已发现有较大镍红土矿储量的国家有澳大利亚、古巴、新喀里多尼亚、巴布亚新几内亚、希腊、印度尼西亚、菲律宾、印度和缅甸等。中国云南的元江也有 90 多万 t 镍金属储量的红土矿。由于镍红土矿的分布较广，各地红土矿的地质结构不完全符合上述 3 层的分布规律。在某公司提供的印度尼西亚红土矿样品中，分布在 0～1.5m 处的红土矿含镍高达 1.37%～2.13%，与其他地区情况差别较大[23,24]。其矿物组成也不尽相同，不同地域的几种红土矿的矿物组成实例如下。

1）新喀里多尼亚红土矿。这类红土矿 2/3 的颗粒粒度小于 10mm，细粒矿主要矿物组成为针铁矿和蛇纹石，少量矿物组成为滑石、水铝石、绿泥石、石英和黏泥等。粗粒矿主要含 Cr-尖晶石、蛇纹石、水铝石和氧化镁矿。镍主要存在于针铁矿、蛇纹石和氧化锰矿中。

2）新喀里多尼亚红土矿。与新喀里多尼亚红土矿相比，其含高岭石、绿泥石、菱铁矿和长石较多，含蛇纹石和水铝石较少。镍主要存在于针铁矿、蛇纹石、Fe-Mg 硅酸盐和 Fe-Mn 氧化物中。

3）印度尼西亚红土矿。主要矿物组成是腐泥土，粒度范围为 1～100mm，主要矿物是镁和镁铁硅酸盐及针铁矿。镍的含量不均匀，镍主要存在于蛇纹石、橄榄石、绿泥石和闪石中。

4）印度红土矿。主要矿物组成为石英和针铁矿，次要矿物是磁铁矿、铬铁矿、滑石、赤铁矿和高岭石。镍主要存在于针铁矿中。

镍红土矿物相组成复杂，通常主要矿物有赤铁矿、磁铁矿、磁赤铁矿、褐铁矿、石英和含镍蛇纹石等；镍红土矿中不仅镍等有用元素含量波动大，而且脉石成分（如 SiO_2、MgO、Fe_2O_3、Al_2O_3）和水分波动也很大，即使是在同一个矿床，红土矿成分（如 Ni、Co、Fe 和 MgO 等）也随不同矿层的深度而不断变化。例如，元江镍红土矿常以同质异象形式取代蛇纹石、橄榄石和辉石等矿物晶格中的镁；或者镍元素含在含水 Mg-Fe 硅酸盐的晶格中，常见的形式为硅镁镍矿 $(Ni,Mg)_6Si_4O_{10}(OH)_8$。矿体的表层为深褐色-淡黄色的含镍褐铁矿，高铁低镁。在这种矿石中，高度分散的氧化镍（NiO）及三氧化二铁（Fe_2O_3）又嵌布于含水针铁矿［FeO(OH)］中。因而，镍的赋存状态极为复杂，几乎不存在镍的单独矿物，镍赋存于复杂矿物中[25]。

镍红土矿中矿物组成复杂，无法通过选矿富集的办法提升其中的镍品位，只有相应矿物完全溶解，包裹或填充在矿物中的镍才能被完全提取出来，因此提取镍的加工处理费用较大。镍红土矿的传统湿法浸出工艺主要有加压酸浸、还原焙烧-常压氨浸和堆浸。

2. 镍红土矿的高压酸浸工艺

高压酸浸工艺具有镍钴回收率高且能耗低的优点，得到广大关注，并在技术上获得很多改进。最早使用高压酸浸工艺处理镍红土矿的是古巴毛阿湾冶炼厂，几十年的生产实践证明该工艺是经济可行的。随后，澳大利亚的 Murrin Murrin、Bulong 和 Cawse 3 个冶炼厂均采用高压酸浸工艺处理镍红土矿的工厂于 1998 年下半年相继投产，虽因局部问题整个工艺并未达到预期目标，但工艺主体是成功的。此外，加拿大 Falconbridge 公司、澳大利亚 BHPB 公司、巴西 CVRD 公司等也采用高压酸浸工艺进行了镍红土矿的相关研究。国内采用高压酸浸工艺处理巴布亚新几内亚含 Ni 1.2%、Co 0.1%、MgO 2.3%的 Ramu 镍红土矿生产厂已经成功投产，全流程镍回收率约为 96%，钴回收率约为 94%，最终产品是氢氧化镍钴，产量约为 8 万 t。

典型的镍红土矿工艺一般包括原料准备、高压酸浸、溶液净化、产品生产等几个过程[26]。镍红土矿高压酸浸工艺原则流程图如图 7-22 所示。由于产品方案选择不同，产品生产工艺流程也不一样。目前采用工艺生产混合镍钴中间产品及最终金属镍和金属钴的技术均在工业实践上有应用。

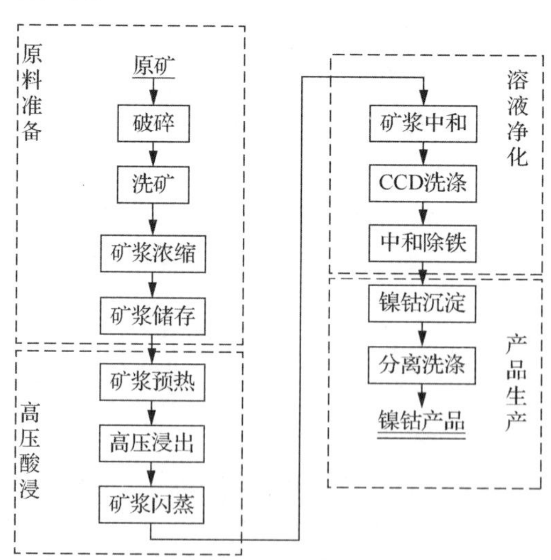

图 7-22　镍红土矿高压酸浸工艺原则流程图

高压酸浸工艺适合处理含 MgO 小于 10%，特别是含 MgO 小于 5%而含镍大于 1.3%的镍红土矿。该工艺以硫酸为浸出剂，在 239～260℃和 4～5MPa 的条件下通过调整浸出工艺参数，使镍、钴进入浸出富液，而大部分铁、铝、硅等入渣，从而实现金属的选择性浸出。随后除去浸出富液中的铁、铝等杂质得到浸出液。该浸出液通过硫化沉镍或中和沉镍等得到镍、钴含量较高的中间产品，经再溶解和提纯后生产电解镍或硫酸镍[27]。

镍红土矿中的镍主要存在于针铁矿（FeOOH）、蛇纹石［$Mg_3Si_2O_5(OH)_4$］及少量的硅酸镍（Ni_2SiO_4）中，硫酸加压浸出时体系各主要矿物发生以下化学反应：

$$Mg_3Si_2O_5(OH)_4 + 6H^+ = 3Mg^{2+} + 2SiO_2\downarrow + 5H_2O \tag{7-31}$$

$$FeOOH + 3H^+ = Fe^{3+} + 2H_2O \tag{7-32}$$

$$Ni_2SiO_4 + 4H^+ = 2Ni^{2+} + SiO_2\downarrow + 2H_2O \tag{7-33}$$

$$4Fe_3O_4 + 36H^+ + O_2 = 12Fe^{3+} + 18H_2O \tag{7-34}$$

从式（7-32）可知，体系酸度升高时浸出液中铁含量将会升高，不仅增加后续除铁负担，还会影响镍的回收率。从式（7-34）可知，硫酸体系加压浸出需要鼓入大量的氧气，以保证将浸出液中的 Fe^{2+}氧化为 Fe^{3+}，进而入渣。另外，由于 Fe_2O_3 微溶于硫酸，随着浸出时间的增加已转变成的 Fe_2O_3 会被过量的酸重新溶解。因此，硫酸加压酸浸时需根据具体情况控制浸出酸度和时间，以达到最佳浸出效果。

当浸出体系酸度降低后，会发生式（7-35）的反应，温度在 160℃以上的条件下该反应更易进行。

$$2Fe^{3+} + 3H_2O = Fe_2O_3\downarrow + 6H^+ \tag{7-35}$$

热力学计算结果表明，针铁矿、蛇纹石和硅酸镍 3 种矿物浸出反应的吉布斯自由能远小于 0，平衡常数都很大，属于放热反应，浸出反应能进行得很完全，通常镍、钴浸出率分别为 90%和 95%。

动力学研究结果表明，镍红土矿中各矿物在硫酸介质中加压浸出的速率与各组成矿物的键能，以及镍、钴在各矿物结构中的分布有关。元江镍红土矿中各矿物在硫酸介质中的浸出顺序为利蛇纹石>针铁矿>磁赤铁矿>磁铁矿 ≈ 赤铁矿>铬铁矿。

利蛇纹石的浸出条件为 60℃、$0.6mol \cdot L^{-1}$ H_2SO_4；针铁矿完全浸出的条件是 80℃、$2.5mol \cdot L^{-1}$ H_2SO_4；磁赤铁矿的浸出速率很小，只有在较高酸度或较高温度下才能被浸出；赤铁矿则在高于 105℃，且大于 $6.2mol \cdot L^{-1}$ H_2SO_4 的条件下才能被浸出；而铬铁矿基本不被浸出。

高压酸浸工艺在高温下实现对镍钴的选择性浸出，杂质铁、铝大部分存于渣中，保证了有价金属的回收，降低了材料消耗，镍、钴金属等回收率均可达到 90%以上。该工艺相对火法工艺来说，具有能耗低的特点，因而在处理含钴较高、含铁高的低品位镍资源上具有较大的优势。由于镁会增加酸耗和处理镁的费用，并对工艺过程产生影响，而高镁原料通常含钴也较低，工艺经济上并不是最佳的。从经济角度考虑，目前工业上工艺主要用于处理含铁高、含硅镁较低的矿石，通常是以褐铁矿类型为主的矿石，一般要求镁含量低于 5%。但这并不是绝对的，随着技术的成熟，也逐渐开始了更高镁含量的应用，产生了工艺与常压浸出相结合的工艺。

有研究人员对传统的高压酸浸工艺进行了改进，在加压酸浸反应初始通入 0.5MPa

的氧气，将反应温度由传统的 250℃降至 220℃，获得了较好的浸出效果，镍、钴浸出率分别达到 99%和 90%以上，铁的浸出率仅为 2%。

3. 镍红土矿高压酸浸过程中主要金属的行为

镍红土矿中镍、铁、镁、硅、钙等元素的浸出反应行为对研究镍的选择性浸出具有重要意义[28]，具体行为如下。

1）镍。水针铁矿及镍蛇纹石中镍的浸出反应为

$$NiO + H_2SO_4 = NiSO_4 + H_2O \tag{7-36}$$

2）钴、锰。钴绝大部分存在于富钴的锰水化合氧化物中，在有 Fe^{2+}存在的条件下易被浸出：

$$Co_2O_3 + 3H_2SO_4 + 2FeSO_4 = 2CoSO_4 + Fe_2(SO_4)_3 + 3H_2O \tag{7-37}$$

$$3MnO_2 + Cr_2(SO_4)_3 + 2H_2O = 3MnSO_4 + 2H_2CrO_4 \tag{7-38}$$

3）铁。镍红土矿中的三价铁离子通常以针铁矿形式存在，其在硫酸介质中发生分解和转化反应生成赤铁矿，反应过程不消耗硫酸。部分浸出的 Fe^{3+}可形成草黄铁矾，草黄铁矾在高压条件下继续转化成赤铁矿，生成的赤铁矿会在高压釜内壁和管道内壁上结垢。

水针铁矿的分解：

$$2FeOOH + 3H_2SO_4 = Fe_2(SO_4)_3 + 4H_2O \tag{7-39}$$

硫酸铁在高温下水解生成赤铁矿沉淀：

$$Fe_2(SO_4)_3 + 3H_2O = Fe_2O_3\downarrow + 3H_2SO_4 \tag{7-40}$$

总反应：

$$2FeOOH = Fe_2O_3\downarrow + H_2O \tag{7-41}$$

水针铁矿及蛇纹石中的部分 FeO 被溶出：

$$FeO + H_2SO_4 = FeSO_4 + H_2O \tag{7-42}$$

4）铝。铝主要以水铝矿的形式存在，浸出后主要呈水合明矾石：

$$Al_2O_3\cdot 3H_2O + 3H_2SO_4 = Al_2(SO_4)_3 + 6H_2O \tag{7-43}$$

$$3Al_2(SO_4)_3 + 14H_2O = 2(H_3O)Al_3(OH)_6(SO_4)_2 + 5H_2SO_4 \tag{7-44}$$

总反应：

$$3Al_2O_3\cdot 3H_2O + 4H_2SO_4 = 2(H_3O)Al_3(OH)_6(SO_4)_2 + 4H_2O \tag{7-45}$$

5）镁、硅和钙。镁主要以碳酸盐和硅酸盐的形式存在，是主要的耗酸元素，浸出的硅在温度较低的工序中沉积形成硅酸，将造成结垢：

$$MgCO_3 + H_2SO_4 = MgSO_4 + H_2O + CO_2\uparrow \tag{7-46}$$

$$MgO\cdot SiO_2 + H_2SO_4 = MgSO_4 + H_2SiO_3 \tag{7-47}$$

碳酸钙与硫酸的反应与碳酸镁一致，生成的硫酸钙将导致高压釜结垢：

$$CaCO_3 + H_2SO_4 = CaSO_4 + H_2O + CO_2\uparrow \tag{7-48}$$

6）其他元素。少量铬尖晶石被分解溶出，这是瑞木镍红土矿尾渣排放中的重点控制元素：

$$Cr_2O_3 + 3H_2SO_4 = Cr_2(SO_4)_3 + 3H_2O \tag{7-49}$$

微量的 ZnO、CuO 被浸出：

$$ZnO + H_2SO_4 = ZnSO_4 + H_2O \tag{7-50}$$

$$CuO + H_2SO_4 = CuSO_4 + H_2O \tag{7-51}$$

4. 镍红土矿高压酸浸工艺简介

加压酸浸反应釜常用衬钛釜，浸出温度为 245～270℃，液固分离通过逆流倾析来实现。含镍溶液的提纯和镍钴分离有不同的方法，如溶剂萃取法等。最终产品可以是电镍、氧化镍或镍丸。有些厂生产混合硫化物或混合氢氧化物等中间产品送异地精炼。

近年来，镍红土矿高压酸浸工艺进行了改进，主要包括以下几点。

1）Henkel 加压浸出工艺。德国 Henkel 公司将氨浸和萃取技术引入镍红土矿高压酸浸工艺，终端产品为电镍。

2）Amax 高压浸出工艺。Amax 公司利用经过焙烧的硅镁矿中和加压酸浸的母液，实现同时处理低镁和高镁两种类型红土矿。

3）菲律宾 Sumitomo 金属有限公司的改进。Sumitomo 金属有限公司将红土矿的高压浸出与硫化物沉淀两个过程结合起来，将硫化物沉淀后的贫液返回高压浸出预中和，从而达到提高镍钴回收率的目的。

高压酸浸工艺在镍红土矿项目开发应用上经历了 3 个阶段。下面为几个实例。

（1）古巴毛阿湾镍厂

古巴毛阿湾镍厂是世界上第一家采用高压酸浸技术处理镍红土矿的工厂，其采用高压酸浸-连续逆流洗涤-中和-硫化沉淀工艺生产硫化镍钴混合产品。项目采用的是第一代立式无机械搅拌高压浸出釜，设计规模为年处理 200 万 t 矿石，年产含镍 2.2 万 t、钴 2000t 的混合硫化镍钴。项目从 1957 年开始建设，1959 年建成投产。早期由于技术、装备等方面的原因，一直没有达产，直到 1994 年与西方公司合作两年后，1996 年达产。2007 开始第二期扩建，仍然采用一期的技术，扩建后年产镍达到 3.2 万 t。

毛阿矿山主要为红土型高铁镍钴矿，是蛇纹岩经风化淋滤的产物。矿石的主要成分为 Ni 1.38%、Co 0.13%、Fe 46.0%、Mg 1.0%、Al 5.0%。矿浆预热后，采用多级立式蒸汽搅拌加压釜串联进行加压酸浸，高压釜共有 4 组，每组 4 台串联，高压釜尺寸均为 ϕ3.05m×15.8m。釜外壳用钢板焊制，球形顶，锥形底，内壁衬 6.4mm 铅板，再砌 76mm 厚耐酸砖，最后砌一层碳素砖。硫酸加入量为干矿量的 22.5%，浸出温度为 246℃，浸出压力为 3.6MPa，矿浆在每台加压釜内停留时间为 28min，总反应时间为 112min。矿浆冷却采用套管冷却加闪蒸方式，高温矿浆经过 5.35m 长的管道冷却后，温度从 246℃降低至 135℃，同时产出 0.1MPa 的低压蒸汽，供矿浆及溶液预热用。冷却后矿浆经过两个陶瓷喷嘴喷入闪蒸槽。闪蒸槽直径为 2.2m，高为 3.1m，外壳为钢板焊制，内衬 11.5cm 碳砖。两个闪蒸槽并联使用，互为备用，由闪蒸槽排出的矿浆经自流管道送往连续逆流洗涤系统。浸出液利用硫化氢将溶液中的铁、铬还原后，接着使用珊瑚浆将溶液 pH 中和至 2.6 左右。中和后的溶液利用浸出车间的低压二次蒸汽预热至 82℃，再送硫化车间进一步预热至 116～121℃，用离心泵送加压釜通入硫化氢气体硫化沉淀镍钴，得到硫化镍钴混合沉淀物的典型成分为 Ni 55.9%、Co 5.1%、Fe 3.0%、Cr 0.4%、Zn 1.3%、Cu 0.4%。毛阿湾镍厂高压酸浸工艺的主体设备及参数如表 7-9 所示。

表 7-9　毛阿湾镍厂高压酸浸工艺的主体设备及参数

设备名称	数量	规格尺寸	结构	工艺参数
蒸汽加热浸出高压釜	16 台	立式，ϕ3.05m×15.8m，蒸汽搅拌，4 列并联	钢壳内衬 6.4mm 铅皮+76mm 耐酸砖+碳素砖	246℃，3.6MPa，112min，固体浓度 33%～45%，矿石粒度小于 20 目，H_2SO_4 用量=干矿的 22.5%，4 台串联
浸出后矿浆冷却器	4 台	束管式ϕ1.22m×5.35m，束管ϕ71mm	—	逆流，矿浆通过内管，温度自 246℃降至 135℃，产生蒸汽 0.1MPa
矿浆闪蒸槽	2 台	ϕ2.2m×3.1m，1 级喷嘴ϕ20mm 2 级喷嘴ϕ17mm	钢壳内衬 4.5mm 橡胶+115mm 炭砖陶瓷喷嘴（Al_2O_3 80%～95%+SiO_2 3.76%）	由 135℃降至低于 100℃，两台并联，每组两个喷嘴串联
矿浆洗涤浓密机	6 台	ϕ68.5m，6 级串联	—	逆流，洗涤比 2∶1，效率 99%
溢流中和槽	4 台	ϕ4.27m×4m	木质，4 台串联	槽有效容积 45.5m^3，pH $_{终}$=2～2.5
沉镍钴加压釜	4 台	卧式三室，ϕ3.5m×9.91m，每室一台 45kW 涡轮搅拌	碳钢壳，内衬 4.75mm 胶+114mm 耐酸砖	118～121℃，$p_{总}$=1MPa，p_{H_2S}=0.8MPa，三室依次停留时间为 6.2min、5.7min、5.1min；$Q_{溶液}$=3.64m^3·min^{-1}
硫化物浆闪蒸槽	4 台	ϕ2.13m×4.26m	同矿浆闪蒸槽	$Q_{溶液}$=3.64m^3·min^{-1}

（2）澳大利亚 Bulong、Cawse 和 Murrin Murrin 厂

澳大利亚 Bulong、Cawse 和 Murrin Murrin 厂均采用高压酸浸处理镍红土矿。3 个工厂高压酸浸工艺与古巴毛阿湾镍厂类似，但高压釜做了改进。即将在黄金、铀、锌等加压氧浸技术中成熟的卧室多隔室机械搅拌釜应用到镍红土矿的高压酸浸工艺中，同时将钢钛复合板材料应用到高压釜中[29]。

Bulong 厂采用高压酸浸-连续逆流洗涤-溶液中和-萃取-电积工艺生产电镍和电钴产品，采用单系列的高压酸浸系统。一期设计规模年产 9000t 电镍、1000t 电钴。1997 年开始建设，1998 年 9 月投产。Bulong 厂镍红土矿资源量为 1.4 亿 t，含 Ni 1.0%、Co 0.08%、Mg 3.8%、Al 2.8%。矿石中蒙脱石型黏土较多，难以通过选矿提高矿石品位，红土矿经过筛分、洗矿、球磨、浓密后，矿浆经四级预热器加热至 175～195℃，采用两台双缸隔膜泵泵入规格为ϕ4.6m×28.6m 的六隔室高压釜。高压釜内温度为 250℃，压力为 4.1MPa，浸出矿浆采用四级闪蒸降压降温后进入逆流洗涤系统，底流送尾矿坝堆存，上清液加入石灰石浆中和除杂。中和后溶液用 Cynex272 萃取提钴，向钴反萃液中加入硫化钠沉淀得到硫化钴，再通过氧压浸出、电积产出电解钴。萃取钴后的含镍萃余液采用羧酸 Versatic10 萃取镍，反萃液送镍电积生产阴极镍。Bulong 厂采用直接萃取-电积生产金属产品。但是由于石灰石浆中和后系统中引入钙离子，在萃取过程中产生大量石膏结晶沉淀堵塞管路，萃取时形成第三相，阻碍萃取工序的正常运行。电积时大多数镍阳极板变形、腐蚀。Bulong 厂高压酸浸部分是成功的，但是由于后续工艺存在问题，生产始终没有达到设计能力，2003 年由于资源不足和生产不稳定等关闭停产。

Cawse 厂采用高压酸浸-连续逆流洗涤-中和除铁铝-氢氧化物沉淀-氨浸-萃取-电积工艺生产电镍和硫化钴产品。1997 年开始建设，1998 年 9 月投产。设计规模为年产 9000t 电镍、1300t 硫化钴。Cawse 厂矿石资源量为 1.59 亿 t，含 Ni 1.0%、Co 0.09%、MgO 1.5%、Al 1.7%、Fe 18%。镍红土矿经露天采矿后用卡车运至冶炼厂分类储存，其红土矿主要为褐铁矿和硅酸钴两种类型，硅酸钴位于表层以下的矿体上部，而褐铁矿位于矿体下部。

富含镍的褐铁矿单独进行破碎、洗矿和筛分，排弃品位贫瘠的硅石，提高矿石品位。富含钴的硅酸钴经破碎后浆化，然后与镍矿石混合磨矿，浓密后矿浆经三级预热器加热至165℃，经两台高压隔膜泵泵入规格为ϕ4.6m×30m 的六隔室高压釜。高压釜内温度为250℃，压力为4.1MPa，浸出矿浆采用两级闪蒸降压降温后，加入石灰石调整pH后进入六级逆流洗涤系统，洗涤后的底流用石灰乳中和后泵入尾矿坝堆存。高压釜浸出液加石灰石浆进一步除去铁和铝，上清液采用氧化镁作为沉淀剂沉淀镍钴混合氢氧化物，带式过滤机过滤得到的混合氢氧化镍钴用氨和碳铵浸出，浸出液经蒸氨、浓密、压滤后产出碳酸镍钴混合物。Cawse 厂在 2000 年 5 月底接近于设计产量，但受到资金方面的影响，于 2001 年年底转让给美国 OMG 公司，并全部转为生产碳酸镍钴产品。2007 年 7 月，Cawse 厂被俄罗斯诺里尔斯克公司收购，并于 2008 年 11 月停产。

Murrin Murrin 厂采用高压酸浸-连续逆流洗涤-溶液中和-氧压浸出-萃取-氢还原工艺生产镍块和钴块产品。1997年开始建设，1999年年初试车投产。设计规模为年产45000t镍、3000t 钴。Murrin Murrin 厂矿石资源量为 3.24 亿 t，原料含 Ni 1.3%、Co 0.09%、Mg 4.0%、Al 2.5%、Fe 22.0%。Murrin Murrin 厂镍红土矿经露天采矿后运至矿石处理厂。矿石中含蒙脱石型黏土较多，难以通过选矿提高品位。矿石经配料后进行破碎、球磨、分级后得到 65～70℃矿浆，经三级预热器加热至 210℃，采用高压隔膜泵泵入规格为ϕ4.6m×33.4m 的高压反应釜内进行浸出，高压釜内分为六隔室，配置4台高压反应釜，釜内温度为255℃、压力为4.5MPa。反应后的矿浆采用三级闪蒸降温后进入七级连续逆流洗涤系统，底流采用钙质结砾岩中和后送至尾矿坝。上清液首先通入少量硫化氢还原铁和铬，然后加入钙质结砾岩中和至溶液pH为2.4～2.6。中和后溶液在97℃和105kPa条件下通入硫化氢进行硫化沉淀，铁、镁、锰等杂质大部分留在溶液中。混合硫化物在165℃和600kPa氧压下浸出，溶液除铁、铜等杂质后，进行溶剂萃取。第一段萃取锌、第二段萃取钴，萃钴反萃液通入氨气和硫酸铵，在高压釜内采用氢还原得到钴粉，再经烧结得到含钴99.8%的钴块。往萃钴余液中通入氨气和硫酸铵，采用氢还原生产镍粉，再经烧结得到镍块。硫酸铵溶液蒸发结晶后产出铵肥。

澳大利亚 Bulong、Cawse 和 Murrin Murrin 3 个工厂代表了第二代镍红土矿高压酸浸技术，3 个工厂的主要技术指标如表 7-10 所示。

表 7-10　澳大利亚 Bulong、Cawse 和 Murrin Murrin 工厂高压酸浸的主要技术指标

主要参数	Bulong 厂	Cawse 厂	Murrin Murrin 厂
进料含固/%	31	35	40
加热级数	4	2	3
高压釜数量/台	1	1	4
高压釜尺寸	ϕ4.6m×28.6m	ϕ4.6m×30m	ϕ4.9m×33.4m
高压釜隔室数/个	6	6	6
反应温度/℃	250	250	255
釜内压力/kPa	4100	4500	4300
停留时间/h	1.3	1.75	1.5
闪蒸段数	4	2	3
残酸浓度	35	35	20～35

续表

主要参数		Bulong 厂	Cawse 厂	Murrin Murrin 厂
吨矿耗酸		518	375	400
浸出率/%	镍	94	95	96
	钴	94	95	93
	铁	6	3～5	1～2

（3）巴布亚新几内亚 Ramu 公司镍钴项目

Ramu 镍钴项目采用高压酸浸-矿浆中和-连续逆流洗涤-溶液中和-NaOH 沉淀工艺，生产混合镍钴产品，建有 3 个高压酸浸系列，属于第三代镍红土矿高压酸浸工艺技术。由中国冶金科工集团公司出资建设，2004 年委托中国恩菲工程技术有限公司进行可研和设计，2006 年，委托北京矿冶研究总院进行小型验证和补充试验。2008 年开始建设，2012 年 3 月试运行，2015 年已突破 85%的生产负荷。设计规模为年处理矿石 321 万 t，年产含镍 3200t、钴 3000t 的混合氢氧化镍钴产品。镍回收率约为 95.5%，钴回收率为 95%[30]。

Ramu 公司处理的是巴布亚新几内亚低镁高铁型镍红土矿，主要的矿层为褐铁矿层和残积矿层，其中褐铁矿层主要的矿物为水针铁矿（α-FeOOH）、石英（SiO_2），另外有少量的蛇纹石（$MgO·SiO_2$）等[31]。残积矿层主要的矿物形态为锰钴矿、硅镁镍矿、铁滑石 [$Mg(Si_4O_{10})(OH)_2$]、高岭石 [$Al4(Si_4O_{10})(OH)_8$]、辉石 [$CaMg(Si_2O_6)$]、透闪石 [$Ca_2Mg5(Si_4O11)_2(OH)_2$]等。矿山采用露天开采方式，Ramu 公司投产初期按照褐铁矿与残积矿为 1∶1 的比例配矿，冶炼原料的主要成分为 Ni 1.1%、Co 0.1%、Fe 41.6%、Al 2.2%、Mg 2.4%、Mn 0.7%、Cr 1.3%。Ramu 公司高压酸浸工艺处理镍红土矿的主要工艺流程如图 7-23 所示。

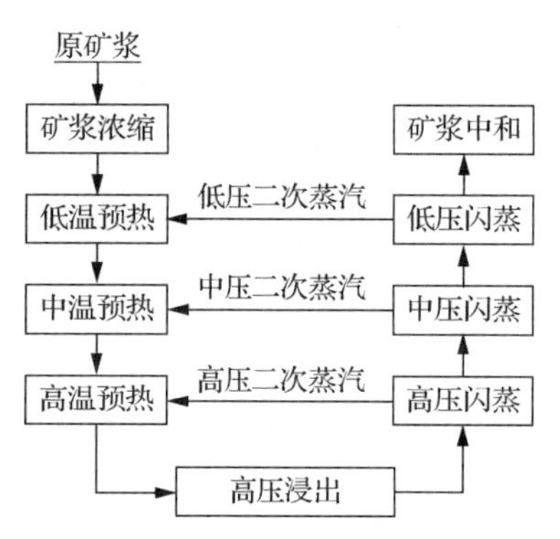

图 7-23　Ramu 公司高压酸浸工艺处理镍红土矿的主要工艺流程

矿山产出的矿浆通过 135km 的管道运输系统送至冶炼厂，矿浆经过浓密机浓密至含固量 32%，经低、中、高温三级预热器分别加热升温至 92℃、154℃和 205℃。加热后的矿浆经过滤网去除不合格的颗粒后，由高压泵送至高压釜。共配置 3 台卧室高压釜，尺寸为ϕ5.1m×34m，内部被 6 块隔板分隔为 7 个隔室，6 块隔板高度依次降低，隔板下部留有小方孔供少数大块料通过，大部分矿浆通过隔板上方溢流到下一隔室。每个隔室均有一个单层四片桨叶的搅拌器，机械密封系统第一、二隔室搅拌轴直径为ϕ160mm，其余隔室搅拌轴直径为ϕ140mm。在第一隔室通入矿浆、酸、蒸汽，在第二隔室通入蒸汽和浓硫酸，直接通入蒸汽加热，反应结束后矿浆由第七隔室排出。每台釜配备两台高压泵。高压酸浸反应温度为 245～255℃，釜内压力为 4.1～4.8MPa，反应时间为 45～60min。高压矿浆依次经过三级闪蒸槽减压和降温至 220℃、160～170℃和 105℃。闪蒸后的矿浆仍含有 $40g·L^{-1}$ 的游离硫酸，泵入循环浸出槽，利用残酸浸出后续工序产出的各种镍钴渣。再经浓密产出的上清液加入石灰石浆中和至溶液 pH 为 1.5～

2.0，中和后的矿浆进入七级逆流洗涤系统。洗涤后的浸出渣采用深海填埋工艺处理，上清液继续加入石灰石浆中和溶液 pH 至 3.6～4.0，除去铁和铝的溶液，再采用氢氧化钠溶液中和沉镍钴，控制溶液 pH 为 7.6～8.0，加入晶种，产出混合镍钴氢氧化物[32]。

镍红土矿高压釜结垢问题一直是行业关注和重点研究的问题之一，高压釜内少量的结垢有利于保护与流体接触的设备表面，减少其或使其免于受腐蚀或磨损的影响。但严重的结垢会导致高压釜内有效容积减少、高压釜内底部隔室连通口堵塞、釜内流体模型改变、搅拌桨叶磨损加剧、搅拌机械密封和减速机故障率上升[33]。高压釜内排料管线严重的结垢会导致管线过流面积减少、管线内发生矿浆的闪蒸现象造成管线磨损甚至穿漏，同时结垢清理周期短造成的系统频繁启停会导致工艺指标波动、能源浪费、易损件寿命缩短。2014 年，Ramu 公司二系列高压釜结垢速度为 $80mm \cdot a^{-1}$，随着生产负荷的提升及工艺条件的变化，从 2015 年开始高压釜结垢速度明显加快，尤其是高压釜排料管线的结垢，排料管线最短运行 26 天就需要停车约 50h 以清理结垢。生产过程中，Ramu 公司通过排料管压降（即高压釜压力减去排料管末端压力）、高压闪蒸阀开度、预热器给料流量、高压釜液位判断排料管的结垢情况。Ramu 公司高压釜结垢主要发生在釜内的液相空间，圆滑的釜内壁结垢厚度较为均匀，搅拌、折流板、隔仓板、拐角处结垢严重。气相空间的釜内壁基本不结垢，但搅拌及其轴上端连接法兰处结垢严重。高压釜排料管的结垢速率远大于高压釜内的结垢速率，一般排料管的釜内段、出釜第一个弯头、第二个弯头处结垢严重。第一隔室和第二隔室的结垢表面平整密实，呈现暗红色，层状结构。从第三隔室开始，呈大块不规则的瘤状结垢，表面由粗颗粒组成，气孔较多，表面呈暗红色或鲜红色和白色，结垢中出现白色颗粒，越往后段隔室，白色颗粒占比越大。化验分析发现，结垢物的主要组成元素为铁、铝、硫和氧，这几种元素占结垢总质量的 73%以上。红色结垢物中铁元素占比多，主要为红色的赤铁矿，白色结垢物种中铝元素占比多，主要为白色的水合明矾石[34]。Ramu 公司高压釜中各个隔室结垢物的主要物相组成如表 7-11 所示。

表 7-11 Ramu 公司高压釜中各个隔室结垢物的主要物相组成

位置	主要物相
第一隔室	赤铁矿、水合明矾石
第三隔室	赤铁矿、水合明矾石、铝代针铁矿
第五隔室	赤铁矿、水合明矾石、石英、铬铁氧化铝、水合氧化铁
第七隔室	赤铁矿、水合明矾石、石英、水合氧化铁
排料管	赤铁矿、水合明矾石、石英、水合氧化铁

2018 年 7 月，经过 346 天的总运行时间后（期间临时停车 11 天），Ramu 公司对三系列的高压釜停车清理结垢，高压釜清理出结垢物 35t，结垢率 0.0291‰，高压釜年结垢速率为 $40mm \cdot a^{-1}$。第一隔室 Fe^{3+}水解生产赤铁矿，第二隔室反应生成的赤铁矿下降，从第三隔室开始 Al^{3+}大量水解生产明矾石，第七隔室明矾石生成量明显下降。Ramu 公司通过对高压釜及排料管结垢的研究，对结垢的预防取得了明显的效果，高压釜停车清理周期延长至 1 年左右，排料管线清理周期由原来的 40 天左右延长至半年以上。

7.2.3　废水、废渣的高温高压处理

近来，有色金属生产的环保要求越来越严。有色金属生产过程中废水的处理是湿法冶金的重要课题。铜冶炼过程产生的废水含重金属离子种类复杂，对自然环境和人类健康存有严重危害。传统废水处理技术存在一定的局限性，如达标不稳定，处理成本高，渣量大，易产生 H_2S、H_3As 等有害气体，安全风险高。废水高温高压处理能够取得其他方法不能比拟的技术指标，获得其他方法难以实现的经济效益。

高温高压氧化技术能产生大量非常活泼的羟基自由基·OH，其氧化能力（2.80V）仅次于氟（2.87V）。·OH 作为反应的中间产物，可诱发后面的链反应；·OH 能无选择地直接与废水中的污染物反应，将其降解为二氧化碳、水和无害盐，不会产生二次污染，是一种物理-化学处理过程，容易加以控制。高温高压氧化技术既可作为单独处理方法，又可与其他处理过程相匹配，如可作为生化处理的预处理或深度处理，降低处理成本。高温高压氧化的能量需求最低，常见废水处理的能量需求如图 7-24 所示。

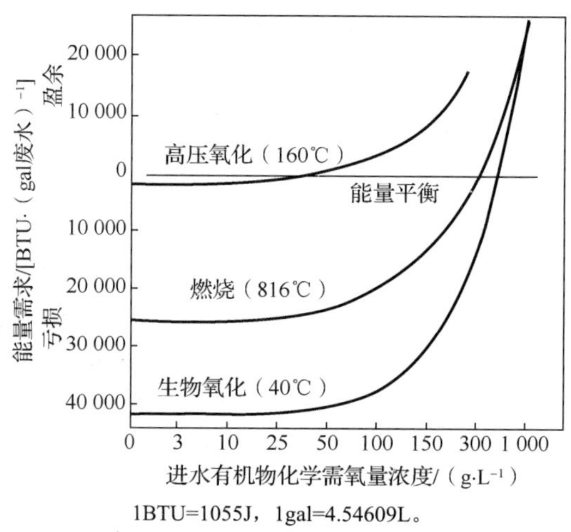

图 7-24　常见废水处理的能量需求

由图 7-24 可见，高温高压氧化技术是水处理方法中能量需求最小的方法，可以做到能量平衡或有盈余。各种方法处理的能量平衡时，即能量需求不盈不亏，在此以处理化学需氧量为例进行说明。对应水中化学需氧量浓度不同，高温高压氧化技术处理化学需氧量浓度很低的废水，也能够做到能量平衡。

高温高压氧化技术一般在高温（150～350℃）、高压（0.5～20MPa）操作条件下，在液相中，用氧气或空气作为氧化剂，氧化水中呈溶解态或悬浮态的有机物或呈还原态的无机物，最终产物是二氧化碳和水、氮气等。

超临界水氧化技术即在超临界水的状态下将废水中所含的有机物用氧化剂迅速分解成水、二氧化碳等简单无害的小分子化合物。

温度是高压氧化过程中的主要影响因素。温度越高，反应速率越快，反应进行得越彻底。同时温度升高还有助于增加溶氧量及氧气的传质速度，减少液体的黏度，产生低

表面张力，有利于氧化反应的进行。但过高的温度又是不经济的。因此，操作温度通常控制在 150～280℃。含 CN^- 废水的试验证实，CN^- 的去除率与水中溶解氧的过剩率无关。当温度为 150℃左右时，有 5%～10%的 CN^- 被氧化；当温度升至 320℃时，大多数含 CN^- 的物质被完全氧化。反应温度直接影响反应速率，在低温下反应时，反应进行得慢，达到氧化平衡的时间长，当在 300℃左右反应时，反应几乎是瞬时反应。高压氧化系统的工艺流程如图 7-25 所示。

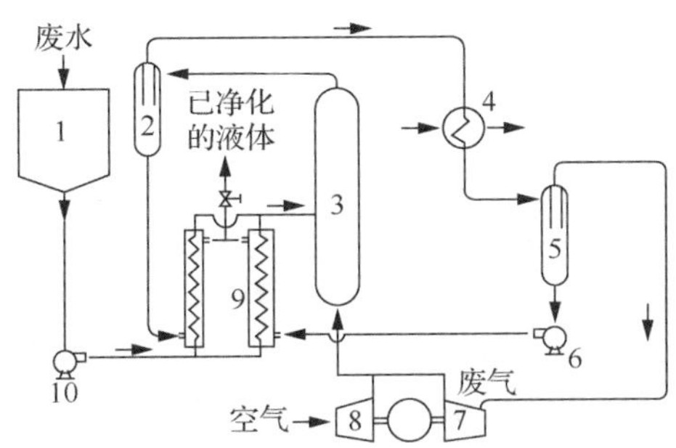

1—储存罐；2、5—分离器；3—反应器；4—再沸器；6—循环泵；7—透平机；8—空压机；9—热交换器；10—高压泵。

图 7-25 高压氧化系统的工艺流程

具体过程简述如下：废水通过储存罐由高压泵打入热交换器，与反应后的高温氧化液体换热，使温度上升到接近反应温度后进入反应器。反应所需的氧由压缩机打入反应器。在反应器内，废水中的有机物与氧发生放热反应，在较高温度下将废水中的有害物氧化分解成二氧化碳和水或低级有机酸等产物。反应后气液混合物经分离器分离，液相经热交换器预热进料，回收热能。高温高压的尾气首先通过再沸器（如废热锅炉）产生蒸汽或经热交换器预热锅炉进水，其冷凝水由第二分离器分离后通过循环泵再打入反应器，分离后的高压尾气送入透平机产生机械能或电能。因此，这一典型的工业化湿式氧化系统不但处理了废水，而且对能量进行逐级利用，减少了有效能量的损失，维持并补充了湿式氧化系统本身所需的能量，具有较佳的经济效益和社会效益。

朱云等[35]报道了一种从阳极泥碱性浸出溶液中分离铅锑与砷的方法。具体步骤为：①将锑铅合金粉与氧化剂按照质量比为（25∶6）～（25∶8）加入反应釜中，按照反应釜中液固比为（10∶1）～（12∶1）加入浓度为 120～160g · L^{-1} 的 NaOH 溶液，在 200～250℃搅拌浸出 1.5～2.5h，冷却至 100～110℃，过滤得到铅酸钠盐和锑酸钠盐的混合溶液；在混合溶液中按照液固比为（50∶1）～（100∶1）加入氧化剂，在 100～110℃反应 30～60min；将反应液进行冷却结晶，过滤得到焦锑酸铅晶种。②在 90～103℃，向阳极泥碱性浸出溶液中按照液固比为（100∶1）～（200∶1）加入氧化剂，反应 30～60min。③冷却步骤②的反应液至 40～60℃，在反应液中按照晶种系数（0.1∶1）～（0.4∶1）加入步骤①的焦锑酸铅晶种并在搅拌条件下进行冷却结晶，过滤，洗涤得到含焦锑酸铅的结晶。

朱云[36]报道了一种含钛炉渣再结晶-重选回收钛资源的方法。具体步骤为：用 $Fe_2(SO_4)_3$ 的水溶液与磨至 230～140 目（61～104μm）的含钛炉渣（以钛透辉石、攀钛透辉石矿相存在）按液固比为（3∶1）～（6∶1）制成料浆后加入高压釜中升温到 150～200℃，机械搅拌转速为 200～600r · min^{-1}，并保温 1～4h，进行水热再结晶反应，使原含钛炉渣中的钛透辉石、攀钛透辉石转变成钛铁矿和 $CaO \cdot FeO \cdot 2SiO_2$、$MgO \cdot FeO \cdot 2SiO_2$

等硅酸盐，两者为独立的颗粒群。之后过滤出剩余硫酸铁水溶，补充硫酸高铁后循环水热法再晶体使用。用重选的方法将经过水热反应的含钛固相物料进行分选，得到含 TiO_2 50%以上的钛精矿，同时重选分离出含钛很低的弃渣。

郑忆依[37]报道了一种钴镍冶金的废水渣的资源化利用方法。具体步骤为：①预处理，将废水渣加入水在球磨机内进行球磨，然后加入水进行搅拌浆化，接着倒入高压釜内，在 130～200℃通入氢气，维持高压釜内的压力为 8～15atm，搅拌反应 3～5h，最后降温并释放压力。②将步骤①得到的反应后的物料采用重力分选机进行重力分选，分选出金属颗粒和料。将金属颗粒采用磁选分离，将其中的镍钴铁粉与铜粉进行分离。铜粉经过熔炼得到铜阳极板，再经过电解精炼得到阴极铜。将镍钴铁粉加入磷酸溶液溶解，维持终点的 pH 为 1.5～1.8，得到镍钴铁混合溶液。再在搅拌条件下加入双氧水，维持过程的温度为 40～45℃，然后经过过滤、洗涤得到电池级磷酸铁，过滤后的滤液和洗涤水混合得到镍钴混合溶液。③将步骤②得到的浆料加入硫酸溶解，维持过程和终点的 pH 为 1.5～2。然后过滤，得到第一滤液和第一滤渣，将第一滤液加入硫化钠，维持终点的 pH 为 3～3.5。然后过滤，得到第二滤液和第二滤渣，第二滤液加入氢氧化钠调节溶液的 pH 为 10～11。然后过滤，得到第三滤液和第三滤渣。④将步骤③中的第一滤渣与第三滤渣晾干，然后与页岩、黏土按照质量比（1∶3）～［5∶（1～2）］混合均匀，压入磨具中，施加 20～30kg 的压力，压制时间为 30～60s，然后放入炉窑内，在 700～800℃煅烧 4～6h，得到地砖。⑤将步骤②中的第二滤渣加入硫酸溶液，维持过程的 pH 为 1～2，然后通入二氧化硫，在 55～75℃反应 3～5h。然后过滤，得到的滤渣经过真空烘干得到硫粉。将得到的滤液加入高锰酸钾，在 50～60℃反应 0.5～1h，经过过滤和洗涤，得到高纯二氧化锰，过滤后的滤液加入草酸铵制备得到棒状草酸锌颗粒。⑥将步骤③中的第三滤液经过浓缩结晶得到硫酸钠晶体，将硫酸钠晶体加入碳粉，在隔绝空气的情况下煅烧，煅烧温度为 700～850℃，煅烧时间为 4～7h，得到硫化钠颗粒，硫化钠返回步骤③使用。

7.3　稀贵金属原料的高压浸出

7.3.1　钨矿的高压溶出

我国是钨资源大国，南岭山地两侧的广东东部沿海一带是我国钨矿的主要分布区，尤以江西的南部为甚，储量约占全世界的一半以上。但是长期以来我国钨矿的开采以黑钨矿为主，白钨矿次之。随着黑钨矿资源的日益减少，白钨矿开始被逐渐开发利用起来。中南大学几代冶金人对白钨矿的浸出做出了卓越贡献，形成了钨冶金的完整体系[38]。

1. 钨矿高压溶出的原理

NaOH 分解法是钨冶金中分解低钙黑钨精矿的经典方法。反应如下：

$$CaWO_4(s) + 2NaOH(aq) = Na_2WO_4(aq) + Ca(OH)_2(s) \tag{7-52}$$

反应（7-52）在 25℃时的平衡常数只有 2.5×10^{-4}，并且在 NaOH 分解黑钨矿的技术条件下，白钨矿确实不能被成功分解。从 Na_2O-WO_3-H_2O 赝三元系相图（图 7-26）可见，即使 NaOH 浓度很高，90℃浸出液中 Na_2WO_4 的浓度也不高。用 NaOH 常压分解白钨矿在工业上有很多具体问题。在适当的高温（190℃）、高碱浓度（15%）下，用 NaOH 分解白钨矿是可行的。

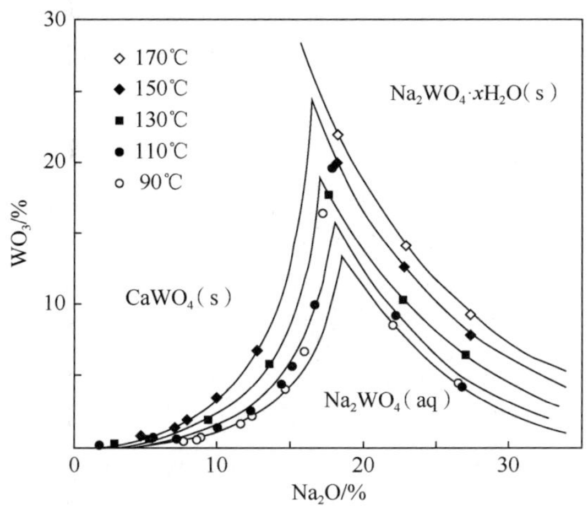

图 7-26 $Na_2O-WO_3-H_2O$ 赝三元系相图

碳酸钠高压浸出工艺最早由苏联教授 H.H.Маселницкий 于 1939 年提出，经过半个多世纪的不断发展和完善，该工艺广泛用于处理白钨矿、低品位黑白钨混合矿及黑钨矿，反应如式（7-53）和式（7-54）所示。

$$(Fe,Mn)WO_4(s) + Na_2CO_3(aq) \xlongequal{\quad} Na_2WO_4(aq) + FeCO_3(或MnCO_3)(s) \tag{7-53}$$

$$CaWO_4(s) + Na_2CO_3(aq) \xlongequal{\quad} Na_2WO_4(aq) + CaCO_3(s) \tag{7-54}$$

浸出过程在高压釜中完成，反应温度一般为 180～230℃。在 200～225℃的高温和较大的碳酸钠用量（理论量的 250%～300%）条件下，反应以足够快的速度相当完全地进行。Na_2CO_3 分解白钨矿的理论和工艺都已经较为成熟。

将 225℃下碳酸钠分解白钨矿的反应平衡数据和 $Na_2CO_3-Na_2WO_4-H_2O$ 系的溶解平衡数据画在同一张图上，如图 7-27 所示，即为 225℃下碳酸钠分解白钨矿体系的赝三元相图。

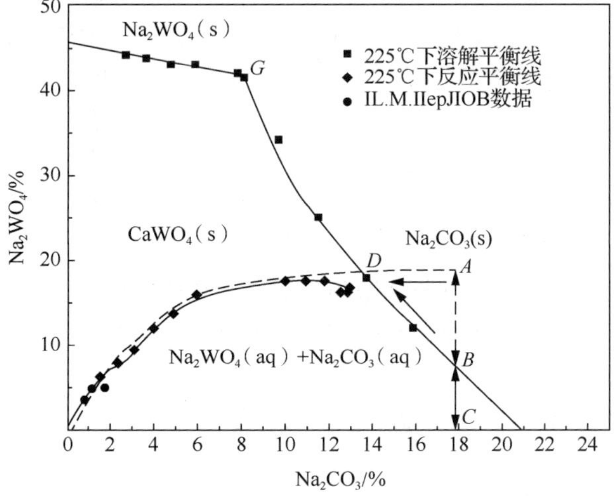

图 7-27 225℃下碳酸钠分解白钨矿体系的赝三元相图

从图 7-27 中可以看出，碳酸钠分解白钨矿的反应平衡线与碳酸钠的结晶析出线近似相交，反应平衡线也是交于溶解平衡线共晶点以下。反应平衡线、结晶析出线与底边形成一个山形，把山的左右两支相交的点称为山峰。同样考察这座“山”，“山”的左支建立的是钨酸钙固体与钨酸钠溶液之间的平衡。从这条线可以看出，随平衡溶液中碳酸钠浓度的增加，平衡溶液中钨酸钠浓度也不断增加，并且增加的幅度越来越小，说明浸出剂碳酸钠的浓度变化对白钨分解反应限度的影响越来越小，这时对应高的起始碳酸钠浓度是有利于浸出的，但是在快到达山峰的位置时，平衡溶液中钨浓度的增加同样趋于平缓，到达山峰位置时，可以看到平衡溶液中钨浓度甚至出现了小幅下降。结合前面低温下的分析可以看出，过高的起始碳酸钠浓度会使体系平衡点超出碳酸钠的结晶析出线，从而使溶液中的碳酸钠析出，造成反应式（7-54）逆向进行，使钨浓度回落。因此过高的起始碳酸钠浓度对浸出反而有害。

平衡体系中的钨浓度取决于两方面的平衡：①平衡 1—钨酸钙固体在碳酸钠溶液中的反应平衡；②平衡 2—碳酸钠固体在 Na_2CO_3-Na_2WO_4-H_2O 系中的溶解平衡。假定不存在平衡 2，当平衡 1 连续变化到 *A* 点时，则对应的平衡碳酸钠浓度为 *C* 点，对应的钨酸钠浓度为 *AC* 段。但由于实际上存在平衡 2，在平衡 2 上 *C* 点对应的钨酸钠浓度为 *BC* 段。即 *C* 点对应的碳酸钠浓度可以使钨酸钙分解得到 *AC* 段对应的钨酸钠浓度，但是实际上体系仅仅可以溶解 *BC* 段的钨酸钠浓度。*AC* 段比 *BC* 段高出了 *AB* 段。所以此时体系点不是稳定状态。由于体系一旦饱和，先析出来的是碳酸钠，体系点将不断析出碳酸钠固体，沿着碳酸钠浓度减小的方向进行，即碳酸钠浓度将沿着 *BD* 的方向不断减小，此时对应的从钨酸钙分解得到的钨酸钠浓度也将由于碳酸钠浓度的减小沿着 *AD* 线变化。当两个变化相交时，则到达了共同的点，此时为稳定状态。*BD* 和 *AD* 段相交于 *D* 点，因此 *D* 点为最终的稳定状态。所以，从理论上来讲，无论起始碳酸钠浓度多高，只要白钨矿足够，最终平衡时的碳酸钠浓度都不会超过 *D* 点。

工业上碳酸钠分解白钨矿的起始浓度一般控制在 120～200$g\cdot L^{-1}$，浸出液中碳酸钠浓度一般为 80～130$g\cdot L^{-1}$，对应图 7-27 中，大概是碳酸钠在 6%与 12%之间。从图 7-27 可以看出，这一段也正好是平衡溶液钨浓度最高的一段，且在这一段钨浓度随着平衡碳酸钠浓度的变化只有小幅的变化。即起始碳酸钠浓度或高或低都可以达到较好的分解效果。选择在该段对应的起始碳酸钠浓度范围内浸出白钨矿，可以用较少的浸出剂得到较优的浸出效果。但是当对应的碳酸钠大于 12%时，则会出现体系浓度过高而引起的盐析效应，并且由于从溶液里面优先析出来的是作为浸出剂的碳酸钠，影响分解效果。苏联学者曾经提到过：过高的起始碳酸钠浓度对浸出不利，甚至当浓度超过 230$g\cdot L^{-1}$时，就会造成浸出率的急剧下降。

在碳酸钠分解白钨的平衡实验中也确实发现，当起始碳酸钠浓度由 200$g\cdot L^{-1}$增加到 240$g\cdot L^{-1}$时，钨的浸出率会出现明显的下降，由 58%下降到 46%左右。此外，用 300$g\cdot L^{-1}$的碳酸钠溶液去浸出人造白钨，从浸出渣（未用热水洗）的 X 射线粉末衍射光谱图未检测到复盐 $Na_2CO_3\cdot CaCO_3$ 进一步说明了这一点。

2. 钨矿高压溶出的工艺

白钨矿的浸出工艺从本质上分析，均是设法降低水相中 Ca^{2+}或 WO_4^{2-} 的活度，从而使钨酸钙向着溶解的方向迁移。应用于工业上的浸出方法主要有两类：一类是将白钨矿中的 Ca^{2+}转化为溶解度较小的钙盐进入固相，而将 WO_4^{2-} 转化为可溶性钨酸盐入液相；另一类是将钨酸钙中的 Ca^{2+}转化为可溶性钙盐进入液相，而将 WO_4^{2-} 转化为溶解度较小的钨酸进入固相。前者为碱法，后者为酸法。碱法的综合指标要好一些[39]。

碳酸钠高压浸出钨矿的工艺流程如图 7-28 所示。图 7-28 所示工艺流程需要控制的技术条件如下。

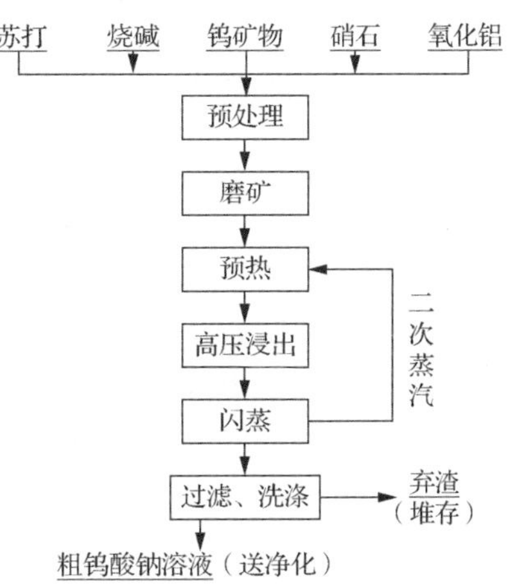

图 7-28　碳酸钠高压浸出钨矿的工艺流程

1）浸出时间：苏打过量系数为 2.8，起始 Na_2CO_3 浓度为 $120g\cdot L^{-1}$ 时，反应达到平衡所需时间为 2h。

2）在温度 225℃、浸出时间 2h、矿量和液固比一定的条件下，过量系数为 2.6 最好，过低或过高都使钨浸出率降低。

3）在温度 225℃、浸出时间 2h、矿量和碳酸钠用量一定，起始碳酸钠浓度为 $230g\cdot L^{-1}$ 的条件下，液固比为 4.0 最好。过低浸出率降低，过高对后续工序影响，综合指标降低。

4）综合考虑各因素，选择 Na_2CO_3 浓度 $200g\cdot L^{-1}$。不断增加液固比，即不断增加碳酸钠用量，是有利于白钨矿分解的，但对后续工序影响，综合指标降低。

3. 钨矿高压溶出的设备系统

为了提高白钨矿的浸出率，主要强化手段和措施都是为了减弱或消除钨酸膜的影响。一方面，可以通过增大浸出剂的浓度、提高反应温度及减小精矿粒度等来提高白钨矿的浸出率；另一方面，可以借助回转式高压釜（机械活化）、超声波和某些化学试剂等途径破坏钨酸膜的阻碍作用，使控制步骤由内扩散控制转化为化学反应控制，从而提高白钨矿的浸出率，但此方法对反应设备的要求较高，不能从本质上改进反应特性。回转式高压釜系统如图 7-29 所示。

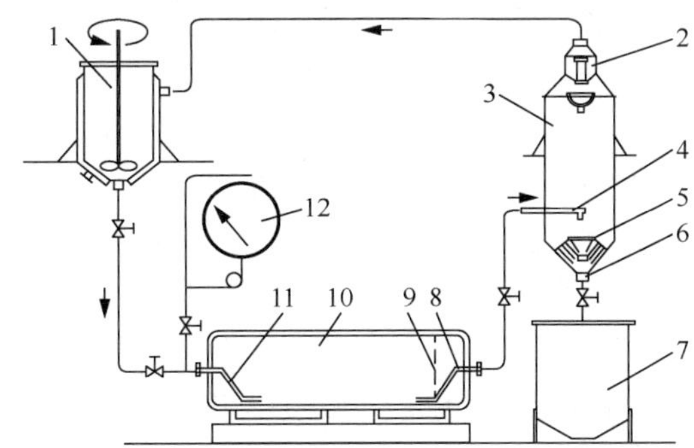

1—料浆制备槽；2—汽液分离器；3—自蒸发器；4—料浆入口；5—钢制挡板；6—卸料管；7 料浆槽；8—卸料管；9—孔板（隔离钢球）；10—回转式高压釜；11—装料管（兼通蒸汽）；12—气压表。

图 7-29　回转式高压釜系统

以往人们对钨浸出过程中的强化研究着重采取“三高一强”的措施，即高温、高浸出剂浓度、高磨矿度、强搅拌。这些措施可以对浸出过程产生一定的效果，但同时也具有局限性，会造成能耗增加、药剂消耗量大、生产成本升高，三废处理量也会同样增加。目前，学者研究主要从钨浸出过程的内部因素出发，通过强化浸出反应的热力学和动力学，采取更为有效的措施来强化浸出过程，以期实现我国白钨矿资源的可持续发展。

7.3.2 阳极泥的高压溶出

阳极泥的高压溶出原理：氯气是强氧化剂，它在水或盐酸溶液中可氧化溶解贵贱金属。但铜、镍、铁、钴等贱金属的标准电极电位比贵金属负得多，利用金属标准电极电位的差异，选择一个能溶解贱金属而不能溶解贵金属的电极电位值范围，就可使贵贱金属分离。采用由铂电极和甘汞电极组成的电极对插入溶液，用电位计测定浸出矿浆的电极电位。在选择浸出过程中，通过调整氯气或物料供给量，将矿浆的电极电位控制在(400±10)mV 范围内（图 7-30）。在此电极电位范围内，贱金属便和氯气作用生成可溶性氯化物转入溶液，而贵金属不和氯气作用残留在浸出残渣中得到富集。选择浸出的电极电位偏低，贱金属浸出率不高；选择浸出的电极电位偏高，则贵金属会发生溶解损失。

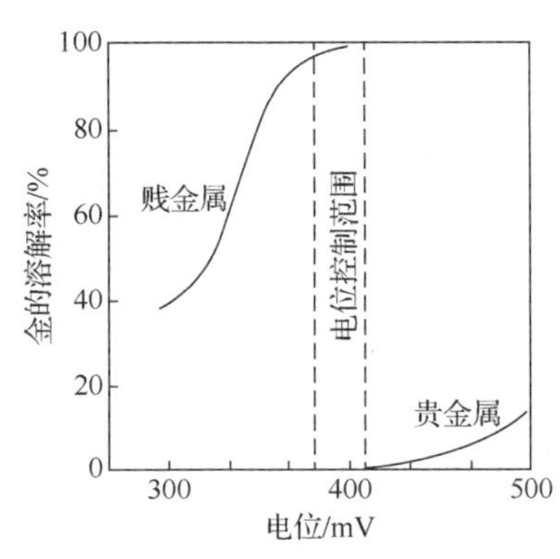

图 7-30 氯气选择浸出分离贵、贱金属的电极电位范围

20 世纪 70 年代，加拿大 Falconbridge 公司精炼厂曾用该法处理高镍锍盐酸浸出镍后的铜渣(含 Cu 76%、Ni 1%、铂族金属和 Au 0.5%)，具体工艺为铜渣料先用含 Cu^{2+}50g·L^{-1}、Ni^{2+}100g·L^{-1}、HCl 50g·L^{-1}的溶液浆化，然后通入氯气，浸出体系的电极电位控制在（400±10)mV 浸出贱金属。贵金属富集在过滤后以元素硫为主要成分的浸出渣中，品位富集 4～5 倍。

80 年代用氯气直接浸出高镍锍，贵金属也能富集 4～5 倍。中国金川有色金属公司用该法处理高镍锍磨浮磁选出的铜镍合金，铜镍合金的成分（质量分数）为 Ni 60%～70%、Cu 15%～19%、Fe 7%～8%、S 6%～8%、铂族及 Au 0.01%。作法是铜镍合金料先用含 Ni^{2+} 150～200g·L^{-1}、(Cu^{2+}+Cu^{+}) 50～60g·L^{-1}、HCl 0.1～0.5mol·L^{-1}的溶液浆化，升温至 373～383K，然后按液固比（3～4）∶1 连续进料和连续向矿浆中通入氯气，浸出体系的电极电位控制在（400±10)mV，溢流矿浆过滤后，浸出液中铜、镍、铁浸出率为 98%～99%，铂族金属损失很小(<0.5mg·L^{-1})，几乎全部富集在以元素硫为主的浸出渣中。分离元素硫后即产出贵金属精矿。

工艺特点主要包括 5 个方面：①浸出在常压下进行，氯气利用率高，废气含氯低。②氯化反应是放热反应，所释放的热量足以使浸出液达到沸腾状态，有利于矿浆中固体物料的悬浮分散；当溶液含金属离子 200～250g·L^{-1}时，溶液的沸点可达 378～383K，浸出反应的动力学速度很快。③浸出过程中 Cu^{2+}、Fe^{3+}也是氧化剂，氧化贱金属及其硫化物后被还原成低价 Cu^{+}、Fe^{2+}，然后又重新被氯气氧化为高价，因此 Cu^{+}/Cu^{2+}、Fe^{2+}/Fe^{3+}的平衡催化作用加快了氯化反应速率，提高了氯气利用率。④浸出反应产生的元素硫在矿浆中呈细微分散悬浮状态，还原性很强，可使少量溶解的贵金属重新还原进入不溶渣中。⑤浸出过程可在耐酸搪瓷反应釜或钛合金反应釜中分批间断进行，也可将各单釜串接起来或在衬耐酸瓷砖的卧式分格式浸出釜中不断进料、溢流连续浸出。氯气和浸出溶液的腐蚀性很强，设备防腐是使选择性浸出顺利运行的关键。

某铜厂在铜冶炼过程中产出高铋阳极泥，其化学成分如表 7-12 所示。高铋电解阳极泥中 Bi/As 与 Bi/Sb 分别是 4.9 和 4.3。

表 7-12　高铋阳极泥的化学成分

元素	Sn/%	Pb/%	As/%	Bi/%	Cu/%	Sb/%	Ag/ $(g \cdot t^{-1})$	Au/ $(g \cdot t^{-1})$
含量	2.72	11.96	9.49	46.86	1.11	10.97	3426.12	22.15

从表 7-12 可以看出，高铋阳极泥的主要成分为铋、铅、砷、锑、锡、金、银等。其中，铋含量高达 40%以上，铅、砷、锑含量均为 10%左右，每吨阳极泥中金属银的含量也达 3400g 以上，此外还含有少量的金。从高铋阳极泥中提取粗铋并综合回收其他有价金属元素对于高效回收利用大量的铅阳极泥资源具有重要的意义。

昆明理工大学提出高铋阳极泥高压浸出脱砷锑-盐酸浸出-净化-电积提取粗铋并富集回收其他有价金属元素的新流程。加压碱性溶液氧化脱砷锑的最优条件为：氧化剂（亚硝酸钠）质量为阳极泥质量的 10%，NaOH 浓度为 $100g \cdot L^{-1}$，浸出温度为 180℃，浸出时间为 2h，液固比为 7∶1。在该条件下，93%的砷进入溶液而脱除，80%的锑进入溶液而脱除，进入碱浸渣的铋回收率大于 98%。

7.3.3　难处理金矿的加压氧化

难处理金是指以次显微金形式存在，金也可能包含在黄铁矿或砷黄铁矿晶格中，甚至尽可能磨细也不可能解离出金，以致用传统的氰化法加以回收的金矿物。这一类矿物中，最具有代表性的载金矿物是黄铁矿和砷黄铁矿。通常，这类矿物要经过预处理再回收金。经典的工业实践是采用氧化焙烧预处理，氧化焙烧产出一种多孔焙砂，再氰化浸金。由于环保要求的日益严格和焙烧本身的缺陷，这种方法存在局限性，近年来发展起来的加压预氧化为难处理金矿提供了一条有效途径。

1. 加压氧化法的原理

100 多年前，人们就开始对研究水溶液中黄铁矿的氧化感兴趣，但对砷黄铁矿氧化的研究都是近几十年来才开始的。黄铁矿和砷黄铁矿的加压氧化既能在碱性介质中，又能在酸性介质中进行。碱性介质压力氧化产出的渣其基本组成是 Fe_2O_3，而矿石中硫和砷成为可溶性的硫酸盐和砷酸盐。酸性介质中的加压氧化发展得更快，下面着重研究酸性加压氧化。

（1）黄铁矿的氧化

水溶液中酸性压力氧化黄铁矿的产物主要有 Fe^{2+} 、 Fe^{3+} 、 SO_4^{2-} 、 S^0 等， Fe^{3+} 大多以赤铁矿、硫酸高铁或铁矾的形式沉淀，不同产物的形成取决于不同的氧化条件，如温度、时间、氧分压、酸度、硫酸盐浓度等。黄铁矿氧化时有以下两个竞争反应存在。

$$FeS_2 + 7/2O_2 + H_2O = FeSO_4 + H_2SO_4 \quad (7\text{-}55)$$

$$FeS_2 + 2O_2 = FeSO_4 + S \quad (7\text{-}56)$$

当温度大大高于硫的熔点时，式（7-55）占优势。上述两个反应产生的 Fe^{2+}随后氧化成 Fe^{3+}。

$$2FeSO_4 + 1/2O_2 + H_2SO_4 = Fe_2(SO_4)_3 + H_2O \quad (7\text{-}57)$$

在氧化过程中，一些研究表明 Fe^{3+}具有加速反应的作用，特别是在高压釜中反应的初期，Fe^{3+}的作用非常明显。在高于 150℃时 Fe^{3+}水解的两个主要反应如下。

在低酸度下：

$$Fe_2(SO_4)_3 + 3H_2O = Fe_2O_3 + 3H_2SO_4 \quad (7\text{-}58)$$

在高酸度下：

$$Fe_2(SO_4)_3 + 2H_2O = 2FeOHSO_4 + H_2SO_4 \quad (7\text{-}59)$$

铁矾类的化合物也能产生，但比 Fe_2O_3 和 $FeOHSO_4$ 要少。

$$3Fe_2(SO_4)_3 + 14H_2O = 2H_2OFe_3(SO_4)_2(OH)_6 + 5H_2SO_4 \quad (7\text{-}60)$$

从方法的经济性来说，最好形成赤铁矿沉淀，这是由于随后的中和及金回收的操作容易。一些研究工作表明，生成 Fe_2O_3 沉淀的条件是，溶液中 H_2SO_4 含量上限是 $55g \cdot L^{-1}$（温度为 170℃）和 $70g \cdot L^{-1}$（温度为 200℃）。如果溶液中含有惰性盐类（如 $MgSO_4$），则 H_2SO_4 含量的上限可扩展到 $100g \cdot L^{-1}$。

（2）砷黄铁矿的氧化

一些研究表明，砷黄铁矿首先产生 H_3AsO_3 和 Fe^{2+}，随后氧化成 H_3AsO_4 和 Fe^{3+}。在 100～160℃和高酸条件下，有元素硫产生，而砷酸铁则水解成三价铁的氧化物。150℃时砷黄铁矿氧化浸出的φ-pH 图如图 7-31 所示。

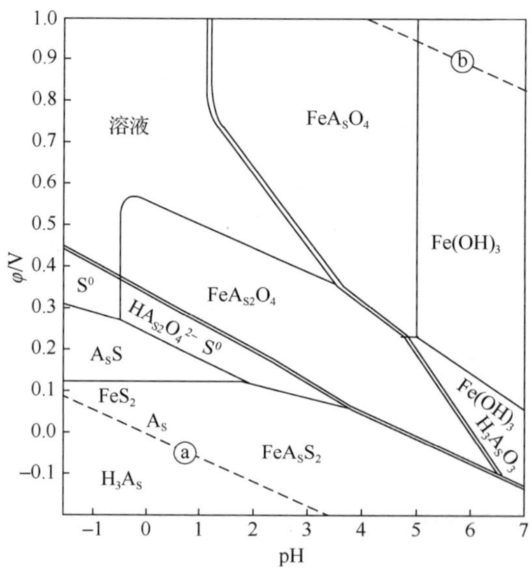

图 7-31　150℃时砷黄铁矿氧化浸出的φ-pH 图

由图 7-31 可见，对于砷黄铁矿在酸性溶液中的压力氧化，一般认为发生如下化学反应。

$$2FeAsS + 13/2O_2 + 3H_2O = 2H_3AsO_4 + 2FeSO_4 \quad (7\text{-}61)$$

$$2FeAsS + 7/2O_2 + 2H_2SO_4 + H_2O = 2H_3AsO_4 + 2FeSO_4 + 2S^0 \qquad (7\text{-}62)$$

另有一些研究工作表明，元素硫的产生不是作为一种中间产物。事实上，存在两个相互竞争的化学反应，它们的产物不同，一个是 S^0，另一个是 SO_4^{2-}。加拿大谢里特公司的研究结果表明，提高反应温度可以加速硫酸根的形成。

式（7-61）和式（7-62）中的 H_3AsO_4 是反应开始时的产物，当溶液的矿浆浓度高、反应时间长、高温及低酸度时，通过 X 射线粉末衍射发现反应生成的沉淀为 $FeAsO_4 \cdot 2H_2O$，因此存在如下反应。

$$Fe_2(SO_4)_3 + 2H_3AsO_4 + 4H_2O = 2FeAsO_4 \cdot 2H_2O + 3H_2SO_4 \qquad (7\text{-}63)$$

当 pH>5.03 时，$FeAsO_4$ 转化成 $Fe(OH)_3$，同时使砷进入溶液。这为用含 $FeAsO_4$ 的冶金中间产品制取 Na_3AsO_4、木材防腐剂之类的产品提供了可能性，另外也说明以 $FeAsO_4$ 的方式固化砷是不安全的。

2. 加压氧化法的工业实践

许多矿石可能含有一些碳酸盐，因此需要预先用酸处理，最好是用加压釜排出矿浆的洗水来分解碳酸盐，使物料在进入加压釜之前除去 CO_2，这能改善氧化段氧气的利用。经酸处理后的物料加入加压釜中用氧气氧化，用硫化物氧化时产生的热来维持所需的反应温度，如果需要，也可以加入水以控制温度。加压釜排出的矿浆经闪蒸槽冷却，然后固液分离以除去部分酸。在氰化之前，矿浆还要洗涤，这一步将除去加压氧化时释放出的 Cu、Zn 等，同时也除去 Al、Fe、Mg 这些易水解成泥状物的元素，否则这类泥状物将增加溶液黏度，而且氰化时金易被这种泥状物所吸附，造成损失，在利用活性炭回收金时，活性炭易被它沾污。因此，这一步十分重要。

从 1985 年以来，已经有一批采用加压预氧化处理难处理金矿的工厂投产，还有一些正在建设之中。第一个投产的是麦克劳林金矿，它位于美国加利福尼亚州，属于荷姆斯特克矿业公司。该厂在酸性介质中加压氧化，每天处理量为 2700t 硫化矿。1985 年 7 月，加压釜开始运转，9 月全厂运转起来。由于这是第一家生产厂，麦克劳林厂的许多参数和经验对以后其他厂的建设都有重要的指导作用。

矿石在矿山磨到 78～80μm，矿浆浓度为含固体 40%～50%，然后泵送到距矿山 7.5km 的提金厂。在进加压釜之前，矿浆与逆流洗涤返回的溶液混合。由于这种溶液含有加压氧化段产生的酸，其能分解并除去矿石中的碳酸盐。酸化处理在预氧化段进行，预氧化段由一些不锈钢制的搅拌槽组成。酸化后的矿浆经一个 ϕ16.8m 的不锈钢浓密槽之后，溶液用石灰中和，使金属沉淀，净化后的水返回逆流洗涤段洗涤预氧化后渣，浓密机的底流送去加压釜。

矿石含硫 3%，蒸汽喷入加压釜中维持加压釜所必需的温度，以保证硫的氧化。进入加压釜前，用离心泵将矿浆通过二级直接接触的喷溅-闪蒸钛热交换器，蒸汽是由加压釜后的闪蒸槽回收的。一种称为 Geho 的隔膜泵将矿浆泵入加压釜中，一般情况下，矿浆进入加压釜时的温度为 90～110℃，pH 为 1.8～1.9。

加压釜是卧式的，分为四隔，钢外壳，内衬砖和铅板，内径为 4.2m、长为 16.2m，在每个间隔中设有用钛轴和陶瓷叶片制成的搅拌桨。逐步加热到 160～180℃，利用矿石中的硫化物反应热维持温度，当硫含量低时，需喷入蒸汽。喷入加压釜的氧气来自一个

规模为 $300t \cdot d^{-1}$ 的氧气厂，氧压为 140～280kPa。矿浆在加压釜中停留时间约为 90min。

经加压氧化后的矿浆排入闪蒸槽。闪蒸槽内衬砖，它产生的蒸汽用来预热进入加压釜的矿浆。闪蒸槽的排料进入ϕ16.8m 不锈钢槽组成的二段逆流洗涤系统，酸性洗涤水返回预氧化段酸化新鲜矿石，被洗涤后的矿浆用石灰乳中和至 pH 10.8。

工业生产实践表明，为了保证在氰化时金的浸出率高，需要有高的硫化物氧化率。硫化物的氧化程度取决于温度、压力、氧气流量、矿浆浓度等。氧化程度可以用电位来控制，实践表明当氧化还原电位至少达到 450mV 时，硫化物的氧化率才能大于 85%。麦克劳林厂这些年在加压釜的可靠性和产能方面有重大的进展，实践表明，采用加压氧化处理比直接氰化每吨矿可多回收 1g 金。

麦克劳林厂的成功投产为难处理金矿的处理提供了一条新的途径，它的设计建厂经验和生产操作数据对后来的一系列新厂投产具有重要意义。1985 年以来，已经有不少于 10 个采用加压氧化的提金厂建成投产或正在建设。

难处理金矿的加压氧化处理经历了从小型试验、扩大试验、半工业试验到工业化生产厂的发展道路。加压氧化的理论研究不断深入，揭示了大量压力氧化下矿物的变化规律。这些已经建成并投产的工业生产厂的实践表明，加压氧化对难处理的金矿是一种有效的方法。

思　考　题

7-1　选择题。

（1）硫的黏度-温度特性表明，有色金属硫化物氧压浸出时，（　　）有利于元素硫的回收。

A．在闪蒸槽停留足够时间，让元素硫结晶长大

B．在 150～165℃浸出，加入木质磺酸素

C．升高温度至 200℃以上，且维持较低的矿浆 pH

D．在 150～165℃停留足够时间浸出，让元素硫结晶长大

（2）液态硫的黏度-温度特性曲线的特征为（　　）。

A．当温度为 190℃时，硫的黏度达到最大值

B．硫磺的熔点为 119℃

C．130～160℃黏度小，流动性好

D．液态硫的黏度低，就会紧密包裹未反应的有色金属硫化矿颗粒

（3）现代拜耳法生产氧化铝的基本原理就是拜耳两个专利的原理，即（　　）。

A．用 Na_2O_k 循环母液溶出铝土矿所得到（α_k=1.55～1.65）的铝酸钠溶液，提高循环效率

B．用 Na_2O_k 循环母液溶出铝土矿所得到（α_k=1.55～1.65）的铝酸钠溶液，提高产品质量

C．添加晶种，有利于氢氧化铝析出

D．高温高碱度条件下，氧化铝连同氧化铁等杂质一同溶出

（4）镍红土矿的高压酸浸，其本质为（　　）。

A．使大部分铁以 $Fe(OH)_3$ 形式入渣，从而实现镍的选择性浸出

B．使镍、钴进入浸出液，而大部分铁、铝、硅等入渣，从而实现金属的选择性浸出

C．加压浸出温度通常为245～270℃，镍的浸出率高

D．镁是主要的耗酸元素

（5）阳极泥的高压酸浸，其本质为（　　）。

A．用氯气选择性浸出贱金属，贵金属富集在浸出渣中，品位富集4～5倍

B．浸出的电极电位偏高，不影响贵金属溶解损失

C．用氯气选择性浸出贵金属，使贵金属富集在浸出液中，品位富集4～5倍

D．浸出的电极电位偏低，贱金属浸出率降低

7-2　论述高压浸出技术在有色金属生产中的地位、作用和发展趋势。

7-3　结合硫化锌精矿加压浸出备料过程回收元素硫的技术，论述湿法冶金中高压浸出技术的优越性和注意事项。

7-4　说明硫化锌精矿二段加压浸出的原理。

7-5　说明拜耳法的“两个专利、四个循环与六个过程”。

7-6　说明拜耳法生产砂状氧化铝时高压浸出的注意事项。

7-7　说明镍红土矿高压氧化浸出的原理。

7-8　说明镍红土矿高压浸出时铁的行为。

7-9　用赝三元相图说明钨矿高压浸出的原理。

7-10　说明难处理金矿高压氧化浸出的原理。

7-11　说明硫化锌精矿高压浸出渣综合回收与高压浸出的关系。

参 考 文 献

[1] 俞小花．复杂铜、铅、锌、银多金属硫化精矿综合回收利用研究[D]．昆明：昆明理工大学，2008：44-67.

[2] 杨显万，邱定蕃．湿法冶金学[M]．北京：冶金工业出版社，2001：11-18.

[3] 杨显万．高温水溶液热力学数据计算手册[M]．北京：冶金工业出版社，1983：1-68.

[4] 梁英教，车荫昌．无机物热力学数据手册[M]．沈阳：东北大学出版社，1993：1-634.

[5] 曹锡章，肖良质．无机物热力学[M]．北京：科学出版社，1997::2-522.

[6] 俞小花，史春阳，李荣兴．高温复杂多金属硫化矿电位-pH 图[J]．有色金属工程，2019（3）：48-55.

[7] 蒋开喜．加压湿法冶金[M]．北京：冶金工业出版社，2016：29-306.

[8] FILIPPOU D, KONDURU R, DEMOPOULOS G P. A kinetic study on the acid pressure leaching of pyrrhotite[J]. Hydrometallurgy, 1997, 47: 1-18.

[9] SOUZA A D, PINA P S, LEAO V A, et al. The leaching kinetics of a zinc sulphide concentrate in acid ferric sulphate[J]. Hydrometallurgy, 2007, 89(11): 72-81.

[10] WEISENER C G, SMART R St C, GERSON A R. A comparison of the kinetics and mechanism of acid leaching of sphalerite containing low and high concentartions of iron [J]. International journal of mineral processing, 2004, 74(1-4): 239-249.

[11] 张春生，刘刚．硫化锌加压浸出工艺在湿法冶金中的设计应用[J]．有色金属设计，2009，36（4）：49-57.

[12] 田磊，张廷安，唐俊杰，等．硫化锌精矿加压浸出过程中若干科学问题的探索[C]//中国有色金属冶金第三届学术会议：有色金属冶炼的可持续发展，2016：276-284.

[13] 谢克强．高铁硫化锌精矿和多金属硫化矿加压浸出工艺及理论研究[D]//昆明：昆明理工大学，2006.

[14] 周双．硫化锌精矿氧压浸出过程硫转化规律的研究[D]．沈阳：东北大学，2015.
[15] 陈永强，邱定蕃，尹飞．常压装置富氧浸出闪锌矿[J]．有色金属，2009（4）：60-65.
[16] 董巧龙．锌精矿常压浸出与加压浸出工艺比较[J]．中国有色冶金，2007，4：24-26.
[17] 周昌武，何光深，匡志恩．硫化锌精矿一段加压浸出直接产出合格中性上清液技术研究[J]．云南冶金，2012（2）：56-59.
[18] 杨丽菊．硫化锌精矿全湿法炼锌技术试验研究[J]．云南冶金，2018（2）：61-64.
[19] 王吉坤，周延熙．高铁硫化锌精矿加压进出研究及产业化[J]．有色金属（冶炼部分），2006，2：24-26.
[20] 胡东风，刘新元．锌精矿氧压浸出生产实践分析[J]．有色金属（冶炼部分），2018，3：19-21.
[21] 王鸿振，吴筱．哈德逊湾加压浸出中铁的控制[J]．中国有色冶金，2012，1：1-5.
[22] 赵景富，孙镇，郑鹏．镍红土矿处理方法综述[J]．有色矿冶，2012，28（6）：39-41.
[23] 杨伟娇，马保中．红土镍矿加压酸浸工艺进展[J]．矿冶，2011，20（3）：61-67.
[24] 翟秀静，符岩，衣淑立．镍红土矿的开发与研究进展[J]．世界有色金属，2008，8：36-38.
[25] 伍博克．云南元江红土镍矿加压酸碱研究[D]．长沙：中南大学，2010.
[26] 傅建国，刘斌．红土镍矿高压酸浸工艺现状及关键技术[J]．中国有色冶金，2013，2：6-13.
[27] 王成彦，尹飞，陈永强，等．国内外红土镍矿处理技术及进展[J]．中国有色金属学报，2008，18（专辑 1）：s1-s8.
[28] GUO X Y, SHI W T, LI D, et al. Leaching behavior of metals limonitic laterite ore by high pressure acid leaching[J]. Trans nonferrrous met soc China, 2011, 21: 191-195.
[29] 徐爱华，青峰．澳大利亚三个采用 PAL 新工艺的红土矿开发项目进展状况[J]．世界有色金属，2001，4：62-64.
[30] 高永学．瑞木项目生产运营情况介绍[J]．有色设备，2018，6：1-5.
[31] 高宇航．巴布亚新几内亚瑞木镍钴矿床赋矿层特征[J]．世界有色金属，2017，10：173-175.
[32] 皮关华，孔凡祥，贾露萍，等．瑞木红土镍矿高压酸浸的生产实践[J]．中国有色冶金，2015，6：11-14.
[33] 张宏军．红土镍矿高压酸浸中抑垢的研究[D]．沈阳：东北大学，2007：40-53.
[34] 贾露萍．瑞木红土镍矿高压釜结垢研究和预防[J]．有色设备，2018，6：86-91.
[35] 朱云，徐瑞东．一种从阳极泥碱性浸出溶液中分离铅锑与砷的方法：CN20510334434[P]．2017-05-31.
[36] 朱云．一种含钛炉渣再结晶-重选回收钛资源的方法：CN201611034010[P]．2015-09-23.
[37] 郑忆依．一种钴镍冶金的废水渣的资源化利用方法：CN201811062766[P]．2018-09-12.
[38] 涂松柏．碱法分解白钨矿的热力学研究[D]．长沙：中南大学，2011：7-37.
[39] 李停停，钟祥熙，张威．白钨矿浸出工艺现状及发展趋势[J]．金属矿山，2017（10）：128-133.

8　高温高压浸出的安全生产

一台 $10m^3$ 的高压釜，矿浆 $6m^3$，饱和蒸汽 $4m^3$，在 6MPa、265℃时能够释放 1.65×10^8J 的能量，相当于 38.9 kg TNT 炸药所蕴含的能量。只要高压釜蕴含的能量不在瞬间释放，就不会爆炸。

高温高压浸出的安全生产就是高压釜必须在安全下运行，即安全阀、易熔塞或爆破片等无故障，监控仪表显示正常。

使用高压釜必须有自我保护意识，任何工业高压釜都有可能出现意外，使用者必须懂得自我保护。《特种设备安全监察条例》已经 2003 年 2 月 19 日国务院第 68 次常务会议通过，自 2003 年 6 月 1 日起施行。此后，2009 年 1 月 14 日国务院第 46 次常务会议通过《国务院关于修改〈特种设备安全监察条例〉的决定》，自 2009 年 5 月 1 日起施行。特种设备是指涉及生命安全、危险性较大的锅炉、压力容器（含气瓶，下同）、压力管道、电梯、起重机械、客运索道、大型游乐设施[1]。

8.1　高压浸出的安全装置

高压浸出的安全操作就是在避免压力容器超压或压力容器泄漏前提下的高压浸出。压力容器超压的原因包括操作失误或零件破损、满液后的容器受热膨胀而超压与容器内化学反应失控等。高压浸出压力容器的泄漏是指少量的蒸汽、水或矿浆从体系逸出。所有高压浸出过程都有逸出，当逸出的量达到一定的度时就是泄漏。泄漏不一定造成危害，不控制、不预防、不采取处理措施，就会产生事故。一切有过压可能的设施都需要安全阀的保护。基本概念如下。

1）公称压力：也称设定压力安全阀起跳压力，指安全阀在常温状态下的最高许用压力。安全阀是按公称压力标准进行设计制造的，高温设备用的安全阀不应考虑高温下材料许用应力的降低。

2）开启压力：也称额定压力或整定压力，指安全阀阀瓣在运行条件下开始升起时的进口压力。在该压力下，开始有可测量的开启高度，介质呈可由视觉或听觉感知的连续排放状态。

3）排放压力：阀瓣达到规定开启高度时的进口压力。排放压力的上限需满足国家有关标准或规范的要求。

4）超过压力：排放压力与开启压力之差，通常用开启压力的百分数来表示。超压表示安全阀开启后至全开期间入口积聚的压力。

5）回座压力：排放后阀瓣重新与阀座接触，即开启高度变为零时的进口压力。

6）启闭压差：开启压力与回座压力之差，通常用回座压力与开启压力的百分比表示，只有当开启压力很低时采用二者压力差来表示。

7）背压力：安全阀出口处的压力。

8）额定排放压力：标准规定排放压力的上限值。

9）密封试验压力：进行密封试验的进口压力，在该压力下测量通过关闭件密封面的泄漏率。

10）开启高度：阀瓣离开关闭位置的实际升程。

11）流道面积：阀瓣进口端到关闭件密封面间流道的最小截面积，用来计算无任何阻力影响时的理论排量。

12）流道直径：对应用于流道面积的直径。

13）帘面积：当阀瓣在阀座上方时，在其密封面之间形成的圆柱面形或圆锥面形通道的面积。

14）排放面积：阀门排放时流体通道的最小截面面积。对于全启式安全阀，排放面积等于流道面积；对于微启式安全阀，排放面积等于帘面积。

15）理论排量：流道截面面积与安全阀流道面积相等的理想喷管的计算排量。

16）排量系数：实际排量与理论排量的比值。

17）额定排量系数：排量系数与减低系数（取 0.9）的乘积。

18）额定排量：实际排量中允许作为安全阀适用基准的那一部分。

19）当量计算排量：当压力、温度、介质性质等条件与额定排量的适用条件相同时，安全阀的计算排量。

20）频跳：安全阀阀瓣迅速异常地来回运动，在运动中阀瓣接触阀座。

21）颤振：安全阀阀瓣迅速异常地来回运动，在运动中阀瓣不接触阀座。

8.1.1　安全阀

安全阀是启闭件受外力作用下处于常闭状态，当设备或管道内的介质压力升高超过规定值时，通过向系统外排放介质来防止管道或设备内介质压力超过规定数值的特殊阀门。安全阀属于自动阀类，主要用于锅炉、压力容器和管道上，控制压力不超过规定值，对人身安全和设备运行起重要保护作用。注意：安全阀必须经过压力试验才能使用。

安全阀是阀门家族中比较特殊的一个分支，它的特殊性是因为它不同于其他阀门仅仅起到开关的作用，更重要的是起到保护设备安全的作用。鉴于设备泄压的需要，安全阀在保护高压浸出设备过程中起到至关重要的作用。安全阀（也包括泄压阀）根据压力系统的工作压力（工作温度）自动启闭，一般安装于封闭系统的设备或管路上保护系统安全。当设备或管道内压力或温度超过安全阀设定压力时，安全阀自动开启泄压或降温，保证设备和管道内介质压力（温度）在设定压力（温度）之下，保护设备和管道正常工作，防止发生意外，减少损失。安全阀被广泛应用于蒸汽锅炉、液化石油气汽车槽车或液化石油气铁路罐车、采油井、蒸汽发电设备的高压旁路、压力管道、压力容器等。

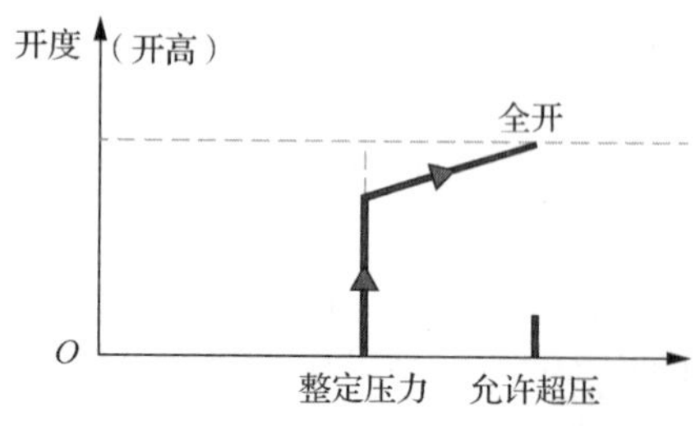

图 8-1　安全阀的工作原理

当所受压力达到安全阀的整定压力时，安全阀能突然起座并全开，其工作原理如图 8-1 所示。开高就是压力泄放阀开启后，阀瓣密封面离开关闭位置的实际行程。

1. 安全阀的分类

安全阀一般按结构形式分为弹簧式安全阀、杠杆式安全阀和脉冲式安全阀，其中弹簧式安全阀应用最为普遍；按连接方式分为螺纹安全阀和法兰安全阀。安全阀口径一般不大，通常在 DN15mm～DN80mm 范围内，超过 150mm 一般称为大口径安全阀。

安全阀的结构主要有两大类，即弹簧式和杠杆式。弹簧式安全阀阀瓣与阀座的密封靠弹簧的作用力，而杠杆式安全阀靠杠杆和重锤的作用力。随着大容量的需要，又出现了一种脉冲式安全阀（也称为先导式安全阀），其由主安全阀和辅助阀组成。当管道内介质压力超过规定压力值时，辅助阀先开启，介质沿着导管进入主安全阀，并将主安全阀打开，使增高的介质压力降低。

安全阀的排放量取决于阀座的口径与阀瓣的开启高度，也可分为两种：微启式和开启式。微启式安全阀的开启高度是阀座内径的 1/40～1/20，全启式安全阀的开启高度是阀座内径的 1/4～1/3。

按整体结构及加载机构的不同，可以将安全阀分为重锤杠杆式、弹簧式和脉冲式 3 种。

（1）重锤杠杆式安全阀

重锤杠杆式安全阀利用重锤和杠杆来平衡作用在阀瓣上的力。根据杠杆原理，它可以使用质量较小的重锤通过杠杆的增大作用获得较大的作用力，并通过移动重锤的位置（或变换重锤的质量）来调整安全阀的开启压力。重锤杠杆式安全阀如图 8-2 所示。

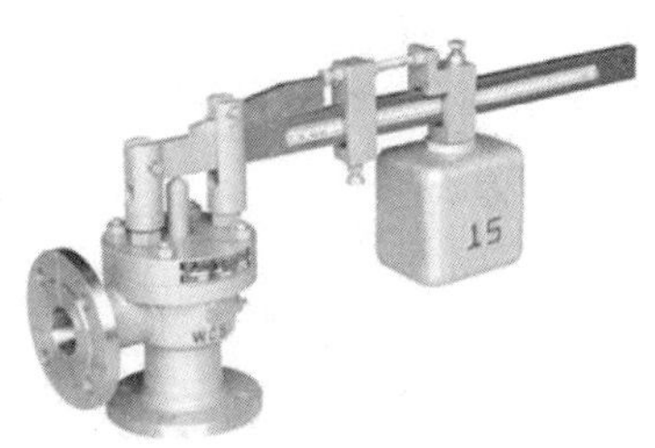

图 8-2　重锤杠杆式安全阀

重锤杠杆式安全阀结构简单，调整容易而又比较准确，所加的载荷不会因阀瓣的升高而有较大的增加，适用于温度较高的场合，过去用得比较普遍，特别是用在锅炉和温度较高的压力容器上。但重锤杠杆式安全阀结构比较笨重，加载机构容易振动，并常因振动而产生泄漏；回座压力较低，开启后不易关闭及保持严密。

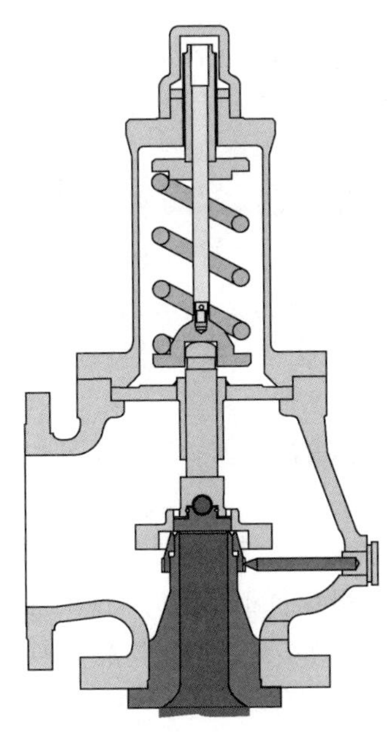
图 8-3　弹簧式安全阀的结构

（2）弹簧式安全阀

弹簧式安全阀利用压缩弹簧的力来平衡作用在阀瓣上的力。螺旋圈形弹簧的压缩量可以通过转动它上面的调整螺母来调节，利用这种结构可以根据需要校正安全阀的开启（整定）压力。弹簧式安全阀的结构如图 8-3 所示。图 8-4（a）为弹簧式安全阀的工作线，图 8-4（b）为阀起跳各阶段的对应关系。

弹簧的工作压力级则是指某一根弹簧所允许使用的工作压力范围，在该压力范围内，安全阀的开启压力（即整定压力）可以通过改变弹簧的预紧压缩量进行调节。而弹簧式安全阀超压不起跳。由于阀座密封力随介质压力的升高而降低，会有预漏现象——在未达到安全阀设定点前，就有少量介质泄出。

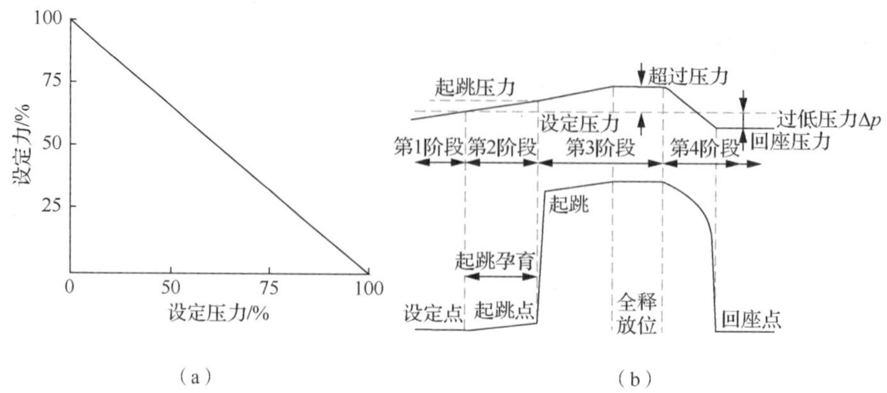

图 8-4 弹簧式安全阀的工作线和阀起跳各阶段的对应关系

弹簧式安全阀结构轻便紧凑，灵敏度也比较高，安装位置不受限制，而且因为对振动的敏感性小，所以可用于移动式的压力容器上。这种安全阀的缺点是所加的载荷会随着阀的开启而发生变化，即随着阀瓣的升高，弹簧的压缩量增大，作用在阀瓣上的力也跟着增加。这对安全阀的迅速开启是不利的。另外，阀上弹簧的弹力会由于长期受高温的影响减小。弹簧式安全阀用于温度较高的容器上时，常常要考虑弹簧的隔热或散热问题，从而使结构变得复杂起来。

（3）脉冲式安全阀

脉冲式安全阀由主阀和辅阀构成，通过辅阀的脉冲作用带动主阀动作，其结构复杂，通常只适用于安全泄放量很大的锅炉和高压釜等压力容器。脉冲式安全阀的结构如图 8-5 所示。

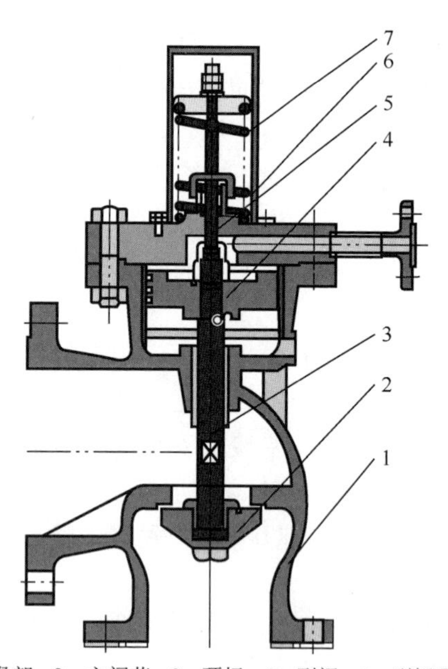

1—喉部；2—主阀芯；3—顶杆；4—副阀；5—副阀顶杆；6—密封；7—弹簧。

图 8-5 脉冲式安全阀的结构

脉冲式安全阀是“小二”管“大王”，主安全阀（“大王”）的旁边有一个介质压力直接推动阀芯开启的副阀（“小二”），副阀先开启，把压力从管路送到主安全阀头顶上的一个气缸，压力推动气缸内的活塞动作，再拉动主安全阀肚子里面的阀芯，主安全阀排放泄压，回座反之。

上述 3 种形式的安全阀中，用得比较普遍的是弹簧式安全阀。

按照介质排放方式的不同，安全阀又可以分为全封闭式、半封闭式和开放式 3 种。

1）全封闭式安全阀。全封闭式安全阀排气时，气体全部通过排气管排放，介质不能向外泄漏，主要用于介质为有毒、易燃气体的容器。

2）半封闭式安全阀。半封闭式安全阀所排出的气体一部分通过排气管，另一部分从阀盖与阀杆间的间隙中漏出，多用于介质为不会污染环境的气体的容器。

3）开放式安全阀。开放式安全阀的阀盖是敞开的，使弹簧腔室与大气相通，这样有利于降低弹簧的温度，主要适用于介质为蒸汽及对大气不产生污染的高温气体的容器。

按照阀瓣开启的最大高度与安全阀流道直径之比来划分，安全阀又可分为弹簧微启封闭式安全阀、弹簧全启式安全阀和中启式安全阀 3 种。

1）弹簧微启封闭式安全阀。弹簧微启封闭式安全阀的开启高度小于流道直径的 1/4，通常为流道直径的 1/40～1/20。弹簧微启封闭式安全阀的动作过程是比例作用式的，主要用于液体场合，有时也用于排放量很小的气体场合。

2）弹簧全启式安全阀。弹簧全启式安全阀的开启高度大于或等于流道直径的 1/4，排放面积是阀座喉部最小截面面积。其动作过程属于两段作用式，必须借助于一个升力机构才能达到全开启，主要用于气体介质的场合。

3）中启式安全阀。中启式安全阀的开启高度介于微启式与全启式之间，即可以做成两段作用，也可以做成比例作用式。

2. 安全阀的作用

安全阀在系统中起安全保护作用。当系统压力超过规定值时，安全阀打开，将系统中的一部分气体/流体排入大气/管道外，使系统压力不超过允许值，从而保证系统不因压力过高而发生事故。

按作用原理分类，可以分为直接作用式安全阀和非直接作用式安全阀。

1）直接作用式安全阀。直接作用式安全阀是在工作介质的直接作用下开启的，即依靠工作介质压力的作用克服加载机构加于阀瓣的机械载荷，使阀门开启。这种安全阀具有结构简单、动作迅速、可靠性好等优点。但因为依靠结构加载，其载荷大小受到限制，不能用于高压、大口径的场合。

2）非直接作用式安全阀。其可以分为先导式安全阀和带动力辅助装置的安全阀。

先导式安全阀是依靠从导阀排出的介质来驱动或控制的。而导阀本身是一个直接作用式安全阀，有时也采用其他形式的阀门。先导式安全阀适用于高压、大口径的场合。先导式安全阀的主阀还可以设计成依靠工作介质来密封的形式，或者可以对阀瓣施加比直接作用式安全阀大得多的机械载荷，因而具有良好的密封性能。同时，它的动作很少受背压的影响。这种安全阀的缺点在于它的可靠性同主阀和导阀有关，动作不如直接作用式安全阀迅速、可靠，而且结构较复杂。

带动力辅助装置的安全阀借助于一个动力辅助装置，在低于正常开启压力的情况下强制安全阀开启。这种安全阀适用于开启压力很接近于工作压力的场合，或需定期开启安全阀以进行检查或吹除黏着、冻结的介质的场合。同时，也提供了一种在紧急情况下强制开启安全阀的手段。

3. 安全阀的操作方法

（1）开启压力的调整

1）安全阀出厂前，应逐台调整其开启压力到用户要求的整定值。若用户提出弹簧工作压力级，则一般应按压力级的下限值调整出厂。

2）使用者在将安全阀安装到被保护设备上之前或者在安装之前，必须在安装现场重新进行调整，以确保安全阀的整定压力值符合要求。

3）在铭牌注明的弹簧工作压力级范围内，通过旋转调整螺杆改变弹簧压缩量，即可对开启压力进行调节。

4）在旋转调整螺杆之前，应使阀进口压力降低到开启压力的 90%以下，以防止旋转调整螺杆时阀瓣被带动旋转，以致损伤密封面。

5）为保证开启压力值准确，应使调整时的介质条件，如介质种类、温度等尽可能接近实际运行条件。介质种类改变，特别是当介质聚集态不同（如从液相变为气相）时，开启压力常有所变化。当工作温度升高时，开启压力一般有所降低。故在常温下调整而用于高温时，常温下的整定压力值应略高于要求的开启压力值。高到什么程度与阀门结构和材质选用都有关系，应以制造厂的说明为根据。

6）常规安全阀用于固定附加背压的场合，当在检验后调整开启压力时（此时背压为大气压），其整定值应为要求的开启压力值减去附加背压值。

（2）排放压力和回座压力的调整

1）调整阀门排放压力和回座压力，必须进行阀门达到全开启高度的动作试验。因此，只有在大容量的试验装置上或者在安全阀安装到被保护设备上之后才可能进行。其调整方法依阀门结构不同而不同。

2）对于带反冲盘和阀座调节圈的结构，其利用阀座调节圈来进行调节。拧下调节圈固定螺钉，从露出的螺孔伸入一根细铁棍之类的工具，即可拨动调节圈上的轮齿，使调节圈左右转动。当使调节圈向左作逆时针方向旋转时，其位置升高，排放压力和回座压力都将有所降低。反之，当使调节圈向右作顺时针方向旋转时，其位置降低，排放压力和回座压力都将有所升高。每一次调整时，调节圈转动的幅度都不宜过大（一般转动数齿即可）。每次调整后都应将固定螺钉拧上，使其端部位于调节圈两齿之间的凹槽内。这样既能防止调节圈转动，又不对调节圈产生径向压力。为了安全起见，在拨动调节圈之前，应使安全阀进口压力适当降低（一般应低于开启压力的 90%），以防止在调整时阀门突然开启，造成事故。

3）对于具有上、下调节圈（导向套和阀座上各有一个调节圈）的结构，其调整要复杂一些。阀座调节圈用来改变阀瓣与调节圈之间通道的大小，从而改变阀门初始开启时压力在阀瓣与调节圈之间腔室内积聚程度的大小。当升高阀座调节圈时，压力积聚的程度增大，从而使阀门比例开启的阶段减小而较快地达到突然的急速开启。因此，升高阀座调节圈能使排放压力有所降低。应当注意的是，阀座调节圈也不可升高到过分接近阀瓣。那样，密封面处的泄漏就可能导致阀门过早地突然开启，但由于此时介质压力还不足以将阀瓣保持在开启位置，阀瓣随即又关闭，于是阀门发生频跳。阀座调节圈主要用来缩小阀门比例、开启的阶段和调节排放压力，同时也对回座压力有所影响。

上调节圈用来改变流动介质在阀瓣下侧反射后折转的角度，从而改变流体作用力的大小，以此来调节回座压力。升高上调节圈时，折转角减小，流体作用力随之减小，从而使回座压力增高。反之，当降低上调节圈时，回座压力降低。当然，上调节圈在改变回座压力的同时，也影响到排放压力，即升高上调节圈使排放压力有所升高，降低上调节圈使排放压力有所降低，但其影响程度不如回座压力那样明显。

安全阀调整完毕，应加以铅封，以防止随便改变已调整好的状况。当对安全阀进行整修时，在拆卸阀门之前应记下调整螺杆和调节圈的位置，以便于修整后的调整工作。重新调整后应再次加以铅封。

4. 安全阀的选用原则

蒸汽锅炉安全阀，一般选用敞开全启式弹簧安全阀 0490 系列；液体介质用安全阀，一般选用微启式弹簧安全阀 0485 系列；空气或其他气体介质用安全阀，一般选用全启式弹簧安全阀。蒸汽发电设备的高压旁路安全阀，一般选用具有安全和控制双重功能的先导式安全阀。

若要求对安全阀做定期开启试验，应选用带提升扳手的安全阀。若介质温度较高，为了降低弹簧腔室的温度，一般当封闭式安全阀使用温度超过 300℃及敞开式安全阀使用温度超过 350℃时，应选用带散热器的安全阀。若安全阀出口背压是变动的，其变化量超过开启压力的 10%时，应选用波纹管安全阀。若介质具有腐蚀性，应选用波纹管安全阀，防止重要零件因受介质腐蚀而失效。

安全阀的安装和维护应注意：①安装位置、高度、进出口方向必须符合设计要求，介质流动的方向应与阀体所标箭头方向一致，连接应牢固紧密。②阀门安装前必须进行外观检查，阀门的铭牌应符合现行国家标准《工业阀门　标志》（GB/T 12220—2015）的规定。对于工作压力大于 1.0MPa 及在主干管上起到切断作用的阀门，安装前应进行强度和严密性能试验，合格后方准使用。强度试验时，试验压力为公称压力的 1.5 倍，持续时间不少于 5min，阀门壳体、填料应无渗漏为合格。严密性试验时，试验压力为公称压力的 1.1 倍，试验持续的时间符合《通风与空调工程施工质量验收规范》（GB 50243—2016）的要求。③各种安全阀都应垂直安装。

8.1.2　放散阀

放散阀是管道输送可燃易爆气体的一种安全预警装置。当某种暂时原因控制点的压力超过设定值（气泡爆裂压力）时，放散阀即排放一定量的气体。放散阀的结构如图 8-6 所示。

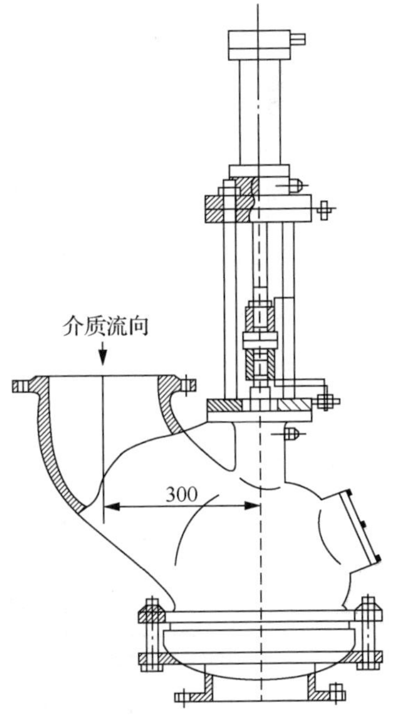

图 8-6　放散阀的结构

放散阀集监控指挥、安全自动放散为一体；动作灵敏、反应速度快、排放精度高；能带背压排放、工作寿命长、工作稳定可靠、可在线调校；反复启跳后仍能自动回座、关闭严密、等径全排放；不须拆卸研磨阀芯阀座、操作维护方便。

对放散阀性能的实际要求：①在系统正常操作压力下保持密封；②当系统压力达到整定压力时开启；③在系统压力达到允许超压之前泄放额定排量；④当系统压力降到整定压力以下后，阀门回座复位，并保持密封。但实际放散阀的开高随超压的增加而成比例增大，其工作原理示意图如图 8-7 所示。

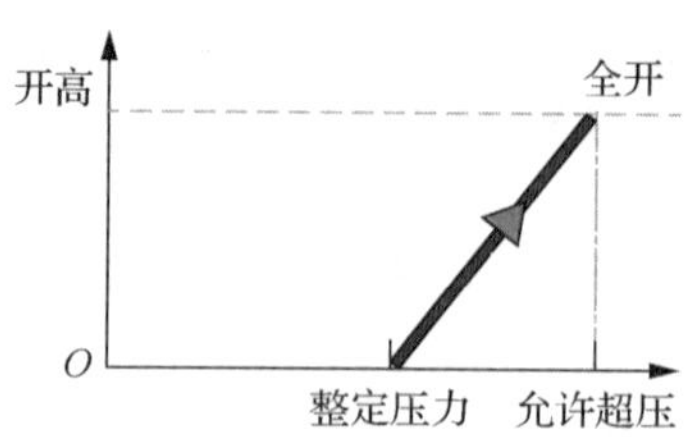

图 8-7　放散阀的工作原理示意图

8.1.3　爆破片

BS&B 在 1931 年制造了第一块商业爆破片，如图 8-8 所示，平板形薄片安装在标准法兰之间。其爆破压力不能精确预定，能保护下游管线但不准确，材料破裂压力不能可靠预测。随着科学技术的进步，爆破片的性能有了很大进步，逐步克服了原有的缺陷。

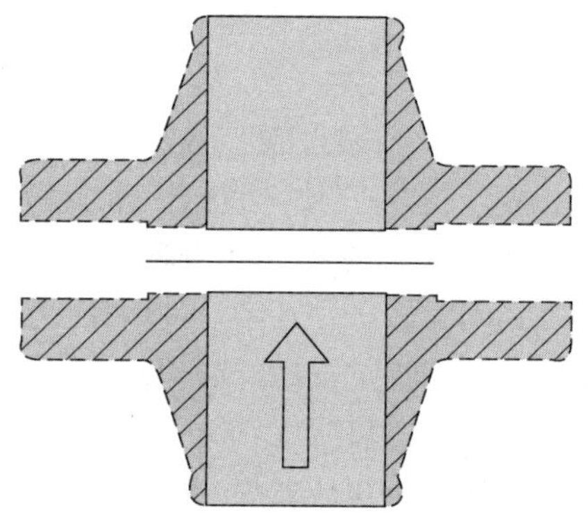

图 8-8　第一块商业爆破片

由爆破片（或爆破片组件）和夹持器（或支承圈）等零部件组成的爆破片泄放装置如图 8-9 所示。爆破片是在标定爆破压力及温度下爆破泄压的元件，夹持器则是在容器的适当部位装接夹持爆破片的辅助元件。

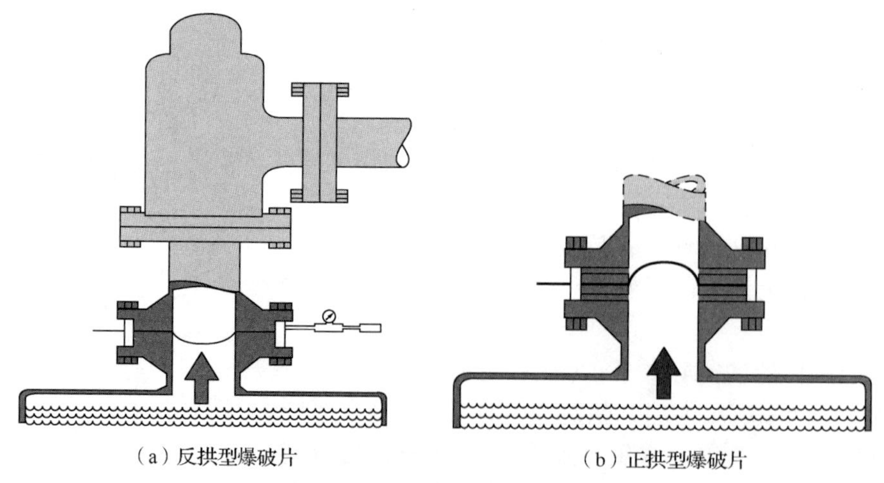

（a）反拱型爆破片　（b）正拱型爆破片

图 8-9　爆破片泄放装置

1. 压力容器的爆破片

爆破片安全装置具有结构简单、灵敏、准确、无泄漏、泄放能力强等优点，能够在黏稠、高温、低温、腐蚀的环境下可靠工作，还是超高压容器的理想安全装置。

爆破片装置是不能重复闭合的泄压装置，由入口处的静压力启动，通过受压膜片的破裂来泄放压力。简单来说就是一次性的泄压装置，在设定的爆破温度下，爆破片两侧压力差达到预定值时，爆破片即可动作（破裂或脱落），并泄放出流体。

爆破片的特点：①适用于浆状、有黏性、腐蚀性的工艺介质，这种情况下安全阀不起作用；②惯性小，可对急剧升高的压力迅速作出反应；③在发生火灾或其他意外时，在主泄压装置打开后，可用爆破片作为附加泄压装置；④严密无泄漏，适用于盛装昂贵或有毒介质的压力容器；⑤规格型号多，可用各种材料制造，适应性强；⑥便于维护、更换。

爆破片的适用场所：①压力容器或管道内的工作介质具有黏性或易于结晶、聚合，容易将安全阀阀瓣和底座粘住或堵塞安全阀的场所；②压力容器内的物料化学反应可能使容器内压力瞬间急剧上升而安全阀不能及时打开泄压的场所；③压力容器或管道内的工作介质为剧毒气体或昂贵气体，用安全阀可能会存在泄漏而导致环境污染和浪费的场所；④压力容器和压力管道要求全部泄放或全部泄放时毫无阻碍的场所；⑤其他不适用于安全阀而适用于爆破片的场所。

2. 爆破片的分类

1）正拱型爆破片：有正拱普通、正拱开缝与正拱带槽 3 种形式。压力作用于爆破片的凹面，金属处于拉伸状态，超过拉伸强度，触发爆破。控制爆破压力与厚度成正比。正拱型爆破片的结构示意图如图 8-10 所示。

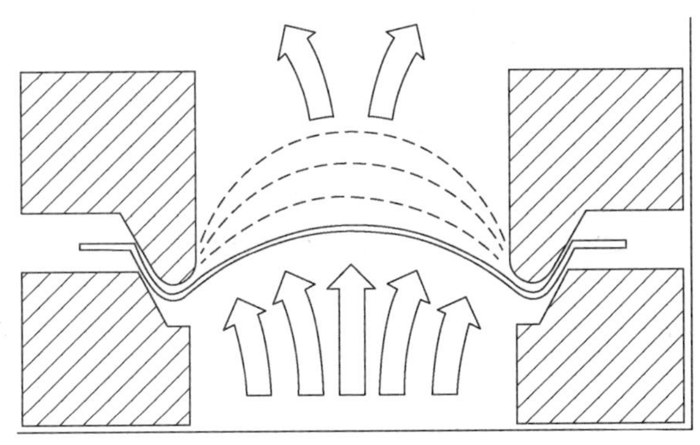

图 8-10　正拱型爆破片的结构示意图

2）反拱型爆破片：系统压力作用于爆破片的凸面，有反拱刀架、反拱鳄齿、反拱带槽与反拱开缝 4 种形式。反拱可允许平面接触面设计，无碎片设计，长循环寿命，无真空托架，爆破片光滑面面对介质，工作压力是爆破压力的 90%。用反拱型爆破片隔离安全泄放阀有 3 个显著的原因：①没有阀泄漏；②反拱不需要真空托架与抗全真空；③光滑的凸面朝向介质。

反拱型爆破片的爆破通过失稳和致破两个环节实现，失稳后应立即致破，这是反拱型爆破片的技术关键。全液相的环境下，反拱型爆破片失稳反转后，由于不可压缩流体的性质，能量大大减弱，不足以使爆破片立即致破，故液体不能用反拱型爆破片。

3）平板型爆破片：系统压力作用于爆破片的平面，有平板普通、平板开缝与平板带槽 3 种形式。

3. 相关术语

批次：将相同规格的若干爆破片集中在一批次中使用同一批材料制造，称为一个批次。

爆破片（防爆片）：在设定压力下爆破后不可再闭合的压力泄放装置。其在超过压力或真空承受极限时泄放压力，保护单个装置或整个系统的安全。

爆破片组件（防爆片组件）：为了完成设计要求的功能，而安装在夹持器上的所有部件。

爆破片装置（防爆片装置）：由压差控制并具有爆破、泄放作用的不可再闭合的压力泄放装置。其不仅仅是单独的爆破片，还包括适当的爆破片夹持器和其他组件。

爆破片夹持器（防爆片夹持器）：爆破片装置中用来固定爆破片并确保其性能的部件。

爆破压力：当系统压差上升到一定值时，爆破片会瞬间打开。打开瞬间的系统压差值即为爆破压力。

涂层：覆盖在爆破片装置部件上的一层金属或非金属物质（非衬里）。

爆破温度：达到爆破压力时的系统温度。

普通型爆破片（正拱型）：当系统增压至超过盘片材质所能承受的拉伸强度（或张力）时，爆破片就会打开。普通型爆破片是平板型或拱形，拱的方向与爆破压力的方向一致，即爆破压力作用在正拱型爆破片的凹面。

泄放量：爆破片打开之后排放流体的能力。

爆破板：爆破板是一种压力泄放装置，当系统内部过度增压而导致爆炸时，可通过泄放压力来阻止爆炸发生。当系统压力达到开启压力时，爆破板会瞬间打开泄放压力。

金属薄片：用于制造金属爆破片的金属带或薄片。

自由流通（泄放）面积：排除背压支撑和爆破残留部件对流通面积影响后的等效的最小流通截面面积。

IP 防护等级：防止外界物体（如粉尘、湿气等）进入电气设备或系统内部的密封防护等级。

衬里：额外的附在金属爆破片或夹持器上的薄片或薄膜（非涂层）。

制造范围：由制造商和用户根据需求协商确定的一个压力范围。同批次爆破片的平均爆破压力必须在这个压力范围之内。

最大操作压力（通常也被称为操作比）：使爆破片正常工作而又不会造成爆破片过度疲损的系统最大压力。根据爆破片形式的不同，最大操作压力一般是额定爆破压力的 50%～100%。

操作压力（工作压力）：爆破片正常工作时的系统压力。

操作温度（工作温度）：爆破片正常工作时的系统温度。

爆破允差：在相同的爆破温度下，实际爆破压力会有最大值与最小值的区别。爆破允差是指实际爆破压力与标定爆破压力之间的允许偏差，通常表示为百分比。确定了爆破片的形式、型号与爆破压力后，实际爆破压力必须在允差范围内。

泄放压力：在泄放状态下的最大系统压力。

泄放温度：在泄放状态下的最高系统温度。

反拱型爆破片：拱弯方向与压力作用方向相反的爆破片，即压力作用在爆破片的凸面。

复合爆破片：有两层以上结构的爆破片，其中一层通过孔或缝隙的构造来降低爆破片承受的压力，从而起到控制爆破压力的作用。复合型爆破片可以是平板型或拱型的。

设计爆破压力：在设计爆破片性能要求时，在相同的爆破温度下，由客户要求或制造商提供的压力。

8.2 高温高压浸出事故分析及管理

高温高压浸出所用的压力容器一旦发生爆炸破裂，不仅设备本身遭到严重破坏，还会波及很大的范围，毁坏周围的设备或建筑，造成人员打击伤害、中毒、烧伤等，甚至会引发更大范围的爆炸事故。因此，必须从各方面采取积极可靠的措施来保证其安全运行，防止事故的发生[2]。

压力容器发生爆炸事故而破裂时，容器内的高压流体介质突然解除器壁的约束，瞬间膨胀卸压，以极高的速度释放出内在的大量能量，发生物理爆炸。因此，压力容器爆炸破裂时，其爆炸能量的大小不但与原有压力和容器的容积有关，而且与介质的化学性质及容器内的物性集态有关。危害主要有爆炸冲击波及碎片的破坏、有毒介质的毒害作用及灼伤等。

预防压力容器事故很重要的一条，就是对已发生的事故进行认真分析研究，找出确切的事故原因，总结经验，吸取教训，从中掌握发生事故的规律，才能采取切实有效的预防措施。

8.2.1 压力容器破坏简介

1. 压力容器事故原因分析

压力容器发生事故的直接原因一般有 3 种：①容器本身的不安全因素，主要来源于设计和制造过程的缺陷；②人的不安全行为，体现在压力容器的运行过程中人的主观操作；③管理缺陷，表现为压力容器的安全技术管理、安全运行管理、压力容器定期检验和安全等级评定等。

综合分析，压力容器发生事故的主要原因包括：设计错误，容器结构不合理，选材不当，强度不足，制造缺陷，安装不符合技术要求，安全附件规格不符，以及运行中的超压、超温、超负荷和操作不当，没有执行在用压力容器定期检验和安全等级评定，导致压力容器失效，从而引发事故。

压力容器操作条件的频繁波动，对容器的抗疲劳破坏性能不利，过高的加载速度会降低材料的断裂韧性，即使容器存在微小缺陷，也可能在压力的快速冲击下而发生脆性断裂。压力容器运行过程中如果发生误操作、过量充载且安全保护装置失效，会导致压力容器的压力升高，以至于超载，进而可能引发爆炸事故。

2. 压力容器失效形式分析

压力容器失效是指压力容器在规定的使用环境和寿命期限内，因结构尺寸、形状和材料性能发生变化，完全失去原设计功能或未能达到原设计要求，而不能正常使用的现象。常见的压力容器失效形式大致可以分为强度失效、刚度失效、失稳失效和泄漏失效 4 类。

（1）强度失效

压力容器在压力等荷载的作用下，因材料屈服或断裂而引起的失效形式，称为强度失效。强度失效通常包括韧性断裂、脆性断裂、疲劳断裂、腐蚀断裂与蠕变断裂。

1）韧性破裂。在容器承受的内压力超出安全限度后，先出现塑性变形，随着压力继续增大就会产生破裂。

韧性破裂的特点：内压力过高，超过容器最高工作压力，设计压力达到容器的爆破压力值。容器发生破裂前，容器就有明显的变形，破裂处的器壁显著减薄。发生韧性破裂的容器一般无碎片飞出，只裂开一个口，断口呈撕裂状。

发生韧性破裂的原因：①违反操作规程，操作失误引起超压；②仪表控制系统出现故障；③超压泄放装置失灵；④液化气体储存严重超装，致使气相空间过小，温度升高时造成超压；⑤腐蚀等造成容器壁厚变薄。

韧性破裂的预防措施：①严格遵守安全操作规程；②经常检查仪表及安全装置的灵活准确程度；③严禁超载、超温运行；④做好运行期间的维护保养。

2）脆性断裂。压力容器在正常压力范围内，没有发生或未充分发生塑性变形时就破裂或爆炸的破坏称为脆性断裂。

脆性破裂的特点：①容器无宏观塑性变形或变形量很小；②容器壁未变薄，断裂是在低压下发生的；③断裂时很可能有碎片；④多发生在温度较低或温度突变时。

发生脆性破裂的原因：①材料的脆性转变；②焊接接口存在严重缺陷。

脆性破裂的预防措施：①选择缺陷较少、韧性适当的材料；②结构设计应尽量减少应力集中，采取措施消除残余应力；③容器使用前要按规定认真进行宏观检查。

3）疲劳破裂。容器在频繁的加压、卸压过程中，材料受到交变应力的作用，经长期使用后所导致的容器破裂称为疲劳破裂。

疲劳破裂的特点：与韧性破裂不同，无明显变形，器壁没有发生减薄；与脆性破裂不同，不是破裂成碎片。

发生疲劳破裂的原因就是频繁的交变应力。形成疲劳破裂有 3 个阶段：一是疲劳裂纹成形阶段，二是裂纹疲劳扩展阶段，三是疲劳断裂阶段。

疲劳破裂的预防措施：①设计中尽量减少应力集中，采用合理的结构和制造工艺；②选择合适的抗疲劳材料；③尽量减少不必要的加压、卸压次数；④严格控制压力和温度的波动。

4）腐蚀破裂。从腐蚀形式上，腐蚀分为全面腐蚀和局部腐蚀。全面腐蚀的腐蚀作用均匀地发生在整个金属表面。局部腐蚀包括区域腐蚀、点腐蚀、晶间腐蚀、应力腐蚀及腐蚀疲劳等。从腐蚀机理上，腐蚀分为化学腐蚀和电化学腐蚀两大类[3]。

腐蚀破裂的预防措施：①选用耐腐蚀材料；②设法降低应力和应力集中；③采用能降低介质腐蚀性的各种措施。

5）蠕变破裂。压力容器母体材料长期处于高温下受到拉应力的作用而缓慢产生的塑性变形称为蠕变，材料蠕变而使容器发生的破裂称为蠕变破裂。容器发生蠕变破裂很少见。

蠕变破裂的特点：发生蠕变的容器体积变大，器壁减薄，最后导致容器破裂。

蠕变破裂的预防措施：注意选材和结构，在使用中应注意避免超温和局部过热。

（2）刚度失效

由压力容器过度的弹性变形而引起的失效称为刚度失效。

（3）失稳失效

在压力作用下，容器突然失去其原有的规则几何形状而引起的失效称为失稳失效。压力容器失稳失效的重要特征是弹性挠度和荷载不成比例，且临界压力与材料的强度无关，而主要取决于容器的尺寸和材料的弹性性质。

（4）泄漏失效

容器的各种接口密封面失效或器壁出现穿透性裂纹发生泄漏而引起的失效称为泄漏失效。泄漏介质可能引起燃烧、爆炸和中毒事故，并造成严重的环境污染。压力容器泄漏的原因是多方面的，受压部件受到频繁的振动而产生裂纹、胀接管口松动、器壁局部腐蚀变薄穿孔、局部鼓包变形及密封面失效等，都会造成压力容器因泄漏而失效。

8.2.2 典型事故案例分析

压力容器常见事故按照损坏程度分为爆炸事故、严重损坏事故和一般损坏事故 3 种类型。爆炸事故指压力容器在使用中或压力实验时，受压部件发生破坏，设备中介质蓄积的能量迅速释放，内压瞬间降至外界大气压力及泄漏引发的各类爆炸事故。严重损坏事故指压力容器在使用时，由于受压部件、安全附件、安全保护装置损坏导致设备停止运行而必须进行修理的事故。压力容器因泄漏而引起的火灾、人员中毒及设备遭到破坏的事故也属严重损坏事故。一般损坏事故指压力容器在使用中受压部件轻微损坏而不需要停止运行进行修理的事故。

1. 高温高压浸出的典型事故案例

［案例 1］ 某年 7 月 19 日，某厂日处理大豆 600t 生产线浸出车间正在生产中，由于浸出器胚片料水分过高，浸出器内部的下料出现搭桥情况，造成生产无法正常进行。这时，车间操作人员打开人孔进行清料工作，排除故障。在操作中，蒸汽从打开的人孔大量排出，散发、蔓延到整个浸出车间，最后扩散到车间外围。由于浸出车间靠近豆粕打包车间的入口，溶剂气体迅速蔓延到豆粕打包车间内部。豆粕打包车间的操作人员正

在进行打包作业。由于豆粕打包作业人员的脚踏开关不是防爆开关，打包操作人员在脚踏开关时产生明火花，产生的火花顷刻点燃了空气中的可燃溶剂气体，引起火灾。火焰瞬间蔓延到浸出车间，直至引燃浸出器，造成浸出器爆炸。最后引发重大恶性事故，付出惨痛的代价。

事故原因分析：①管理者缺乏法律常识，安全意识淡薄。厂房设计建筑时浸出车间与豆粕打包车间相邻，没有合理间距，中间也没有任何有效隔阻，没有任何防护措施与应急救援设施，甚至连最起码的消防器材也没有配备齐全，致使火灾一旦发生，就无法控制。这些人为因素严重违反了建筑设计防火规范，也是导致这次事故的主要原因。②浸出车间进行故障排除的工人违章操作，在发现溶剂外泄时没有采取有效措施，致使浸出器周边的溶剂蔓延到禁区外。③浸出禁区没有任何警示标志，工人也没有丝毫防患意识，尤其豆粕库与浸出车间相连，必须有明显的标志指示，禁止、限制溶剂等易燃易爆液体外泄。

事故的后果：①现场作业人员 11 人，其中 5 人死亡，6 人受伤。②浸出车间的所有设备全部损坏，浸出车间与粕库的厂房严重损坏，造成直接经济损失 1000 多万元。③事故发生后，工厂停产一年多才得以恢复生产。

吸取的教训：①浸出车间的建设绝对不可以忽视安全与防火的规范要求。②不能只顾眼前利益而造成无法挽回的影响与经济损失，应牢记曲突徙薪，防火重于救火。③每一个生产参与者都要增强安全意识，在使用与操作中发现有任何安全隐患时，要坚决提出，予以整改。牢记安全生产“一票否决制”的概念。

预防措施：①设计、规划带“油”的车间时，要严格按照《建筑防护规范》具体要求布置，不得擅自违反《建筑防护规范》条款。②消防设施与器材必须符合专业部门的要求，并经过检验测试后，经有关部门允许，方可使用。坚持经常检查，保证设施、设备使用常态有效。③对人员的安全教育要贯彻于工程作业的全过程。对参与生产的操作人员，扎实有效地进行“三级”安全教育，使员工熟悉、理解、领会、掌握作业现场的环境、安全规程与安全操作要领，规范地遵循安全技术规程，杜绝违章作业。

［案例 2］　2003 年 2 月 5 日凌晨 1:55，山西某化工厂三车间 I 系列冷凝水闪蒸器 Nt112（以下简称 Nt112）发生爆炸事故，当班职工柴某工亡，并造成较大经济损失。

Nt112 罐体炸裂为以下 4 个部分：上部落至 Nt112 原位置西南方向 8m 处已变形；中部落至 Nt112 原位置东北方向 6m 处已变形；下部落至东南方向 3.6m 处；人孔门飞过马路穿墙至热电院内 57m 处。Nt112 项部乏汽管道从罐体顶部撕断，落至酸罐西侧距原位置 47m 处；进水管道炸断。与之相邻的冷凝水闪蒸器 Nt113 倾斜，进水管道炸断。操作室、电梯间坍塌，吊装孔损坏，4 根支撑梁变形，17m 楼板部分损坏，一根 900 钢梁断（图 8-11 和图 8-12）。

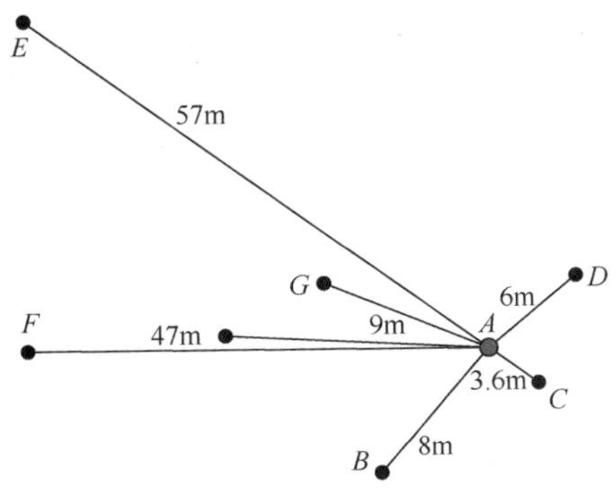

A—原 Nt112 位置；*B*—Nt112 上部；*C*—Nt112 下部；*D*—Nt112 中部；*E*—Nt112 人孔门；
F—Nt112 二次蒸汽出口管；*G*—工亡者位置。

图 8-11　冷凝水闪蒸器 Nt112 爆炸现场示意图

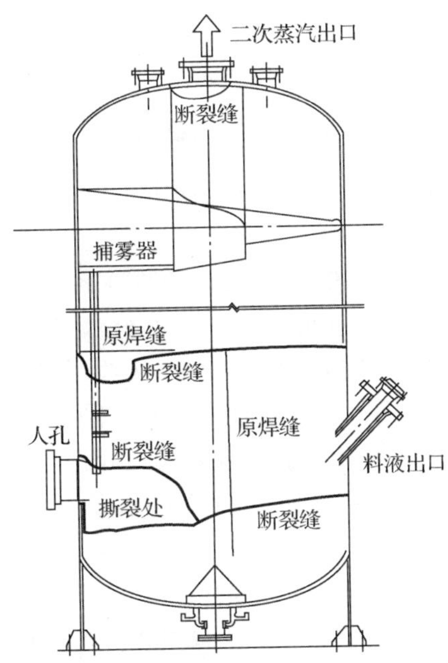

图 8-12　冷凝水闪蒸器 Nt112 设备本体及爆炸裂缝示意图

注：图中粗实线表示断裂缝。事故发生后设备本体断为上、中、下三部分，其中中部变形最严重，已完全展开，下部变形严重，上部相对较轻。人孔门周围变形最为严重。

（1）爆炸设备及其相关工艺

1）爆炸设备（Nt112）性能参数：Nt112 是 I 类压力容器。该设备设计压力为 0.6MPa，设计温度为 165℃，规格为ϕ2500mm×6916mm×δ12mm，容积为 30m^3，介质为蒸汽和冷凝水；主体材料为 A48CPR 进口钢（相当于国产 16MnR 钢），设备本体有一块压力表，出汽管上有两个安全阀，设备处于备用状态时与安全阀不相通，因备用时 F1 阀门关闭（图 8-13）。

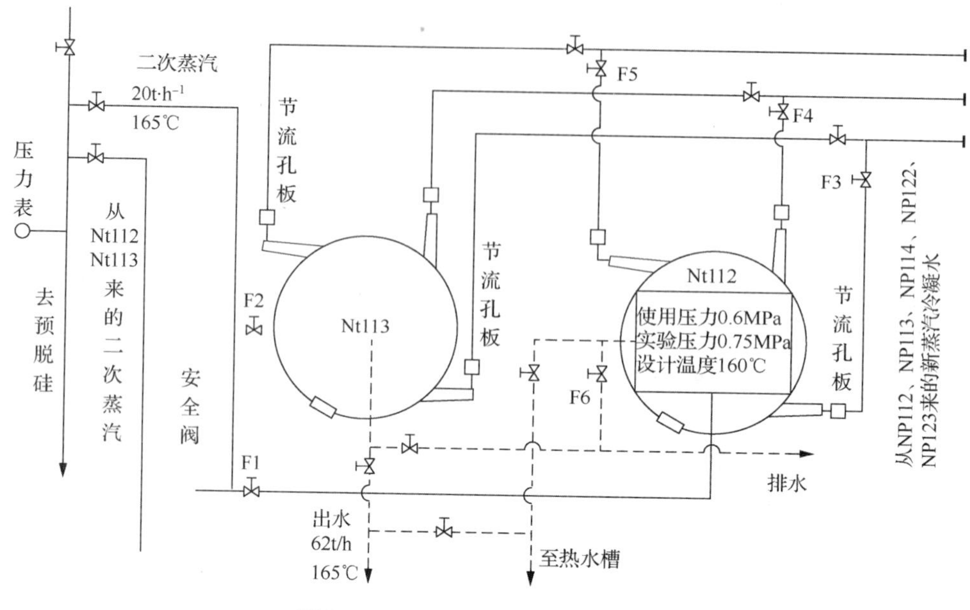

图 8-13 Nt112、Nt113 工艺流程图

2）该设备相关工艺过程：Nt112 前与高压冷凝水罐 NP112、NP113、NP114、NP122、NP123 连接（NP 为高压冷凝水罐的简称，其后数字为不同高压冷凝水罐的编号，其内压力均为 5.6MPa，温度为 260～270℃），后与预脱硅系统相通。即压力为 5.6MPa 的水经节流孔板进入冷凝水闪蒸器，减压降温后，一部分水变为蒸汽，通过冷凝水闪蒸器进入出汽管送预脱硅，管道压力为 0.6MPa（图 8-13 实线所示）；一部分水仍呈液态通过冷凝水出口至出水管进入热水槽，出水管上有排水管（阀）至地沟（图 8-13 虚线所示）。该设备已于 2002 年 11 月 12 日停止使用，即排水阀 F6 常开，其他阀门均关闭，直至事故发生一直处于备用状态。2003 年 2 月 4 日 9:15 左右，当班操作工将排水阀 F6 关闭（图 8-13）。

（2）事故原因分析

1）该设备在停用期间，本应切断进水阀打开排水阀 F6，使其处于常压状态。而 3 个进水阀（F3、F4、F5）经常压试水一个渗漏（滴水），一个泄漏（流水），一个不漏（不滴不流）。虽关仍漏（两个阀门不正常），为设备的带压、增压直至超压提供了压力源。排水阀 F6 被关闭（据上述时间推算，排水阀 F6 关闭时间长达 16h 40min），无法卸压，这是导致超压爆炸的重要原因。

2）管理工作存在漏洞，白班职工违章关闭排水阀，而运行记录未注明，交接班时也未向接班职工说明，致使排水阀一直处于关闭状态。

3）从爆炸后设备筒体的断口来看，绝大部分破口表面较为规则平整，且与母材成 30°～45°夹角，属韧性断裂。这说明钢板是由于超压而撕裂的。在人孔破口处发现，有大约 100mm^2 的母材钢板严重减薄，实测最小壁厚为 6.3mm（原设计壁厚为 12mm），呈塑性变形特征。设备在制造过程中，人孔部位会产生应力集中，在运行时受力状态比较复杂，成为整个设备的薄弱部位。另外，爆炸后人孔接管带盖是单独飞出去的，由此推断破点就在此处。

4）爆破时的压力计算。根据《钢制压力容器技术条件》，圆筒内压容器壁厚计算公式为

$$\delta=\frac{pD_{\mathrm{i}}}{2[\delta]^{t}\phi-p} \tag{8-1}$$

导出压力为

$$p=\frac{2[\delta]^{t}\phi\delta}{D_{\mathrm{i}}+\delta} \tag{8-2}$$

式中：$[\delta]^t$——钢材在设计温度下的许用应力。设计时，计算圆筒壁厚使用。本次计算爆破压力时取用材料抗拉强度下限值为499MPa，即 δ_b=499MPa。

ϕ——焊缝系数，设计制造时为1。

D_i——设备圆筒内径，该设备为2476mm。

δ——圆筒最小壁厚。本设备现场实测已拉伸变形减薄区的最小值为6.3mm，区外为10.8mm，本次计算分别以6.3mm和10.8mm为基准，分两次计算爆破时的所需压力。

① 取 δ=6.3mm（不考虑破裂时的延伸变薄），则

$$p=\frac{2\sigma_{\mathrm{b}}\phi\delta}{D_{\mathrm{i}}+\delta}=\frac{2\times499\times1\times6.3}{2476+6.3}\approx2.53(\mathrm{MPa}) \tag{8-3}$$

② 取 δ=10.8mm（考虑到设备破裂时的延伸减薄），则

$$p=\frac{2\sigma_{\mathrm{b}}\phi\delta}{D_{\mathrm{i}}+\delta}=\frac{2\times499\times1\times10.8}{2476+10.8}\approx4.33(\mathrm{MPa}) \tag{8-4}$$

根据以上计算结果，若不考虑破裂时的拉伸减薄，爆破压力应为2.53MPa；若考虑破裂时的拉伸减薄（更切合实际情况），爆破时的压力为4.33MPa。

5）Nt112在备用期间与安全阀不相通，导致其内压力超设计压力时，安全阀不能泄压，失去应有作用，造成Nt112内压力不断升高，直至爆炸。

6）断裂拉力走向分析。Nt112的人孔处破裂后，有强大的内部压力：一部分力将人孔接管带盖抛出57m远；另一部分力从人孔中心线偏下部沿环向拉伸扩展，直至将直径为2.5m的圆筒全部撕断，形成底部一段；再一部分力从破点沿纵向往上扩展，将中段圆筒纵向撕开成卷板状，当扩展到筒体环焊缝处时，因环焊缝强度大于母材，所以这部分力不得不改变走向，沿环焊缝熔合线环向继续扩展，把母材钢板全部撕断，将剩余的筒体又一分为二。这样，就形成了爆炸后整个筒体分为3段的结果（图8-12和图8-14）。

7）设备爆炸时，内部压力在瞬间降为零（表压）。饱和水迅速汽化，体积急剧膨胀，产生巨大的二次压力，爆炸时的超压（即上述计算出的4.33MPa）与二次压力形成合力，强大的合力将上段抛起砸坏车间横梁和部分管道，使筒体顶部的出汽管拔出飞落，造成现场的惨景。

综上所述，冷凝水闪蒸器Nt112爆炸的直接原因是：①该设备在停运期间，排水阀F6被关闭，进水阀严重泄漏，当压力为5.6MPa的冷凝水不断流入Nt112时，压力逐渐升高，又不能排水卸压，致使其超压破裂，发生爆炸。②冷凝水闪蒸器Nt112在停用关闭阀门F1的状态下与安全阀不相通，安全阀不能起到泄压作用，没能有效地防止事故发生。

间接原因：管理不严，职工违章关闭排水阀 F6，巡检不到位，交接班无记录，也未口头交接说明。

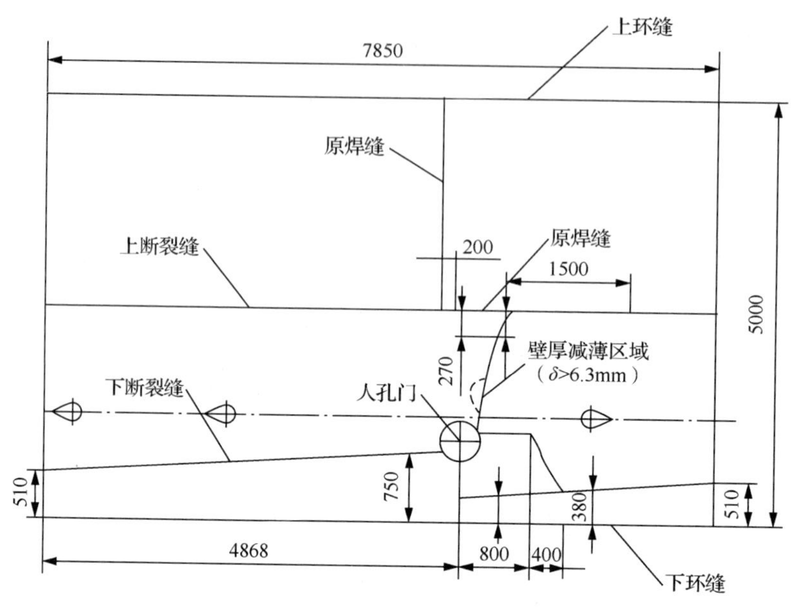

图 8-14　中部直筒展开断缝示意图

2. 高温高压浸出的违章分析

三违包括违章指挥、违章作业和违反劳动纪律。

违章指挥一般发生在领导和管理人员身上，违章作业、违反劳动纪律一般发生在劳动者（工人）身上。

违章作业的主要表现形式有无知违章、侥幸违章和习惯性违章 3 种。违章作业实质上是一种违反安全生产客观规律和工艺要求的盲目行为，因而对安全生产危害极大。

违章作业的表现形式有：①无知违章，即由于安全知识缺乏、操作技术差产生的违章作法，本人并没有意识到自己的做法是错误的。②侥幸违章，即明知这样做有危险，不符合安全操作规范，图省力、省工、省时间，仍在侥幸心理驱使下违章作业。它是习惯性违章的祸根。③习惯性违章，即那些在人们身边经常发生，习以为常、不符合有关安全规定或操作规程的行为。也即那些违反安全操作规定或有章不循，坚持固守不良作业方式和工作习惯的行为。

习惯性违章的特点：①顽固性，是日积月累形成的，是受一定的心理支配的，因而具有顽固性。②潜在性，往往不是行为者有意识的所为，而是长期实践中形成的不良习惯所致。③继承性，一些不良习惯不是违章者自己的“发明”，而是从别人那里学来的。④排他性，墨守成规，不愿接受新事物。⑤侥幸性，因发生事故概率低，在侥幸心理驱使下铤而走险。

习惯性违章的心理状态：①缺乏安全知识，不知不觉违章；②贪图安逸，不求上进，缺乏积极性和敬业精神，技术水平一般；③侥幸心理；④自以为是，总认为自己有经验、有能力防止事故的发生而相信不良的传统或习惯做法。

3. 纠正违章行为的措施

抓好日常安全生产技术教育培训；培训必须制度化、正规化，提高培训教师现场操作和指导能力，克服传统的务虚倾向；经常开展业务竞赛和安全检查，发现不良苗头及时纠正；抓好班组安全管理，抓好岗位培训，重点放在班组长、特种作业人员和青年员工 3 种人身上；加强安监队伍素质和敬业精神教育，并享有一定职权；教罚并举，群防群治。

企业生产管理过程中的每个环节、每项职责都离不开人的参与。然而人的心理活动支配其行为，如果没有人员心理的赞同，就无法实施安全措施。人的心理状态直接影响到管理的效果和生产的安全运行。其安全受 3 个因素的影响，即人的心理因素、生理因素及人机环境因素。

1）心理因素。这与人的个性、态度、情绪、精神、意志都有关。一般心理健康的人较易获得安全保障。人的心理活动包括感觉、知觉、记忆、情绪、情感、意志、注意力、需要、动机、兴趣、性格、气质、能力等。

2）生理因素。如酒醉的人较无安全意识，常会有偏差行为或失误行为而造成意外。一般来说，身体状况正常的人反应能力较佳，比较安全。

3）人机环境因素。包括生产场地、生产设备、安全装置、保护用品的安全。

8.2.3 高温高压浸出的事故管理

1. 压力容器的定期检验

（1）压力容器检修前注意事项

1）容器检验前，必须彻底切断容器与其他还有压力或气体的设备的连接管道，特别是与可燃或有毒介质的设备的通路。

2）容器内部的介质要全部排净，盛装可燃、有毒或窒息性介质的容器还应进行清洗、置换或消毒等技术处理，并经取样分析合格。

（2）压力容器事故的预防

1）在设计上，应采用合理的结构。

2）制造、修理、安装、改造时，应加强焊接管理。

3）加强管理，避免操作失误、超温、超压、超负荷运行、失检、失修、安全装置失灵等。

4）加强检验工作，及时发现缺陷并采取有效措施。

（3）压力容器使用安全技术

1）压力容器安全操作。

① 基本要求：平稳操作、防止超载。

② 压力容器运行期间的检查：包括检查工艺条件、设备状况及安全装置等方面。

③ 压力容器的紧急停止运行：危急情况下要立即停止运行。

2）压力容器的维护保养。

① 保持完好的防腐层。

② 消除产生腐蚀的因素。

③ 消灭容器的“跑、冒、滴、漏”。

④ 加强容器在停用期间的维护。

⑤ 经常保持容器的完好状态。

2. 个人安全防护措施

压力容器一般泛指在工业生产中盛装气体或液体，用于完成反应、传质、传热、分离和储存等，并能承载一定压力的密闭设备。它被广泛用于石油、化工、能源、冶金、机械、轻纺、医药、国防等工业领域。

（1）压力容器基础知识

1）压力容器的操作条件。

① 压力。压力容器的压力可以来自两个方面：一是在容器外产生的，二是在容器内产生的。

② 温度。金属温度是指容器受压元件沿截面厚度的平均温度。

③ 介质。按物质状态分类，有气体、液体、液化气体、单质和混合物等；按化学特性分类，有可燃、易燃、惰性和助燃 4 种；按对人类的毒害程度，又可分为极度危害（Ⅰ）、高度危害（Ⅱ）、中度危害（Ⅲ）、轻度危害（Ⅳ）4 级。

2）压力容器的分类。《容规》将压力容器划分为 3 类。

（2）安全附件

1）安全阀。安全阀是一种由进口静压开启的自动泄压阀门，根据安全阀的整体结构和加载方式可以分为静重式、杠杆式、弹簧式和先导式 4 种。

2）爆破片。爆破片装置是一种非重闭式泄压装置。

3）安全阀与爆破片装置的组合。安全阀与爆破片装置并联组合时，爆破片的标定爆破压力不得超过容器的设计压力。

4）爆破帽。爆破帽超压时其断裂的薄弱层面在开槽处和形状处。

5）易熔塞。易熔塞属于熔化型安全泄放装置。

6）紧急切断阀。紧急切断阀通常与截止阀串联安装在紧靠容器的介质出口管道上。

7）减压阀。减压阀是在介质通过时产生节流，使其减压的阀门。

8）压力表、温度计、液位计。

① 压力表。压力表是指示容器内介质压力的仪表。

② 液位计。液位计是用来观察和测量容器内液体位置变化情况的仪表。

③ 温度计。温度计是用来测量物质冷热程度的仪表。

（3）压力管道安全管理措施

1）压力管道的使用登记。投入使用前和规定期限内按《压力管道使用登记管理规则》办理使用登记和注册。

2）压力管道的技术档案管理制度。压力管道的技术档案是安全管理、使用、检验、维修压力管道的重要依据。

3）压力管道管理人员的职责。

4）操作人员岗位要求。持证上岗，做到“四懂三会”。

5）压力管道安全操作规程。

（4）压力管道使用安全技术

1）压力管道的日常维护保养技术。日常维护保养是保证和延长使用寿命的重要基础。

2）压力管道运行检查和监测技术。包括：①运行初期检查。②巡线检查及在线检测。利用现代检测技术进行在线检测，即可利用工业电视系统、声发射检漏技术、红外线成像技术进行不间断监测。③末期检查及寿命评估。

3）压力管道事故处理技术。制定应急预案，报告事故，协助事故处理。

思 考 题

8-1 选择题。

（1）安全阀的调整压力一般为（ ）。

A．设计压力　　B．最高工作压力的1.05～1.10倍

C．工作压力的1.05～1.10倍　　D．1.5倍的设计压力

（2）固定式压力容器的安全附件为（ ）。

A．安全阀　　B．压力表　　C．液面计　　D．减压阀

（3）《固定式压力容器安全技术监察规程》规定：压力来源于（ ），并且得到可靠控制，超压泄放装置可以不直接装在压力容器上。

A．压力容器外部　　B．压力容器内部

C．背压　　D．压力容器顶部

（4）《固定容规》规定：安全阀、爆破片的排放能力（ ）压力容器的安全泄放量。

A．应当小于或等于　　B．必须小于或等于

C．应当大于或等于　　D．必须小于

（5）《固定容规》规定：压力容器液压试验合格标准为（ ）。

A．无渗漏　　B．无变形

C．无可见变形　　D．试验过程中无异常响声

8-2 简述高压浸出技术安全操作的内容。

8-3 简述压力容器的安全防护措施。

8-4 简述预漏的因素及如何防止或避免预漏。

8-5 简述先导式安全阀的工作原理。

8-6 什么才是理想的压力泄放阀？

8-7 为什么要进行压力容器事故原因分析？

8-8 如何进行典型事故案例事故原因分析？

参 考 文 献

[1] 国家安全生产监督管理总局．冶金企业和有色金属企业安全生产规定[M]．北京：冶金工业出版社，2017：2-13.

[2] 杨超英．谈谈浸出车间的试车工作[J]．中国油脂，1990（5）：20-22.

[3] 舒春桃．TJ-ZnGYF耐温耐压防腐胶泥的研究及在锌加压浸出釜中的应用[J]．矿冶工程，2013（1）：83-86.